资助项目

中央本级重大增减支项目"名贵中药资源可持续利用能力建设"（2060302），国家中医药管理局"全国中药资源普查"项目（2017267，GZY-KJS-2018-004），科技基础性工作专项"中药资源及相关基础数据的空间网格化融合及共享"（2013FY114500），国家重点研发计划项目"中药材生态种植技术研究及应用"（2017YFC1700701），国家自然基金重大项目（81891014），中国中医科学院重点领域（ZZ10-027），云南省科技计划项目"重大科技专项计划"（2017ZF004）。

致　　谢

本书在编制、修改和审校过程中，得到了缪剑华研究员、赵润怀研究员、段金廒教授、肖小河研究员、孙成忠研究员、王劲峰研究员、国家中医药管理局中药资源管理人才研修班（第二期）全体学员的支持和帮助，在此一并表示感谢。

中国中药区划

———— 主编 张小波 黄璐琦 ————

科学出版社
北京

内 容 简 介

本书针对全国中药资源普查、中医药事业和中药农业快速发展的需要，基于中药学、地理学和统计学的视角，聚焦于中药区划思想的形成和发展演变，重点阐述中药区划理论框架体系、技术方法、精选案例等。本书也是全国中药资源普查系列专著中区划方面的"序曲"，旨在引导普查工作者进行成果梳理转化和应用服务。

本书既有理论和技术方法的探索创新，又有研究案例和实践经验的归纳总结，可以供从事中药学教学，中药资源保护、开发和利用研究，中药材生产和管理的相关人员参考。

审图号：GS（2018）1873号
图书在版编目（CIP）数据

中国中药区划/张小波，黄璐琦主编．—北京：科学出版社，2019.2
ISBN 978-7-03-060166-7

Ⅰ．①中… Ⅱ．①张… ②黄… Ⅲ．①中药材-产地-区划-中国 Ⅳ．①S567

中国版本图书馆CIP数据核字(2018)第292055号

责任编辑：鲍　燕 / 责任校对：王晓茜
责任印制：徐晓晨 / 封面设计：北京图阅盛世文化传媒有限公司

科 学 出 版 社 出版
北京东黄城根北街16号
邮政编码：100717
http://www.sciencep.com

北京建宏印刷有限公司　印刷
科学出版社发行　各地新华书店经销

*

2019年2月第 一 版　　开本：787×1092　1/16
2020年7月第二次印刷　　印张：23 1/2
字数：558 000

定价：198.00元
（如有印装质量问题，我社负责调换）

《中国中药区划》编委会

主　编　张小波　黄璐琦
副主编　郭兰萍　康传志　景志贤　柯尊洪　马忠华
编　委　(按姓氏汉语拼音排序)
　　　　白吉庆　陕西中医药大学
　　　　池秀莲　中国中医科学院中药资源中心
　　　　格小光　中国中医科学院中药资源中心
　　　　顾泽龙　北京医院
　　　　郭兰萍　中国中医科学院中药资源中心
　　　　胡明华　无限极（中国）有限公司
　　　　黄　胜　九芝堂股份有限公司
　　　　金　艳　中国中医科学院中药资源中心
　　　　晋　玲　甘肃中医药大学
　　　　景志贤　中国中医科学院中药资源中心
　　　　康传志　中国中医科学院中药资源中心
　　　　柯　潇　成都康弘药业集团股份有限公司
　　　　柯尊洪　成都康弘药业集团股份有限公司
　　　　李　静　陕西中医药大学
　　　　李　梦　中国中医科学院中药资源中心
　　　　李　伟　海南九芝堂药业有限公司
　　　　卢有媛　南京中医药大学
　　　　路　飞　国家林业局昆明勘察设计院
　　　　马方励　无限极（中国）有限公司
　　　　马忠华　无限极（中国）有限公司
　　　　彭华胜　安徽中医药大学
　　　　戚元华　山东计算中心（国家超级计算济南中心）
　　　　邱智东　长春中医药大学
　　　　曲晓波　长春中医药大学
　　　　史婷婷　中国中医科学院中药资源中心

汪　娟	长春中医药大学
王　慧	中国中医科学院中药资源中心
王　凌	中国中医科学院中药资源中心
王汉卿	宁夏医科大学
吴晓俊	浙江省中医药研究院
徐成东	中国科学院地理科学与资源研究所
严　辉	南京中医药大学
杨　光	中国中医科学院中药资源中心
余　意	无限极（中国）有限公司
詹志来	中国中医科学院中药资源中心
张　珂	安徽中医药大学
张　卫	中国中医科学院中药研究所
张　燕	中国中医科学院中药资源中心
张春椿	浙江中医药大学
赵曼茜	成都康弘制药有限公司
朱寿东	中国中医科学院中药资源中心

序

中药资源因不同生态环境和人文条件等因素，呈现出强烈的地域性，掌握了这方面的规律，将有利于作出科学决策。中药区划便是对这种差异性的综合与科学评估。历史上最早的区划，为春秋战国时期魏国人编著的《尚书·禹贡》。《禹贡》以自然地理实体（山脉、河流等）为标志，将全国划分为9个州（"九州"，即冀州、兖州、青州、徐州、扬州、荆州、豫州、梁州、雍州），并对每个州的疆域、山脉、河流、植被、土壤、物产、民族、交通等自然和人文地理现象作了描述。系统科学的区划研究工作出现于18世纪末的欧洲，区划领域涵盖了自然地理、植物等方面。

随着新一轮全国中药资源普查工作的陆续开展，《中药材保护和发展规划（2015—2020年）》《中药材产业扶贫行动计划（2017—2020年）》《全国道地药材生产基地建设规划（2018—2025）》逐步实施，开展全国、省域和县域中药区划，是现阶段进行中药材生产和管理工作的时代需求。探讨中药区划目标任务、指标体系、技术方法等中药区划理论，系统梳理中药区划在生产实践中的应用情况，对现阶段的中药产业发展相关工作具有重要的指导意义。

《中国中药区划》一书的作者是直接参与中药资源普查、中药区划等方面的专家学者，该书基本反映了近年来我国在中药区划方面取得的最新成果和前沿工作。该书是国家中医药管理局中药资源调查和区划重点研究室系列研究成果的总结，具有三大特点：一是阐述了中药区划理论框架体系，包括区划概念、指标体系构建、遵循原则、区划类型和基础理论等，具有较强的系统性；二是详细介绍了中药区划技术方法，包括区划数据分析、统计建模和制图等，具有较强的实用性；三是精选研究案例介绍了中药区划在中药资源保护、开发和利用方面的应用情况，具有较强的代表性。

《中国中药区划》既有理论和技术方法的探索创新，又有研究案例和实践经验的归纳总结，是一本应用类的基础性学术专著。希望该书的出版，能够为中药资源保护、开发利用和管理提供技术指导，并为中药资源相关领域的科学研究和人才培养作出贡献。

有感于此，是为序。

中国工程院院士
中国医学科学院药用植物研究所名誉所长
2018年8月28日

前　言

中药资源在国家与区域发展中的作用越来越重要，2015年4月，国务院转发国家中医药管理局、工业和信息化部等12部委联合制定的《中药材保护和发展规划（2015—2020年）》，提出：开展第四次全国中药资源普查工作，摸清中药资源家底；加强濒危稀缺中药材、大宗优质中药材生产基地建设等工作任务。到2020年，实现濒危中药材供需矛盾有效缓解，常用中药材生产稳步发展的目标。

中药资源是中药产业和中医药事业发展的物质基础，随着国民经济迅速发展和人们对身体健康需求的提升，医疗、保健等方面对中药资源的需求量猛增，中药材供求矛盾问题突出，部分中药资源紧缺。目前，中药材的人工种植（养殖）是解决中药材供求矛盾的最有效途径。中药材作为中药产业发展的主要生产要素，如何进行科学种植（养殖），减少对野生资源的依赖；如何使中药资源利用与保护并重，实现中药产业持续发展与生态环境保护相协调等是中药材生产过程中迫切需要解决的问题。为此，国家中医药管理局支持中国中医科学院中药资源中心建立了中药资源调查和区划重点研究室，重点针对中药材生产布局、区域间中药材数量和质量差异等进行研究，提升中药领域农业种植技术水平，为中药材的人工生产提供基础数据和技术支撑。

中药材生产受自然生态环境因素、社会经济因素的交互影响，表现出强烈的地域性。中药材生产相关工作的开展，需要把具体事情落实到地理空间上，进行中药区划研究可以辅助确定具体空间范围，指导中药资源保护利用相关基地、保护区和示范区具体位置的选址及空间布局。通过开展区划研究，有助于因地制宜地指导和规划中药材生产实践，明确中药区域间的差异性和分布规律等，了解和掌握区域内中药材生产中面临的困难、存在的问题和发展的潜力，确定中药材产业发展的方向和途径。中药区划是因地制宜地调整中药生产结构和布局，正确选建优质药材原料基地，科学指导中药生产与区域开发的需要，有助于充分发挥各区域资源、经济及技术等优势，实现资源合理配置、区域化与专业化生产，促进决策者从经验决策转变为科学决策，为区域间发展中药材的栽培和生产提供科学依据。

本书在现有中药区划工作的基础上，阐述了中药区划的基本概念，分析了区划研究的方法体系，提出了中药区划的分类体系，建立了中药区划的理论框架，同时在中药资源分布区划、生长区划、品质区划、生态适应性区划、生产区划和功能区划研究等方面进行了实践研究。

全书分为五大部分，其中，本书的第一部分"中药区划概述"，系统回顾中药区划发展历程，对中药区划的概念与遵循的原则、划分的类型与依据的理论、指标的选取、区划的方法等方面进行概述；同时提出中药区划研究的重点和发展趋势。为了充分吸纳相关领域区划研究工作成果和经验，做好中药区划数据收集和准备工作，本书的第二部分"与中药区划相关区划简介"，介绍自然生态、社会经济等相关领域区划成果，以及可用于中药区划的相关数据。为了科学地分析中药材与自然生态环境和人文社会环境因子之间的关系，本书的第三部分"中药区划数据分析方法简介"，介绍中药区划用到的相关统计学概念，以及基于"SPSS""R语言""Excel""空间统计分析"等数据分析方法和实例。为了将区划工作结果以地图形式展现出来，本书的第四部分"中药区划结果图制作"，介绍中药区划结果图制作的核心技术，以及ArcGIS、RS等相关软件的操作实例。为梳理展示现阶段中药区划相关工作情况，本书的第五部分"中药区划研究实例"，选取现阶段部分有代表性的中药区划研究实例，介绍不同类型的中药区划结果，以及其在中药资源保护、开发和合理利用方面的应用情况。

中药区划涉及中药学、地理学、统计学等多个学科，作者深感学识有限，本书部分内容引用了相关研究的结果，介绍得不全面或参考文献如有遗漏偏差，恳请谅解。受区划研究现有数据限制，部分中药区划案例的结果难免以偏概全，敬请相关专家多提宝贵意见；部分研究未提供案例，相关工作尚需深入研究，欢迎广大学者加入中药区划研究工作中。希望本书能为中药资源生产、保护、规划等相关工作的科研和管理人员、大中专院校师生及相关政府部门等提供参考。

编　者

2018年5月

目 录

第一部分 中药区划概述

第一章 中药区划历史回顾 2
- 第一节 古代对中药产地的认识 2
- 第二节 近代对中药产地的认识 7
- 第三节 现代的中药区划 8
- 参考文献 10

第二章 中药区划基础理论 11
- 第一节 中药区划简介 11
- 第二节 中药区划相关基础理论 21
- 第三节 中药区划意义和用途 44
- 参考文献 48

第三章 中药区划指标体系 50
- 第一节 选取中药区划指标的方法 50
- 第二节 选取中药区划指标的原则 51
- 第三节 中药区划指标体系的构建 52
- 第四节 中药区划指标体系的数学表示 55
- 参考文献 56

第四章 中药区划的分类 57
- 第一节 以区域为研究对象的区划 57
- 第二节 以药材为研究对象的区划 58
- 第三节 以环境因子为研究对象的区划 61

第五章 中药区划发展趋势和研究重点 64
- 第一节 中药区划发展趋势 64
- 第二节 中药区划研究内容和重点工作 67
- 参考文献 72

第二部分 与中药区划相关区划简介

第六章 自然生态方面区划 74
- 第一节 中国植物区划 74
- 第二节 中国濒危动物区划 75

第三节　中国生物地理区划 75
　　第四节　中国气候区划 76
　　第五节　中国地貌区划 77
　　第六节　中国土地资源区划 77
　　第七节　中国自然生态区划 78
　　参考文献 78

第七章　社会经济方面区划 80
　　第一节　中国行政区划 80
　　第二节　中国经济区划 80
　　第三节　中国人口区划 81
　　第四节　中国土地利用区划 82
　　参考文献 82

第八章　综合区划 84
　　第一节　中国综合农业区划 84
　　第二节　中国林业发展区划 84
　　第三节　中国综合自然区划 85
　　第四节　中国生态地理区划 86
　　参考文献 86

第九章　功能区划 87
　　第一节　中国主体功能区划 87
　　第二节　中国生态功能区划 88
　　第三节　中国生物多样性保护区 88
　　第四节　中国国家级自然保护区 89
　　第五节　中国灾害区划 90
　　第六节　中国林下经济发展区划 90
　　参考文献 91

第十章　可用于中药区划的相关数据 92
　　第一节　中药相关数据库简介 92
　　第二节　自然生态相关数据库简介 96
　　第三节　社会经济相关数据库简介 100
　　第四节　国家科学数据共享平台 102

第三部分　中药区划数据分析方法简介

第十一章　基于 SPSS 的经典统计分析方法简介 108
　　第一节　基本概念 108
　　第二节　数据获取 110
　　第三节　统计描述与统计图表 112
　　第四节　方差分析 121
　　第五节　卡方检验 128

第六节　非参数检验 134
　　第七节　相关性分析 137
　　第八节　回归分析 141
　　第九节　主成分分析和因子分析 148
　　第十节　聚类分析 158
　　第十一节　判别分析 171
第十二章　空间统计分析方法简介 174
　　第一节　基于空间统计的数据分析方法 174
　　第二节　空间统计相关软件简介 182
　　参考文献 183
第十三章　经典统计分析其他方法简介 184
　　第一节　基于R的数据分析方法 184
　　第二节　基于Excel的数据分析方法 197

第四部分　中药区划结果图制作方法

第十四章　空间信息技术 203
　　第一节　全球卫星定位系统 203
　　第二节　地理信息系统 207
　　第三节　遥感 208
　　第四节　空间网格技术 209
　　参考文献 210
第十五章　ArcGIS软件相关操作应用实例 211
　　第一节　马尾松分布区划 211
　　第二节　马尾松生长区划 242
　　第三节　鲜松叶品质区划 253
　　第四节　鲜松叶生产区划 262
第十六章　RS软件相关操作应用实例 265
　　第一节　遥感数据预处理 265
　　第二节　遥感信息提取——监督分类 276
　　第三节　多时相遥感信息提取 282

第五部分　中药区划研究实例

第十七章　中药资源区划 287
　　第一节　全国中药资源区划 287
　　第二节　吉林省中药资源区划 290
　　第三节　澜沧拉祜族自治县中药资源区划 294
　　参考文献 295
第十八章　分布区划 296
　　第一节　一种药材单一来源分布区划 296

- 第二节 一种药材多来源分布区划 ·297
- 第三节 "一带一路"进出口中药材分布区 ·302
- 第四节 道地药材产区变迁 ·305
- 第五节 基于全球气候变化的中药资源分布区预测 ·311
- 参考文献 ·315

第十九章 生长区划 ·316
- 第一节 栽培中药材生长区划 ·316
- 第二节 野生中药材生长区划 ·319
- 参考文献 ·320

第二十章 品质区划 ·321
- 第一节 秦艽品质区划 ·321
- 第二节 枸杞子品质区划 ·328
- 第三节 甘草品质区划 ·330
- 参考文献 ·333

第二十一章 生态适宜性区划 ·334
- 第一节 青蒿气候适宜性区划 ·334
- 第二节 青蒿地形适宜性区划 ·335
- 第三节 地黄生态适宜性区划 ·336
- 第四节 宁夏枸杞生态适宜性区划 ·337
- 参考文献 ·338

第二十二章 生产区划 ·339
- 第一节 青蒿生产区划 ·339
- 第二节 马尾松生产区划 ·342
- 参考文献 ·351

第二十三章 功能区划 ·352
- 第一节 道地药材分布 ·352
- 第二节 中药材种子种苗繁育基地分布 ·354
- 第三节 中药资源动态监测信息和技术服务体系分布 ·355
- 第四节 中药材 GAP 基地分布 ·356
- 第五节 珍稀濒危药用植物重点保护区分布 ·357
- 第六节 历代本草学家分布 ·359
- 第七节 中药材产业扶贫推荐优先区域 ·360
- 参考文献 ·361

索引 ·362

第一部分　中药区划概述

　　中国是较早开展区划研究的国家，区划工作有着悠久的历史。中药区划工作是近些年开始的，中药区划基础理论、技术方法等方面的研究工作尚处于初级阶段。本部分回顾中药区划发展历程，提出中药区划的概念与遵循的原则、划分的类型与依据的理论、研究的尺度、使用的方法等基础理论，明确区划指标选取方法、构建指标体系的原则，归纳现有中药区划类型，分析中药区划研究的重点和发展趋势，在宏观层面对中药区划进行整体论述，以期辅助广大从事中药区划工作的人员对中药区划有一个全新的认识。

　　其中：第一章，介绍古代和近代不同历史时期，人们对中药产地的认识，及现代的中药区划研究进展，回顾中药区划发展历程；第二章，介绍中药区划的基础理论，包括：中药区划的定义、目的、对象、尺度、分类、方法和遵循的原则等基本内容，中药学、生态学、社会学、经济学、地理学等可用于指导中药区划的理论方法等；第三章，介绍中药区划指标体系，包括：选取中药区划指标的方法和原则，区划指标体系的构建和数学表示等；第四章，介绍中药区划的分类，包括：以研究区域为对象的综合区划，以药材为对象的分布、生长、品质和生产区划等，以环境因子为对象的自然生态区划和社会功能区划等；第五章，介绍中药区划的发展趋势和研究重点，包括：微观生产和宏观管理、历史足迹和未来发展、基础数据和方法理论、行业需求和科研重点等方面的内容。

第一章
中药区划历史回顾

我国中药资源种类繁多,根据第三次全国中药资源普查结果,我国有中药资源12 807种,其中植物类药11 146种、动物类药1581种、矿物类药80种。根据第四次全国中药资源普查试点工作的初步统计结果,我国可药用资源种类将超过1.3万种。由于不同中药材对气候、土壤、地形等生态环境的要求不同,加之人类社会对中药材开发利用的水平差异,在全国范围广泛使用、中医配方中出现频率较高的常用中药材只占少数。根据第四次全国中药资源普查(试点)工作初步统计结果,在市场上经营的中药材有1200多种。进入过《中华人民共和国药典》的有1000多种,实现人工栽培的有500多种,临床常用的有300多种,具有道地性的有100多种。

由于区域之间中药资源禀赋,中药材的生物特性,以及其所在地的自然生态和社会经济条件不同,形成了不同的中药区域及中药产业的演变规律。我国自古就有常用中药材由一地或几地生产供应全国使用,形成中药材主产区的情况;也有药材仅在局部地区使用,成为当地自产自销的草药、民间药或民族药。中药区划是区域之间中药资源禀赋特征、开发利用地域分异规律、中药生产地域分工等在人们主观意识上的反映,也是中药材产业的历史演进过程在空间上的表现形式。

在人类社会认识和利用中药资源的历史长河中,历代医药家十分重视中药的产地,并在长期的实践中积累了丰富的经验和知识,对药材和产地之间的关系认识不断细化,对中药区划的认识程度随着中医药事业的发展而不断变化。唐代以前关于中药材和产地的关系多为生境方面,唐、宋和元代明确出现了关于中药材产地的描述,明清时代出现了关于药材道地产地的描述,有了区划的雏形。近现代和当代,对中药区划有了明确认识和发展。

本章主要对不同历史时期,相关文献资料中对中药材及其产地的记载情况进行简要摘录,同时将其对中药区划的启示和影响进行简要归纳总结。

第一节 古代对中药产地的认识

中药是中华民族对自然资源创造性开发与利用的结果,我们的祖先很早就根据生态学规律认识和生产中药材,并有保护自然资源、合理开发利用自然资源的意识。历代医药学家都十分重视常用中药材的产地划分,在浩瀚的医药学文献中,多有关于中药材产地的论述。

古代(1840年以前),由于人类对中药资源开发利用能力和水平相对较低,中药材生产和使用多为原药材或饮片形式，中药材产区主要受自然条件的影响，中药的自然属性在产区划分工作中占主导。历代本草中关于中药材产地、分布等方面的资料，是古代关于中药区划的一种表现形式，多在宏观层面对药材分布于什么地方进行粗略的描述。

一、先秦时期

中国的祖先创造了光辉灿烂的历史文明，早在先秦时期的文化作品中就有关于药材分布情况的记载。例如，《山海经》中的《西山经》载："又西六十里，曰石脆之山……其中有流赭，以涂牛马无病。又西七十里，曰英山……有鸟焉，其状如鹑，黄身而赤喙，其名曰肥遗，食之已疠，可以杀虫。又西五十二里，曰竹山……有草焉，其名曰黄雚……浴之已疥，又可以已胕。西南三百八十里，曰皋涂之山……有白石焉，其名曰礜，可以毒鼠。"不仅记载了药材的功效、简单的用法，且写明何处有何种药材。《吕氏春秋》提到"阳朴之姜，招摇之桂"，指出了姜、桂的产地。

可见，早在先秦时期文献中已有关于药材产地的记载，在当时人们已有了关于药材产地的认识。

二、两汉时期

成书于西汉末年的《范子计然》（据赵九洲《〈范子计然〉成书时间考》，2010）列述了80余种药材及其产地。

成书于东汉初期的《神农本草经》载药365种，序论中提出了"采造时月、生熟、土地所出、真伪陈新，并各有法""按诸药所生，皆有境界"的说法。在具体的药材条文中有关于药材生境的记载，如"生川谷""生平泽"等，并对部分药材标注所产州郡（据王家葵《〈神农本草经〉郡县考》，该书成于东汉早期，书中所载药材产地之郡县名称，为该书本有，非后人所加）。例如，丹砂，"味甘，微寒。主身体五脏百病，养精神，安魂魄，益气，明目，杀精魅邪恶鬼，久服通神明不老。能化为汞。生符陵山谷"；牛膝，"味苦，酸，主寒湿痿痹，四肢拘挛，膝痛不可屈伸，逐血气，伤热火烂，堕胎，久服轻身耐老。一名百倍，生河内川谷及临朐"。

从《神农本草经》所载的部分药名中，也可以看出相应药材的产地信息。上品药材：胡麻（芝麻，相传汉·张骞得其种于西域，秦汉时称西域诸国曰胡，故名）。中品药材：秦艽（秦，古地名，在今陕西、甘肃一带）、蜀羊泉（蜀，古地名，在今四川成都一带）、吴茱萸（吴，古地名，在今江苏、安徽一带）、秦皮、秦椒。下品药材：代赭（代，古地名，在今山西阳高至河北蔚县一带）、戎盐（戎，古时对西部少数民族的称谓，后亦指其所在地区）、蜀漆、巴豆、蜀椒等。

可见，早在两汉时期，人们已经对中药材和产区的关系有了深入的了解和认识。

三、南北朝时期

《本草经集注》载药730种，其中有关于"蜀药"和"北药"的提法，是以地区冠名记述最早的文献。陶弘景对不同地区药材的优劣具有较为深刻的认识。例如，"诸药所生，皆有境界……自江东以来，小小杂药，多出近道，气力性理不及本邦，假令荆益不通，则全用历阳当归、钱塘三建，岂得相似？所以疗病不及往人，亦当缘此"。十分明确地指出，药材本有自身独特的生长环境，也只有其独特的生长环境，才能赋予药材独特而醇厚的气力性理；一旦离开了这种环境，药材的气力性理必然大打折扣，用来治疗疾病，效果自然不会理想。又有"虚而客热，加地骨皮，白水黄芪；虚而冷，用陇西黄芪"，这是因为白水黄芪"冷补"，陇西黄芪"甘温补"的缘故，充分说明产地不同，药材"气力性理"有所差异。

可见，早在南北朝时期，人们已经对同种药材不同产地的功效和用途差异有了深入的了解和认识。对中药材及其生态环境之间的关系也有了深入的了解和认识，并以地区冠名统称区域内的药材。

四、隋唐时期

《新修本草》明确指出："动植形生，因方舛性，春秋变节，感气殊功。离其本土，则质同而效异。"书中多处对药材的产地加以修订，如在人参产地的记载中，《神农本草经》作"生上党山谷及辽东"，《本草经集注》作"上党郡在冀州西南，今魏国所献即是，形长而黄，状如防风，多润实而甘，俗用不入服，乃重百济者，形细而坚白，气味薄于上党。次用高丽，高丽即是辽东。形大而虚软，不及百济。百济今臣属高丽，高丽所献，兼有两种，止应责取之尔。实用并不及上党者……今近山亦有，但作之不好"。而《新修本草》则作出了更为明确而具体的说明："今潞州、平州、泽州、易州、檀州、箕州、幽州、妫州并出。盖以其山连亘相接，故皆有之也。"

唐代名医孙思邈同样十分重视药材的产地，其《备急千金要方·诸论·论用药》中即言："古之医者，自将采取，阴干、曝干，皆悉如法，用药必依土地，所以治十得九。今之医者，但知诊脉处方，不委采药时节。至于出处土地，新陈虚实，皆不悉，所以治十不得五六者，实由于此……凡草石药，皆须土地坚实，气味浓烈，不尔，治病不愈。"

《千金翼方》以当时的政治区划单位"道"为据，划分药材产地，成为后世道地药材之肇端。书中的《药录纂要·药出州土》篇言："论曰：按本草所出郡县皆是古名，今之学人卒寻而难晓，自圣唐开辟，四海无外，州县名目，事事惟新，所以须甄明即因土地名号，后之学人容易即知，其出药土地，凡一百三十三州，合五百一十九种，其余州土皆有不堪进御，故不繁录耳。"后文依次列举各处所出药材，如剑南道："益州：苎根、枇杷叶、黄环、郁金、姜黄、木兰、沙糖、蜀漆、百两金、薏苡、恒山、干姜、百部根、慎火草。眉州：巴豆。绵州：天雄、乌头、附子、乌喙、侧子、甘皮、巴戟天。资州：折伤木。嘉州：巴豆、紫葛。邛州：卖子木。泸州：蒟酱。茂州：升麻、羌活、金牙、芒硝、马齿矾、朴硝、大黄、雄黄、矾石、马牙硝。巂州：高良姜。松州、当州：并出当归。扶州：芎䓖。龙州：侧子、巴戟天、天雄、乌头、乌喙、附子。柘州：黄连。"

除医药著作外，唐代的政典、志书对药材的产地分布也多有记载。例如，《唐六典》

是一部关于唐代官制的行政法典，规定了唐代中央和地方国家机关的机构、编制、职责、人员、品位、待遇等。该书编纂过程中，曾由皇帝敕令对地方土产进行核实，并按当时的区划分别收载于书中，"其物产经不尽载，并具下注。旧额贡献，多非土物。或本处不产，而外处市供；或当土所宜，缘无额遂止。开元二十五年，敕令中书门下对朝集使随便条革，以为定准，故备存焉"，其中就包含了许多土贡药材。

《通典》是我国第一部典章制度专史，全书200卷，分为食货、选举、职官、礼、乐、兵、刑、州郡、边防九类。在其《食货·赋税下》中记载了唐代土贡药材的情况。对于贡品的数额，朝廷是有一定规定的："天下诸郡每年常贡，按令文，诸郡贡献皆尽当土所出，准绢为价，不得过五十疋，并以官物充市。所贡至薄，其物易供，圣朝恒制，在于斯矣。其有加于此数者，盖修令后续配，亦折租赋，不别征科。"《通典》中不只记载了进贡药材的品种，而且大部分都标有进贡的量。

《元和郡县图志》是我国现存最早的历史地理总志。书中以贞观十道为基础，各州府下皆设有"贡赋"一项，所载多为当地的土产，其中就含有大量的药材品类。

可见，唐代人们已经对中药材进行系统梳理，并加强了产地、数量、质量等方面的宏观管理，充分体现出社会经济因素对中药材的影响，以及人文社会因素对中药材产地和使用的影响。

五、宋金元时期

《本草衍义》也重视药材的产地，书中指出："凡用药必须择州土所宜者，则药力具，用之有据。如上党人参、川蜀当归、齐州半夏、华州细辛……若不推究厥理，治病徒费其功，终亦不能活人。"

1058年，宋朝政府进行了"全国药材大普查"，征集各州县所产药材标本及图形，并须注明开花结实、收集季节及功用等；进口药材则要求辨清来源，选出样品。全国150多个州县的标本和药图，被集中起来研究整理，这是我国历史上乃至世界药学史上的壮举。在此基础上，1061年编著了《本草图经》，共20卷，载药780种。在635种药名下共绘制了933幅药图，多数图名前冠有地名。《本草图经》的作者说："五方物产，风气异宜，名类既多，赝伪难别……况今医师所用，皆出市贾，市贾所得，盖自山野之人。随时采获，无复究其所从来。以此为疗，欲其中病，亦不远乎？"因此，《本草图经》"广药谱之未备，图地产之所宜"。

《用药法象》除进行药理阐发外，对于药材的产地、采收也非常重视，其云："凡药之昆虫草木，产之有地；根叶花实，采之有时。失其地，则性味少异矣；失其时，则性味不全矣。又况新陈之不同，精粗之不等，倘不择而用之，其不效者，医之过也。"

可见，宋金时期人们已经注重对基础数据和资料的收集整理，对药材产地、采收加工及优选等对药材质量的影响有了深入的认识。

六、明 代

《本草纲目》共52卷，载药1892种，全面总结了我国16世纪以前的医药学成就，包括药材的性味、主治、用药法别、产地、形态、采集、炮制、方剂配伍等。李时珍在长期实践的基础上，结合大量的文献考证，把植物分为草部、谷部、菜部、果部、木部五部，又把草部分为山草、芳草、溼草、毒草、蔓草、水草、石草、薹草、杂草九类。每每以"为胜""最胜""为上""为良""尤佳""最佳""为佳""为善""第一""为最""为冠""尤良""绝品"等词目标示药材的最佳产地。

《本草集要·出产收采藏蓄市买俱宜明辨》言："药品所产，各有风土之宜，必本《图经》取用，方能致效。人参生自上党，黄芪产于绵山，山药、地黄须珍怀庆，玄胡、苍术必羨茅山。舶上茴香坚且实，汉中防己大而圆。广木香、川当归随土著号，胡黄连、银柴胡因地擅名……百凡市肆买求，尤宜留神辨认，或非道地之真，则多莠苗相泥……精详细察，存乎其人。"

《本草蒙筌·总论·出产择地土》言："凡诸草本、昆虫，各有相宜地产。气味功力，自异寻常。谚云：一方风土养万民，是亦一方地土出方药也。摄生之士，宁几求真，多惮远路艰难，惟采近产充代。殊不知一种之药，远近虽生，亦有可相代用者，亦有不可代用者。可代者，以功力缓紧略殊，倘倍加犹足去病。不可代者，因气味纯驳大异，若妄饵反致损人。"

《本草品汇精要》中在标注药材产地的基础上专设"道地"条，指出在诸多产地中以何处为胜，最早标注了"道地产区"，以示其最佳出处。表明"道地"或"道地药材"在当时已然是较为成熟的概念或事物。

除本草著作外，方书中"道地"一词以其所表达的优质之义用于药材之前已经非常普遍。例如，《普济方·诸风门·大风癞病》："第二药神仙换肌丸：白附子（五两不蛀）、槟榔（五两）……大枫油（六两真正道地者）……"《脉症治方·补门·诸虚》："凡药，须择新鲜、真正道地者。"《证治心传·侍疾应知论》："医为人子，……药必躬自捡察，购买道地上品，煎时必亲自看视，逐味查对，防其错误……"《珍珠囊补遗药性赋·总赋·用药法》："古人用药，如羿之射的，不第谙其理，尤贵择其道地者制之尽善。不然，欲以滥恶之剂，冀其功效，虽扁鹊再起，其可得乎？"

除了笼统地要求药材必须"道地"以外，明代方书中还常常在某味药下明确标出须出自某地，或要求方中出现的大量药材都必须是道地之品。例如，《普济方·诸虚门·补遗诸虚》："大金液丹（出澹寮方）：硫黄（三斤水火鼎飞拣取一斤半）、鹿茸（真蜀地者十二两）……大附子（并真蜀地者各十二两炮去皮脐）、肉苁蓉（四斤真淮者）、川牛膝（真道地者八两）……"《奇效良方·风门》："羌活、细辛（各二钱）、草乌（半生半熟）、赤芍药、白芷（以上各一钱半）、当归、麝香、甘草，以上除麝香另研外，余药俱要道地好者，陈蛀者不用……"《滇南本草·苦马菜》："苦马菜（捣汁一小钟）、全秦归（三钱）、怀熟地（二钱）、杭芍（一钱）、怀生地（一钱五分）、浙麦冬（二钱）……水煎服。忌鱼、羊、煎炒热物……"《古今医统大全·中风门·药方·通治风证诸剂》："酒浸仙药方：……甘菊花、防风、羌活、杜仲、牡蛎……，上并择拣真正道地，为粗末……"

可见，在明代人们已经对中药材的产地、质量和功效间的关系有了深入的认识和了解，大量本草中涌现"道地"一词，"道地药材"逐渐成为优质药材的代名词。

七、清　代

清代"道地"一词已经广泛应用于本草、方剂、医案、医话等书籍之中，说明清代医家除了重视药材产地外，更加看重优质药材的产地。例如，《审视瑶函·凡例》："制法必须极工，用药料须择道地。若不拣择精良，以伪抵真，徒费工力，何能取效……"

《目经大成·制药用药论》："制药如理刑……用药如将兵……市医费力不继，辄采鲜卉应急，弗思药有道地，本草不录则名号不正，而道地奚自，纵合式非王道耳……"

《医学源流论·方药·药性变迁论》："古方所用之药，当时效验显著，而本草载其功用凿凿者，今依方施用，竟有应有不应，其故何哉？盖有数端焉。一则地气之殊也。当时初用之始，必有所产之地，此乃其本生之土，故气厚而力全。以后传种他方，则地气移而力薄矣。一则种类之异也。凡物之种类不一，古人所采，必至贵之种，后世相传，必择其易于繁衍者而种之，未必皆种之至贵者。物虽非伪，而种则殊矣。一则天生与人力之异也。当时所采，皆生于山谷之中，元气未泄，故得气独厚。今皆人功种植，既非山谷之真气，又加灌溉之功，则性平淡而薄劣矣。一则名实之讹也。当时药不市卖，皆医者自取而备之。迨其后有不常用之品，后人欲得而用之，寻求采访，或误以他物充之，或以别种代之，又肆中未备，以近似者欺人取利，此药遂失其真矣。"这段文字十分全面地论述了药材功效古今变化的四个原因，而事实上这也恰恰就是道地药材与非道地药材之间的本质区别。

可见，清代人们已经认识到野生和栽培药材、道地和非道地药材之间的区别，认识到产地、自然生态和人文社会环境等对药材的影响。

第二节　近代对中药产地的认识

随着近代（1840～1949年）中药材商品交换和商品经济的发展，大大促进了人类社会对中药资源利用能力和水平的提高，逐步形成了社会地域分工和生产专业化的区域，中药的社会属性在区划中的作用逐渐上升。1929年2月，民国政府通过了一项逐步取消中医的提案——《规定旧医登记原则》，这项提案虽然没有取缔中医，但是大大限制了中医的发展。近代关于中药的专著相对较少，但《药物出产辨》《中国药学大辞典》等代表性的著作，均有关于产地或道地产地的记载。

《药物出产辨》（陈仁山，1930），载药763种，主要记述每种药材的产地及优劣等。该书载药物产地详细，是近代颇有特色的中药文献。书中对从国外引种和驯化成功的生产实践活动也进行了介绍，如"木香产印度、叙利亚等处"，木香在云南丽江引种成功后，成为道地药材"云木香"；通过古丝绸之路传入我国的胡桃、胡椒、红花等。

《中国药学大辞典》（陈存仁，1935），收药目4300条，每种药材分别介绍了命名、古籍别名、产地、形态等21项内容；第11项产地，"乃详述其生产之地，并说明以何省何处为最道地"。

以上说明近现代对中药材的产地依然非常重视。

第三节　现代的中药区划

中华人民共和国成立后（1949年至今），经历了两个不同的社会经济发展时期：①计划经济时期，国家通过计划，实现资源高度集中统一配置；②市场经济时期，政府实行宏观调控，以市场为基础进行资源配置。不同时期对资源和生产力要素的生产及配置方式不同，作为反映客观地域分异规律和中药地域分工的中药区划，也随着社会历史的发展而发展。这是中国社会主义特色医药卫生事业发展和人类保健康复的需要，也是中华人民共和国成立以来中药材生产实践经验总结的一部分。

关于中药区划的研究始于20世纪90年代，主要从中药资源及其所在的生态环境等方面进行了不同程度的研究。经过20多年的发展，中药区划研究取得了可喜的成就。但由于中药区划研究尚处于学科发展的初级阶段，中药区划的整体研究工作尚在发展中。随着人们对中药材开发和利用程度的不断深入，新时期对中药区划研究提出了新的要求，并赋予了中药区划新的研究内容和历史使命。

一、以道地或主产区为代表的区划

当代学者在继承历史本草研究成果的基础上，以中药资源为研究对象，进一步挖掘中药资源和道地药材的相关理论，并进行中药区域划分。

《中国道地药材》（胡世林，1989）为道地药材区域划分的代表性著作，根据159种道地药材产区所在地，将我国道地药材分为川药、广药、云药、贵药、怀药、浙药、关药、北药、西药和南药共十大区。

20世纪80年代，以第三次全国中药资源普查为基础编著的《中国中药区划》（1995年），明确提出"中药区划"的概念。《中国中药区划》从大尺度、多品种角度，以全国范围内的中药资源和中药材生产地域系统为研究对象，进行了全国范围的中药区划，并在各省（自治区、直辖市）中药材生产实践中不断应用与发展。《中国中药区划》首次以我国的自然条件、社会经济技术条件与中药材生产的特点为依据，在研究总结中药资源分布规律、区域优势和发展潜力的基础上，将我国的中药资源划分为东北寒温带、中温带野生、家生中药区，华北暖温带家生、野生中药区，华东北亚热带、中亚热带家生、野生中药区，西南北亚热带、中亚热带家生、野生中药区，华南南亚热带、北亚热带家生、野生中药区，西北中温带、暖温带野生中药区，内蒙古中温带野生中药区，青藏高原野生中药区和海洋区，共9个一级区、28个二级区，并提出了各区中药资源保护、发展方向、途径和措施。《中国中药区划》从分析影响中药资源分布的自然和社会因素入手，以道地药材为主，选择具有明显区域分布特色的28种野生植物类、40种家种植物类、8种动物类、3种海洋生物类、4种矿物类中药，进行适宜区分析。

秦松云等（1997）根据208种道地药材的分布，将我国道地药材分为：东北区、华北区、西北区、华东区、西南区、华南区、内蒙古区和青藏高原区，共8个大区。

二、以生态环境相似度为代表的区划

随着人类社会的发展，生态环境问题对经济、社会发展的制约越来越受到重视，如何从生态系统的角度服务和促进中药材种植的发展？如何把生态系统研究成果应用于中药材生产？如何科学地规划、保护中药资源，在人工栽培过程中保持药材的道地性？等等一系列课题需要深入研究。

2004年，由中国中医科学院中药研究所中药资源中心牵头，成立了中国生态学会中药资源生态专业委员会。对解决中药资源生态学研究中的难点、热点问题，大力开展道地药材的研究，具有积极的意义。成立大会上郭兰萍研究员关于"基于GIS的苍术道地药材最优生境分析"研究成果的报告，代表着以生态适宜性为主的区划研究工作拉开了序幕，行业内开始了以生态适宜性为代表的区划研究工作。

随后该课题组建立了"道地药材空间分析数据库系统"，以"3S"技术（地理信息系统、遥感技术及全球定位系统）为核心，融合气候、植被、土壤、地形等生态环境数据，服务道地药材生态适宜性区划工作，在促使我国中药材产地适宜性分析和区划建设方面取得了重要突破。目前，行业内陆续开展了黄芩（陈士林等，2007）、青蒿（张小波等，2008）等道地药材的生态适宜性区划研究。《中药材生态适宜性区划》（陈士林，2011）对210种中药材收集提炼了地理分布、生物学特性、生态因子值等信息，进行了产地生态适宜性分析和研究。

三、以中药材品质和生产为代表的区划

随着人工种植中药材规模和范围的不断扩大，中药材的工农业生产对中药区划工作提出了新的要求。结合第四次全国中药资源普查（试点）工作，由中国中医科学院中药资源中心牵头，中国医学科学院药用植物研究所云南分所和海南分所、云南省农业科学院药用植物研究所、湖北中医药大学、新疆维吾尔自治区中药民族药研究所、江西中医药大学、安徽中医药大学、长春中医药大学、宁夏回族自治区药品检验所、广西药用植物园、内蒙古科技大学包头医学院、河北医科大学中医学院、河南中医药大学、甘肃中医药大学、南京中医药大学、贵阳中医学院、江苏大学药学院、中国测绘科学研究院等20家单位参与，组成联合项目组开展"中药材生产区划研究"。主要以中药资源及其所在的自然环境和社会经济环境为研究对象，综合考虑中药材分布、数量、品质和生产需要进行区划研究。

相关研究主要基于第四次全国中药资源普查（试点）工作，通过实地调查获取中药材样品、生物量、品质等方面的数据；基于全国植被数据、数字高程模型（DEM）数据、气候数据等自然生态环境方面的基础数据；基于全国行政区划、土地利用等社会经济方面的基础数据；综合药材、自然和社会3个方面的因素建立区划指标体系；在SPSS、R等统计分析软件，ArcGIS等空间分析软件的支持下，采用定性分析、统计分析、最大信息熵模型、模糊物元模型等方法，分析药材空间分布特征，构建生长指标、品质指标与环境因子之间的关系模型，开展中药材分布、生长、品质和生产区划研究，同时提出中

药材种植基地选址最优方案、发展规划建议等。

重点开展了苍术、青蒿、赤芍、地黄、三叶木通、马尾松、头花蓼、白术、太子参、羌活、桃儿七、肉苁蓉、冬虫夏草、当归、薄荷、黄连、秦艽、栀子、罗布麻、川贝母、艾纳香、猪苓、山豆根、甘草、枸杞、五味子、红花、黄精、罗汉果、连翘、厚朴、三七、砂仁、大叶钩藤、姜黄、沉香等多种药材的分布、生长、质量和生产区划研究（黄璐琦，2016），相关研究具体结果见本书第五部分。

综上可以看出：以道地和主产区为代表的区划，多基于药材的药用属性，以定性的方式进行区划；以生境相似度为代表的区划，多基于药材的道地产区和自然生态环境因素，以定性或定量的方式进行区划；以品质和生产为代表的区划，综合考虑药材的药用属性、自然生态和社会经济的综合特性，通过定性和定量相结合的方式进行区划。

参 考 文 献

陈存仁.1935.中国药学大辞典[M].上海：世界书局.

陈仁山.1930.药物出产辨[M].广州：广东中医药专门学校.

陈士林，魏淑秋，兰进，等.2007.黄芩在中国适生地分析及其数值区划研究[J].中草药，2：254-257.

陈士林.2011.中药材生态适宜性区划[M].北京：科学出版社.

郭兰萍，黄璐琦，蒋有绪，等.2007.影响苍术挥发油组分的气候主导因子及气候适宜性区划研究[J].中国中药杂志，（10）：888-893.

郭兰萍，黄璐琦，阎洪，等.2005.基于地理信息系统的苍术道地药材气候生态特征研究[J].中国中药杂志，8：565-569.

胡世林.1989.中国道地药材[M].哈尔滨：黑龙江科学技术出版社.

黄璐琦.2016.中药区划专题编者按[J].中国中药杂志，17：3113-3114.

秦松云，肖小河，李隆云，等.1997.道地药材分布特点的研究[J].资源开发与市场，6：261-264.

张小波，郭兰萍，韦霄，等.2008.广西青蒿种植气候适宜性等级区划研究[J].中国中药杂志，33（15）：1794-1479.

赵九洲.2010.《范子计然》成书时间考[J].农业考古，（4）：364-370.

中国药材公司.1995.中国中药区划[M].北京：科学出版社.

第二章
中药区划基础理论

本章概要介绍中药区划相关的理论，以及其在中药区划中的主要应用范围；重点介绍中药区划的概念、意义、原则和方法等基础理论。

第一节　中药区划简介

一、中药区划的定义

20世纪80年代，在进行第三次全国中药资源普查成果整理的过程中，编著了《中国中药区划》（1995年），最早提出了中药区划的概念。综观我国中药区划相关研究，不同文献对中药区划有不同的理解。《中国中药区划》（1995年）认为：中药区划是在中药资源调查的基础上，正确评价影响中药资源开发和中药生产的自然条件及社会经济条件的特点，揭示中药资源与中药生产的地域分异规律，按区内相似性和区际差异性划分不同级别的中药区，明确各区开发中药资源和发展中药生产的优势及其地域性特点，提出生产发展方向和建设途径。也有学者认为：中药区划是以中药生产及其自然资源为对象，从自然、社会经济、技术角度，进行生态环境、地理分布、区域特征、历史成因、时间空间变化、区域分异规律，以及与中药数量、质量相关因素等综合研究，按区间差异性和区内相似性加以分区划片，以充分利用各区自然资源及社会经济资源，发挥优势、扬长避短、因地制宜地发展中药生产及合理开发利用与保护中药资源，为中药生产的合理布局、发展规划及中药资源的总体开发与保护提供科学依据（冉懋雄，1992）。或认为中药区划是对特定环境下药材的适生性进行评价，并以适当的方式表示出来，它是中药材引种栽培适生地选择的基本策略和依据（郭兰萍等，2008）。根据自然地理区划及相关区划定义，将中药区划定义为："中药区划是研究中药及其地域系统的空间分异规律，并按照这种空间差异性和规律性对其进行区域划分"（张小波等，2010）。本书暂以相关领域关于区划的定义模式，进行中药区划的定义，即中药区划是研究中药及其地域系统的空间分异规律，并按照这种空间差异性和规律性对其进行区域划分。

中药区划的核心是明确中药及其地域系统的空间分异规律，并清晰地域分异的区域范围和边界。中药区划是区域之间中药资源禀赋特征，中药资源开发利用地域分异规律、中药产业发展地域分工在地图上的反映，也是中药生产历史演进过程在空间上的表现形式。

二、中药区划的目的

根据中药区划的定义可知,在宏观层面中药区划的目的可以概括为"研究中药的空间分异规律""研究中药所在地域系统的空间分异规律""依据中药的空间差异性和规律性,对其进行区域划分""依据中药所在地域系统的空间差异性和规律性,对其进行区域划分",即中药区划的目的是明确空间差异性,并进行区域划分,为中药相关生产实践活动提供依据和服务。

三、中药区划的对象

能表征中药空间分异规律和对中药空间分异有影响的因素均可作为区划对象。中药区划的对象可以分为中药自身,以及其所在的自然生态系统、社会经济系统和地域系统四大类。

中药是指在中医理论指导下,进行采集、炮制、制剂等方式获得,用于预防、治疗疾病,具有康复与保健作用物质的统称。中药主要来源于天然药及其加工品,包括植物药、动物药、矿物药,以及部分化学、生物制品,统称为中药资源;中药的产品形式主要有中药材、中药饮片、中成药和配方颗粒等。因此,按照中药资源类型,中药区划的对象可分为植物药、动物药、矿物药、化学、生物制品等其他。按照中药的产品形式,中药区划的对象可分为中药材、中药饮片、中成药和配方颗粒等。

自然生态系统是指在一定时间和空间范围内,生物与环境构成的统一整体,在这个统一整体中,生物与环境之间相互影响、相互制约,依靠自然调节能力维持的、在一定时期内处于相对稳定的动态平衡状态。自然生态系统,为药用生物资源的生存提供生命支持系统。按照自然生态系统的组成,区划的对象可分为气候、土壤、生物、地形等。

社会经济系统是指在一定时间和空间范围内,人与自然之间构成的统一整体,是一个以人为核心,涉及人类活动的各个方面和生存环境的诸多复杂因素的巨系统。它与自然生态系统的根本区别是社会经济系统中存在决策环节,人的主观意识对该系统具有极大的影响。社会经济系统,包括社会、经济、教育、科学技术等领域。按照社会经济系统的组成,以及对中药有影响的主要内容,中药区划的对象可分为医疗卫生、经济、科技、教育条件等。

地域系统(territorial system)是指特定地域内药地关系系统相互联系、相互作用而形成的动态结构。以地理单位为基础,研究对象包括中药自身,所在的自然生态系统、社会经济系统,以及它们之间的相关关系和作用。

四、中药区划的指标

根据中药区划的对象,参照农业、地理学区划指标选取的经验,可将区划指标划分为中药自身、自然生态和社会经济3个方面。

(1)中药自身方面的区划指标,可以分为:①中药资源的种类、分布、数量(蕴藏量、生物量）、品质等。其中，中药资源的种类，可以反映区域内可药用资源种类的丰富度；某种中药资源的分布，可以反映该种资源的空间分布广泛程度、区域间的有无情况；某种中药资源的数量，可以反映该种资源的可开发利用程度、区域间的多少情况；某种中药资源的品质、数量（蕴藏量、生物量）、质量、价格等。②中药产品的种类、分布、数量（产量）、质量、价格等。中药产品的种类，可以反映区域内中药产品的多样性；某种中药产品的分布，可以反映该种中药产品的社会利用广泛程度、区域间的有无情况；某种中药产品的数量，可以反映该种中药产品的生产能力、区域间的多少情况；某种中药产品的质量，可以反映该种中药产品的利用价值、优劣情况等。

（2）自然生态方面的区划指标，主要用于辅助进行中药资源和生态环境关系研究及区划制图，主要包括：①气候指标。温度、湿度、降水量、日照时数、风速、气压等，反映气候类型、分布和数值等的指标。②土壤指标。土壤能力、性状、成分、酸碱性等，反映土壤类型、分布和数据等的指标。③生物指标。植被的类型、空间分布、结构和功能，微生物等，反映与中药资源相关的生物种类、分布和数量等的指标。④地形指标。海拔、坡度、坡向等，反映地形地貌特征的指标。

（3）社会经济方面的区划指标，主要用于辅助进行中药资源、中药产品和社会经济环境关系研究，主要包括：①中药产业指标。中医医疗机构数量、服务能力，中药生产企业数量、产值等，能反映区域内医药产业或中药产业发展的指标。②社会经济指标。包括人口总量、土地利用状况、国民经济总产值、交通状况、政策法规等，反映区域内促进或制约中药相关发展的指标。③科技指标。中药材种植养殖技术、加工炮制技术、研究机构、科研人数和水平等，反映区域内科技水平的指标。

五、中药区划的尺度

尺度是个广泛使用的术语，是理解地表系统复杂性的关键。尺度大小和空间现象在本质上有内在的联系，地理实体或现象的空间分布模式，往往呈现出一定的尺度依赖性。尺度也是研究客体或过程现象的空间维和时间维，标志着对研究对象的详细水平。空间格局和时间过程是尺度大小的函数，尺度增大时，非线性特征下降，线性特征增强。也就是说随着尺度增大，空间异质性将会降低，其间的很多细节将会被忽略，因此在大尺度上比较多地关注于空间现象或事物的整体特性。尺度减小，空间异质性增强，对细节的关注会更多，因此在小尺度上较多地关注于空间现象或事物的局部特性。

由于地表系统本身的等级结构特性，不同研究目的（不同空间现象或过程）所需要的尺度不同，尺度问题是由研究者主观感知的详细程度差异引起的。尺度在不同的领域有不同的内涵，Lam等定义了4种与空间现象有关的尺度：制图尺度或地图尺度，指地图比例尺尺度；观测尺度或地理尺度，即研究区域的空间扩展；量测尺度或分辨率，指空间数据集中最小的可区分部分；运行尺度或操作尺度，指地学现象发生的空间环境范围（明冬萍等，2008）。在地理学中一般把区域划分为国际尺度、国家尺度、地带尺度、省域尺度和市县尺度等层次，中药区划也可以按此进行尺度划分。

尺度与所研究对象的内在特征和目标有关，研究格局和不同结构等级之间的关系，对理解尺度和空间问题是非常有帮助的。从空间层级来看，由于许多空间现象（如空间分异、空间关联、空间辐射等）发生于不同层级的空间单元，有些是超越研究区域或跨行政区划的。在某一尺度上发生的空间现象，总结出的原理、规律或特性，在另一种尺度上不一定存在或发生变化；在一个空间尺度上是同质的现象到另一个空间尺度就可能是异质的。只有基于尺度研究和解决空间问题，在不同尺度下对结果进行修正和完善，才能真正揭示各类地理对象或现象空间分布的客观规律。

由于中药区划的研究对象多样，区划目的及所用指标不同，区划尺度对区划结果具有一定的影响。中药来源广泛，有些中药资源的分布范围较广，遍布全球各地，可能需要在较大的尺度上进行区划研究；有些中药资源分布范围较窄，仅在某几个县域分布，则需要在较小的尺度上进行区划研究。同时受基础数据和研究资料的限制，在国家尺度、地带尺度、省域尺度和市县尺度上进行中药区划研究，更容易获取宏观层面的现象和规律；由于中药材种植和生产实践活动较为分散、面积相对较小，在县域以下的尺度，如乡（镇）、村，或地块尺度的区划，对中药材种植活动具有指导意义。

六、中药区划的分类

（一）按区划对象分类

依据区划对象的不同，中药区划可分为中药资源区划、中药产品区划，与中药相关的自然生态、社会经济适宜性区划，综合区划五大类。

（1）中药资源区划。以一种或几种药用资源为研究对象，依据对区域间药用资源的有无、数量的多少、品质的优劣、药材产量的高低等情况，可以分为中药资源的分布区划、生长区划、品质区划和生产区划等。

（2）中药产品区划。以一种或几种中药产品（中药材、中成药、中药饮片等）为研究对象，依据对区域间中药产品的有无、数量的多少、质量的优劣等情况，可以分为中药产品的分布区划、生产区划、质量区划等。

（3）自然生态区划。以与中药（中药资源、中药产品）相关的某一方面或某个自然生态环境因子为对象，依据中药和自然生态环境因子之间的关系，对各类生态环境因子进行区域划分，划分出适宜中药分布、生长和生产等的生态环境区，统称为生态适宜性区划。按照区划选择的自然生态环境因子不同，可以划分不同的生态适宜性区划，如气候适宜性区划、地形适宜性区划、土壤适宜性区划等。

（4）社会经济区划。以与中药（中药资源、中药产品）相关的某一方面或某个社会经济环境因子为对象，依据中药和社会经济环境因子之间的关系，对各类社会经济环境因子进行区域划分，划分出适宜发展中药相关产业和活动的区域，统称为社会经济适宜性区划。按照区划选择的社会经济环境因子不同，可以划分不同的社会经济适宜性区划，如政策适宜性区划、交通适宜性区划、科技适宜性区划等。

（5）综合区划。中药综合区划是各类中药资源、中药产品和外部环境因素区划的高度区域综合。主要以研究区域内所有中药资源或产品，以及其所在的地域系统为研究对象，依据区域间资源整体的丰富程度、特殊功能等方面的差异性和相似性进行区域划分。可分为中药资源区划、功能区划等不同类型。

（二）按区划思路分类

依据区划思路方法的差异，中药区划可分为区域区划和类型区划。

（1）区域区划的思路是：根据一定的目的和要求，按照相似性原则，将相似的地理单位合并；按照差异性原则，将差异性较大的地理单元分割；将整个区域划分成不同的子集，再根据等级性原则对各个子集进行逐级细分。区域区划是"自下而上"的区划。

（2）类型区划的思路是：根据一定的目的和要求，先划分区域内具有相同特征的类型，再对每种类型进行定性描述和指标确定，从而形成不同的类型。类型区划是"自上而下"的区划。

我国疆域宽广，从地形、气候、人文、经济和政治等不同角度分析，有多种多样的地理区域，各种地理区域类型可以划分为自然带、亚地带、自然大区、自然区等。根据各地的地理位置、自然和人文地理特点不同，可以把我国划分为多种类型区。从各个时代、研究重点、综合性与可比性等方面考虑，存在多种多样的划分方式，每种方式的主题和重点各不相同。区域划分首先是把全国国土作为一个整体，再按照其特点划分不同的类型区域，以便进行地理、气候、经济和行政管理等方面的研究和管理。

七、中药区划的原则

中药区划原则既是进行中药区划的指导思想，又是选取中药区划指标、建立中药区划等级体系、进行区域划分的依据。中药除了自然属性和社会属性外，主要是"药用"属性，因此，中药区划需要充分利用相关领域区划研究成果，除遵从相关领域区划的一般原则外，更主要的是遵从"药用"原则。

（一）优质性原则

中药材人工生产活动中，药材的产量和质量通常是矛盾的，产量高的区域未必质量好，质量好的区域产量未必高。这是由于次生代谢产物在逆境条件下更容易积累，生物量在逆境条件下不容易积累（黄璐琦和郭兰萍，2007）。中药材生产的主要目的是为临床用药提供充足的原料药材，中药材生产者的主要目的是在高产的基础上实现最大经济效益。中药材品质好坏主要取决于有效成分的含量、加工技术、用途和产地等。中药材原料生产，药用动、植物引种驯化等工作的成功与否，关键在于是否能保证其药用价值，优质药材需要时间和环境等方面的沉淀，才能满足临床需要。由上述可知按药用价值进行地理分区是中药区划的特点。

突出药用价值是中药区划需要遵循的基本原则，也是中药区划与自然生态区划、农业区划等的本质差别。因此，在进行中药区划时必须遵循"药用优先"的原则，即中药材的优质性原则（或道地性原则），其次是遵循药材的高产性原则。

（二）差异性原则

中药资源的种类、数量和品质等，与自然生态环境密切相关，自然生态环境是药用资源形成和存在的客观基础。中药资源种类、数量和质量等在地域间存在明显的差异性，主要表现在，受水热条件影响的经度地带性、纬度地带性，受地形影响的垂直地带性，受局部生境影响的地方性和局部地域分异，等等。中药产品的价格、市场范围、开发利用能力和技术水平，以及生产活动中存在的问题等，与区域内社会经济活动发展水平密切相关。

区域之间自然生态环境、社会经济环境和中药资源存在较大的差异性，地域分异规律普遍存在于自然生态和社会经济环境中。因此，在进行中药区划时，必须区分地域间中药的特性、主导生态系统类型和社会经济环境特征等的差异性，区划结果需要能明显的展示出中药（或某方面的特征）在区域之间的差异性。由于区划单元空间位置的不可重复性，决定了区划结果存在区域共轭性特征，一般要求划分结果不重复、不包含、不遗漏。

（三）相似性原则

在划分区域单元时，必须注意区域单元内部特征的一致性。这种一致性是相对的一致性，也称为相似性。中药区划的相似性是指在一定区域范围内，中药在某个或某些方面具有相似性。只有保持相似性才能尽可能客观地反映区域内中药的基本特征，明确与中药相关生产实践活动具体的空间范围。

相似性主要包括区划单元内部中药特性、自然生态、社会条件、行政区划等基本保持一致。其中，与中药相关特性的相似性，有助于明确相关生产实践活动中存在的共性问题及发展方向与途径等。自然生态环境条件的相似性，有利于明确区域间中药材质量的差异性；引种地与原产地生态环境相似是保证药材质量相似的有效途径。社会经济条件的相似性，有利于明确区域间中药生产、发展方向的差异性；行政区划的相似性有利于明确管理工作的主体范围，提出相关问题解决办法，促进相关政策规划的组织实施。

（四）实用性原则

中药区划的目的是为了科学地指导中药材的农业、工业和商业活动的生产实践，从而实现中药产业的合理布局，以及中药资源的可持续利用。随着社会经济、技术水平的提高，人类对自然条件的依赖程度越来越小，利用资源、改造自然的能力越来越强。一般来说，自然条件对野生资源分布、数量和质量等的影响较大，对中药材的人工种植（养殖）也有一定影响。人文社会经济条件，对中药材的工业化生产和贸易等方面的影响较大，中药材生产实践活动只能利用自然、适应自然，不能违反自然规律、破坏生态平衡。中药区划必须尊重客观实际，尊重客观规律，区划结果实事求是地反映客观规律，区划结果才更有实际意义。因此，中药区划必须从客观实际出发遵循实用性原则，从而为正确选建优质中药材商品生产基地，以及基地的合理布局、资源的可持续利用等提供科学依据。

（五）整体性原则

中药同时具有"药用""自然"和"社会"3个方面的属性，中药区划是一项综合性强的研究工作，需要有整体观念，从多个角度对问题进行全面观察、综合研究，得出的区划结果才能比较符合实际。但随着区域发展基础、资源环境承载能力、在区域中的地位等因素发生变化，区划结果也要有相应的调整和变化。因此，中药区划工作需要在空间上整体考虑。

中药区划结果是为生产实践服务的，需要在继承过去工作的基础上，分析现阶段的优劣形式和特征，并科学地规划和预测将来的发展远景。正确指出一定时期内中药材产业发展的方向和途径，需要站得高、望得远，抓住战略性根本性问题，从长远着眼考虑问题，从当前问题出发解决问题。因此，中药区划工作需要在时间上整体考虑。

中药区划涉及中药生产全产业链，包括农业、工业和商业等各个环节，是一项大的协作性工作，需要多学科交叉、联合开展，才能显示出其在科学研究中应有的作用。因此，中药区划工作需要在中药产业上整体考虑。

八、中药区划的方法

由于区划类型、研究目的和对象各异，需要用不同的技术方法进行区划研究。近年来随着中药区划研究的不断深入，中药区划方法逐步由定性分析向定量分析，以及定性和定量分析相结合、专家集成与模型定量相结合的方向发展。近年来出现的一些新技术、新方法的不断创新发展，为中药区划提供了支持，使得区划工作从过去多凭经验和主观判断，向更准确和直接反映客观实际方面发展。在传统方法的基础上采用空间统计分析、地理信息系统（GIS）、遥感分析等现代技术和手段相结合的中药区划方法，将成为今后一段时期中药区划研究采用的主要方法。

（一）定性描述法

定性描述法是根据调查研究和专家经验，以药材的分布、数量和质量等为依据进行区划的方法。区划方案多采用集成各专家经验和意见，根据药材基原的生物特性与生态环境的吻合程度，以及各区域内药物的数量和质量，对中药资源的地理分布进行的定性描述。本草文献中关于中药材产地的描述，多为定性描述。例如，分布于森林边缘，分布于某省，分布于石山等；某省盛产或优质等。

定性描述是在对中药资源分布情况进行实地调查研究的基础上进行的，对于所研究药材及其生境特点、生态条件等方面的辅助资料有限的情况下，该方法较为适用。用定性描述方法形成的区划结果，一般建立在概念空间上，区划结果没有明显的空间界限，区划方案图较粗糙，虽在较大尺度上较为实用，却在一定程度上限制了其在小尺度上对生产实践的指导作用。

（二）构建模板法

构建模板法（或模板模式）是以固有的道地产区（或最优区域）为最优模板，采用简单的空间渐变模型完成整个区划，区划过程简单明了。构建模板法，主要用于具有明确的道地产区或药材生境特征已经明确的情况，主要对区域内自然生态环境的分布情况进行区划。由于区划指标选取和指标大小范围主要是人为确定的，因此"模板模式"要求操作者有良好的专业背景，能全面掌握区划对象本底资料，才能制作出与客观实际接近的区划图。

1. 模糊数学方法

基于模糊数学（或称数值分析）进行的中药区划，是以药材的道地或主产区的生态因子为依据，通过将区划范围内的点状数据转化为面状数据，再以道地产区或主产区的生境特征为标准，通过对不同地区生态因子与道地产区（或主产区）生态因子的相似程度比较，依据区域内生态条件与道地产区的相似程度，根据相似度大小进行区域划分。由于模糊数学方法运算较为复杂，模糊数学（或称为数值分析）中大量的计算过程是由计算机来完成的，加之划分标准和依据需要人为确定，因此其准确性和实用性受到一定限制。

2. 生态位模型

生态位模型是利用研究对象已知的分布数据和环境数据，基于可获取有限的物种分布点位信息及其所关联的环境信息，判断物种生态需求，并将结果反映在不同的空间中，用来预测物种潜在的分布范围。

生态位模型中常用的是最大熵模型，信息熵是对信息的度量，熵可以解释为不确定性。信息增加，熵减少。2006年，S. J. Phillips等基于生态位理论，考虑气候、海拔、植被等环境因子，用最大熵原理作为统计推断工具，构建了最大熵模型或Maxent模型（Phillips et al., 2006）。Maxent模型是基于生态位原理建立的生态位模型，以物种在已知分布区的信息及目标区的环境变量为基础，通过比较该物种在已知分布区的生态环境变量来确定其占有的生态位，通过数学模型模拟该物种的适生性，再对目标区域其他栅格点的环境数据进行计算，得出该栅格点物种存在的概率值，判断所预测物种是否有分布，再投影到地理空间中，预测物种的潜在地理分布情况。

一个物种在没有任何约束条件的情况下，会尽最大可能地扩散蔓延，接近均匀分布。物种空间分布的建模分两种情形：一种是已知某物种明确的分布区与非分布区时，在地理尺度上预测该物种的空间分布比较容易；另一种是只知道某物种出现的一些地区，并不确定其非分布区时，在地理尺度上预测该物种的分布会比较困难。Maxent模型在农作物适宜区预测、动物潜在生境评价、外来入侵物种风险评估和药用植物潜在生境分布中得到广泛应用并取得了良好效果。

3. 模糊物元模型

物元分析法是蔡文于1983年创立的，用于研究解决矛盾或不相容问题的方法，也是一种在考虑多目标决策前提下处理几种特性的评价方法，是思维科学、系统科学和数学的交叉边缘学科，主要用来对多元评价指标体系进行客观评估。目的在于通过建立的物元模型，实现由定性到定量的描述和转换，把人解决问题的过程形式化，适用于定性、定量相结合的多指标量化问题。物元分析法与模糊理论相结合构成模糊物元模型，可以解决多指标评价过程中的模糊性和不确定性，物元分析中事物的名称、特征和量值就构成了物元的3要素（李慧和周铁成，2015）。

模糊物元模型，主要用"隶属度"表示。隶属度指各单项指标所对应的模糊量值从属于标准方案各评价指标所对应模糊量值的隶属程度。对于方案评价来说，各评价指标特征值有的是越小越优，有的是越大越优，从优隶属度一般取正值。

在模糊集合中，0表示一个属性与模糊集完全没有隶属关系（不适宜）。1表示一个属性与模糊集存在完全的隶属关系（完全适宜）。利用拟合曲线对分析的指标进行隶属函数的选取和参数估计，供选择的隶属函数有多种。

（三）构建模型法

1. 质量关系模型

质量关系模型是基于中药材指标成分（点状）与生态环境因子之间的关系，利用面状生态环境数据反衍区域内中药材指标成分的方法。

构建模型法，主要用于药材质量评价标准明确的中药材品质区划和产量区划。该方法首先需要通过调查研究来获取相关资料：包括药材生长、产量和有效成分的积累状况等相关数据，并在同一时期观测分析生态环境条件数据。其次通过对这两种资料的统计分析（相关分析、聚类分析、主成分分析、回归分析等），分析中药材质量和数量与不同生态要素间的关系，构建关系模型。在明确各地中药材所在地的生境特征、中药材与环境因子之间的关系模型后，应用GIS技术根据模型进行空间计算，获得最终区划结果，并将结果以地图的形式输出。

该方法要求有大量的调查和基础数据做基础，因此能较好地反映药材与环境之间的关系。"构建模型"的方法是以统计分析所建立的相关模型为区划依据，整个分析过程中人为因素少，但建模过程较复杂。

由于以统计分析所建立的模型为依据的区划，区划的结果较客观，但建模过程较复杂，而且模型的质量及使用直接影响整个区划的质量，因此，要求操作者对模型有较好的理解、分析能力。采用此模式的前提是要求研究对象的评价标准已建立或至少可建立。操作者如果对此缺少理解，可能会在建模指标的选择上无所适从或发生失误。

2. 空间插值法

空间插值是将点状数据转换为曲面数据的一种方法。其理论基础是，空间上距离较近的点比距离较远的点其特征值具有更大的相似性，即空间数据的自相关性。根据空间数据的自相关性，可以利用已知样点的数据对任意未知点的数据进行预测，并将离散点的测量数据转换为连续的数据曲面。其特点是只根据插值要素自身的空间分布特征拟合生成函数方程，方程中只包含自身的特征值和地理位置，而不包含其他地理要素。利用空间插值方法衍生出的曲面数据，来代替真实的数据会存在一定误差，应用插值数据进行区划时应根据区划区域的大小选择合适的数学模型对插值结果进行拟合和修正。

3. 投入产出法

1936年，美国经济学家列昂捷夫（W. Lenoneief）发表了《美国经济体系中的投入产出的数量关系》一文，提出了投入产出分析方法。投入产出分析是分析特定经济系统内投入与产出间数量依存关系的原理和方法，反映经济系统中各个部门之间的相互关系。

投入产出分析，主要是通过编制投入产出表，运用线性代数工具建立数学模型，揭示国民经济各部门、再生产各环节之间的内在联系，并据此进行经济分析、预测和安排预算计划。把国民经济作为一个有机整体，综合研究各个具体部门之间的数量关系。投入产出法可以较好地了解国民经济的全局和局部关系，确定每个具体部门产品的生产和分配，成为计划和预测的一种重要工具，20 世纪 60 年代以来，地理学家广泛地将其应用于区域产业构成分析、区域相互作用分析、资源利用和环境保护研究等方面。

（四）其他区划方法

1. Dobson 筛除算法

Dobson 筛除算法是一种用于确定物种多样性分布热点地区的方法，可以指导保护区的规划与布局（陈阳等，2002）。每次选中含有物种数最多的县市，然后删除该县市所含有的所有物种，再按物种数从多到少重新排序，再选中位序最高的县市并重复前面的步骤直至所有物种均被删除。如果物种数相同，优先选择面积较小的县，这样就可以找到保护所有物种所需最少的县市。针对包含剩余物种数相同的县域，依据保护基本原则，即"用最小面积保护尽可能多的物种"，优先选取面积较小的县域。一般地，根据这种算法，当所排除的物种数超过总物种数的 80% 时，所有被选中的县即为热点地区。这些热点地区可作为生物多样性保护的优先考虑区域。

Dobson 筛除算法主要用在较大尺度上快速识别区域内生物多样性优先保护区的研究和规划实践中，但由于该方法不考虑物种实际生境，假定全县范围内均为其所分布，只能反映珍稀濒危药用植物的地理集聚程度，不能直接确定和度量其实际保护地的大小。因此，在珍稀濒危药用植物保护区划的实践中，应综合考虑现有的人力、财力、物力等条件，在 Dobson 筛除算法结果的指导下，结合实地调查情况，确定具体的优先保护区域。

2. 基于遥感数据的区划方法

基于遥感数据的区划方法的基本思路是：通过野外调查获取中药资源信息，利用卫星遥感图像获取资源所在区域的生境信息（如地形地貌、植被群落、土地利用状况等）；辅以气象站的点状数据和数字高程模型生成区划范围内的曲面气候数据；构建中药资源与外部环境之间的关系模型；依据关系模型和各要素的空间分异规律对其进行区域划分。或者直接通过遥感数据提取，目标区域进行区划结果图制作。

遥感数据在中药区划中的应用能明显提高区划的效率和精度，在大比例尺遥感数据支持下，区划精度可达到地块级，可以突破其他区划方法以点代面的不足。良好的专业知识、踏实的实践调查及对研究对象的全面了解，都是确保区划质量的前提。同时，充分利用专家经验对模型进行修正，对保证区划结果的可靠性起到重要作用。

九、中药区划的结果

中药区划可以简单概括为，根据不同的区划目的和对象，构建具体的区划指标体系，依据相关的理论基础及相应的原则，选取适当的区划方法，对研究对象进行区域划分。如图2-1所示。

用公式表示为：$Q=F(A, O, I, P, M)$。式中，A为中药区划研究的目的；O为区划研究的对象；I为区划研究的指标体系；P为区划研究遵循的原则；M为区划研究采用的方法；Q为中药区划结果。

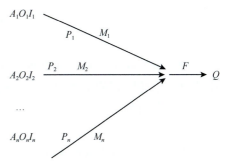

图2-1 中药区划研究模型

（一）区划结果形式

（1）文字描述。对于概念空间的区划结果，或采用定性描述方法完成的区划，其结果主要是文字描述的形式。

（2）地图形式。对于实体空间的区划结果，或采用定量的方法完成的区划，其结果主要是地图的形式。

（3）图文形式。对于实体空间的区划结果，采用定性描述和定量相结合方法完成的区划，其结果可以是文字描述、地图、表格等形式的综合。

（二）区划等级划分

在研究地域内，一般把区划结果划分为一级区、二级区、三级区等多个等级。中药区划中，根据各类区划地域单元尺度的大小及单项要素空间变异的尺度大小，可将各类中药区划分为不同的等级。中药区划等级是指被划分区域的大小等级，区划等级范围的大小并无优劣之分，只是服务于不同的研究目的。

中药区划是一个多层次、多目标、多尺度、多等级的区划体系。不同类型的区划起着不同的作用，各类区划可以上下衔接、互相佐证。不同尺度的区划构成中药区划的横向系统，不同要素的区划构成中药区划的纵向系统，从而形成一个完整的区划体系。在质上表现为普通与特殊、大同与小异的层次关系，在量上表现为集中与分散的程度。中药区划的范围越大对区域发展起的宏观指导作用越大，区划范围越小越能精细、深入地了解区域间的差异性和区域内部的相似性，在进行中药区划时区划尺度的确定应因地制宜、因时制宜。

第二节　中药区划相关基础理论

中药最终是为临床服务的，药用动、植物的生长、繁殖等离不开一定的自然条件，中药资源的保护、开发和利用等离不开特定的社会经济条件。因此，中药同时具有"药用""自然"和"社会"三个方面的属性。不同区域间的中药及其影响因素，在类型、数量、质量、结构等方面是错综复杂的，这是中药相关生产实践活动具有明显地域性的一个重要原因。因此，中药区划工作应在中药学及相关学科的理论指导下开展，主要涉及中药学、生态学、社会学、经济学、地理学等多个学科领域。

一、中药学相关理论

中药资源保护、开发和合理利用的最终目的是，为临床应用提供足量、安全有效的中药材。中药区划的主要对象是中药资源以及其所在的自然生态和社会经济环境因素、服务于中药材的生产实践和使用等，现阶段多以道地药材的相关区划居多。基于中药学相关理论，可以通过研究明确各方面对中药材使用情况的评价指标体系，在中药区划中充分体现出中药的药用属性特征。

（一）中药资源方面

中药资源是指在一定区域范围内分布的各种药用动物、植物、矿物及其他可药用资源的总和。中药资源是中药产业的生产原料、中医药事业发展和保障人类健康的物质基础，也是自然生态环境的重要组成部分。中药资源是集生态资源、医疗资源、经济资源、科技资源及文化资源于一体的特殊资源，具有明显的地域性、多用性，部分资源还有不可再生性、可解体性等特点。

中药资源学是研究中药资源的种类、分布、数量、品质、时空变化、保护和持续利用的科学，主要是探索中药材质量形成的生物和环境机制；发展中药材规范化、规模化和社会化生产，进行中药材质量在人工生产过程中的调控，满足中药材的用药需求；建立中药资源的科学管理、保护、开发和合理利用的理论及技术方法体系，促进中药资源的持续利用等。

中药资源所在的位置及其生态环境与中药材的品质之间有着密切的联系，历代医药学家都十分重视中药的产地，并在长期的实践中积累了丰富的经验和知识。中药资源所在地的环境因素，对其自身的代谢反应和代谢物的积累会产生较大的影响，进而影响中药材的品质和质量。对中药资源的保护、开发、合理利用和科学管理等相关工作，主要遵循"可持续利用原则"，既要使产量达到最大，也要不危害其利用；既要持续生产，又要不破坏生态环境。

在进行中药区划的相关研究工作中，需要根据中药资源学的相关研究成果，明确中药资源的种类、工农业生产的需求及评价标准要求等，围绕中药资源的"自然"属性和"用药"需求进行中药资源与产地之间的关系研究。明确区域之间中药资源的生物学特性和数量，所产中药材质量及其影响因素的差异性，在此基础上进行中药区划相关工作。主要遵循"顺境出产量""逆境出质量"的原则。

以中药资源为对象的区划工作，重点利用的是中药资源的种类、分布和数量等方面的生物学特性。

（二）中药方面

我国地域辽阔、物产丰富，药用资源种类繁多，对药用资源的开发与利用已有悠久的历史。几千年来，中药材一直是我国劳动人民防病治病的主要武器，对保障人民健康和民族繁衍起到了不可磨灭的作用。

中药是在中医传统理论指导下使用药物的统称。由于中药主要来源于植物，故有"诸药以草为本"的说法,也把传统药学称为"本草"。我国本草典籍和文献十分丰富,为中华民族文化宝库中的重要组成部分。对中药材的认识和使用,有着独特的理论体系和应用形式。

中药的种类是在历代本草不断地变迁中逐渐发展起来的。随着中医药学的发展,人类社会对中药材的认识和利用能力不断提升,药用种类也不断增加。一般来说,离现代越近,对中药材种类认识的能力越强,利用中药材的种类也越多。在汉代以前的经典之中,散记的药物甚少,如《诗经》《山海经》记载药材百余种。汉唐时期,相关本草中记载的中药材种类近千种,如《神农本草经》载药365种、《新修本草》载药844种。宋清时期,相关本草中记载的中药材种类近3000种,如《证类本草》载药1744种、《本草纲目》载药1892种、《本草纲目拾遗》载药2600余种。中华人民共和国成立以来,先后进行过3次全国性普查工作,我国中药资源的种类达12 807种。实施第四次全国中药资源普查工作,将掌握我国更多可药用资源的本底情况。

此外,由于各地自然条件和社会条件的差异,所产的中药材质量也存在一定的差异;根据临床用药的不同需求,每种药材具有特定的采收时节,不同的采收时节和方法与药材的质量有密切的关系;不同地区的炮制方法不同,导致药材的质量也存在一定的差异。因此,在进行中药区划相关研究工作中,需要根据中药学的相关研究成果,明确中药材的种类、临床用药的需求及评价标准要求等,围绕中药材的"药用"属性和"用药"需求进行区划,即区域之间中药材的品质和功效,以及其影响因素的差异性是中药区划的基础和依据。

研究各种中药材的来源、性状、炮制、性能、配伍和应用等是中药学的主要任务,中药基础理论包括:四气(寒热温凉)、五味(酸苦甘辛咸)、升降沉浮、归经等。中药材最终都是为临床疗效服务的,中药材的临床疗效是评价中药材使用和人工生产成功与否的核心,影响中药材临床疗效的主要因素包括种类(品种)、产地、采收期、炮制和储藏方法等,这些因素的差异性是进行中药区划的前提和基础。

以中药材为对象的区划工作,重点利用的是中药材的种类、数量、品质和功效等方面的药学特性。

(三)道地药材方面

1. 道地药材定义

道地药材是我国几千年悠久文明史、中医中药发展史形成的特有概念,是中医药的精髓。道地药材因生产较为集中,栽培技术、采收加工等都有一定的讲究,以致较同种药材在其他地区所产者品质佳、疗效好,已成为优质药材的代名词。近年来,有学者先后就道地药材形成的生物学本质、道地药材形成的模式假说、道地药材属性及研究对策、环境胁迫下次生代谢产物的积累与道地药材的形成、道地药材的分子机制及遗传学本质等问题进行了系统探讨。在生物学、生态学、形态学、组织学、化学、药理学、栽培学、遗传学、分子生物学等方面均积累了很多有用的信息。

2013年中国中医科学院中药资源中心组织召开的第390次香山会议,对道地药材相关研究进行了系统梳理,提出了道地药材的定义。并被2017年7月1日颁布实施的《中华人民共和国中医药法》采用，明确了"道地药材是指经过中医临床长期应用优选出来的，产在特定地域，受到特定生产加工方式影响，较其他地区所产同种药材品质佳、功效好且质量稳定，具有较高知名度的药材。"

2. 道地药材的特性

道地药材具有较强的地域稳定性。地域性，既有"绝对性"，也有"相对性"。在历史演变的长河中大多数中药材都保存了核心产区的相对稳定性，如"四大怀药""浙八味"等。但也有部分药材，随着时代和人文因素的变迁，中药材野生变家种、异地引种成功等社会生产实践活动，为道地药材产地变迁创造了条件，道地产区发生了较大的变动，如丹参、黄芪等。随着中药材种植面积、种植技术水平的发展和医药文化历史的积淀，"道地药材""道地产区"将发生变化，在一定时期内影响着药材的地理分布区域变化。从特定的历史阶段来看，"道地产区"是"相对固定"的。

道地药材具有较强的系统继承性。道地药材的演变是一个与生态环境、遗传变异和人文密切相关的复杂系统的自适应过程，人们认识到道地药材的形成受到遗传变异、环境饰变和人文作用因素的综合影响。黄璐琦等（2004）通过分析和总结前人的研究成果，提出道地药材的三种模式假说。一是道地药材的道地性越明显，其基因特化越明显。当一个药材的基原种具有较广泛分布区时，它的各个不同地区居群往往具有不同的基因型或称为地方性特化基因型，而这些基因型是由不同的生态或地理条件长期选择作用塑造而成的，是"道地药材"产生的本质。二是"边缘效应"能促进道地药材的形成。边缘效应能促进生物多样性的形成，并成为道地药材产生和确定的基础，是影响道地药材化学成分变异的因素之一；"边缘效应"是道地药材在生态系统空间分布上的体现。三是道地药材的化学组成有其独特的自适应特征。"独特的化学特征"假说是指同一药材不同产地化学成分含量不同，引起其临床功效不同，其良好的临床功效是独特化学组成的具体表现。

实践证明，道地药材反映出的科学内涵与中药区划有着紧密的内在联系。

3. 道地药材评价指标

根据道地药材模式假说，道地药材的形成与中药材自身及其与自然和社会条件的相关性，同时与生态环境、地质背景和区域分异等规律的认识与利用，有着较长的渐进历程。道地药材的形成与发展，既与临床多方面的用药需求、优良的种质资源，以及当地土壤、气候、水质等自然生态环境有关，也与当地栽培（养殖）加工技术、应用历史、流通经营、传统习俗等社会经济和人文环境因素关系密切，不同种类道地药材的鉴别特征和评价标准各不相同，因此道地药材在评价指标方面也具有较高的多样性和系统性。

根据《中华人民共和国中医药法》关于道地药材定义和《道地药材标准通则》（ZGZYXH/T 11-36—2015）相关内容，对道地药材的评价应包括用药历史（中医临床长期应用优选）、地理（产在特定地域）、医药（较其他地区所产同种药材品质佳、较其他地区所产同种药材功效好且质量稳定）、社会经济（特定生产加工方式，具有较高知名度）等多科学研究结果的结晶，具有丰富而科学的内涵。

综上可知，进行中药区划，尤其是对道地药材的区划需要同时考虑其"社会""自然""药用"三大类，产地、历史、品质、加工、功效和应用6个方面的属性特征和特殊性。在进行单味药区划时，需从中药材自身优劣特点出发，针对每个药材进行个性化分析研究，一种方法、一套指标完成不了所有药材的区划。

二、生态学相关理论

中药区划是为中药材生产实践服务的，中药材人工种植养殖基地的选择、指导中药材生产的合理布局是其主要服务内容之一。中药资源广泛存在于自然界，中药材的人工种植（养殖）需要有适宜的生态环境。生态学是研究生物体与其周围环境（包括非生物环境和生物环境）相互关系的科学。基于生态学相关理论，可以研究中药材与自然生态环境之间的关系，明确影响中药资源分布、产量和质量等方面的主导因子，为区划结果图制作提供依据和参考。

1. 生态因子

生态因子是指对生物的生长、发育、行为和分布有着直接或间接影响的环境要素。生态因子是生物生存不可缺少的环境条件，也称为生物的生存条件。在任何一种生物的生存环境中都存在着很多生态因子，这些生态因子在其性质、特性和强度方面各不相同，它们彼此之间相互制约、相互组合，构成了多种多样的生存环境。

依据生态因子的稳定程度，将其分为稳定因子和变动因子两大类。①稳定因子是指终年恒定的因子，如地磁、地心引力和太阳辐射常数等，这些稳定生态因子的作用主要是决定生物的分布。②变动因子又可分为周期变动因子和非周期变动因子，前者如一年四季变化和潮汐涨落等；后者如刮风、降水、捕食和寄生等，主要影响生物的数量。

依据生态因子对生物的作用特性，可将生态因子分为4类。①综合作用：每个生态因子都与其他生态因子相互影响、相互作用、相互制约，任何一个因子的变化都会在不同程度上引起其他生态因子的变化。②非等价性：各生态因子对生物起的作用是非等价的，其中有部分因子起主导作用。③不可替代性和互补性：不可替代性是指有些生态因子即使作用很小，却是不可缺少的，一个生态因子的缺失不能由另一个生态因子来代替。互补性是指某一生态因子的数量不足，可以靠另一个生态因子的改变而得到调剂和补偿。④限定因子：生物在不同的生长发育阶段对生态因子的需求不同或对同一生态因子强度的需求不同。

依据生态因子的性质，可将生态因子归纳为5类。①气候因子：包括温度、湿度、降水、日照、辐射、风、气压和雷电等。②土壤因子：包括土壤结构、土壤有机和无机成分的理化性质及土壤生物等。③地形因子：包括地面的起伏、海拔、坡度、坡向和坡位等。④植被因子：包括植被类型、群落结构等。⑤生物因子：包括生物之间的各种相互关系，如捕食、寄生、竞争和互惠共生等。⑥人为因子：人类活动对自然界和其他分布在地球各地的生物都直接或间接产生特殊而重要的影响。

受中药区划研究范围和基础数据的影响，现阶段主要利用不同性质的生态因子，基于中药材与自然生态环境之间的关系进行中药区划。在进行分布区划时，主要依据可用生态因子进行区划。

2. 主导因子

1840 年,德国有机化学家 Justus von Liebig 认识到作物的增产与减产与作物从土壤中所能获得矿物营养的多少呈正相关,并提出最小因子法则(law of the minimum),即每一种植物都需要一定种类和一定数量的营养物质,如果其中有一种营养物质完全缺失,植物就不能生存;如果这种营养物质数量极微,植物的生长就会受到不良影响。后来,人们发现最小因子法则对于温度和光等多种生态因子都是适用的。

1913 年,美国生态学家 V. E. Shelford 在最小因子法则的基础上又提出了耐受性法则(low of tolerance)的概念,即生物不仅受生态因子最低量的限制,而且受生态因子最高量的限制。这就是说,生物对每一种生态因子都有其耐受的上限和下限,上下限之间就是生物对这种生态因子的耐受范围。Shelford 的耐受性法则可以形象地用一个钟形耐受曲线来表示。生物的耐受曲线并不是不可改变的,它在环境梯度上的位置及所占有的宽度在一定程度上是可以改变的。对同一生态因子,不同种类的生物耐受范围是不同的。由此产生了广温性(curytherm)和狭温性(stenotherm)、广湿性(euryhydric)和狭湿性(stenohydric)、广盐性(euryhaline)和狭盐性(stenohaline)、广食性(euryphagic)和狭食性(stenophagic)、广光性(euryphotic)和狭光性(stenophotic)、广栖性(euryoecious)和狭栖性(stenoecious)等不同类型的生物。广适性生物属广生态幅物种,狭适性生物属狭生态幅物种。

生物的生存和繁育依赖于各种生态因子的综合作用,其中对物种的生存与产量、质量起决定作用的因子为主导因子。而其中一个或几个生态因子可能达到或接近某种生物耐受的极限时,这些因子就成为限制生物生存和繁殖的关键性因子,这些关键性因子就是所谓的限制因子(limiting factor)。限制因子的概念是耐受性法则与 Liebig 最小因子法则相结合后产生的,任何一种生态因子只要接近或超过生物的耐受范围,它就会成为这种生物的限制因子。如果一种生物对某一生态因子的耐受范围很广,而且这种因子又非常稳定,那么这种因子就不太可能成为限制因子。相反,如果一种生物对某一生态因子的耐受范围很窄,而且这种因子又易于变化,那么这种因子很可能就是一种限制因子。各种生态因子对生物来说并非同等重要,限制因子通常是影响生物生存和发展的关键性因子。

在进行生态适宜性区划时,主要的依据是主导因子或限制因子,各因子之间的权重随研究对象的不同,需重新确定。

3. 环境适应

环境适应是生物对周围环境变化所产生生理反应的综合表现。一般来说,如果一种生物对所有生态因子的耐受范围都较广,那么这种生物在自然界的分布也一定很广,反之亦然。各种生物通常在生殖阶段对生态因子的要求比较严格,该时期生物所能耐受的生态因子的范围也比较狭窄。生物对环境条件缓慢而微小的变化具有一定的调整适应能力,甚至能够逐渐适应而生活在极端环境中。但是,这种适应性的形成必然会减弱对其他环境条件的适应。一般来说,一种生物的耐受范围越广,对某一特定点的适应能力就越低。与此相反的是,属于狭生态幅的生物,通常对范围狭窄的环境具有极强的适应能力,但丧失了在其他条件下的生存能力。

就主要源于生物资源的中药资源而言，每一种生物对生态因子的要求都有一定的范围和限度，超越了耐性限度都会影响生物的生长或生存；在生物耐性限度内，就会形成一个适宜生物生存的范围。大多数中药材进行人工种植（养殖）的生态环境与其野生环境存在一定的差异。这种环境差异对中药材的数量和质量等有一定的影响。根据药用动物、植物对环境的适应规律，可以明确最适宜其生长的生境特征，这种关系可作为适宜性区划的基础。

在进行偏重产量的中药材基地选择时，主要依据环境适应情况进行区划。

4. 人工驯化

任何一种生物对生态因子的耐受限度都不是固定不变的。在进化过程中，生物的耐受限度和最适生存范围都可能发生变化，也可能扩大，也可能受到其他生物的竞争而被取代或移动位置。即使是在较短的时间范围内，生物对生态因子的耐受限度也能进行各种小的调整。

驯化是指生物通过调整它们对某个生态因子或某些生态因子的耐受范围来适应环境的行为。它的生物学基础是，如果一种生物长期生活在它的最适生存范围偏一侧的环境条件下，久而久之就会导致该种生物耐受曲线的位置发生移动，并可产生一个新的最适生存范围，而适宜范围的上下限也会发生移动。驯化也可以理解为是生物体内决定代谢速率的酶系统的适应性改变，因为酶只能在环境条件的一定范围内最有效地发挥作用，正是这一点决定着生物原来的耐受限度。

生物在不同的环境条件下可以表现出不同的生理最适状态。由于驯化过程可使生物适应于环境条件的季节变化，甚至调节能力本身也可显示出季节变化，因此生物在一个时期可以比其他时期具有更强的驯化能力，或者具有更大的补偿调节能力。

在进行偏重产量和质量的中药材基地选择时，主要依据人工驯化情况进行区划。

5. 生态位

生态位理论（格乌司原理）是指在生物群落或生态系统中，每一个物种都拥有自己的角色和地位，占据一定的空间、发挥一定的功能。生态位是每种生物对环境变量的选择范围，或者说是群落内一个物种与其他物种的相对位置，是每个物种在群落中的时间、空间位置及其功能的关系。在大自然中各种生物都有自己的"生态位"，一般亲缘关系接近、具有同样生活习性的物种，不会在同一地方竞争同一生存空间。生态位包括两个方面，一是生物所处的生态环境，一是生物所需要的生态环境。

在进行偏重生产的中药材基地选择时，除考虑药材的产量和质量之外，还要考虑与其他基地之间的竞争和合作关系，生态位理论可以作为生产区划的参考依据。

三、社会经济学理论

中药材相关各类规划是指导中药材生产实践的宏观依据，中药区划结果是各类规划的核心内容和具体实施的依据之一。中药材生产实践过程中，各类资源的配置和布局与社会经济有着密不可分的关系。基于社会学和经济学的相关理论，可以研究明确中药材与社会经济环境之间的关系，明确影响中药材生产的社会经济方面的主导因子，为区划结果图制作提供依据和参考。

（一）空间经济扩展理论

空间经济扩展理论主要来源于发展经济学、区域经济学，包括增长极理论、点-轴理论、核心-边缘理论等（王利，2010）。

基于空间经济扩展理论，可为中药工业生产基地、商业流通基地及服务基地的选择和优化布局提供参考依据。

1. 增长极理论

1950年，法国经济学家佩鲁提出增长极理论。认为经济活动的增长并非同时出现在所有地方，而是以不同的强度先出现于一些增长点或增长极上，然后通过不同的渠道向外扩散，并对整个经济产生影响。增长极有先导产业增长、产业综合体增长和国民经济增长三个层面。增长极理论的基本条件：①其地理空间表现为一定规模的城市；②必须存在推进性的主导工业部门和不断扩大的工业综合体；③具有扩散和回流效应。

在此理论框架下，经济增长被认为是一个由点到面、由局部到整体依次递进有机联系的系统。增长极理论是区域开发中不均衡开发的一个典型，强调集中投资、集中开发、集中建设、聚集发展、注重扩散，强调以发展中心带动整个区域发展。

2. 点-轴理论

2002年中国地理学家陆大道提出点-轴理论。把国民经济看作由"点"和"轴"组成的空间结构，点即增长极，轴即交通干线。该理论认为，空间极化不仅会出现在若干点上，也可以出现在连接各点的重要交通干线及其沿线的线状地带上。交通线的建立，有利于人口流动和物资的运输，从而有效地降低运输费用和生产成本，在交通沿线形成有利于产业布局的新区位。

3. 核心-边缘理论

1966年美国地理学家弗里德曼提出核心-边缘理论。弗里德曼根据拉丁美洲国家的区域发展演变特征，从行为角度论证区域发展模式，解释区域空间演变规律。主要基于以下假设条件：

（1）区域经济是国民经济的一部分，区域不能孤立存在，与国家其他区域是有关联的。

（2）区域发展与基本经济活动有关系，区域经济发展依赖于基本经济活动产品的发展。

（3）区域发展与当地的社会、政治体制有关，与当地收入的分配制度关系很大。

（4）区域领导人的态度与区域发展有很大关系。

（5）区域发展大多在城市附近。

按照核心-边缘理论，区域经济发展一般经历"工业化前期、工业化初期、工业化成熟期和大量消费期"4个阶段。弗里德曼认为，任何区域都是由一个或若干个核心区域和边缘区域组成。核心地区由一个城市或城市集群及其周围地区组成。边缘的界限由核心与外围的关系来确定。

（二）空间结构优化理论

空间区域发展，并不是在区域空间上均匀分布，而是代表一种区域资源环境禀赋相互协调，符合可持续发展要求的区域生产力布局状态。关于空间均衡发展，需要在可持续发展的空间基础上进行，需要进行空间优化和区划，在区域发展相关研究中产生了相应的理论（王利，2010）。

空间结构优化理论可为中药材种植的选择和优化布局提供参考依据。例如，多数中药材存在连作障碍等问题，同一块地不能连续进行同种中药材的种植，需要关注不适宜生产中药材的区域。进行中药区划工作时，基于反规划理论，重点指导不能用于种植中药材的区域和用地。

1. 配第 - 克拉克定理

1940年，法国经济学克拉克（Colin Clark）出版了《经济进步的条件》一书，他以英国古典经济学家威廉·配第的研究为基础，对40多个国家和地区不同时期三次产业的劳动投入产出资料进行了整理和归纳，认为随着经济发展和人均国民收入水平的提高，劳动力具有由第一产业向第二产业转移，然后再向第三产业转移的演进趋势。

一般认为，第一产业比重越大，说明发展水平越落后；第三产业比重越大，说明发展水平越高。其机制如下。①当人们的收入水平达到一定程度后，人们对农产品的需求不会随着收入增加而同步增加。所以，随着社会经济发展，国民收入和劳动力分布将从第一次产业转移至第二产业、第三产业。②由于农业生产周期长，农业技术进步比工业要困难得多，对农业投资会出现一个限度，呈现"报酬递减"的情况，而工业投资多处于"报酬递增"的情况，第三产业发达代表经济发展水平较高。

2. 平衡态空间结构

现阶段，许多欧洲发达国家从资源、环境、产业、生活等多个角度进行土地开发。发达国家的经济虽然已经达到高度发达状态，仍然保留了足够的森林、农田、水域空间，而非全部开发成建设用地，这种土地开发状态称为平衡态或准平衡态。发达国家发展经济，一方面寻求对外投资，利用其他国家的空间和资源；另一方面调整内部结构，增加单位面积产出能力。

平衡态的提出，对引导区域开发方向，避免无序开发带来的各种城市病和弊端非常重要。规划工作需要解决的是区域中长期发展方向问题，并能够通过制定区域发展政策，引导区域向最适宜方向发展。在区域规划中提出未来几十年的理想空间结构非常困难，也很难准确预测，需不断地探索和努力开展前瞻性的工作。

3. 反规划理论

反规划是城市规划与设计的一种新的工作方法，强调规划先从加强和控制城市生态基础设施入手，规划和设计非建设用地，而非传统的建设用地规划（俞孔坚等，2002，

2005）。反规划强调一种逆向的规划过程，用来引导和框定城市的空间发展方向，即编制规划时侧重于"不建设"规划的编制，先规划出不准做什么，再规划做什么，是在我国快速城市化和城市无序扩张背景下，相对于计划经济体制下"城市规模－城市性质－城市空间发展区划"模式的传统物质空间规划编制方法而言的。

四、地理学相关理论

一般空间上距离越近的地理单元之间越相似，空间相似性明显的地理单元，应划为相同区域；距离越远的地理单元之间越不相似，空间异质性明显的地理单元，应划为不同区域。对于同一区划对象，由于区划地理单元尺度不同、区划指标层次不同、区划方法不同，区划结果也不同。

基于地理学相关理论，可以从宏观层面研究明确中药材与自然生态和社会经济环境之间的空间分布特征及其关系特征。

（一）空间的概念

空间是指物质的广延性，时间是指物质运动过程中的持续性和顺序性。空间作为地理要素的基本存在形式，按照不同分类标准有不同的类型（王利，2010）。基于不同的空间，中药区划也有不同的类型和工作重点。

1. 绝对空间和相对空间

按照物质的性质空间分为绝对空间和相对空间。绝对空间观念认为空间是容纳客观事物的"容器"，是客观的和外在的。相对空间观念认为空间是以人为中心的，是人类认识世界的一部分，空间因人、事和物的联系而存在，因主体而异。

2. 实体空间和概念空间

按照地理界限空间分为实体空间和概念空间。实体空间一般是指边界清晰明确的空间区域，是处于绝对的分割区域，相关生产实践活动和规划等在实体空间上便于实施。概念空间一般指没有具体的边界，是定性描述或意向的空间。概念空间比较形象，容易在决策者和管理者头脑中形成具体的映像。

3. 均质空间和结节空间

按照地理要素特征（形态特征、结构特征）空间分为均质空间和结节空间。均质空间：是针对特定的地理要素，考虑要素在一定地域范围内的相似性和差异性特点，划定的同质性单元。均质空间是具有成片、专属性功能的连续区域，与周围毗邻区域存在明显差异功能的连续空间。结节空间：是一定地域空间上地理要素的相互作用和制约，使得要素所处空间构成一个不可分割的整体，据此划定相对独立的地理空间单元为结节空间，是结节点（具有聚集性的特殊区域）与结节吸引区组成的空间。结节空间在研究区域空间结构、功能划分等方面具有积极作用。

4. 其他概念

空间分析（spatial analysis）：是对空间现象之间关系的分析，一般通过分析空间坐标的关系得到对应空间现象的关系。

空间数据分析（spatial data analysis）：是对具有空间坐标的属性数据关系的分析。

空间数据分析模型：是针对空间数据建立的、反映数据空间变异规律的模型，这些模型可以揭示地理现象的本质特征，并用来进行空间预测。

距离：空间实体之间的直线或球面距离。

邻接：指定距离内，实体相邻。

交互：是距离和邻接的综合，数学上可将两个空间实体的交互度表示为 [0，1] 之间的数，0 表示无交互，1 表示高度交互。

近邻：与某一空间实体邻接的其他空间实体的集合。

（二）空间关系理论

1. 地域分异规律

地域分异规律也称为空间地理规律，是指自然地理环境整体及其组成要素在某个确定方向上保持特征的相对一致性，在另一确定方向上表现出差异性，而发生更替的规律。地域分异规律是自然地理环境各组成成分及其构成的自然综合体在地表沿一定方向分异或分布的规律性现象，揭示了自然地理系统的整体性和差异性及其形成原因与本质，是自然界最普遍的特征之一。

影响地域分异的基本因素有两个（范中桥，2004）：一个是因太阳辐射能按纬度分布不均引起的纬度地带性，即纬度地带性因素，简称地带性因素；另一个是地球内能、大地构造和大地形引起的，这种分异因素称为非纬度地带性因素，简称非地带性因素。地带性和非地带性是两种基本的地域分异规律，它们控制和反映自然地理环境的大尺度分异，同时也是其他地域分异规律的背景。关于地域分异规律的类型，一般分为地带性规律和非地带性规律两类。也有的分为地带性规律、非地带性规律、派生性规律、地方性规律和局地分异规律。派生性分异规律是在地带性规律和非地带性规律的共同作用下，产生的地域分异规律。局部地域分异，是在两种基本地域分异因素作用下，发生的局部中小尺度分异。地方性分异，是地形、地面组成物质及地下水埋深不同引起的分异规律。在各类分异因素和局部分异因素的共同作用下，自然地理环境分化为多级镶嵌的物质系统，形成了多姿多彩的自然景观。

地域分异规律尺度可分为全球性、全大陆、大洋性、区域性、地方性、局地性。全球性、全大陆和大洋性分异规律，为宏观大尺度的地域分异规律；大洋性和区域性分异规律，为中观尺度的地域分异规律；地方性和局地性分异规律，是中小尺度内的低级次分异规律。

2. 空间自相关

空间自相关（spatial autocorrelation）是指一些变量在同一个分布区内的观测数据之间潜在的相互依赖性。Tobler（1970）曾指出"地理学第一定律：任何东西与别的东西之间都是相关的，但近处的东西比远处的东西相关性更强"。空间自相关是指一些变量在同一个分布区内的观测数据之间潜在的相互依赖性，即距离越近的空间单元越相似，距离越远的空间单元越不相似。空间自相关是研究地理空间中各空间单元之间相关的分析方法，空间相关性与空间异质性是生态学与地理学的两大重要特征。空间相关性表示相近地理单元属性特征，表现为正向相近的特征或负向相近的特征。空间自相关的意义在于，解释和寻找潜在的空间聚集性或"焦点区域"。

对于空间统计分析来说，空间自相关表明某些基础空间过程在发挥作用，空间自相关是数据不可分割的组成部分。空间自相关包括全局空间自相关和局部空间自相关两类。

（1）全局空间自相关。全局空间自相关是对研究对象在整个区域上空间分布特征的描述，反映了观测变量在整个研究区域内空间相关性的整体趋势。全局空间自相关程度可用 Moran's I 系数、C 指数等来衡量，是对整个研究区域、全局范围的一个统计量。用于全局空间自相关分析的空间数据类型，可以是点状数据也可以是面状数据。

Moran's I 系数，即空间自相关系数（I 指数），反映空间邻近区域单元属性值的相似程度，用于发现空间分布模式。Moran's I 系数的取值范围为 [-1，1]，能反映区域之间观测值相似（正关联）或非相似（负关联）。可以用标准化后的 Moran's I 系数（标准化统计量 Z）来检验 n 个区域间是否存在自相关关系。

C 指数也是一种较为常用的空间自相关统计量，类似于 I 指数。取值范围为 [0，2]，且服从渐近正态分布。当 C 指数介于 [0，1) 时，表示存在正的空间自相关；当 C 指数介于 (1，2] 时，表示存在负的空间自相关；当 C 指数等于 1 时，表示不存在空间自相关。

（2）局部空间自相关。I 指数和 C 指数能很好地描述全局空间相关性（能辨别出相邻数据的异同），但是不能识别不同类型的空间聚集模式，分辨不出是高值聚集还是低值聚集。由于空间异质性的存在，通常整个研究区域内有不同的空间相关关系，需要借助局部空间自相关分析进行研究。

局部空间自相关主要用来测量每个区域和邻近区域之间的空间自相关程度，还能分辨出是高值聚集还是低值聚集。局部空间自相关分析能够有效检测出由于空间自相关引起的空间差异，判别空间对象属性取值的空间热点区域或高发区域，弥补全局空间自相关分析的不足。局部空间自相关，一般用局部空间关联指标（local indicators of spatial association，LISA）指数、G 指数、Moran 散点图等指标表示。

LISA 指数是描述该区域单元与周围之间有显著相似值区域单元聚集程度的指标。LISA 指数是全局空间自相关指数的分解形式，反映局部空间相关性的显著性水平。LISA 并不是指某一个统计量，所有同时满足："每一个观测值的 LISA 表示该值周围相似观测值在空间上的聚集程度""所有观测值的 LISA 之和与全局空间关联度量指标之间成比例"的统计量，都可以认为是 LISA。

LISA 指数是 I 指数、C 指数的局部化，是任意空间自相关结果，可用于具体度量每个区域与周边区域之间的局部空间关联和空间差异程度。LISA 指数的主要用途：可以识别属性要素高值或低值的空间聚类情况，识别局部的非平稳性（识别空间异常值）。

Getis 和 Ord（1992 年）提出了度量每一个观察值与周围邻居之间是否存在局部空间关联的 G 统计量（G 指数）。G 统计量（G 指数）是指某一给定距离范围内邻居位置的观测值之和与所有位置上的观测值之和的比值，能识别某一位置和周围邻居之间是高值集聚还是低值集聚。G 指数主要用于空间局部相关性分析，研究空间数据的局域空间关联情况。取值范围在 [0，2]。G 指数值 >1 表示负相关，G 指数值 =1 表示不相关，G 指数值 <1 表示正相关。

可以用标准化统计量 Z 来检验 n 个区域间是否存在自相关关系。如果 Z 为正且显著，表明该位置周围值也较高，属于高值空间集聚（热点区）；如果 Z 为负且显著，表明该位置周围值也较低，属于低值空间集聚（冷点区）。与 I 指数相比，G 指数除了能反映区域之间观测值相似（正关联）或非相似（负关联）外，还能反映区域单元是属于高值聚集还是属于低值聚集。

3. 空间权重矩阵

空间数据集中不同空间单元之间存在不同程度的空间关系，一般通过矩阵形式给出空间逐点的空间权重指标表示，称为空间权重矩阵（spatial weight matrix）。空间权重矩阵是对空间邻居或邻接关系的描述，通常定义成 1 个二元对称空间空间权重矩阵 W，表达 n 处位置的空间单元的邻近关系。建立自相关空间计量模型时，第一步就是要建立空间权重矩阵，通常情况下需要设置空间权重矩阵 W，其表达式为

$$W = \begin{bmatrix} w_{11} & w_{12} & \cdots & w_{1n} \\ w_{21} & w_{22} & \cdots & w_{2n} \\ \vdots & \vdots & & \vdots \\ w_{n1} & w_{n2} & \cdots & w_{nn} \end{bmatrix}$$

W 为一个 nn 的矩阵，矩阵的每一行指定了 1 个空间单元的"邻居集合"，w_{ij} 表示区域 i 与区域 j 之间的邻近关系。空间权重矩阵主要基于连通性和距离构建，也可以通过面积、可达性等特征指标构建。一般面状数据用联通性指标：如果面状单元 i 与 j 相邻（或具有公共边界），则 $w_{ij}=1$，否则 $w_{ij}=0$。点状数据用距离指标：如果 i 与 j 之间的距离在阈值 d 以内，则 $w_{ij}=1$，否则 $w_{ij}=0$。

空间权重矩阵的特点：1 个空间单元与其自身不属于邻居关系，即矩阵中主对角线上的值为 0。矩阵具有对称性，即邻居是相互的。矩阵的行元素之和，表示该空间单元直接邻居的数量。

基于连通性特征的空间权重指标又称为空间邻接指标，有 3 种空间邻接方式，如图 2-2 所示。"卒"型，为横纵方向的邻接关系；"象"型，为对角线方向的邻接关系；"后"型，为综合横纵和对角线的邻接关系。空间关系，不仅仅局限于两个相邻的空间单元，一个空间单元还可以通过相邻的空间单元对非相邻的空间单元产生影响，对于这类影响可以通过设定二阶或高阶邻接指标进行表达。

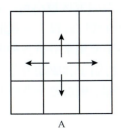 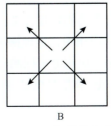 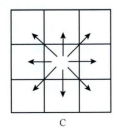

A　　　　　　　　B　　　　　　　　C

图 2-2　空间邻接方式
A."卒"型；B."象"型；C."后"型

基于距离特征的空间权重指标又称为空间距离指标，主要依据研究对象之间的空间距离（如反距离、反距离平方值、距离负指数等），定义权重矩阵。

（三）空间统计分析

地理空间信息与一般信息不同，一般信息没有空间坐标数据，空间数据信息必须有时空坐标；从数据分析与处理来看，空间数据是相互关联的，时间序列空间数据具有不可重复性，空间信息维的加入使数据量大大丰富，能够揭示数据背后的空间格局机制，在优化运筹领域加入空间维能大大优化结果。

空间统计分析，是对空间数据的统计分析，是计量地理中一个快速发展的方向和领域。空间统计分析是通过空间位置建立数据间的统计关系，进而明确与地理位置相关数据的空间依赖、空间关联、空间系相关性。对于那些与空间数据的结构性和随机性，或空间相关性和依赖性，或空间格局与变异有关的空间现象，均可应用空间分析方法进行研究。

空间统计学与经典统计学的共同之处在于：它们都是建立在大量采样的基础上。空间统计学区别于经典统计学的最大特点是：空间统计学研究的变量在采样前是经典随机变量，而采样后是特定的空间三维函数值，且表现出空间结构性，具有某种程度的空间自相关性。空间统计学既考虑到样本值的大小，又重视样本空间位置及样本间的距离，弥补了经典统计学无法对空间方位进行分析的缺陷，空间统计能够较精确地反映研究对象各种指标变量的空间分布与变化情况。由于空间统计方法可在有限的离散数据基础上无偏最优预测（或模拟）连续的空间分布，且得到预测的不确定性估计，因此得到广泛应用。可以研究明确中药材与自然生态和社会经济环境之间的关系，并建立定性或定量关系模型，便于利用相关行业的基础数据资料，生成更加客观的中药区划结果。

地理探测器是探测和利用空间分异性的工具，是进行驱动力分析、因子分析，以及揭示其背后驱动力的一组统计学方法（王劲峰，2017）。地理探测器的核心思想是，如果某个自变量对某个因变量有重要影响，那么自变量和因变量的空间分布应该具有相似性。地理分异既可以用分类算法来表达，如环境遥感分类；也可以根据经验确定，如胡焕庸线。

地理探测器的优势：①地理探测器既可以探测数值型数据，也可以探测定性数据，分析定性数据（类型量）是地理探测器的一大优势。而对于顺序量、比值量或间隔量，只要进行适当的离散化，也可以利用地理探测器对其进行统计分析。②探测两因子交互作用于因变量，这是地理探测器的另一个独特优势。地理探测器通过分别计算和比较各单因子 q 值及两因子叠加后的 q 值，可以判断两因子是否存在交互作用，以及交互作用的强弱、方向、线性还是非线性等。两因子叠加既包括相乘关系，也包括其他关系，只要有关系，就能检验出来。

地理探测器已被运用于从自然到社会十分广泛的领域，其研究区域小到一个乡镇尺度，大到国家尺度。地理探测器 q 值具有明确的物理含义，没有线性假设，客观地探测出自变量解释了 $100 \times q\%$ 的因变量。在这些应用中，地理探测器主要用来分析各种现象的影响因子和驱动力，以及多因子的交互作用。应用地理探测器进行因子和驱动力分析时，因变量要求是数值量，而自变量要求是类型量。如果自变量是连续量，则需要分类处理（离散化）。

1. 分异及因子探测

探测 Y 的空间分异性及某因子 X 在多大程度上解释了属性 Y 的空间分异（图 2-3），

用 q 值度量，表达式为

$$q = 1 - \frac{\sum_{h=1}^{L} N_h \sigma_h^2}{N\sigma^2} = 1 - \frac{\mathrm{SSW}}{\mathrm{SST}} \quad (2\text{-}1)$$

$$\mathrm{SSW} = \sum_{h=1}^{L} N_h \sigma_h^2, \quad \mathrm{SST} = N\sigma^2$$

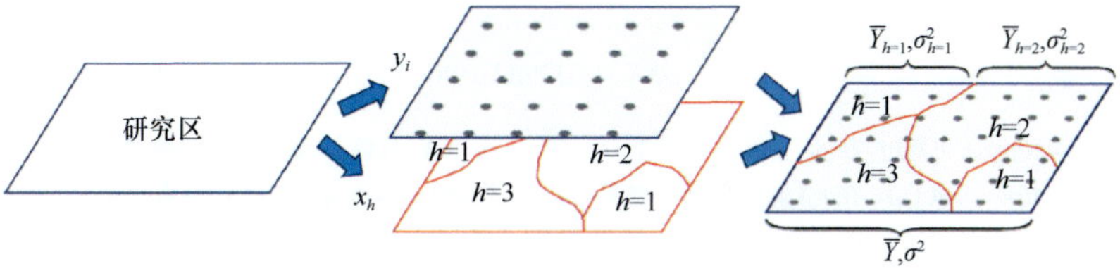

图 2-3　空间分异及因子探测示意图

式中，$h = 1, \cdots, L$ 为变量 Y 或因子 X 的分层，即分类或分区；N_h、N 分别为层 h 和全区的单元数；σ_h^2、σ^2 分别为层 h 和全区 Y 值的方差；SSW、SST 分别为层内方差之和（within sum of square）和全区总方差（total sum of square）（图2-3）。q 的值域为 [0，1]，值越大说明 Y 的空间分异性越明显；如果分层是由自变量 X 生成的，则 q 值越大表示自变量 X 对属性 Y 的解释力越强，反之则越弱。极端情况下，q 值为 1 表明因子 X 完全控制了 Y 的空间分布，q 值为 0 则表明因子 X 与 Y 没有任何关系，q 值表示 X 解释了 $100 \times q\%$ 的 Y。

2.交互作用探测

识别不同因子 X_s 之间的交互作用，即评估因子 X_1 和 X_2 共同作用时是否会增加或减弱对因变量 Y 的解释力，或这些因子对 Y 的影响是相互独立的。评估的方法是首先分别计算两种因子 X_1 和 X_2 对 Y 的 q 值，即 $q(X_1)$ 和 $q(X_2)$，计算它们交互（空间叠加变量 X_1 和 X_2 两个图层相切所形成的新的多边形分布，图2-4）时的 q 值，即 $q(X_1 \cap X_2)$，并将 $q(X_1)$、$q(X_2)$ 与 $q(X_1 \cap X_2)$ 进行比较。两个因子之间的关系可分为以下几类（图2-5）。

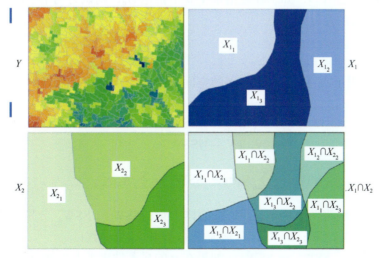

图 2-4　交互探测

分别计算出 $q(X_1)$ 和 $q(X_2)$；将 X_1 和 X_2 两个图层叠加得到新图层 $X_1 \cap X_2$，计算 $q(X_1 \cap X_2)$；按照图3判断两因子交互的类型

图 2-5　两个自变量对因变量交互作用类型

3. 风险区探测

识别不同因子：用于判断两个子区域间的属性均值是否有显著的差别，用 t 统计量来检验。

$$t_{\bar{y}_{h=1}-\bar{y}_{h=2}} = \frac{\bar{Y}_{h=1}-\bar{Y}_{h=2}}{\left[\dfrac{\operatorname{Var}(\bar{Y}_{h=1})}{n_{h=1}}+\dfrac{\operatorname{Var}(\bar{Y}_{h=2})}{n_{h=2}}\right]^{1/2}} \quad (2\text{-}2)$$

式中，$\bar{Y}_h$ 为子区域 h 内的属性均值；n_h 为子区域 h 内样本数量；Var 为方差。统计量 t 近似地服从 Student's t 分布，其中自由度的计算方法为

$$\mathrm{d}f = \frac{\dfrac{\operatorname{Var}(\bar{Y}_{h=1})}{n_{z=1}}+\dfrac{\operatorname{Var}(\bar{Y}_{h=2})}{n_{h=2}}}{\dfrac{1}{n_{h=1}-1}\left[\dfrac{\operatorname{Var}(\bar{Y}_{h=1})}{n_{h=1}}\right]^2+\dfrac{1}{n_{h=2}-1}\left[\dfrac{\operatorname{Var}(\bar{Y}_{h=2})}{n_{h=2}}\right]^2} \quad (2\text{-}3)$$

零假设 H_0：$\bar{Y}_{h=1}=\bar{Y}_{h=2}$，如果在置信水平 α 下拒绝 H_0，则认为两个子区域间的属性均值存在着统计显著的差异。

4. 生态探测

用于比较两因子 X_1 和 X_2 对属性 Y 的空间分布的影响是否有显著的差异，以 F 统计量来衡量。

$$F = \frac{N_{X_1}(N_{x_2}-1)\operatorname{SSW}_{X_1}}{N_{X_2}(N_{x_1}-1)\operatorname{SSW}_{X_2}}$$

$$\operatorname{SSW}_{X_1} = \sum_{h=1}^{L} N_h\sigma_h^2, \quad \operatorname{SSW}_{X_2} = \sum_{h=1}^{L} N_h\sigma_h^2 \quad (2\text{-}4)$$

式中，N_{X_1}、N_{X_2} 分别为两个因子 X_1 和 X_2 的样本量；SSW_{X_1}、SSW_{X_2} 分别为由 X_1 和 X_2 形成的分层的层内方差之和；L_1 和 L_2 分别为变量 X_1 和 X_2 分层数目。

其中零假设 H_0：$\operatorname{SSW}_{X_1}=\operatorname{SSW}_{X_2}$。如果在 α 的显著性水平上拒绝 H_0，表明两因子 X_1 和 X_2 对属性 Y 空间分布的影响存在着显著差异。

（四）区位理论

区位理论是关于人类经济行为空间区位选择及区域内经济活动优化组合的理论，是关于人类活动空间分布及其空间相互关系的学说（李小建，2002）。区位除被解释为地球上某一事物的空间几何位置外，还强调自然界的各种地理要素和人类社会经济活动之间的相互联系及相互作用在空间位置上的反映，是自然地理位置、经济地理位置和交通地理位置在空间地域上有机结合的具体表现。区位理论是经济地理学、区域经济学的核心基础理论之一，是解释人类经济活动的空间分布，为寻求合理空间活动而创建的理论。经典的区位论包括：杜能的农业区位论、韦伯的工业区位论、克里斯泰勒的中心地理论和廖什的市场区位论等（王利，2010）。

1. 农业区位论

1862年德国经济学家约翰·冯·杜能在《孤立国》一书中提出农业区位理论，探讨了农业分布的一般规律。该理论建立在6种假设条件下：

（1）在肥沃的平原上有一座城市。

（2）平原任何地方的土壤都是相同的。

（3）城市周围50英里[①]以外是荒地。

（4）马车是唯一的交通工具。

（5）矿山和盐场等均位于城市附近。

（6）工业品只能从城市供给，食品只能从周围的平原获取。

在此假设条件下，运输费用和农产品自身属性是农业布局的决定性因素。决定了在城市附近种植比较大、比较重和容易腐烂的农产品，离城市较远的地方种植体积小、重量轻、价格高的农产品，其结果使得农业生产布局在城市周围呈同心圆状分布。

杜能农业区位论的核心是，由土地位置不同，即距离城市远近的不同，导致农业成本在空间上的差异，从而对地租产生不同的影响。基于到城市的运输费用、最优农地使用为目的，主要分析解决位置、地租和土地利用三者关系。

2. 工业区位论

1909年德国经济学家阿尔弗雷德·韦伯在《论工业区位》一书中系统地论述了工业区位论，探讨了工业布局的一般规律。该理论建立在7种假设条件下：

（1）工业原料产地已知确定，生产条件不变。

（2）消费地已知，需求量不变。

（3）劳动力供给地已知，供给量不变、工资固定不变。

（4）研究区域为统一民族国家，自然条件、文化、技术条件一致。

（5）运费是重量和距离的函数。

（6）运输手段是火车。

（7）假定只有一个交易、生产品种。

---

① 1英里=1.609 344km，下同。

在此假设条件下，运费因子、劳动力因子和聚集因子是影响区位的主要因素，生产场所应布局在生产费用小、节约费用最大的地方，即工业布局的最小费用原则。

工业区位论以寻找最小运输成本区位、利润最大区位、投入和产出最优组合区位为目的。最低成本是企业区位选择的基本因素。主要分析解决运输成本和劳动成本与工业区位的关系，原料产地、工业区位和消费市场三者间相互依存和互相影响关系，等等。

3. 中心地理论

1932年德国地理学家沃尔特·克里斯泰勒在《德国南部中心地原理》一书中提出了中心地理论。该理论建立在5种假设条件下：

（1）中心地所在区域为自然条件和资源相同、均质分布的平原，人口均匀分布，居民的收入、需求和消费方式相同。

（2）有统一的交通条件，运费与距离成正比。

（3）任何中心地货物和服务的价格相等。

（4）消费者是"经济人"，消费者都利用距离自己最近的中心地就近购买消费品。

（5）生产者是"经济人"，生产者之间的间隔距离尽可能的大。

克里斯泰勒的中心地理论，以划分最优的市场范围为目的。认为组织物质财富生产和流通的最有效空间结构是一个以中心城市为中心，由相应的多级市场区组成的网络体系。在此基础上，克里斯泰勒提出了正六边形的中心地网络体系。中心地是指能够向周围区域的消费者提供产品和服务的地点。

4. 市场区位论

1940年德国经济学家廖施出版了《区位经济学》，创立了以寻求最大利润地点的市场区位论。该理论的假设条件是：市场区不受距离、生产条件等因素的制约。该理论的出发点是针对供应和消费者的不同需求：生产者，寻找最有利益的生产中心和销售中心；消费者，要依赖生产和消费中心地的选择。市场区位论是垄断资本主义的产物，是为了适应垄断资本主义生产力布局、合乎社会生产关系需要而形成的，市场区位论的主要内容概况如下。

（1）供应和消费是每个企业配置决策必须考虑的问题，区位是由供应和消费两种情况决定的，区位选择必须考虑运输成本、生产成本，总成本和总收入的关系。

（2）配置工业要素，要找出各个经济单位配置的相互依赖关系，寻求整个区位系统的平衡。既要考虑个别企业的选点定位，也要充分考虑外界条件和因素的影响。

（3）最佳区位不是费用最小点，也不是收入最大点，而是利润最大点，是获取最大利润的市场地域。六边形是高效能的市场区形状。

随着垄断资本主义发展，资本主义国家内部垄断市场取代了自由市场，垄断利润代替了自由竞争时期的平均利润。企业获得最大利润的希望不再取决于自身的生产成本，在垄断竞争情况下，区位选择首先着眼于确定均衡价格和销售量，即平均生产费用曲线和需求曲线的交点，通过此点来确定市场地域均衡时的面积和形状。

5. 区位论在中药区划中的应用

区位论最早是西方学者对资本主义条件下生产力布局进行研究的主要理论之一，区位选择是一种经济行为，严格来讲，是企业在非完全竞争和非完全信息条件下做出的区位选择。杜能的农业区位论，主要观点是运输费用决定农作物布局；韦伯的工业区位论，主要观点是运输、聚集、劳动力等成本决定布局；克里斯泰勒的中心地理论，主要观点是生产和流通的最有效空间结构是正六边形的网络体系；廖施的市场区位论，主要观点是利润最大化决定布局。

传统区位因素侧重于经济因素，最近研究表明，非经济因素的作用越来越大，尤其是文化、政策、政治的作用。新古典区位理论的核心区位因素大部分是外部因素，如运输成本、原料和市场等。但行为区位理论打破新古典区位理论的局限，将内外部因素考虑进去。以往区位理论较重视现状分析，就是空间分布的解释，即企业或产业为何选择某一个地点。最近区位理论的重点在两个方面，一方面也是区位因素分析，在既定的条件下如何选择最佳区位；另一方面是区位创造分析，就是如何创造区位条件。区位不单纯是经济活动的空间分布，更重要的是经济发展的空间基础。

随着我国国民经济和社会的发展，我国学者结合我国的国情对区位论进行了发展和提升。如何才能有效地把区位论与中药区划研究实践相结合，则需要对区位论的实质有个正确的认识。

由于部分野生中药资源数量不断减少，中药材人工种植和养殖技术不断发展，中药材的人工种植和养殖成为解决中药材供求矛盾的主要手段，如何正确选建优质中药材商品生产基地，以及基地的合理布局，成为科研和生产实践面临的主要问题。区位理论源于"一定的经济活动为何会在一定的地方出现"这一问题。"区位"既包括该事物的位置，也包括该事物与其他事物的空间联系。这种联系可分为与自然环境的联系、与社会经济环境的联系。可以以此为指导，分析中药材生产活动形成和发展规律，研究作用于中药材生产活动的自然和社会经济要素。

区位理论是关于区位空间秩序的理论，把地理空间抽象为距离关系，除了经济关系外，经纬度差异、地形差异等其他方面的关系均不予考虑。区位空间秩序的核心是距离衰减，即随着距离的增加，地理要素间的作用减弱。使用体积、重量较大，需用新鲜原料、容易腐烂的中药材，在进行种植基地或加工车间布局时，应尽量选在两者之间距离较近的区域。按照中心地理论可以合理的布局中药生产相关公共服务设施、经济和社会职能机构等，如中药资源动态监测信息和技术服务站点的数量、规模和布局等。如果用地图来表示的话，它不仅需要在地图上描绘出各种经济活动主体（农场、工厂、交通线、商业中心等）与其他客体（自然环境条件和社会经济条件等）的位置，而且必须进行充分地解释与说明。

（五）地统计分析

20世纪60年代，法国地质学家Georges Matheron提出数学形式的区域化变量，给出了基本变异函数的定义和一般克里金估计方法。通过变异函数、克里金估计和随机模拟方法的深入扩展，地统计学逐渐成为空间统计学的核心内容。

地统计学是以区域变量为理论基础，以变异函数为主要工具，在空间预测与不确定性分析方面具有显著优势，主要研究在空间分布上既有随机性又有结构性，或空间相关或依赖性的自然现象的科学。地统计学主要用于研究：空间分布数据的结构性和随机性，或空间相关性或依赖性，或空间格局与变异，并对这些数据进行最优无偏内插估计，或要模拟这些数据的离散性、波动性等。

协方差函数和变异函数是地统计学的两个基本函数，是以区域化变量理论为基础建立起来的。地统计分析理论包括前提假设、区域化变量、变异分析和空间估值。

1. 前提假设

经典统计工作和空间统计工作对于空间自相关的认识存在着较大差异。经典统计工作认为自相关是个不好的特征，需要从数据中移除，因为自相关与很多传统统计方法的基本假定条件相冲突。空间自相关性，使得经典统计学方法不能直接用于分析地理现象的空间特征。对于空间统计分析来说，空间自相关表明某些基础空间过程在发挥作用，空间自相关是数据不可分割的组成部分。数据中明显的空间过程和空间关系，是对空间数据分析的关注点。

传统统计学方法的基本假设是独立性和随机性。地统计学的基本假设前提是随机性、正态分布和平稳性。①随机过程：空间统计分析是在大量样本的基础上。一般认为研究区域所有样本值都是随机过程的结果，所有样本值都不是相互独立的，而是有一定的内在规律。地统计是通过分析样本间的规律，揭示其分布规律，并进行预测。②正态分布：假设所有样本是服从正态分布的，在获取样本数据后首先对数据进行正态分布分析，若不服从正态分布，应将数据变换为正态分布，一般要尽量选取可逆的变换形式。③平稳性：进行统计分析，需要对空间数据作平稳性假设。统计学认为，在大量重复观察基础上，可以进行预测和估计，并可以明确估计变化性和不确定性，重复是统计的基本。平稳假设，是指区域化变量 $z(x)$ 的任意 N 维分布函数不因空间点 x 发生位移而改变。包括：均值平稳假设，均值是不变的，并且与位置无关；二阶平稳假设，具有相同距离和方向的任意两点的协方差是相同的，协方差只与这两点的值有关、与它们的位置无关；内蕴平稳假设，具有相同距离和方向的任意两点的方差（变异函数）是相同的。二阶平稳和内蕴平稳是为获得基本重复规律所做的假设，通过协方差函数和变异函数可以进行预测和估计预测结果的不确定性。

2. 区域化变量

当一个变量呈现一定的空间分布时，称为区域化变量（regionalized variable）。区域化变量根据位置不同而取不同的值，反映了区域内的自相关特征，即变量在点 x 与 $x+h$ 处的值 $z(x)$ 和 $z(x+h)$ 具有某种特征程度的相似性。区域化变量可以反映某种空间现象的特征，用区域化变量来描述现象称为区域化现象。在区域内确定的位置，区域化变量又表现为一般的随机性，也称为区域化随机变量。因此，区域化变量具有结构性和随机性两个最显著及最重要的特征。

3. 变异函数

一般采用半变异函数和协方差进行空间相关与变异分析。半变异值随着距离的加大而增加，协方差随着距离的加大而减少，两者都是事物空间相关系数的表现。当两者距离较小时，它们是相似的，因此协方差值较大，而半变异值较小。反之，协方差值较小，而半变异值较大。

（1）协方差函数：又称为半方差，表示两个随机变量之间的差异。

（2）半变异函数（semivariogram）：是地统计分析的特有函数，半变异函数是区域化变量$Z(x)$在点x和$x+h$处的$Z(x)$值与$Z(x+h)$差的方差的一半，为区域化变量$Z(x)$在x轴方向上的变异函数。半变异函数模型是克里格空间插值的前提条件，也决定着空间插值的精度。半变异函数模型根据半变异函数云图的分布，选择合适的理论模型，按照估计方差最小的原则，运用最小二乘法求得。半变异函数模型是未知的，利用ArcGIS空间分析模块可对其进行拟合，拟合理论模型主要有球形模型、指数模型、高斯模型、幂函数模型等。

（3）变异函数的参数：半变异值随着距离的加大而增加，协方差随着距离的加大而减少，两者都是事物空间相关系数的表现。当两者距离较小时，它们是相似的，因此协方差值较大，而半变异值较小。反之，协方差值较小，而半变异值较大。

空间变异函数（半变异函数）是关于数据点半变异值（或变异性）与数据点间距离的函数，是描述区域化变量随机性和结构性的基本指标。当空间变异函数大时，空间自相关性减弱。

变异函数有块金值、基台值、变程和分维数4个主要参数。其中，块金值、基台值和变程，可以直接从变异函数图中得到，决定着变异函数的形状和结构。变异函数的形状反映了与自然现象空间分布结构或空间相关的类型。

块金值（nugget）：区域化变量在小于抽样（观测）尺度时的非连续变异，也称为区域不连续值，是由区域变化量的属性或测量误差决定的，图2-6中的C_0。

基台值（sill）：半变异函数随着空间距递增到一定程度后出现的平稳值，图2-6中的C_0+C。

变程（range），或称为空间依赖范围：变异函数达到基台值时的间隔距离，图2-6中的a。空间距离大于变成后，区域化变量空间相关性消失。

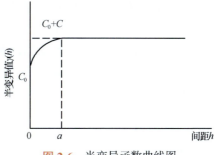

图2-6 半变异函数曲线图

分维数（D）：表示变异函数的特性，为双对数直线回归方程中的斜率，是一个无量纲数。分维数的大小，表示变异函数曲线的曲率，可以作为随机变异的量度。

块金值与基台值的商称为块金系数，表示变异特征，该值越大，说明样本间的变异更多由随机因素引起。

4. 空间估值

地统计分析过程即空间估值过程，一个完整的地统计分析过程一般为：首先获取数据，分析数据暗含的特点和规律；然后选择合适的模型进行表面预测，包括半变异模型的选择和预测模型的选择；最后，检验模型是否合理或对几种模型进行对比。

在ArcGIS中利用地统计分析模块完成上述过程非常简单，但是遵循一个结构化处理过程仍很重要。

数据显示：在ArcMap数据视图窗口中添加并显示待分析的数据图层。

数据检查：深入了解数据，分析数据集的统计属性。数据检查内容包括检验数据分布、寻找数据离群值、全局趋势分析、探测空间自相关及方向变异等。

模型拟合：基于对数据的认识初步选择一个认为合适的模型创建表面。全面的数据检查有助于选择出合适的模型。

模型诊断：评估模型的输出，了解所选模型对未知值的预测效果。诊断的主要内容包括预测的准确性、模型的有效性。

模型比较：通过设置不同参数或者选择多个可选模型创建表面，通过对比分析可以确定哪个模型能更好地预测未知值。

（六）空间插值

地统计学方法在空间预测和不确定性分析方面存在明显优势，但其估计结果依赖于采样数据、空间结构分析和估计模型的选取。在实际应用中，进行地统计分析前，首先需要检验数据的数量和质量，在试验协方差函数或半变异函数估计基础上，进行至少3个方向的方向各异性和敏感性分析，之后拟合半变异函数和建立基础模型的套合结构，最后再选择合适的模拟模型进行无偏最优估计和不确定性分析。

地统计分析的核心就是通过对采样数据的分析、对采样区地理特征的认识选择合适的空间内插方法创建表面。插值方法按其实现的数学原理可以分为两类，一类是确定性插值方法，另一类是地统计插值方法也就是克里格插值方法。

确定性插值方法：以研究区域内部的相似性（如反距离加权插值法）或者以平滑度为基础（如径向基函数插值法）由已知样点来创建表面。

地统计插值方法：如克里格法利用的是已知样点的统计特性。地统计插值方法不但能够量化已知点之间的空间自相关性，而且能够说明采样点在预测区域范围内的空间分布情况。

1. 概念简介

克里格（Kriging）插值又称为空间局部插值法，是地统计学的主要内容之一。克里格插值以变异函数理论和结构分析为基础，是根据未知样点区域内有限邻域内的若干已知样本点数据，在考虑了样本点的形状、大小和空间方位与未知样本点的相互关系，以及变异函数提供的结构信息之后，对未知样点进行的线性无偏最优估计。克里格法是建立在变异函数和结构分析基础之上的。

2. 适用范围和条件

研究区域满足二阶平稳的假设前提，才可以用克里格法进行内插或外推。否则不适用。数据要符合前提假设，数据量要充分。

在 ArcGIS 空间分析模块中，有 8 类克里格方法，在不同的研究区域和尺度下，可使用不同的克里格方法处理和分析数据。8 类克里格方法的简单描述和适用范围如下所述。

（1）普通克里格方法（ordinary Kriging）：满足内蕴假设，其区域化变量的平均值是未知的常数。

（2）简单克里格方法（simple Kriging）：满足二阶平稳假设，变量的平均值为已知的常数（当假设的属性值为某一已知常数时）。

（3）泛克里格方法（universal Kriging）：当数据存在主导趋势时，区域化变量的数学期望是未知的变化值。

（4）指示克里格方法（indicator Kriging）：有真实的特异值，只需了解数据是否超过某一阈值，数据不服从正态分布时使用。

（5）概率克里格方法（probability Kriging）：求某种变量含量的概率时使用。

（6）析取克里格方法（disjunctive Kriging）：数据不服从简单分布。

（7）协同克里格方法（co-Kriging）：适用于相互关联的多元区域化变量。

（8）对数正态克里格方法（logistic normal Kriging）：数据服从正态分布时使用。

考虑空间静态/时空动态地统计学的差异仅表现为尺度上差异，按照"线性/非线性→参数/非参数→单变量/多变量→稳态/非稳态"的顺序提出方法选择思路：①当变量为正态分布时，可以考虑简单的线性地统计学方法，反之则选择随机模拟，通过 Monte Carlo 模拟产生随机过程的一系列现实得到全局估计及误差；②在此基础上，当需要估计局部不确定性时，可以选择非参数地统计学方法估计变量的风险或概率分布，反之选择参数地统计学方法；③在上述基础上，若可以同时获取到多个变量的数据且需要同步进行估计，则可以考虑选择多元地统计学方法，以此提高主变量的估计精度和改善多元变量估计的一致性，反之则只能选择单变量地统计学方法；④当变量满足或接近二阶平稳过程时，可以选择稳态地统计学方法，反之则必须考虑非稳态地统计学方法。

五、小　　结

中药学相关理论，主要偏重于以中药的"药用属性"为出发点的中药区划；道地药材等理论，可以指导优质药材指标体系的构建，确定区划的分级标准和依据。地域分异规律主要用于指导以中药材"自然属性"为出发点的中药区划。区位理论主要偏重于以中药材"社会属性"为出发点的中药区划，可以指导中药材种植基地、企业、监测站点等基础设施建设布局，辅助相关政策建议的制定。增长极理论对于中药资源区域开发和区域规划有重要的指导意义，核心边缘理论有利于处理中药材生产中道地产区、主产区和一般产区的关系，有利于处理道地药材与一般药材的关系、不同规格商品药材之间的关系。配第-克拉克定理、平衡态空间结构等可用于分析指导各省（自治区、直辖市）中药产业发展情况、优化产业结构优化方面的工作。

综上所述，中药区划有关工作可以归纳总结为如下几点。

（1）同种药材空间距离越近，相似度越高；空间距离越远，变异程度越高；对于广泛分布种，区划时重点关注差异性，对于窄域种，区划时重点关注相似性。

（2）随着尺度的增加，人文因素影响力逐渐降低，自然生态环境因素影响力逐渐增加，即区划尺度越大，自然生态因素影响越大；区划尺度越小，人文社会因素影响越大。

（3）宏观尺度区划，重点关注气候指标；中观尺度区划，重点关注植被和地貌指标；微观尺度区划，重点关注土地因素环境。

（4）野生资源主要关注自然生态因素，栽培资源主要关注社会经济因素，所有区划都要关注药用因素。

（5）一般情况道地药材的道地产区范围，小于道地药材基原物种的适宜生长区；优质药材的主产区，小于药材基原物种的适宜生长区。

第三节　中药区划意义和用途

随着医疗事业的发展和全民健康的需要，对中药材的需求日益增加，再加上很多药材的生产周期较长，野生资源数量有限，单靠扩大野生资源的利用量，已经无法满足中药材的市场需求。目前，进行中药材的引种栽培及药用动物的驯养，成为解决道地药材和常用药材供不应求的重要途径。在现代技术条件下，我国已能对不少名贵和短缺药材进行异地引种及药用动物的驯养，并不断取得成效。但是，在中药材的引种或驯养工作中，如何保证药材原有的品种和疗效是中药材引种栽培或驯养成功与否的前提。

中药材生产受自然生态环境因素、社会经济因素的交互影响，表现出强烈的地域性。长期的临床实践证明，重视中药产地与质量的关系，对于保证中药疗效有着重要的作用。因地制宜地指导和规划中药材生产实践，必须充分了解和掌握区域之间中药资源的差异性和区域内的特点，了解和掌握区域内中药材生产中面临的困难、存在的问题。中药区划是人类社会对中药认识程度深入发展的一个体现形式，是对中药生产合理布局以及中药资源开发、保护等客观实践的反映，对因地制宜地发展中药生产、合理开发和保护中药资源，以及促进中药产业的健康可持续发展具有积极的作用。

一、中药区划服务国家规划的落实

中药区划是全面认识中药资源和中药产业发展地域差异的重要手段，是各级政府制定中药资源保护、开发和合理利用政策法规，统筹区域协调发展中药产业结构的重要依据。中药区划工作体现了"首在调查，贵在综合，重在协作，功在实用"的认知过程，是中药材综合管理的手段，是各种规划任务得以顺利开展实施的管理抓手和政策工具，有助于促进决策者从经验决策转变为科学决策。

1. 落实《中药材保护和发展规划》需要开展中药区划

2015年，国家中医药管理局等12部委联合发布了《中药材保护和发展规划（2015—2020年）》（国办发〔2015〕27号），提出7项工作任务，至少3项工作任务需要有中药区划的支撑和服务。

"（一）实施野生中药资源保护工程"中明确提出了"开展第四次全国中药资源普查、建立全国中药资源动态监测网络、建立中药种质资源保护体系"。通过中药区划，可以辅助普查队在开展外业调查之前，明确中药资源相对集中的区域和需要重点调查的区域，有效地开展外业调查。通过中药区划，可以辅助确定监测站点的布局，有效地建立覆盖全国中药材主要产区的资源监测网络。

"（二）实施优质中药材生产工程"中明确提出了"建设濒危稀缺中药材种植养殖基

地、建设大宗优质中药材生产基地、建设中药材良种繁育基地、发展中药材产区经济"。这些工作的开展均需要有中药区划作为支撑。通过对濒危稀缺中药材的区划，有助于明确建立野生抚育、野生变家种（家养）基地最佳位置的确定，指导对资源紧缺、濒危野生中药材进行集中保护和繁育生产。通过对大宗优质中药材的区划，有助于明确大宗优质中药材生产区域，指导在适宜产区开展常用大宗中药材和良种繁育的选址和布局，促进规范化、规模化、产业化基地建设，提高中成药大品种和中药饮片的原料供应能力及水平。

"（七）建设中药材现代物流体系"中明确提出了"建设中药材现代物流体系。在中药材主要产区、专业市场及重要集散地，建设集初加工、包装、仓储、质量检验、追溯管理、电子商务、现代物流配送于一体的中药材仓储物流中心，开展社会化服务"。基于区位理论开展中药区划，明确区域内仓储物流功能的主要区位，有助于引导产销双方无缝对接，推进中药材流通体系标准化、现代化。

2. 落实《中医药发展战略规划纲要》需要开展中药区划

2016年2月国务院印发《中医药发展战略规划纲要（2016—2030年）》（国发〔2016〕15号），在重点任务"（五）全面提升中药产业发展水平"工作中，有4项工作任务的具体落实需要有中药区划的支撑。包括：

"17. 加强中药资源保护利用"，要求：实施野生中药资源保护工程，完善中药资源分级保护、野生中药材物种分级保护制度，建立濒危野生药用动植物保护区、野生中药资源培育基地和濒危稀缺中药材种植养殖基地，探索荒漠化地区中药材种植生态经济示范区建设。

"18. 推进中药材规范化种植养殖"，要求：制定中药材主产区种植区域规划，加强道地药材良种繁育基地和规范化种植养殖基地建设，建立完善中药材原产地标记制度。

"19. 促进中药工业转型升级"，要求：逐步形成大型中药企业集团和产业集群。促进中药第一、第二、第三产业融合发展。

"20. 构建现代中药材流通体系"，要求：制定中药材流通体系建设规划，建设一批道地药材标准化、集约化、规模化和可追溯的初加工与仓储物流中心。

开展中药区划，可以指导中药资源保护利用相关基地、保护区和示范区具体位置的选址和空间布局；为中药材主产区种植区域规划的制定，中药材原产地标记制度的实施，在空间范围的界定方面提供支撑；指导促进大型企业集团和产业集群的形成，优化中药领域第一、第二、第三产业融合发展。

3. 落实《中药材产业扶贫行动计划》需要开展中药区划

为贯彻落实党中央、国务院脱贫攻坚部署，充分发挥中药材产业扶贫优势，促进贫困地区增收脱贫，2017年8月，国家中医药管理局、国务院扶贫办、工业和信息化部、农业部、中国农业发展银行5部门联合印发了《中药材产业扶贫行动计划（2017—2020年）》（国中医药规财发〔2017〕14号）。

文件明确，通过引导百家药企在贫困地区建基地，发展百种大宗、地道药材种植、生产，带动农业转型升级，建立相对完善的中药材产业精准扶贫新模式。打造一批药材基地，形成产业精准扶贫新格局。包括：

优化产业布局。编制贫困县大宗、道地药材种植推荐目录，指导贫困县因地制宜、科学布局中药材产业发展，促进道地药材向最佳生产区域集中。

建设示范基地。支持中药企业建设"贫困地区道地药材发展示范基地"，打造一批种植规模上万亩[①]的大宗、道地药材连片种植基地。鼓励医药企业在贫困地区设立"扶贫车间"，多渠道开发就业岗位，吸纳贫困人口在家乡就地就近就业。

建立定制药园。开展"百企帮百县"活动，推动百家以上医药企业到贫困县设立"定制药园"作为原料药材供应基地。鼓励公立中医医院应优先采购以"定制药园"中药材为主要原料的药品（含中药饮片）。

建设良繁基地。支持集中连片贫困地区建设区域性良种繁育基地，加强良种繁育技术推广，培育质量稳定、供应充足的种子种苗，切实保障中药材种植贫困户优良种源供应。

《中药材产业扶贫行动计划》中，优化产业布局、建设示范基地、建立定制药园、建设良繁基地，均与中药区划工作密切相关。开展中药区划，可为优化产业布局，合理配置资源，指导示范基地布局、定制药园布局、良繁基地布局等提供依据。

4. 落实《中药资源评估技术指导原则》需要开展中药区划

为了保护中药资源，实现中药资源可持续利用，保障中药资源的稳定供给和中药产品的质量可控，国家食品药品监督管理总局发布了《中药资源评估技术指导原则》。推行中药资源评估，要求药品上市许可持有人或中药生产企业对未来5年内中药资源的预计消耗量与预计可获得量之间的比较，以及对中药产品生产对中药资源可持续利用可能造成的影响进行科学评估。

《中药资源评估技术指导原则》所述中药资源是指：专用于中成药、中药饮片等生产的植物、动物及矿物资源。《中药资源评估技术指导原则》规定，中药资源可持续利用措施的评估需着重说明："1. 可持续获得性。对来源于人工种植养殖的中药材品种，应当提供基地发展5年规划；对来源于野生的中药材品种，应当明确年产量，说明5年自然更新、野生抚育和野生变家种家养等情况。2. 稳定质量措施。应当明确并固定中药材基原、来源区域、采收时间、产地初加工方法等。来源于人工种植养殖的，还应当说明种植养殖符合中药材生产质量管理规范要求的措施。"

开展中药区划，可为企业所用原料基地的分布，所供应的原料数量、质量等提供依据。

5. 落实《全国道地药材生产基地建设规划》需要开展中药区划

为促进道地药材生产，农业部等制定了《全国道地药材生产基地建设规划（2018—2025）》。以中医药理论为指导，以中药材生产的历史和现状为依据，充分体现中药材的道地性，达到优质中药材生产的目标，围绕五位一体（经济建设、政治建设、文化建设、社会建设、生态文明建设）的建设，开展全国道地药材中药材生产基地建设。包括：

---

① 1亩≈667m^2，下同。

以县为单位，在全国范围内开展 100 种大宗常用、道地性明显、以栽培品为主中药材生产的布局。

以品种为核心，以区划结果为依据，综合考虑中药材质量、产量及社会经济效益，确认中药材布局。确定待布局的 100 种道地药材，开展 100 个药材的生态适宜性区划，布局 100 种道地药材主产区。

二、中药区划服务中药产业的发展

随着社会经济的不断发展，在全民"奔小康、望富裕"的进程中，各地都在积极发展中药材相关产业。由于我国各地之间自然地理条件、社会发展基础等方面的多种限制，区域之间发展中药材生产的条件各异，明确区域间中药材产业的特点和发展规律、科学地制定发展规划，是发展我国社会主义中医药事业和人类保健康复的需要，也是对祖国医药学继往开来和对中华人民共和国成立以来中药材生产实践经验教训总结的需要。

1. 中药资源管理需要中药区划作为支撑

改革开放以来，我国区域经济发生了根本性改变，随着市场经济体制的建立，各种资源在区域之间的流动速度加快，社会对资源的配置效率逐渐提高，市场机制和宏观规划在资源配置中的作用越来越明显。国内中药产业迅速发展有目共睹，在中药产业繁荣发展的大背景下，各省（自治区、直辖市）间发展中药材产业主要是竞争关系，存在省（自治区、直辖市）产业战略趋同、市场分割和资源争夺的现象，存在区域之间中药产业发展不平衡等问题。

在中药材生产相关管理工作中，如何配置和完善中药材生产所需基础设施？如何通过政策引导、扶持，把中药材生产资料配置到最佳区域？如何更好地促进和服务中药材产业发展？等等一系列实际问题，是决策部门和决策者在进行管理工作中必须解决的。为适应新的发展形势，解决发展中面临的问题，需要进行各种类型的区划工作，明确区域间中药资源、自然、社会环境条件的差异和优势，服务中药材生产、经营和管理工作。

中药材产业的发展受地域差异影响较大，中药区的划分可清楚地掌握各区域间中药产业自身的发展情况，包括中药资源禀赋情况、地域组合状况、市场及产品的特点等，准确认识区域中药产业发展的差异化特征，有助于明确区域中药产业的发展方向和功能定位，可为中药材开发和利用等提供依据。中药区划是加强和创新中药资源管理的重要举措，有利于明确各区域发展中药的功能定位，有效提高和加强管理部门对中药的管理效率。

中药材生产相关管理工作最终要落实到省和县的具体地块、具体药材。要真正做到因地制宜进行生产活动，需要规划每种药材的生产区域、制定每种药材的具体方案，做好长远规划。开展中药区划，有助于了解和掌握各区域中药资源特点及演变趋势，明确区域中药资源合理利用和中药生产的发展方向等。中药区划将成为各级政府部门、中药材企业宏观决策和各类规划实施的科学依据及基础。

2. 中药材生产需要中药区划作为支撑

我国幅员辽阔，地形复杂，气候多样，孕育着无比丰富的中药资源。中药资源横亘于有机界与无机界，跻居于动物界、植物界、矿物界和人工制造之间。从"神农尝百草"到今天，中药材生产经历了由不认识到逐步认识，由比较盲目到比较自觉，由比较粗糙到比较精细的漫长过程。

过去，曾提出"南药北移，北药南栽"，其虽取得了一定成效，缓解了部分紧缺药材供应，但出现了一些违背客观规律、药材品质下降、布局分散、市场冲突、栽培药材质量不稳定等问题，最终影响中药材的临床应用。近年来，对部分中药资源掠夺式的开发，使不少名贵药材种类濒危。为了保证中药材的数量、质量稳定和农民增产增收，各地均在大力发展中药材的人工生产。同时林业、农业等部分行业和地区在不同程度的探索转型之路，其中发展中药材种植或与中药材相关产业是多数人和区域"望富裕"的主要途径及重点拓展领域。

发展中药材生产，需要明确某种药材在哪儿有分布、哪儿没有分布？哪个区域的中药材数量多、哪个区域的数量少？哪个区域的中药材质量优良、哪个区域的质量差？等等相关问题。这些问题的解决，需要根据每种药材的实际情况，结合区域内现有中药材生产规模、经济和技术发展水平，综合考虑社会经济发展、自然条件、资源禀赋等因素，因地制宜区别对待。需要明确界定优质药材的分布区域和特征，需要有指导中药资源多样性保护、规划和管理的基础性资料，才能指导中药材种植等相关工作的健康有序发展。中药生产区划可为中药产业链各环节发展规划的编制提供科学依据。

开展中药区划，以生态学与社会经济相结合的方法深入研究中药材，既增强了中药资源永续利用的责任感，也提高了中药产业的科技水平，丰富了中药学的科学内涵。强化药用意识与生态意识，有助于充分发挥各区域社会、经济及技术等资源优势，更加明确各区域中药生产与中药资源特色，因地制宜地调整中药生产结构和布局，选建优质药材商品基地，科学指导中药生产与区域开发。通过中药区划，有利于按市场机制配置中药生产资料，促进中药农业、工业和商业等环节合理配置资源，分区规划、分类指导及分级实施，以更好地按照自然规律与经济规律办事。

参 考 文 献

陈仁山．1930．药物出产辨 [M]．广州：广东中医药专门学校．

陈士林，肖培根．2006．中药资源可持续利用导论 [M]．北京：中国医药科技出版社：85．

陈阳，陈安平，方精云．2002．中国濒危鱼类、两栖爬行类和哺乳类的地理分布格局与优先保护区域——基于《中国濒危动物红皮书》的分析 [J]．生物多样性，4：359-368．

范中桥．2004．地域分异规律初探 [J]．哈尔滨师范大学自然科学学报，5：106-109．

龚维进，覃成林，徐春华，等．2016．空间异质、空间依赖与泛珠三角的新区划——基于最大 P 区域问题的区划方法 [J]．经济问题探索，6：49-56．

郭兰萍，黄璐琦，蒋有绪，等．2008．2 种不同模式中药适宜性区划的比较研究 [J]．中国中药杂志，33（6）：718．

黄璐琦，陈美兰，肖培根．2004．中药材道地性研究的现代生物学基础及模式假说 [J]．中国中药杂志，29（6）：494-496．

黄璐琦，郭兰萍．2007．环境胁迫下次生代谢产物的积累及道地药材的形成 [J]．中国中药杂志，（4）：

277-280.

李慧，周轶成 . 2015. 基于模糊物元模型的黑河流域水质评价 [J]. 人民黄河，10：78-80，85.

李小建 . 2002. 经济地理学 [M]. 北京：高等教育出版社：52.

明冬萍，王群，杨建宇 . 2008. 遥感影像空间尺度特性与最佳空间分辨率选择 [J]. 遥感学报，4：529-537.

冉懋雄 . 1992. 试论中药区划与中药区划学的建立与发展（Ⅰ）[J]. 中药材，15（1）：53.

王利 . 2010. 不同尺度空间发展区划的理论与实证 [M]. 北京：科学出版社 .

俞孔坚，李迪华，韩西丽 . 2005. 论"反规划"[J]. 城市规划，9：64-69.

张小波，郭兰萍，周涛，等 . 2010. 关于中药区划理论和区划指标体系的探讨 [J]. 中国中药杂志，35（17）：2350-2355.

中国药材公司 . 1995. 中国中药区划 [M]. 北京：科学出版社 .

第三章
中药区划指标体系

一般而言，一个完整的区划工作包括如下 5 个环节：确定目的，确立指标体系，确定方法和模型，搜集数据、实施区域划分，对区划结果进行检验。选取适宜的区划指标，有助于得出科学的区划结果。中药区划指标体系是由一系列指标组成的整体，各指标之间有着紧密的联系或制约关系，区划指标是本底资料调查、区划模型分析、探索生产布局、选择最佳服务方案等的前提。

第一节 选取中药区划指标的方法

获取区划数据和筛选指标的方法直接影响区划指标体系的最终确定，进而影响区划方法的选取。中药区划指标体系的构建，常采用定性和定量相结合的方法确定。对中药资源与自然、社会条件之间的数量关系，一般采用定性分析、层次分析法和德尔菲法（Delphi method）来确定。

一、层次分析法

层次分析法（AHP）是一种重要的多目标、多判据的系统评价方法，是一种将定性与定量分析方法相结合的多目标决策分析方法（郭金玉等，2008）。层次分析法的主要思想是通过将复杂问题分解为若干层次和若干因素，对两两指标之间的重要程度作出比较判断，建立判断矩阵，通过计算判断矩阵的最大特征值及对应特征向量，得出不同方案重要性程度的权重，为最佳方案的选择依据。基于层次分析法能将复杂问题进行分解，为最佳方案选择提供科学依据。

层次分析法经过多年的发展衍生出 4 种方法。①改进层次分析法是指利用层次分析法的原理建立综合评价模型，然后提出新的指数标度或评价方法。②模糊层次分析法是将层次分析法和模糊综合评价结合起来，使用层次分析法确定评价指标体系中各指标的权重，用模糊综合评价方法对模糊指标进行评定。③改进模糊层次分析法是指运用模糊一致性矩阵与其权重的关系构造评价模型，然后采用基于实数编码的遗传算法来求解该模型，得到评价指标的排序权重。④灰色层次分析法是将传统层次分析法和灰色系统理论相结合的一种综合分析方法，灰色理论贯穿于建立模型、构造矩阵、权重计算和结果评价的整个过程。其中，改进层次分析法、模糊层次分析法和改进模糊层次分析法都是基于判断矩阵不好确定的情况下，通过改进判断标度来帮助决策者更加容易地构造质量好的判断矩阵。

二、德尔菲法

德尔菲法是一种综合多名专家经验与主观判断的方法（徐蔼婷，2006），是采用背对背的通信方式征询专家小组成员的预测意见，经过几轮征询，使专家小组的预测意见趋于集中，最后做出符合市场未来发展趋势的预测结论，又称为专家规定程序调查法。

德尔菲法主要是由调查者拟定调查表，按照既定程序，以函件的方式分别向专家组成员进行征询；而专家组成员又以匿名的方式（函件）提交意见。经过几次反复征询和反馈，专家组成员的意见逐步趋于集中，最后获得具有很高准确率的集体判断结果。评价是人的价值判断过程，专家组是否有代表性是德尔菲法的关键所在。一般来说，对药材研究精通的人均可被泛称为专家。他们当中有些精通于现象的综合描述，有些熟谙于现象的趋势预测，有些擅长于理论，有些侧重方法应用。在形成专家组的过程中，要充分考虑专家各自的特长，以及德尔菲法的应用类型。

第二节　选取中药区划指标的原则

一、动态平衡原则

影响区划结果的因素很多，可分为静态因素和动态因素。静态因素如土壤、地形、气候资源等自然因素；特定区域的自然属性条件在长时间尺度内才能发生本质的变化，是相对稳定的，比较容易把握。动态因素如市场、交通、政策、技术等，主要为社会经济因素。社会属性条件是短时间尺度的变化，把握起来有相当的难度。在各因素中，动态因素在不断的发展变化，因而应更多地考虑其对区划结果所产生的影响。中药区划的研究对象包括中药资源及其所在地域系统，是一个"开放的复杂巨系统"，具有开放性、复杂性、动态性等特点。从系统论的角度，在区划指标选择时，也应遵循动态平衡的原则，对影响中药材的各因素进行动态的分析，并对各因素的变化及其可能产生的影响做出充分的预测，从而在一定时空范围内做出最合理的选择。

二、实用性原则

在构建中药区划指标体系时，不可过繁，也不能过简。过繁使工作量不必要的增加，导致人力、物力和财力的浪费。过简则不能满足中药区划的需要，不能反映客观实际，得不出正确的结论。中药区划较为复杂，区划指标的选取并不是唯一的，常常是以某个指标为主要依据，综合考虑其他指标的影响。在区划指标选择时，不仅关注经济效益，同时要保持经济效益、社会效益和生态环境效益的统一。在进行中药区划工作中，需要根据具体的区划任务，构建具体的区划指标体系，服务于特定区划目标的实现。

三、可获得性原则

可用于区划的指标多样，其中仅有一小部分区划指标数据需要在工作中直接生产，大部分区划指标多是基于相关工作的结果，利用现有数据指标进行区划研究工作。受现有数据内容的详细程度、研究区域空间、时间范围大小等因素的影响，基础数据的可获得性对区划指标的选取和区划结果具有决定性作用。因此，在区划工作中，用于各类区划的指标必须建立在可获得性的基础上。对于小尺度的区划工作，由于研究区域面积小，区划所需的数据相对容易获取。对于大尺度的区划工作，由于研究区域面积大，区划数据相对小区域数据获取难度大。一般区划指标选取时，要综合考虑尺度和时间等方面的限制，尽可能选取能收集到数据的指标。

第三节 中药区划指标体系的构建

完整的中药区划是中药资源区划和外部环境因素区划的高度综合，能表征中药资源空间分异和对中药资源分布有影响的环境因子均可作为区划指标。不同类型区划指标构成中药区划的横向指标，同类区划指标构成中药区划的纵向指标。横向指标和纵向指标共同构成了中药区划的指标体系。

区划指标体系既包括可量化的数量性指标，也包括不可量化的描述性指标。进行中药区划时，根据研究对象、研究目的和区划方法的不同，确定实用于某一研究可操作的具体区划指标。筛选对中药资源变化有重要影响的主导因子，或能准确区分中药资源区域差异性的各种指标，明确中药资源及其地域系统在区域间的差异性。

区划指标的选取是区划研究开展的第一步，选取的区划指标不同，直接影响着中药区划的复杂性和科学性。参照农业、地理学区划指标选取的经验。中药区划指标的选取，应综合考虑中药材自身因素，以及对中药材有影响的自然生态和社会经济因素等。

一、中药方面的指标

区域间中药资源（中药材）的差异性是进行中药区划的前提。研究中通常选取分布、蕴藏量、生物量、有效成分含量等可以定量的要素作为区划指标。因此，需要获取中药资源分布、数量和质量等方面的数据。中药材方面的基础数据较为薄弱，一般需要通过实地调查获取。

分布信息：用于界定中药材的地理空间分布范围。广布种，分布范围较广，适应性强。窄域种，局限于特殊环境，要求较为严格的生态条件。现阶段一般通过经度、纬度和海拔等指标反映中药材的分布范围。

数量信息：用于评价一个地区资源的丰盈程度。中药资源的数量及其可持续发展，对中药产业的发展具有决定性作用，主要从资源种类、蕴藏量、生物量、产量、可采收量等方面选取。

质量信息：用于评价一个地区中药材质量的优劣。中药材质量的优劣决定着中药的临床疗效和利用价值。一般从外观性状、有效成分含量等方面选取。

应用信息：在中药材生产实践过程中，人们对同种药材利用目的和需求不同，导致区划研究的目的和区划指标具有差异性。从自然生态角度出发，多考虑的是中药材自然属性方面的因素；从社会经济的角度出发，多考虑的是中药材的社会属性方面的因素。

二、自然生态环境方面的指标

生态环境是药用动物、植物生存不可缺少的环境条件，自然生态环境与中药材的质量（有效成分的形成和积累）、数量密切相关。各地不同的自然生态环境条件直接影响着药用动物、植物的种类、数量、生长发育、形态结构和生理功能等方面。选取自然生态环境为区划指标，有助于研究明确中药材与其生态环境之间的关系和特征。自然生态环境包括气候、土壤、生物、地形地貌等方面。小范围的自然生态环境方面的数据可以通过实地调查或遥感繁衍等方法获取，大范围的气象、植被、地形地貌等数据，可以通过遥感图像或者从相关部门购买获得。

气候因子：自然环境中对药用动物、植物影响最大的就是气候条件，气候因子包括温度、湿度、降水、日照、风、气压和雷电等。气候条件决定着药用动物、植物能获得多少热量和多少水分等，并直接控制着植物和动物的分布及数量。

土壤因子：土壤具有供给和协调药用动物、植物生长所需的水、肥、气、热的能力。土壤因子包括土壤性状及质地，如通气性、渗水性、容水量、吸湿性（含水力）、土壤的毛细管作用、土壤温度等；土壤成分，如矿物质、有机质、微生物等。土壤的温度、胶体、酸碱性、类型等均对中药材具有一定的影响。

地形因子：地形因子包括海拔、坡度、坡向等。地形因子一般对中药资源生长发育及次生代谢产物的积累起间接影响，但在山地，由于地形因子可决定山地内水、热、养分的再分配，会成为生态主导因子。地面的起伏、山脉的坡度和坡向等对中药材也有一定的影响。

生物因子：生物之间协调和相互作用是生物界保持稳定的关键，它不仅影响着每个物种的生存，而且决定着群落和生态系统的稳定。物种之间的相互关系是复杂和多样的，主要包括互惠共生、共栖、植食（捕食）、寄生和竞争等。其中植被的空间分布、结构和功能等对中药材具有较大的影响。

三、社会经济环境方面的指标

中药资源的空间分布除了受自然环境的影响外，还受人类社会经济活动的影响。中药资源是一种自然资源，但是当人类对其进行开发和利用后，中药资源就具有社会性，属于社会经济活动的范畴。研究区域间中药材人工生产、开发和利用与社会经济要素之间的关系，以及其差异性和规律性，需选取社会经济环境指标。社会经济环境数据的主要内容包括区域内社会经济发展水平、交通运输条件、科学技术水平、现有土地利用状况和市场供求关系等。社会经济条件方面的宏观数据可以从统计部门获取。

生产信息：用于评价一个地区中药材生产状况和特点，有分布面积、总产量、单位面积产量、技术水平、产能、基地位置等。

中药农业生产结构状况：指标包括各种中药材的播种面积、每种药材面积的比例等。通过播种面积结构的分析，可以掌握种植业的构成。不同的植物群落、土壤生态条件与中药材的品质优劣密切相关，适宜的土壤生态条件和植物群落是形成优质药材必不可少的条件。

土地利用状况：土地是进行中药材生产的物质载体，是中药材农业生产最基本、最重要的生产资料，各种中药材的生产均要布局在一定的土地上。合理利用土地是保证中药材农业生产持续利用的重要手段。指标包括土地利用结构，区域内耕地、草地、养殖水面等占土地总面积的比例；可用于中药材种植的土地面积及占土地总面积的比例等。

经济总产值结构：通过经济总产值结构，可以掌握中药材农业生产地域分工和专业化水平。指标包括每种药材的产值、占国内生产总值（GDP）的比例、每亩土地的产值等。

交通结构状况：通过交通分析，可以反映区位的优劣。指标包括运费、农产品成本、农产品运输损耗率、货运送达速度等。

反映科技文化指标：人类活动对中药材的形成与发展具有不可忽视的作用，特别是种植养殖技术、加工炮制技术对中药材品质的干预作用远远大于自然环境因素的影响。

表 3-1　中药区划指标体系

区划对象		一级指标	二级指标
中药资源	动物、植物、矿物等	分布、数量、种类、质量等	蕴藏量、生物量、有效成分含量、外源污染物残留等
自然环境	气候条件	光	太阳辐射、光照强度、日照时数等
		热	平均温度、最高温度、积温等
		水	降水量、相对湿度等
		空气流动	风速等
		交互作用	降水系数、温降系数、干燥系数等
		灾害	干旱、连阴雨、霜冻、高温等
	地形地貌	位置	经度、纬度、海拔等
		地形	坡向、坡度、坡位、相对海拔等
		地貌	山地、丘陵、平原、高原、盆地等
	土壤条件	物理性质	土壤粒径、土壤温度、土壤水分等
		化学性质	矿物质、阳离子、阴离子等
			酸碱性、pH
			有机质、全氮含量、全磷含量等
		土壤类型	红壤、棕壤、褐土、黑土等
	植被条件	群落类型	优势种、郁闭度、群落高度等
社会环境	土地利用	农业、牧业、林业、渔业、工矿、交通用地等	
	社会发展	人口结构、人口素质、生活质量等	
	经济发展	GDP、人均 GDP 等	
	市场流通	需求量、收购量、生产量、价格等	
	社会生产	交通运输、科学技术水平、经济效益等	

第四节 中药区划指标体系的数学表示

中药区划的指标体系,主要依据不同的区划目的和对象来构建具体的区划指标体系。

一、中药区划的对象

O 为区划研究的对象,其中中药区划的对象可以分为中药自身,以及其所在的自然生态系统、社会经济系统和地域系统四大类。区域内药用动物、植物、矿物资源;区域内地形地貌、气候条件、植被条件等自然条件,以及中药资源与自然环境之间的关系;区域内经济发展水平、土地利用、社会发展情况等人文条件,以及中药资源与人文环境之间的关系;等等。用公式表示为

$$O=\{a\times R, b\times P, c\times E, d\times H, e\times REH\} \quad (3-1)$$

式中,O 为研究对象;R 为中药资源;P 为中药产品;E 为自然环境;H 为人文环境;REH 为中药材与环境之间关系的集合;a、b、c、d、e 为权重系数(取 0 或 1),即中药区划研究对象包括中药资源、中药产品,所处的自然、人文环境,以及其与环境之间的关系。

1. 中药资源

$$R = \left\{\sum_{i=1}^{n} a_1 \times \text{Animal}_i, \sum_{j=1}^{m} b_1 \times \text{Herb}_j, \sum_{k=1}^{l} c_1 \times \text{Mineral}_k, \text{others}\right\} \quad (3-2)$$

式中,R 为中药资源;Animal 为药用动物资源;Herb 为药用植物资源;Mineral 为药用矿物资源;other 为其他可药用资源,Area 为中药资源所在区域;a_1、b_1、c_1 为权重系数(取 0 或 1)。式(3-2)表示中药资源为一定区域内各种药用动物、植物、矿物和其他可药用资源的集合。

2. 中药产品

$$P = \left\{\sum_{i=1}^{n} a_1 \times \text{Yaocai}_i, \sum_{j=1}^{m} b_1 \times \text{Yinpian}_j, \sum_{k=1}^{l} c_1 \times \text{Zhongchengyao}_k, \text{others}\right\} \quad (3-3)$$

式中,P 为中药产品;Yaocai 为中药材;Yinpian 为中药饮片;Zhongchengyao 为中成药;others 为其他中药产品,Area 为中药产品所在区域;a_1、b_1、c_1 为权重系数(取 0 或 1)。式(3-3)表示中药产品为一定区域内各种中药材、中药饮片、中成药和其他中药产品的集合。

3. 自然环境

$$E=\{a_2 \times \text{Topography}, b_2 \times \text{Climate}, c_2 \times \text{Vegetation}, d_2 \times \text{Others}, \text{Area}, RE\} \quad (3-4)$$

式中,E 为自然环境;Topography 为地形地貌;Climate 为气候条件;Vegetation 为植被条件;Others 为其他自然条件;Area 为资源所在区域;a_2、b_2、c_2、d_2 为权重系数(取 0 或 1);RE 为中药资源与自然环境之间的关系。式(3-4)表示中药资源所在的自然环境为区域内

地形地貌、气候条件、植被条件等自然条件，以及中药资源与自然环境之间关系的集合。

4. 人文环境

$$H=\{a_3 \times \text{Economic}，b_3 \times \text{Land}，c_3 \times \text{Social}，d_3 \times \text{Others}，\text{Area}，RH\} \quad (3\text{-}5)$$

式中，H 为人文环境；Economic 为经济发展情况；Land 为土地利用情况；Social 为社会发展情况；Others 为其他人文条件；Area 为资源所在区域；a_3、b_3、c_3、d_3 为权重系数（取 0 或 1）；RH 为中药资源与人文环境之间的关系。式（3-5）表示中药资源所处的人文环境为区域内经济发展水平、土地利用、社会发展情况等人文条件，以及中药资源与人文环境之间关系的集合。

二、中药区划的指标体系

中药区划的指标体系是区划对象及其属性构成的矩阵。对象的属性包括：中药资源和中药产品方面的种类、分布、数量、质量等，自然生态和社会经济方面的类型、分布、数量等。用公式表示为

$$\text{Index}_{\text{中药}} = (R+P)（\text{种类、分布、数量、质量、其他}） \quad (3\text{-}6)$$
$$\text{Index}_{\text{环境}} = (E+H)（\text{类型、分布、数量、其他}） \quad (3\text{-}7)$$

参考文献

郭金玉，张忠彬，孙庆云 . 2008. 层次分析法的研究与应用 [J]. 中国安全科学学报，5：148-153.

徐蔼婷 . 2006. 德尔菲法的应用及其难点 [J]. 中国统计，9：57-59.

第四章 中药区划的分类

依据不同的分类方式和原则对中药区划有不同的类型划分，不同类型的中药区划对区域发展中药产业的指导意义各异，本章仅对目前中药区划研究领域已有研究案例的区划类型进行简要介绍。

第一节 以区域为研究对象的区划

一、概　念

中药资源区划是以特定区域内所有中药资源为研究对象，依据中药资源的地域分异规律，以中药资源所在地的自然和社会经济条件地域分异规律为参考，对中药资源进行区域划分。中药资源区划按照区划地域的大小，可分为全国、省域、县域和跨区域的中药资源区划。

二、研究思路

中药资源区划属于区域区划的一种，是"自下而上"的区划，也是综合区划。一般思路是：

（1）资料收集。对区域内中药资源总体情况进行调查，收集区域内所有中药资源的本底数据。

（2）数据分析。在查明中药资源和中药材生产条件的基础上，从分析影响中药资源分布及其开发利用的自然和社会条件入手，明确各地区的基本特性及区域间的差异。

（3）绘制区划图。按照相似性原则，突出区划的地域性、综合性和宏观性，将相似的地理单位合并划分区域，将差异性较大的地理单元分割；将整个区域划分成不同的子集，再根据各地中药生产条件和特点的相对一致性，对各个子集进行逐级细分。

（4）结果修订。根据区划结果进行二次调查，进行区划结果验证。或者通过与前人工作的对比、抽样等方式进行验证。

三、特点和要求

研究对象为区域内所有中药资源，以及与中药资源相关的因素。中药资源区划，需要建立在大量调查或普查工作的基础上。目前，省域、县域等区域性中药资源区划研究成果较多，全国范围的中药资源区划，只有在第三次全国中药资源普查时进行了一次全国范围内的中药资源区划。

第二节 以药材为研究对象的区划

一、中药分布区划

1. 概念

中药分布区划是研究一种（或几种）中药材的空间分异规律，并按照这种空间分异规律对其进行区域划分。以特定区域内一种（或几种）中药材为研究对象，在调查的基础上，依据中药材的地域分异规律对其进行区域划分，明确区域之间资源的有无、多少等空间差异，以及中药材分布特征。

2. 研究思路

（1）资料收集。查阅文献，明确中药材的分布区域。开展中药资源调查，获取药材分布范围、具体经纬度等位置信息。在中药资源调查的基础上，根据中药材分布区域，有针对性的收集、整理研究区域与中药材分布相关的自然生态环境、社会经济环境数据，包括气候、植被、数字高程模型（DEM）、行政区划、遥感图像等。

（2）数据分析。应用 ArcGIS 等软件，基于中药材采样点位置，以及全国气候、植被、DEM、行政区划等国家基础地理信息数据，进行中药材生态环境信息提取，明确中药材分布区域的生态环境特征。

（3）绘制区划图。在中药资源调查的基础上，应用 ArcGIS 等软件，基于实地调查样地的位置信息，绘制中药材采样点的地理分布图。应用最大信息熵模型、ArcGIS 等软件，基于采样地数据、气候数据和地形数据，估算中药材空间分布情况。

（4）结果修订。对空间分布概率较高，但无实际采样点的区域进行二次调查，确定中药材分布概率的取值范围。在此基础上，进行中药材分布区域划分。根据区划结果进行二次调查，进行区划结果验证。或者通过与前人工作的对比、抽样等方式进行验证。

3. 特点和要求

（1）研究对象多为一种或几种药材。

（2）需要进行大量调查工作，实地调查前需要查阅详细的文献资料。根据文献资料，调查样地尽可能覆盖中药材的所有分布区域。根据实际情况在实地调查中进行适当的区域拓展。

（3）中药分布区划，更多地关注中药材的"自然属性"，需要重点分析研究中药材与自然生态环境之间的关系，重点关注区域之间中药材的有无。

（4）样本量的大小决定分布区划结果的精度和准确性。

（5）一般需要同时考虑中药材与自然生态环境和人文社会因素的综合因素。

二、中药生长区划

1. 概念

中药生长区划是研究一种（或几种）中药资源的生物量、株高等生长指标的空间分异规律，并按照这种空间分异规律对其进行区域划分。以特定品种及其分布区域为研究对象，结合所在地的自然生态和社会经济条件的空间分异规律，研究中药资源数量等生长指标的空间差异性分布特征。

2. 研究思路

（1）资料收集。查阅文献，明确中药材的主产区和分布范围等。通过实地调查获取植物类药材的株高、冠幅、地径、单株产量、亩产量、分布密度等生长指标。动物类药材的身高、体重等生长指标。有针对性的收集、整理研究区域与中药材分布、数量相关的资料，自然生态环境、社会经济环境等与中药材生长相关的数据资料。

（2）数据分析。在实地调查的基础上，应用 SPSS、R 语言、Excel 等软件进行统计分析，对药材不同区域的生长指标进行差异性分析；统计分析中药材各地之间密度、株龄、胸径、株高、产量等生长指标的差异性。探索建立生长指标与自然生态和社会经济环境因子之间的关系模型。

（3）区划图绘制。基于建立生长指标与自然生态和社会经济因子之间的关系模型，或采用空间插值等方法，估算研究区域内各生长指标的空间分布特征。建立区划分级标准，进行区域划分。

（4）结果修订。根据区划结果进行二次调查，进行区划结果验证。或者通过与前人工作的对比、抽样等方式进行验证。对区划结果进行修订。

3. 特点和要求

（1）研究对象多为一种或几种药材。
（2）进行生长区划之前需要先做分布区划。
（3）中药生长区划，更多地关注中药材的"自然属性"，需要重点分析研究中药材与自然生态环境之间的关系，重点关注农业生产对药材的要求、区域之间中药材产量的多少。
（4）一般重点研究中药材与自然生态环境之间的关系，特殊情况需要考虑人文社会因素。
（5）样本量的大小和区域间生长指标的差异性，决定药材是否能进行生长区划。

三、中药品质区划

1. 概念

中药品质区划是研究一种中药材的一个或多个品质评价指标的空间分异规律，并按照这种空间分异规律对其进行区域划分。以特定品种及其分布区域为研究对象，基于药材工业生产和临床用药需要，研究明确中药质量的空间差异性和空间分布特征。

2. 研究思路

（1）资料收集。查阅文献，明确中药材分布范围、道地产区或优质药材主产区等。有针对性的收集、整理研究区域与中药材分布、数量和质量相关的数据资料。通过实地调查获取道地产区、非道地产区、主产区、非主产区、一般分布区等不同区域内的中药材样品。

（2）建立评价指标体系。根据临床用药对中药材品质的要求，明确优质药材、一般药材、不能入药等方面的品质评价指标和具体的标准要求。

（3）获取评价指标数据。根据具体的药材品种和指标成分特征，采用适当方法测定能反映药材品质的各类指标数据。

（4）数据分析。应用 SPSS、R 语言、Excel 等软件统计分析各地指标性成分含量的差异性，分别探索构建每个指标成分与自然生态环境和社会经济环境之间的关系模型。

（5）区划图绘制。应用 ArcGIS 等软件的空间计算功能，基于药材有效成分与环境因子之间的关系模型，估算各有效成分的空间分布情况；基于有效成分空间分布结果和药材分布结果，进行区域间的品质划分。

（6）结果修订。对区域邻近、品质差异较大，但无实际采样点的区域进行二次调查，确定中药材品质的范围，进行区划结果验证。或者通过与前人工作的对比、抽样等方式进行验证。对区划结果进行修订。

3. 特点和要求

（1）研究对象多为一种或几种药材。

（2）需要同时收集中药材样品实物和相关数据信息，进行中药材药用指标性成分含量的测定。

（3）进行品质区划之前需要先做分布区划。

（4）中药品质区划，更多地关注中药材的"药用属性"，需要重点分析研究中药材的药用价值，工业生产和临床用药对药材的要求，重点关注区域之间中药材品质的优劣。

（5）需要明确品质评价指标和标准要求，所研究中药材与自然生态环境之间的关系等。

（6）区域间药材品质有差异是进行区划研究的前提，样本量的大小和区域间品质评价指标的差异性，以及决定药材是否能进行品质区划的药材质量等级标准是区划的基础和依据。

（7）质量评价指标对应的样本量大、数据一致性好，区域间中药材的品质差异较大，进行品质区划的效果较佳。

四、中药生产区划

1. 概念

中药生产区划是以特定区域、特定品种为研究对象，在中药资源分布和生长区划，中药品质区划的基础上，基于中药的工农业生产和临床需要，研究影响中药材生产条件的空间差异，包括自然生态条件（地形、气候、土壤等）、社会经济条件（生产技术和交通等）、中药材自身条件（分布、产量、质量等），并按照空间分异规律对其进行区域划分。

2. 研究思路

（1）资料收集。查阅文献，明确中药材的分布范围、优质药材产区、药材主产区或道地产区等。在充分调查的基础上，有针对性的收集、整理研究区域与中药材分布、数量和质量相关数据资料，以及自然生态环境、社会经济环境等与中药材生产相关的数据资料。通过实地调查获取道地产区、非道地产区、主产区、非主产区等不同区域内的中药材样品。

（2）建立评价指标体系。根据临床用药对中药材品质的要求，明确优质药材、一般药材、不能入药等方面的品质评价指标和具体的标准要求。根据工农业生产在自然生态和社会经济因素等方面的要求，制定不同产能水平的具体标准和要求。

（3）获取评价指标数据。根据具体的药材品种和指标成分特征，采用适当方法测定能反映药材品质的各类指标数据。

（4）数据分析。应用SPSS、R语言、Excel等软件统计分析各指标的差异性和关联性等，分别探索构建每个指标与自然生态环境因子之间的关系及模型，分别探索构建每个指标与社会经济环境因子之间的关系及模型，在此基础上，构建中药材生产模型。

（5）区划图绘制。分别进行中药材分布、生长和品质区划，绘制区划图。综合分析空间距离、区域间生产技术水平差异、人力资源成本、交通成本等对中药材生产的影响，基于生产区划指标体系和区划分类标准，进行中药材生产区划图绘制。

（6）结果修订。从分布、产量、质量等方面进行最佳生产区域划分，在此基础上提出中药材生产基地选址最优方案。通过生产实践，不断调整区划结果方案。

3. 特点和要求

（1）研究对象多为一种或几种药材。

（2）需要同时收集中药材样品实物和相关数据信息，进行中药材用药指标性成分含量的测定。

（3）进行生产区划之前需要先完成分布、生长和品质区划。

（4）中药生产区划，更多地关注中药材的"社会属性"，需要重点分析研究中药材与社会经济环境之间的关系，重点关注区域之间中药材生产的经济效益和社会效益。

（5）投入产出比、生产者的主观因素对区划结果的影响较大。

（6）需要明确中药材生产的主要目的和要求，同一药材由于生产目的不同，区划结果也不同。

第三节　以环境因子为研究对象的区划

一、自然生态区划

1. 概念

生态适宜性区划是研究中药资源所在地的自然条件的空间分异规律，并按照自然条件的空间分异规律对其进行区域划分。一般主要以药用动物、植物所在的自然生态系统为研究对象，以药用动物、植物的生境特征，药用动物、植物与自然条件之间的关系为依据，对药用动物、植物生存和有效成分积累有影响的自然条件进行区域划分。

2. 研究思路

（1）资料收集。查阅文献，明确影响研究对象的主导生态因子。在充分调查的基础上，获取中药资源、自然生态环境、人文社会环境等与中药材生产相关的数据资料。

（2）数据分析。应用SPSS、R语言、Excel等软件进行统计分析，分别探索构建中药材相关指标与生态环境因子之间的关系模型。对光、热、水、风等进行系统分析和分区，对影响中药材的主要因子进行客观定量的评定，并分析其时空演变规律等。

（3）区划图绘制。建立生产区划指标体系和区划分类标准，根据中药材与生态环境因子之间的关系模型，应用ArcGIS等软件的空间计算功能，对影响中药材的相关生态因子进行区域划分，绘制区划图。

（4）结果修订。根据区划结果进行二次调查，进行区划结果验证。或者通过与前人工作的对比、抽样等方式进行验证。对区划结果进行修订。

3. 特点和要求

（1）生态适宜性区划，根据药材对生态环境的要求，重点关注自然生态因子的限制范围，对自然生态因子进行区划。

（2）由于我国的药用植物种类繁多，生物学特性各异，对生态环境条件的要求各不相同，对不同研究对象的生态适宜性区划研究，需要根据研究对象具体分析建立其生态关系模型。

（3）所选的生态环境因子，与中药材的分布、品质、生长或生产等有直接的因果关系。

二、社会功能区划

1. 概念

中药功能区划，是以分布有中药材的地域为对象，以落实国家生态文明战略、资源安全战略和促进区域可持续发展为出发点及落脚点，通过对影响中药产业开发的资源、环境、经济、社会要素进行综合评价和分析，以中药产业开发的空间分异为依据，确定不同地域中药产业开发的主导功能。

我国自改革开放以来，各级政府甚至企业把区域发展战略的研究与制定工作提上日程。把区域发展战略作为加强宏观调控、优化资源配置、激发经济增长、促进社会进步和提高国际竞争力的有效手段。随着资源可持续发展、生态环境保护等战略性工作的逐步兴起，区域在人类生产活动和生活活动中所履行的职能和发挥的作用各异。功能区划是通过区划的形式，将这种差异性给予科学体现。

2. 研究思路

中药功能区划是指从中药资源保护、开发和合理利用角度，以区域可持续发展为目标，统筹考虑资源、环境、经济、社会多个要素，综合研究区域内中药资源、自然生态环境和社会经济环境空间分异规律，并按照这种空间分异规律划分具有特定主导功能、有利于中药资源合理开发利用、能够发挥最佳效益的区域进行划分。

在自然区划、农业区划、经济区划和生态功能区划等专项区划的基础上，从自然、经济、社会、生态等要素高度综合的角度，分析特定空间单元的中药资源环境基础、开发潜力、利用成本，以及经济社会基础、增长动力、发展收益，确定该空间单元的综合承载能力和发展方向，划分出不同功能类型区，在客观上反映不同区域在中药材产业中所承担的主要功能与作用。

中药功能区划，是我国中药材规划编制的重要基础，是实施中药资源数量、质量、生态综合管理和分区差别化管理的重要手段，对引导中药资源开发空间科学布局、控制开发强度、促进生产空间集约高效的空间开发格局形成具有重要意义。中药功能区划工作既区别于规划工作，又区别于传统的区划工作。它是为了适应中药综合管理，特别是执法监察管理的特殊需要而创立的一种新的工作形式。对待中药资源有些地区强调保护，有些地区侧重开发，开展功能区划工作，则力图将中药资源保护、开发和合理利用有机地结合起来。促进中药生产活动的合理秩序，既满足现实社会对中药材的需求，又实现中药资源的可持续利用。

中药功能区划是按照行政工作的组织方式实施的一项科技工作，兼有科技性和行政性。特定区域的中药条件是划定功能区的基础、先决条件；特定区域的自然和社会条件是划定中药功能区的必备条件；区划中确定的是特定区域的主导功能，而不是其所有的一般功能；划定功能区的目的是为了保证实现中药资源的合理开发利用，实现区域中药相关综合效益的最佳化。区域内中药资源禀赋、开发条件、生态条件和区域发展需求等对功能区划研究均有不同程度的影响。中药功能区划是对这些影响因素进行分析的基础上，构建功能区划指标体系。

3. 特点和要求

（1）特定区域的中药功能就是特定区域的中药所能发挥的作用，中药功能区划，即按功能对地区进行划分。

（2）功能区划中"功能"是核心，区划的终极目标，是为了发展中药材生产及其产业化，促进区域经济发展。

（3）以大品种所需多种中药材为研究对象进行区划研究，为大品种生产基地建设提供依据。以区域内所有中药材为研究对象进行区划，为区域中药材发展规划提供依据。

（4）所选的社会经济因子，对中药材的分布、品质、生长或生产有直接或间接的影响。

第五章
中药区划发展趋势和研究重点

第一节　中药区划发展趋势

我国国土面积大，自然资源、经济和技术发展水平在区域之间存在明显差异。各级政府在进行国民经济发展区域宏观调控、中药材产业发展布局等工作中，需要先搞清楚各地中药材的特征，才能解决不同地区的中药资源配置，保障人民群众健康用药需求，才能进行中药材的区域性管理，使中医药事业健康发展。

现阶段中医药已上升为国家战略，各级政府均在积极探索支持和促进中药材产业的发展方向，编制各种中药材发展规划。区域之间中药材产业的差异性发展，是长期存在的现状和特点。中药材生产实践过程中，由于中药材生产目的多样，需要提出多种区划方案，以供决策部门参考和选择。

一、精细区划，微观生产方向研究

基于现有空间数据，进行大尺度的区划研究，形成大尺度、小比例尺的区划结果相对容易。过去和目前的相关中药区划研究多是大尺度、小比例尺的区划，中小尺度的区划较少。但实际上，县域或更小尺度范围内，影响中药材生产活动因素的差异性不仅明显，而且往往是错综复杂的。中药区划主要为中药材生产实践服务，中药材的农业生产活动主要关注的是"量"，中药材的工业生产活动主要关注的是"质"，中药材的消费活动主要关注的是"质"和"量"。

中药材农业生产实践是在具体地块上开展的。小区域之间土壤微环境、耕作习惯等，表现出复杂的差异性，因此进行县级以下或更小区域范围的区划，对指导中药材具体的生产实践活动非常有必要。为了更好地服务优质中药材生产，需要将区划研究范围落实到地块级，中小尺度或地块级的区划研究是今后中药区划研究的一个发展方向。

小尺度和微观方面的区划工作：①需要进行细致、深入和具体的调查，力求掌握每一地块的生产条件、特点和问题等。基础情况、空间范围清晰明确，在此基础上的区划方案才能切合实际，才能因地制宜地指导生产实践。②需要依靠当地的广大群众和科技人员，了解当地生产实践迫切需要解决的问题，认真总结群众的成功经验和失败教训，做到区划结果有用可行。③需要将区划结果明确到具体地块、指导实践比较落地，同时要求解决的问题比较深入和具体。区划单元最小粒度划分到地块级，区划范围变小、区划指标聚焦主导因子，有助于解决好问题，明确空间界限，对生产实践应用上具有"立竿见影"的作用。④需要借助现代化的技术手段，获取区划所需的基础数据，如小型气象站、多旋翼飞机、固定翼飞机等。

二、综合区划，宏观发展方向研究

进入21世纪，我国中药材产业已由传统的政府行为（国家、省级和县级药材公司）逐步转变为市场经济下的中药材产业，相应带来了野生资源保护、利用和评价，人工种植、市场流通和工业化生产等工作的重大改变。我国加入世界贸易组织（WTO）之前，中药材管理关注的仅是国内资源的保护、开发和利用，对国外应用我国资源及利用国外资源考虑较少。随着全球经济一体化步伐的加快，加强中药资源保护、国内外中药资源的综合开发和利用受到了重视。

为落实《中药材保护和发展规划（2015—2020年）》关于"开展第四次全国中药资源普查"的重点任务，履行"三定"方案赋予国家中医药管理局关于组织开展全国中药资源普查，促进中药资源保护、开发和合理利用的职能。国家中医药管理局组织开展了中药资源普查（试点）工作，通过开展全国中药资源普查，建立中药资源普查成果数据库，基本查清我国中药资源本底情况；引导农民进行野生变家种，促进中药材种植规模化发展，服务区域经济发展和产业结构调整；提出中药资源管理、保护及开发利用的总体规划建议，为中药资源可持续利用提供支撑。新一轮全国中药资源普查的实施，为国家、省和县级开展综合区划积累了大量、翔实的基础数据。

中药区划将融入社会经济宏观发展规划：未来的中药区划不是单独的区划工作，与中药材产业发展规划、土地利用规划、国土空间规划等的融合将赋予中药区划更多的功能，也提出了新的要求。多元化、多维度的中药区划将成为中药领域发展的新方向，中药区划工作将从两个方面服务行业发展：一是服务政府计划，中央和地方政府发展中药材产业，需要制定中药材产业发展规划；区划是各类规划的重要组成部分，也是现阶段规划中缺少的内容。国家中药材保护和发展规划正在实施，基于全国中药资源普查各地资源调查和发展潜力评价工作逐步深化并进入汇总，其对展示区域资源禀赋、指导区域发展定位和方向有着重要的战略和现实意义。二是企业的生产基地优选和拓展，需要明确具体的区位及其特点，同样需要中药区划服务宏观决策。宏观方向的综合区划，将在解决经济发展与环境保护矛盾，以及解决基本农田保护和荒地综合利用矛盾，促进中药材相关产业健康、可持续发展中发挥更积极的作用。

中药区划将促进相关行业的融合发展：现阶段大部分中药材的区划工作，多从某一因素角度出发，对影响中药资源分布和质量等进行区域划分。单因素主要有气候区划、地形区划、土壤区划、水文区划、植被区划和自然灾害区划等。由于气候数据较为丰富，关于药用植物气候适宜性区划研究成果最多，其他因素的基础数据相对不易获取，区划成果也较少。综合因素区划是在综合分析各单项因素的基础上，对中药资源所在地的自然条件进行综合评价和区域划分。综合因素区划是今后中药区划研究的发展方向和重点之一。

三、区域变化，历史足迹方面研究

在中药材生产实践中，大部分品种存在产地变迁，甚至出现远距离大范围的变迁过程。历史上大部分药材主要依靠野生资源，随着日益增大的临床需求，导致野生药材被过度采挖，资源衰竭时人们就需要找新的产地或发展人工种植。中药材的人工引种驯化自古已有，近几年随着药材需求量增加，常用大宗药材大部分已实现栽培，其中也有远距离引种的情况，同时由于经济等原因，新产区逐渐取代原有产区，成为主流产地。

人们在长期的中药材栽培实践中发现，很多常用药材在种植过程中出现不同程度的连作障碍等，由于连作障碍的存在，道地产地适宜种植的土地越来越少；在农业生产中，解决连作障碍的最有效方法是作物轮作。为了在整体上掌握中药材种植区域变化情况，统筹规划中药材历史用地、现在用地等情况，需要进行中药材历史用地区划，对同种药材、不同年份种植进行区域划分。只有深入探究各历史时期药材产地变迁背后的因素，才能更加深入地认识、理解优质药材、道地药材，便于政府和行业部门对中药材种植的监督和指导，更好地规划和服务中药材生产实践和管理。

中药区划工作需要对中药材的产区变迁进行重点研究，其中道地药材、大宗常用药材的主产区分布，以及产区变迁情况和原因是中药区划研究的一个重要组成部分。对道地药材道地产区变迁进行研究、对大宗常用药材主产区变迁进行研究等是今后中药区划研究的发展方向和重点之一。

四、开发利用，未来规划方面研究

中药资源的区域开发与中药材产业化发展：需综合考虑整体利益和长远利益，强调"就地生产，就地供应"，以免造成资源浪费、破坏生态环境等负面影响。为切实避免超越生态适宜区盲目生产，实现生态、社会经济的良性循环，必须维持和发展生态系统平衡，有效提高药材质量，促进用药安全有效。中药材产业发展过程中，规划好中药资源在区域之间的种植、加工、储存和运输环节，结合区域间资源分布特征进行最优收集、运输路径的分析与评估，才能明确区域中药资源利用的合理方式。基于中药资源动态监测结果，分析预测中药资源变化趋势和规律，综合评价区划和生产布局结构合理与否，才能指导中药材农业生产取得成效。

中药区划结果预测和效果分析：评价工作包括自然生态、社会经济和药用价值等方面，既有微观效果、宏观效果，也有短期效果、长期效果，需要从多个角度综合考虑区划结果及其产生的综合效益。合理的中药材生产结构，首先需满足药用价值，其次是生态价值，最终实现经济价值，才能实现可持续发展的综合效益。只有做到增加中药材的总产量、保障中药材的质量，才能增加药农的收入，实现增产增收，扩大中药材有效供给能力。不但要从一个药材、生产单位、地区的角度进行分析研究，而且要从整个国民经济的需要和有利于改善各地区生态平衡的角度考虑。

探索中药材区域之间供应和需求发展趋势：是今后中药区划研究的方向和重点之一，可为中药材产能过剩影响农业生产、中药材供不应求影响工业生产、供求波动影响消费者和政府决策等问题的解决提供依据。

第二节　中药区划研究内容和重点工作

中药区划以中药及其地域系统为研究对象，分析其空间分布规律、揭示其地域差异和关联特征，据此提出相关意见和建议。需要从研究目的、区划指标、区划方法、区划类型等方面，对中药区划进行多角度、全方位的系统研究。

2015 年，国务院办公厅转发了工业和信息化部等 12 部委共同编制的《中药材保护和发展规划（2015—2020 年）》（国办发〔2015〕27 号），规划了一系列的建设任务，包括建立全国中药资源动态监测网络、建立中药种质资源保护体系、建设濒危稀缺中药材种植养殖基地、建设大宗优质中药材生产基地、建设中药材良种繁育基地、建设生产技术服务网络、建设中药材现代物流体系等。这些规划任务的具体实施，需要落实到具体的实体空间，每项建设工作内容的空间布局均需要有具体的区划方案作为指导。由于综合区划涉及面广、问题多样，为更好地落实中药材保护和发展规划相关工作任务，使区划能重点解决一些生产上的问题，需要开展专题研究。

一、收集整理中药区划数据

中药区划是建立在各类基础数据和相关区划结果基础之上的。各种类型的中药区划工作都需要建立在充分调查的基础上，有大量翔实本底数据支撑的区划结果才能客观地反映出区域之间的差异性和规律性，分布区划、生长区划、品质区划和生产区划所需数量和工作量依次增加。

1. 收集整理中药相关数据

我国各地中药资源的种类、位置、数量和经济价值等基本情况，一直是政府和中药材生产企业关心和感兴趣的内容，获取各区域分布特点、数量和质量特征等方面的数据是中药区划工作的基础性工作。中药区划工作须根据新形势下面临的新机遇和挑战，围绕中药材产业全面进步、中药资源永续利用、资源与生态环境良性循环等，收集整理用于中药区划的相关数据。一方面充分利用现有数据资料，另一方面加强对缺失数据的调查，以全面掌握区划研究对象的整体情况。同时，加强中药资源调查和评价研究，为中药区划工作提供研究成果和依据。

对于大区域、综合性的调查，需要依托国家项目和工程的调查数据或成果。我国西南部中药资源种类丰富、资源发展潜力巨大，但工作范围广、详细的调查工作程度低，调查工作重点是服务区域统筹规划和优选重点区域，为资源保护、开发和利用提供服务。我国中东部地区经济发展水平和中药工业生产发展水平相对较高，调查工作的重点是服务资源潜力评价和发展工作，为部门决策提供依据。

2.收集整理相关自然生态环境数据

中药材方面的调查数据多为点状数据，而中药区划最终结果需要以面状形式展示。自然地理区划和农业区划等工作，已经形成大量自然生态环境因子的面状数据。为更好地应用相关领域面状数据进行区划，要因地制宜地找出影响该地区中药材生产的主导因素，需要在进行中药材调查的同时，收集中药材所在地的自然生态环境因子数据，相关领域基础数据可有力地辅助中药区划的开展。

一些全国范围的基础数据，如全国气候、植被、土地利用等方面的数据，只有充分利用相关部门现有的数据资料，才能在短期内获取所需数据。对于小区域和单品种的资源调查工作，可根据各单位和企业的需求，进行专题调查收集整理区划所需数据。根据区划指标体系，在进行中药区划和调查过程中，需要不断收集气候、地形、植被、土壤和水系等各方面的数据，丰富和完善自然生态环境数据库，提高区划的精度和广度。

3.收集相关社会经济环境数据

中药材的生产活动与社会经济条件密切相关，区域内人口、劳动力、技术装备状况及农业现代化水平、工业发展水平及交通运输条件等均不同程度地影响着中药材的生产活动。开展与中药材生产相关社会经济条件的调查研究，明确区域内社会经济条件对中药材产品需要、生产结构、规模和水平等因素特征，提出有助于充分利用这些资源、促进中药材生产的最优方案。

中药材种植是劳动密集型工作，需要区域之间劳动力差异方面的数据资料，明确劳动力在各区域间的分布情况，以及劳动力对中药材农业生产的保证程度和需求情况等。收集整理中药材种植技术、装备及现代化水平相关数据资料，掌握中药材农业技术装备的拥有量、需要量和适宜程度等，以及农业技术装备利用的经济效果等。中药材的生产活动，与农业布局和工业布局相互适应、紧密结合，需要对以中药材为原料的轻工业种类、规模、生产数量、位置等进行调查研究。交通线路是链接工农业生产区域的纽带，需要收集整理交通运输条件数据资料，有助于中药农业和工业生产的合理布局。

从根本上讲，中药材生产是农业、工业、商业和科研等活动的有机结合，以及其在区域之间有机组合和合理布局的结果。只有根据各地区中药资源、自然条件和社会经济条件的差异，因地制宜地处理好资源保护、农业生产、工业生产、开发利用之间的关系，才能促进中药资源的持续利用。

二、中药区划基础理论研究

1.中药区划理论依据研究

中药区划的根本原则是药用，在分析区域之间药材现状、与自然生态和社会经济环境等空间分异规律的基础上，确定不同区域药用价值的高低。虽然在区划过程中体现自然生态系统与人工生态系统的结合，但是也要突出强调人类在生态系统中的地位和作用，生态功能分区的目的是让生态系统更好地为人类社会服务。

要使区划如实地反映区域间中药材特征、生态环境差异，真正起到因地制宜地指导中药资源保护和利用的作用，在进行区划时必须进行多级区划。仅仅以行政区划为基础进行的中药区划，不能完全反映各类生态系统条件下药材的属性特征。只有自上而下将地域分异规律相似的区域划分为不同等级，实现分区，又自下而上将具有相同性质的小块地理空间单元组合形成更高一级区域，建立多级区划体系，分区结果才能从宏观上把握区域的整体特征，在微观层面反映局部特征。

区划工作需要充分研究区域内中药资源、中药材生产、自然条件和社会经济条件的优势和不足，从提高单产、保证质量、降低成本、保证收益，平衡生态、持续利用角度，进行中药资源与自然生态环境关系研究、中药材生产与社会经济环境关系研究等，明确药材的时空分布规律和特征，为区划提供依据，相关研究如下所述。

（1）中药材自身特点研究。包括区域之间中药材数量、质量和功效等的差异性和相关性，不同时期、不同主体对同种药材用途的差异性和相关性，以及不同物种或药材之间的差异性和相关性。研究中药资源的分布规律及其动态变化，以及开发保护的有效途径与措施。

（2）中药材与自然环境关系研究。研究中药材数量、质量和功效等与自然生态环境之间的关系，构建不同药材与生态环境因子之间的关系模型。研究中药（特别是道地药材和大宗药材）的生态适宜区与生产适宜区，以及区域特征的形成与发展。

（3）中药材与社会环境关系研究。研究中药材数量、质量和功效等与社会经济条件之间的关系，构建不同药材与社会环境因子之间的关系模型。研究中药生产的合理布局及其结构调整，以及客观经济规律和中药生产布局规律的关系与制约情况等。

（4）中药区划与其他区划的关系研究。地理区划是中药区划的基础和前提，中药区划是地理区划在中药方面的一种具体区划类型，即中药区划工作的开展是在地理区划的基础上逐渐形成和发展起来的。研究中药区划与自然区划、农业区划等相关区划的相关性，研究中药产业发展规划和相关产业发展。研究中药生产的自然条件与自然资源、中药生产的社会经济条件与社会经济资源的调查方法和分析评价。

2. 中药区划技术方法研究

从20世纪90年代开始，计算机技术、地图制图技术、遥感和地理信息系统技术等快速发展，给数据收集、分析和分区提供了重要工具（宋小叶等，2016），对提高区划边界的精确性、地图产品的质量和中药区划数据管理的效率起到了重要作用。

确定区划边界是中药区划中的一个难点，虽然区划的方法论是客观的，但许多技术（基础数据的搜集、数据分析方法的选择、区划指标体系的构建等）都是由主观决定的，受原始数据的限制，加之人的主观因素，导致区划界线往往与实际情况有差异。如何发挥先进的计算机技术和定量方法在中药区划中的应用潜力，提高中药材特性、人为主观因素和客观实际的结合程度尚需深入研究，才能使区划的结果更准确地反映实际。

加强对相关领域区划研究技术方法的融合和应用，探索适宜各类区划工作的技术方法。探索地理学、生态学等领域的区划方法在中药区划中的实用性研究，如生态类型制图法、要素迭置法、要素相关分析法、主导标志法、最大P区域问题的区划方法等。

三、服务行业发展相关工作

1. 服务中药资源普查的区划研究

全国中药资源普查的目的是，在全国范围内开展中药资源调查，掌握我国中药资源种类、分布、蕴藏量、传统知识、栽培与野生情况、收购量、需求量、质量等本底资料，为制定中药资源保护利用和中药产业发展规划，指导中药材生产合理布局等工作提供依据。

基于全国中药资源普查收集到的数据资料，可以开展多种形式的区划研究。①按行政区划尺度大小，可以分为全国、省级、市级、县级、乡镇级，以及跨行政区域等多种形式的中药资源区划，明确各级行政区划单元内所有中药资源的种类、蕴藏量、栽培与野生药材的空间分布情况和特征。②按照自然生态特征和因素，如以单个山体、山系、山脉等地形地貌特征为基础，分析研究不同地貌条件下区域内所有中药资源的种类、蕴藏量、栽培与野生药材的空间分布情况和特征等。③以单个中药资源为研究对象，可以进行野生中药资源分布区划，明确其分布区域范围；进行栽培药材产区划分，明确其产区分布范围；等等。④以优质药材生产为目的，可以进行中药品质区划和生产区划，指导药材生产基地选取。⑤以民族地区为基础，进行传统知识多样性研究，明确传统知识多样性丰富的区域。⑥对其他相关数据资料进行分析研究，对具有空间分布差异特性的进行区划，如各地中药资源普查任务、经费落实情况，辅助进行中药资源普查管理。

2. 服务中药资源动态监测的区划研究

生物多样性监测网络的建设在近年来得到了快速发展（马克平，2015），特别是在联合国《生物多样性公约》爱知目标（2011—2020年）生物多样性战略规划的推动下，从全球到区域和国家尺度都在加强生物多样性监测工作，以期为生物多样性保护及其进展评估提供翔实可靠的数据。除综合性的监测网络外，还有一些全球、区域或国家水平的专题性监测网络，如全球森林生物多样性监测网络、热带生态评估与监测网络、全球珊瑚礁监测网络、欧洲蚜虫监测网络、英国蝴蝶监测网络等。相比较而言，中国生物多样性监测网络的建设亟须加强。

中国科学院生物多样性委员会于2004年开始组织有关研究所的科研人员，共同建设中国森林生物多样性监测网络。在此基础上，建设中国生物多样性监测与研究网络，目标是通过多种方法从整体上对中国生物多样性的变化开展长期的监测与研究。生态环境部（原环境保护部）、国家林业和草原局（原国家林业局）和相关大专院校等联合建立了关于森林资源、湿地生态系统和野生动植物多样性的监测网络，在国内外各行业中产生了积极的影响。各类监测工作重点区域的布局和设计是监测网络建设的核心工作及基础性工作之一。

我国药用生物丰富，部分药用生物资源对环境因子变化响应敏感且受人类活动干扰的影响较为强烈。建立国家尺度上的药用生物资源多样性监测网络，对揭示我国药用生物资源多样性资源现状，研究其变化规律与机制，监督和指导保护实践至关重要。《中药材保护和发展规划（2015—2020年）》中明确：开展全国中药资源动态监测网络建设，每个省（自治区、直辖市）建设2个或3个中药资源动态监测和信息服务站，逐步在资源集中的市（地）、县（市）建设监测和信息服务站点等工作任务。

中药资源动态监测信息和技术服务站点的空间布局，需要根据监测工作任务的需求、区域内中药资源条件、自然生态和社会经济环境条件的差异进行研究。同时，进行中药资源动态监测重点区域、一般区域划分；针对不同中药材的监测需求，对重点药材监测区域进行划分。根据区域间中药材产业发展总体情况特点，对监测站点赋予不同的监测功能。例如，中药材集散地重点监测价格和流通情况；中药材主要产区重点监测种植种类、面积和长势；野生资源集中区和保护区重点监测药材与环境之间的关系；等等。中药资源某一方面的监测工作建立在对该指标多时间段观测或分析结果的基础上，中药相关区划是这类观测或分析结果的主要体现形式之一，中药区划是监测工作的基础。

3. 服务中药材生产基地建设的区划研究

我国目前仍有大部分中药材来源于野生，由于药用动植物的生理特征、人为过度采挖及生态恶化等因素，使许多野生中药资源产藏量下降，甚至耗竭。而人工种植药材也面临占用耕地、品质变异、农残及生产成本过高等问题。建立各类中药材生产和保护基地建设，是国家和企业规避价格波动及保障原料供应的重要途径，均需要以区划研究成果为支撑。

中药材种植基地的选址应遵循药材生长规律，选择适宜地区，对药材的生长环境进行研究，包括气候、土壤、水分等，以保证药材的质量。大宗优质中药材生产基地选址应建立在技术、土地、交通等环境允许的区域，同时兼顾中药材的产量和质量符合药用需要，人力成本及区域内其他作物的投入产出比例关系等；在基地建立药材加工前处理工厂，对采收的新鲜药材及时进行前处理，既保证药材的质量，又便于储存和运输。这一系列问题均需要在区划工作中进行研究。

同时需针对生产实践对中药材利用的不同目的进行多种形式的区划研究。例如，一般中药材生产基地区划，针对药材某种成分生产基地的专题区划，种子种苗繁育基地区划，道地药材、优质药材、不同商品规格和等级药材区划，等等。

4. 服务于中药材现代物流体系建设的区划研究

物流业促使中药材生产布局发生了变化，过去中药材工业生产多集中在东南沿海经济发达的地区，越往内地中药工业越稀疏。随着交通和经济的发展，在一定程度上使得内地物流条件得到了较大的改善，从而促进了中药材初加工等相关产业布局发生了变化，使政府管理部门、企业决策部门在进行中药材生产规划布局时有了更大的选择空间。

要实现引导产销双方无缝对接，需要对中药材生产基地、配送中心、存储基地、中药材市场、工业企业等之间的关系进行分析研究，在规划和建设基础条件过程中综合考虑各类实体的空间布局、优化资源配置，形成中药材现代物流体系各个组成要素的空间区划方案，为从中药材种植（养殖）到中药材初加工、包装、仓储、消费和运输一体化的现代物流体系建设提供科学依据，为政府和企业部门的决策提供技术支持。

关于中药材现代物流体系建设，中药区划的核心工作是处理中药材主要产区与专业市场和集散地之间的布局关系，解决好在中药材市场交易环境下为大都市人群高效、经济的提供优质中药材，增加药农收入等方面的问题。这需要综合考虑中药材生产原料供应地，进行初加工、深加工，药材集散地、药材产品的消费市场之间距离关系、交通条件和成本等的方面研究。例如，在沿海、沿河地区建立基地和进行资源布局时，综合考虑港口、航线等水路运输条件的限制条件和优势；在内陆地区建立基地和资源布局时，需要综合考虑中药材的货损率、公路、铁路与基地间距离等方面的因素；对贵重、鲜活药材的运输可以考虑选公路、航空运输，需要考虑空运机场、航线和运力等方面的因素。

5. 服务中药资源管理的区划研究

中药区划工作是一项涉及自然、社会、经济、技术等多方面要素的综合性研究工作。前期，中药区划研究工作多以中药的"药用和自然属性"为出发点，自然环境方面的因素是主要的区划指标，社会经济和技术等方面的因素研究较少。中药材生产不仅受自然生态环境的影响，在很多情况下它更受社会经济条件的影响。下一步区划研究工作中，需要更多考虑社会经济和技术等方面因素对中药材产业发展的影响。随着中医药事业的蓬勃发展，我国中药行业与社会经济条件发生了日新月异的变化，对中药产业格局、影响要素及其变化区域等方面的认识和资料也需要及时更新。开展社会经济方面的中药区划，研究中药行业的空间分布，以及产业和地域组合的形成条件、发展特征与规律等，以更好地服务行业发展。

一个地区主要生产何种中药材，往往更多的是取决于技术水平、社会需求、市场价格等社会因素。中药材生产发展方向也往往取决于该区经济发展整体水平、区域产业结构、交通运输、区域人口和社会习俗、已有技术水平、社会组织管理、相关政策法规以至于决策者的意志。在当前全球经济一体化的国际大环境下，所有的区域都是开放的。如何制定中药材发展规划，引导省（自治区、直辖市）健康和有序地实施中药材开发，协调各省（自治区、直辖市）之间中药资源保护和利用工作，为各地中药资源保护、开发和合理利用提供科学依据，成为中央和地方政府发展中药材产业的当务之急。而这类工作既不是单个项目的开发规划，也不是单个区域、某个企业的事，需要站在行业发展的角度综合考虑，需要有服务中药资源管理的区划研究结果作为支撑。

野生中药资源条件的地域分异，导致区域之间资源禀赋具有差异。不同生态区内中药资源分布特征和中药材生产资料布局不同，对中药资源的保护和开发利用途径各异。通过中药功能区划，加强地域分异与形成地区分工的关系研究，重点研究在开放系统的框架下，区域之间资源供给及其优势产业形成机制和差异。例如，野生资源禁止开发的保护区域划分，针对生态脆弱区域内的药材，对其所在自然生态环境进行区划，明确药材栖息地的保护、利用和修复等不同功能，辅助科学决策。中药材人工种植集中连片区划，人工种植和养殖基地、珍稀濒危保护区划，民族药区划，集散地区划，扶贫相关工作区划、统计制度区划等辅助科学管理和决策。

为了保护中药资源，实现中药资源可持续利用，保障中药资源的稳定供给和中药产品的质量可控，国家食品药品监督管理总局依据《中华人民共和国药品管理法》《药品注册管理办法》等有关规定，制定中药资源评估技术指导原则。促进使用药材资源的药品上市许可持有人或生产企业应提供评估资料，证明预计药材年消耗量与可获得药材资源量之间平衡。如何确定可获得药材资源量，进行中药资源区划是前提和基础。

参考文献

马克平. 2015. 中国生物多样性监测网络建设：从 CForBio 到 Sino BON[J]. 生物多样性，1：1-2.
宋小叶，王慧，袁兴中，等. 2016. 国内外生态功能区划理论研究[J]. 资源开发与市场，2：170-173.

第二部分　与中药区划相关区划简介

广大区划工作者,在自然地理区划、农业区划、生态区划等方面取得了丰富的研究成果。为人类认识地域分异规律、生态系统结构及功能、社会经济发展的区域差异性,合理安排工农业生产、地域分工等贡献了力量。虽然各种区划的研究目的和侧重点不同,但一切自然生态、社会经济等因素都对中药材具有不同程度的影响,相关领域的区划成果对中药区划均具有借鉴和指导作用。本部分对部分与中药区划工作关系紧密的全国性区划进行简要介绍,同时列举部分可用于中药区划工作的共享数据库,为中药区划基础数据的收集和区域划分等工作提供参考。

其中:第六章,概要介绍自然生态方面的区划成果,包括:植物区划、濒危动物区划、气候区划、地貌区划、土地资源区划等;第七章,概要介绍社会经济方面的区划成果,包括:行政区划、经济区划、人口区划、土地利用区划等;第八章,概要介绍综合区划成果,包括:综合农业区划、林业发展区划、综合自然区划、生态地理区划等;第九章,概要介绍功能区划相关成果,包括:主体功能区划、生态功能区划、生物多样性保护区、自然保护区、灾害区划、林下经济发展区划等;第十章,概要介绍可用于中药区划相关工作的数据库、平台和单位的情况。相关区划工作成果主要以文字介绍为主,详细具体的区划结果和区划图,需查阅相关研究成果。

第六章
自然生态方面区划

自然区划包括综合自然区划和部门自然区划（单因素区划）。部门自然区划的对象是地表自然综合体的各个组成要素，包括气候、地貌、植被、动物、土壤等，部门/单因素区划是基础性工作。综合自然区划的对象是地表自然综合体，全国性综合自然区划比单因素区划应用价值更高。

1930年开始，黄秉维等老一辈地理学家，对中国自然区划进行了研究。1940年发表的《中国之植物区域》及《中国之气候区域》，在中国早期部门区划中具有开拓意义。1959年主编的《中国综合自然区划（初稿）》为中国最详尽、系统的全国自然区划专著。20世纪50年代以来，新中国经济建设迫切需要掌握全国自然资源条件，全国性和地方性的自然区划工作得到迅速的发展。80年代中期以前的自然区划，大都采用传统的方法和手段，主要根据气候条件和气候指标划分，而其他的一些环境因素，如地形地貌、土壤、植被、区系、人类活动等作为辅助条件，对区域和界限的划分，人为的主观经验和推断占主导，数学的分析手段和方法应用较少。

20世纪80年代后期的区划研究，在服务农业生产的同时，兼顾为区域经济发展服务，数理分析方法较多地应用到区划中。90年代后的区划研究，主要为资源可持续发展服务，在自然因素的基础上，兼顾人文社会因素，开展了水功能区划、主体功能区划、海洋功能区划等功能区划。

自然区划是中药区划的基础和前提，中药区划是自然区划在中药方面的一种具体区划类型，即中药区划工作的开展是在自然区划的基础上逐渐形成和发展起来的。进行中药区划既要了解相关领域的区划，也要研究它们之间的关联。尽管中药区划与其他区划有所差异，但彼此之间也存在一定的联系。中药区划与自然区划、农业区划和林业区划等密切相关，因此，中药区划的研究并不是独立的，需要考虑与其他区划间的相互关系。正确认识中药区划与其他区划之间的关系，才可以提高中药区划的科学性和实用性。

第一节 中国植物区划

中国植被区划，是依据植被本身的特点（占优势的植被类型及其有规律的组合）对其进行区域划分。每一植被区划单位，除有其主要植被类型外，往往还有一定的地带性植被类型组合和相似的植被垂直带谱，以及带有地带性特点的隐域植被。中国植被区划始自黄秉维发表的中国植物区域图，其后有钱崇（1956）、侯学煜（1957）、马溶之和刘慎谔（1959）、曾昭璇（1959）等多次发表过中国植被区划有关的论述，探索了中国植被区划高级单位的划分等工作（孙世洲，1998）。

侯学煜（1965）按照植被地理分布原则，同时考虑地貌、土壤、气候及水文诸因子与植被的关系，以及农业耕作制度和作物类型组合等，将全国分为8个植被区域，并于1966年出版了《中国植物区划》，经多次修订1988年出版了《中国自然地理——植物地理（下册）（中国植被地理）》，把中国植被分为13个植被区和22个植被带。

《中国植物区系与植被地理》根据中国种子植物属15个分布区类型及其35个变型的地理范围，提出中国植物区系分区系统，划分出四大植物区：泛北极植物区、古地中海植物区、东亚植物区和古热带植物区（陈灵芝，2015）。《中国种子植物区系地理》根据中国2980属种子植物分布，将中国植物区系分为4个区、7个亚区、24个地区和49个亚地区（吴征镒等，2016）。

第二节　中国濒危动物区划

《中国濒危动物红皮书》对我国濒危动物的濒危等级划分、种群现状、致危因素和保护措施等进行了描述说明，首批收录了535种濒危动物。陈阳等（2002）以《中国濒危动物红皮书》中收录的濒危脊椎动物为研究对象，整理了濒危物种的分布资料，研究了濒危动物的地理分布。中国濒危动物物种分布最密集的地区是横断山区、海南岛、西双版纳和云贵高原；在华北平原、内蒙古东部、黄土高原和东北平原等地区濒危动物物种分布较少。

列入《中国濒危动物红皮书》的濒危鱼类有24科78属92种，占全国淡水鱼类总数的11.7%，濒危鱼类集中在云贵高原、西江水系、西双版纳地区、长江流域、东北地区、海南岛等地。濒危两栖动物有8科13属31种，占全国两栖动物总数的10.6%；濒危两栖动物集中在云贵高原和横断山区、东北地区、西双版纳、秦岭—伏牛山—大巴山。濒危爬行动物有20科54属96种，占全国已知爬行动物总数的24.3%，濒危爬行动物集中在中国的长江及其以南、海南岛、云贵高原、西双版纳地区。濒危哺乳动物有35科91属133种，占全国已知哺乳动物总数的22.9%，集中分布在横断山区、中国西南边境、青藏高原、海南岛等地。

第三节　中国生物地理区划

物种分布是客观存在的，其中自然环境条件，如地形、气候、人类活动等，都对物种的客观分布产生着一定影响。但物种本身的生理和行为是物种分布、历史演变的决定因素，是生物地理区划的根本。中国的动物地理区划开始于20世纪50年代末，郑作新和张荣祖提出了中国动物地理分区。1998年马敬能等综合这些动植物区划，重新划分了中国生物地理区划。这些区划为生物多样性的保护、规划和管理提供了基础性资料，对中国环境保护策略、物种保护研究和策略，以及全国保护区总体规划的制定，特别在优先保护区域的确定方面都曾起到指导作用（解焱和李典谟，2002）。

解焱和李典谟（2002）根据海拔、地形、气候、植被、水系、农业区等综合自然因素，利用 GIS 技术手段，将中国版图划分出 124 个基本单元。同时选择了 171 种哺乳动物和 509 种植物物种，通过聚类分析，将中国哺乳动物分为 3 个大区 [东北部：秦岭、淮河以北、祁连山以东地区；东南部：秦岭（含秦岭）、淮河以南，青藏高原东部和喜马拉雅山南麓地区；西部：青藏高原中西部、柴达木盆地及祁连山以西和以北的干旱地区]，将中国高等植物分为 4 个大区 [东北部：内蒙古西部沙漠以西，秦岭、黄河以北，包括山东半岛；西北部：昆仑山（含昆仑山）、祁连山以北；东南部：秦岭（含秦岭）、黄河以南，横断山以东地区，以及台湾；西南部：青藏高原、横断山、柴达木盆地和祁连山]。综合动物区划和植物区划，进行中国生物地理区划系统划分，包括 4 个区域、8 个亚区域、27 个生物地理区和 124 个生物地理单元。

第四节　中国气候区划

气候变化是全球变化研究中的热点，应对全球气候变化已经成为全世界共同关注的一项重要任务。气候区划的目的是深入了解各区域气候状况特征，反映气候分布规律。根据不同目的和内容，气候区划有不同的类型：按范围的大小，可分为全球气候、洲气候、国家气候和地区气候区划等；按气候因子要素，可分为温度、日照、降水、风速区划等；按服务对象，可分为农业气候、航空气候、建筑气候、灾害气候区划等。

我国学者对气候区划研究工作较早，竺可桢等在 20 世纪 20 年代开始了气候区划研究，相关工作积累了大量研究成果。这些成果围绕当时社会需求，特别是农业生产需要，以气象观测资料为基础，揭示了我国气候区域分异，并形成了较成熟的气候区划理论与方法。1929 年竺可桢编制的《中国气候区划论》，根据少量气候资料提出了中国第一个气候区划，将全国分为华南、华中、华北、东北、云贵高原、草原、西藏和蒙新共 8 个气候区（丘宝剑，1986）。1959 年中国科学院自然区划工作委员会公布了"中国气候区划初稿"，把全国划分成赤道带、热带、亚热带、暖温带、温带、寒温带共 6 个气候带，1 个高原气候区（青藏高原气候区）；同时结合中国地形特点和行政区划传统，将全国分为 8 个一级区（气候地区）、32 个二级区（气候省）和 68 个三级区（气候州）（张宝堃和朱岗昆，1959）。1966 年，国家气象局（原中央气象局）在上述气候区划基础上，用 1951～1960 年全国 600 多个站的资料进行补充和修正，绘制了中国气候区划图。相关学者基于 1979～1985 年开展的"全国农业气候资源调查"等工作，形成了《中国农业气候资源和农业气候区划》《中国农林作物气候区划》《中国种植制度气候区划》等与农业气候相关的数据和区划结果。基本阐明了全国宏观气候资源分布规律，评估了全国农业气候资源优劣，探讨了农业气候生产潜力。

中国科学院地理科学与资源研究所和国家气候中心的相关学者，根据我国 658 个站 1981～2010 年日气象观测数据，对我国 1981～2010 年气候状况进行了区划，将我国分为 12 个温度带、24 个干湿区、56 个气候区（郑景云等，2013）。

第五节　中国地貌区划

地貌是自然环境最基本也是最重要的组成要素之一，是影响区域生物多样性空间格局变化的重要因子。地貌是引起非地带性的主要因素，我国地貌复杂多变，对气候、植被、土壤和水文等其他自然环境要素具有不同程度的影响。地貌区划是在地貌类型及其组合特征、分布、成因及其异同研究的基础上，根据一定的原则和指标，划分若干等级的地貌区域。进行地貌区划能深入了解地貌特征、组成及演变趋势，是研究自然环境空间变化的基础，有利于深入认识自然环境分异规律。

随着地貌学研究工作的深入，以及测绘与遥感技术的进步，我国地貌分类与区划研究取得了很大进展。陈志明于1991年在《中国农业自然资源和农业区划》一书中编制的1∶1800万中国地貌区划图，将我国地貌划分为4个一级区（东南部季风华南式地貌区域、东北部季风华夏式地貌区域、西北部内陆蒙新式地貌区域及西南部青藏高原地貌区域）、8个二级区和36个三级区。李炳元等（2013）基于中国1∶400万地貌图资料，结合中国三大地貌阶梯及其内部地貌格局的特点、中国地貌格局差异和形成原因，将中国地貌区划分为东部低山平原、东南低中山地、中北中山高原、西北高中山盆地、西南亚高山地和青藏高原6个地貌大区，在各大区内根据基本地貌类型和地貌成因类型及其组合差异，进一步分为38个地貌区。郭子良和崔国发（2013）在考虑生物多样性保护和地貌差异性基础上，提出了以区域自然保护区体系构建为目标的中国地貌区划系统：包括东部季风淋蚀地貌、西北干燥风蚀地貌、青藏高原高寒冻蚀地貌、南海诸岛地貌4个地貌大区，大兴安岭、小兴安岭和内蒙古高原等40个地貌地区，完达山、老爷岭和张广才岭等127个地貌亚地区，以及473个地貌区。

第六节　中国土地资源区划

土地资源是人类生产活动最基本的生产资料和劳动对象，土地资源的数量和质量直接关系着国家的经济发展。深入研究区域之间土地资源的数量、质量差异，充分发挥土地资源生产潜力，合理开发利用土地资源是各界共同关注的问题（赵其国，1989）。

土地资源是指可供农业、林业、牧业等利用的土地，是人类生存的基本资料和劳动对象。土地资源具有一定的时空性，在不同地区和不同历史时期的技术经济条件下，所包含的内容可能不一致。对土地资源分类有多种方法，在我国较普遍的是采用地形分类和土地利用类型分类：①按地形，土地资源可分为高原、山地、丘陵、平原、盆地。②按土地类型，一般分为耕地、林地、牧地、水域、城镇居民用地、交通用地、其他用地。我国土地资源的空间分布特征：耕地主要分布在湿润、半湿润平原、盆地及低山丘陵，北方以旱地为主，南方以水田为主；林地主要分布在东北、西南的深山区和边远地区及东南山地；草地主要分布在内陆干旱、半干旱高原、山地及青藏高原。

《中国1∶100万土地资源图》是在《中国1∶100万土地资源图》编辑委员会和中国科学院自然资源综合考察委员会主持下，由43个单位、200多位科学工作者协作完成的，是我国第一套全面系统反映土地资源潜力、质量、类型、特征、利用等基本状况及空间组合与分布规律的专业性地图。《中华人民共和国土地资源图（1：100万）》所提供的资源数据是全面的、系统的，特别是土地适宜性、土地质量等与土地限制型的土地评价部分的资源数据（黄兆良，1992）。

2010年《国务院关于印发全国主体功能区规划的通知》（国发〔2010〕46号），对全国各地人均土地资源进行了划分。20世纪80年代初期的全国土地利用概查，历时12年开展了第一次全国土地利用现状调查，历时3年完成了1：1万比例尺精度为主的第二次全国土地调查。此后，定期开展全国土地利用宏观监测和土地生态遥感监测，完成覆盖全国陆域国土的土地利用变更监测与核查。

第七节　中国自然生态区划

生态区划是指在对生态系统客观认识和充分研究的基础上，应用生态学原理和方法，揭示自然生态区域的相似性和差异性规律、人类活动对生态系统的干扰规律，从而进行整合和分区（傅伯杰等，1999）。不同时期由于社会发展及生态环境存在着一定的差异，对区划的需求也有所不同。

《中国自然生态区划方案》首先按温度差异将我国划分为6个温度带，再根据生态系统的差异将全国划分为22个生态区（候学煜，1988）。杨勤业和李双成（1999）采用专家集成与模型定量相结合的方法，依据地势、气候等因素将全国划分为3个生态大区、16个生态区和52个生态地区。徐继填等（2001）根据主导生态系统、区域生态系统共轭性、县级行政单元完整性等原则，把全国划分为12个生态系统生产力区域、64个生态系统生产力地区。郑度和傅小锋（1999）将"自上而下"与"自下而上"的演绎途径结合，采用数理统计与GIS空间表达结合的方法，构建了中国生态地理区划系统模型，划分了11个温度带、21个干湿地区和48个自然区。傅伯杰等（2001）以生态系统生物和环境为对象，研究我国生态地域服务功能、生态资产、生态敏感性和人类活动对生态环境胁迫等要素的特点和规律，按照"生态区域的分异原则、生态系统的结构等级和生态过程等级原则、生态区域内相似性和区际间差异性原则"，将我国划分为3个生态大区（东部湿润、半湿润生态大区，西北干旱、半干旱生态大区，青藏高原高寒生态大区）、13个2级生态地区（东部6个、西部4个、青藏高原3个）和57个3级生态区（东部35个、西部12个、青藏高原10个）。

参考文献

陈灵芝. 2015. 中国植物区系与植被地理 [M]. 北京：科学出版社.
陈阳, 陈安平, 方精云. 2002. 中国濒危鱼类、两栖爬行类和哺乳类的地理分布格局与优先保护区域——基于《中国濒危动物红皮书》的分析 [J]. 生物多样性, 10（4）：359-368.
陈志明. 1991. 中国农业自然资源和农业区划 [M]. 北京：农业出版社.
傅伯杰, 陈利顶, 刘国华. 1999. 中国生态区划的目的、任务及特点 [J]. 生态学报, 19（5）：591-595
傅伯杰, 刘国华, 陈利顶, 等. 2001. 中国生态区划方案 [J]. 生态学报, 21（1）：1-6.
高平. 2016. 国土资源卫星遥感应用与发展 [J]. 卫星应用, 7：27-29.

郭子良，崔国发. 2013. 中国地貌区划系统——以自然保护区体系建设为目标[J]. 生态学报，19：6264-6276.

侯学煜. 1965. 中国植被区划图，中华人民共和国自然地图集[M]. 北京：国家测绘总局出版.

侯学煜. 1988. 中国植被地理，中国自然地理，植物地理（下册）[M]. 北京：科学出版社.

侯学煜. 1988. 中国自然生态区划与大农业发展战略[J]. 北京：科学出版社.

黄兆良. 1992. 中国1∶100万土地资源图[J]. 地球科学进展，5：74.

李炳元，潘保田，程维明，等. 2013. 中国地貌区划新论[J]. 地理学报，3：291-306.

丘宝剑. 1986. 竺可桢先生与中国气候区划[J]. 西南师范大学学报（自然科学版），3：79-84.

孙世洲. 1998. 关于中国国家自然地图集中的中国植被区划图[J]. 植物生态学报，6：44-46.

吴征镒，孙航，周浙昆，等. 2016. 中国种子植物区系地理[M]. 北京：科学出版社.

解焱，李典谟，John MacKinnon. 2002. 中国生物地理区划研究[J]. 生态学报，10：1599-1615.

徐继填，陈百明，张雪芹. 2001. 中国生态系统生产力区划[J]. 地理学报，56（4）：401-408.

杨勤业，李双成. 1999. 中国生态地域划分的若干问题[J]. 生态学报，19（5）：586-601.

张宝堃，朱岗昆. 1959. 中国气候区划（初稿）[M]. 北京：科学出版社.

赵其国. 1989. 中国土地资源及其利用区划[J]. 土壤，3：113-119.

郑度，傅小锋. 1999. 关于综合地理区划若干问题的探讨[J]. 地理科学，19（3）：193-197.

郑景云，卞娟娟，葛全胜，等. 2013. 中国1951—1980年及1981—2010年的气候区划[J]. 地理研究，6：987-997.

http://www.edu.cn/zui_jin_geng_xin_1169/20110707/t20110707_646757.shtml（《中华人民共和国植被图（1∶100万）》的编研及其数字化）

第七章
社会经济方面区划

第一节　中国行政区划

行政区划与社会经济发展密切相关，行政区划层级的调整对国家具有重要的影响，中国行政区划的出现与中央集权有非常密切的关系。春秋时期，一些诸侯国对新取得的土地，采取分层划区的方式进行直接管理，地方行政区划由此出现。秦汉时期，行政区划经历了从郡、县两级制到州、郡、县三级制的变迁。隋朝，确立了州、县两级制。唐朝安史之乱后普设方镇，行政区划由州（府）、县两级制演变成了方镇（道）、州、县三级制。宋朝，用路取代了方镇，行政区划仍然是三级。元朝，形成了复杂的多级复式行政区划。明朝，在进行政区层级简化的同时，把高层政区的权力一分为三。清朝，在明朝的基础上进一步简化到了单一的三级制，通过督抚制在一定程度上解决了中央与地方在权力分配上的矛盾（梁万斌，2014）。

行政区划是国家为便于行政管理而分级划分的区域，是按照不同层级政府管辖行政区域进行的空间单元划分。按照《中华人民共和国宪法》的规定，我国的行政区域划分原则为：全国分为省、自治区、直辖市；省、自治区分为自治州、县、自治县、市；自治州分为县、自治县、市；县、自治县分为乡、民族乡、镇；直辖市和较大的市分为区、县；国家在必要时设立特别行政区。

为满足社会各界对行政区划信息的需求，民政部编制了《中华人民共和国乡镇行政区划简册2015》《中华人民共和国行政区划简册2016》等系列专著，完整地记录了全国省、市、县、乡4级行政区划名录。至2016年2月，全国共有34个省级行政区，包括4个直辖市、23个省、5个自治区、2个特别行政区、334（不含港澳台）个地级行政区划单位。

第二节　中国经济区划

经济区划是指依据产业、人口、城镇、交通等经济要素地域分异规律，进行空间单元的划分，分区结果侧重于经济分工和开发方向。经济区划对全国生产力布局、科学利用和合理配置资源，以及国民经济的发展和人民生活水平提高都起到了积极作用。综合性经济区划强调实现全国区域系统的整体功能，基本上是解决长期的、战略层次上的认识问题。根据我国经济社会发展形势，我国政府和学术界在不断探索和提出中国经济区划方案（袁杰，2006）。

"两分法"：中华人民共和国成立后较长时期，中国经济区划一直采用"两分法"，即全国划分为沿海与内地。

"三分法"：基于自然地理分为东部、中部和西部的三大地带。1991年在"八五计划和国家1991—2000年十年发展规划"中，正式地采用"三个经济带"的概念。1997年"两会"提出中国经济区划采用"三分法"，按照经济发展水平和地理位置相结合的原则，将全国划分为东部、中部和西部三大经济带。东部地区包括沿海的辽宁、北京、天津、河北、山东、江苏、上海、浙江、福建、广东、广西和海南12个省（自治区、直辖市）；中部地区包括黑龙江、吉林、内蒙古、山西、河南、湖北、湖南、安徽和江西9个省（自治区）；西部地区包括宁夏、陕西、甘肃、青海、新疆、西藏、四川、重庆、云南和贵州10个省（自治区、直辖市）。

"四分法"：为科学反映我国不同区域的社会经济发展状况，为制定区域发展政策提供依据，根据《中共中央国务院关于促进中部地区崛起的若干意见》《关于西部大开发若干政策措施的实施意见》以及党的十六大报告的精神，将我国的经济区域划分为东部、中部、西部和东北四大地区。东部包括北京、天津、河北、上海、江苏、浙江、福建、山东、广东和海南，中部包括山西、安徽、江西、河南、湖北和湖南，西部包括内蒙古、广西、重庆、四川、贵州、云南、西藏、陕西、甘肃、青海、宁夏和新疆，东北包括辽宁、吉林和黑龙江（国家统计局，2011）。

"六、七、八分法"：以经济地理为主要基础进行经济区划分，分为六大经济区（东北、黄河中下游、长江中下游、东南、西南和西北）、七大经济区（东北、西北、华北、华中、华东、华南和西南）、八大经济区（东北、环渤海、黄河中游、长三角、长江中游、东南、西南和西北）。2016年6月，由国务院发展研究中心发布的《地区协调发展的战略和政策》报告，提出了新的综合经济区域划分设想，把内地划分为八大综合经济区域：东北综合经济区（辽宁、吉林、黑龙江）、北部沿海综合经济区（北京、天津、河北、山东）、东部沿海综合经济区（上海、江苏、浙江）、南部沿海经济区（福建、广东、海南）、黄河中游综合经济区（陕西、山西、河南、内蒙古）、长江中游综合经济区（湖北、湖南、江西、安徽）、大西南综合经济区（云南、贵州、四川、重庆、广西）、大西北综合经济区（甘肃、青海、宁夏、西藏、新疆）。

第三节　中国人口区划

人口区划是根据人口在地域上的特征进行区域划分。人口区划是人口区域发展规划的基础，通过人口区划有助于了解全国人口的空间分布特点，有助于对人口发展实行分区规划。

胡焕庸（1990）用东北起于黑龙江省黑河、西南至云南省腾冲的一条线，将我国人口分布划分为两部分，东部人口稠密地区、西部人口稀少地区，并把全国分为辽吉黑区、黄河下游区、长江中下游区、东南沿海区、晋陕甘宁区、川黔滇区、蒙新区、青藏区共八大人口区。在此基础上根据各省区的人口区域差异进行省级人口区划，各省区内所划分的区数不等。

江东等（2002）选取人口数量、结构、经济、资源4类指标，采用主成分分析方法和聚类分析方法，将全国分为8个一级区（东北区、华北区、华中区、华东区、华南区、西南区、西北区、青藏区），为保证模型应用的精确度，突破省级界限，以县为基础单元，按人口密度和各种土地利用类型所占比例，将每个一级区划分为5个二级区，全国分40个二级区。

国家统计局发布的第六次全国人口普查主要数据公报显示，全国总人口为13.7亿人。性别构成：男性人口占51.27%；女性人口占48.73%。年龄构成：0～14岁人口占16.60%，15～59岁人口占70.14%，60岁及以上人口占13.26%。民族构成：汉族人口占91.51%，各少数民族人口占8.49%。

第四节　中国土地利用区划

土地利用区划，是在研究土地综合体的各种要素域分异的基础上，考虑土地利用现状特点及其历史发展，从最大限度发挥土地生产潜力、改善土地生态系统的结构与功能出发，对土地的合理利用方向进行分区，确定国民经济各部门用地分配、结构和布局形式等。土地利用区划既是土地规划的前提，也是农业区划和国土规划的基础。

John Lossing Buck（1937）编著的《中国土地利用》将中国划分为两大农业带、八大农区。1963年，全国土地普查办公室开展了全国土地利用分区，在《全国土地利用现状区划》中，把全国划分为4个一级区、12个二级区、54个三级区、128个四级区（郭焕成等，1987）。1979年4月，国务院转发农业部《关于全国土壤普查工作会议报告和关于开展全国第二次土壤普查工作方案》，开展第二次全国土壤普查，完成了县、地市、省、全国各级不同比例尺的土壤图、土地利用图、土壤养分图、土壤发育分区图等与土壤相关的本底数据资料。

由中国科学院地理所主持，41个单位、300多名科学工作者共同协作，历时10年（1981～1990年）出版了《中国1∶100万土地利用图》。反映了中国20世纪80年代初期土地利用现状及其分布，包括中国土地利用特征、类型结构及其分布规律等。

《全国土地利用总体规划纲要（2006—2020年）》提出：根据各地资源条件、土地利用现状、经济社会发展阶段和区域发展战略定位的差异，把全国划分为西部地区（西北区、西南区、青藏区）、东北地区、中部地区（晋豫区、湘鄂皖赣区）、东部地区（京津冀鲁区、苏浙沪区、闽粤琼区），共9个土地利用区，明确各区域土地利用管理的重点，指导各区域土地利用调控（国务院文件，2008）。

参考文献

郭焕成. 1987. 中国土地利用区划 [M]. 北京：农业出版社.
胡焕庸. 1990. 中国人口的分布、区划和展望 [J]. 地理学报，2：139-145.

江东，杨小唤，王乃斌，等 . 2002. 基于 RS、GIS 的人口空间分布研究 [J]. 地球科学进展，5：734-738.
梁万斌 . 2014. 中国历代行政区划层级变迁述论（上）——秦汉时期 [J]. 行政科学论坛，2：61-63.
梁万斌 . 2014. 中国历代行政区划层级变迁述论（中）——魏晋南北朝隋唐时期 [J]. 行政科学论，3：61-63.
梁万斌 .2014. 中国历代行政区划层级变迁述论（下）——宋元明清时期 [J]. 行政科学论坛，5：59-62.
袁杰 . 2006. 中国经济区划研究及再划分 [J]. 商业时代，32：44-46.
中华人民共和国民政部 . 2015. 中华人民共和国乡镇行政区划简册 2015[M]. 北京：中国统计出版社 .
中华人民共和国民政部 . 2016. 中华人民共和国行政区划简册 2016[M]. 北京：中国地图出版社 .
（http：//www.stats.gov.cn/ztjc/zthd/sjtjr/dejtjkfr/tjkp/201106/t20110613_71947.htm）国家统计局，东西中部和东北地区划分方法 .
http：//www.gov.cn/zxft/ft149/content_1144625.htm（全国土地利用总体规划纲要）
John Lossing Buck （卜凯）. 1937. 中国土地利用 [M]. 南京金陵大学 .

第八章
综合区划

第一节 中国综合农业区划

中国农业区划种类较多，划分方法不尽一致，影响较为深远的区划方案是全国农业区划委员会编制的《中国综合农业区划》（1985年）。中国综合农业区划，按照中国农业地域差异原则，将全国划分为10个一级农业区（东北农林区、内蒙古及长城沿线牧农林区、黄淮海农业区、黄土高原农林牧区、长江中下游农林养殖区、华南农林热作区、西南农林区、甘新农牧林区、青藏高原牧农林区和海洋水产区），根据发展农业的自然条件和社会经济条件的相对一致性，划分为38个二级农业区。

20世纪80年代，全国、省、地、县和各部门开展了专题性及地区性等一系列的农业区划研究，为各地、各部门农业工作提供了可遵循的科学依据，在中国农业生产中发挥着重要的历史性作用。90年代，为适应改革开放的新形势，结合市场经济发展，进行了专题性与综合性的分析研究，以服务区域发展战略、规划方案的制定和实施等，为各级政府决策部门进行科学正确决策提供依据与对策性建议。21世纪初，在资源优势转化为产品优势、商品优势，提出能适应国内外市场经济前景的区域发展规划，处理反贫困与环境保护矛盾等方面开展了大量工作。

中国综合农业区划工作，分析主要作物及林业、畜牧业、渔业生产的状况，综合评述了中国农业自然资源的特点，对因地制宜合理安排生产布局和实行农业技术改造起到促进作用；为合理调整农业结构和布局，以及选建商品生产基地提供依据和建议；为农业生产和科学研究提供依据和指导。

第二节 中国林业发展区划

林业区划是根据林业特点，在自然、经济和技术条件的基础上，分析、评价林业生产特点和发展潜力，按照地域分异规律进行分区划片（刘建国和袁嘉祖，1994）。林业生产以木本植物为对象，其生长发育有自身的规律，并受到自然环境的制约，有明显的地域性特征，林业区划是实现林业现代化的一项基础工作。森林自然生态和社会经济因素相互渗透，形成了森林植被分布的地带性和林业的区域性格局。科学的林业区划，有助于指导高效益地发展林业生产。

中华人民共和国成立之前,中国没有进行过林业区划。1954年,林业部成立林业区划研究组,开展第一次林业区划,并将全国划分为18个林区。1979年,林业部组织开展国家、省和县3级林业区划;1987年,林业区划逐渐转移到区域规划和区域开发方面,并编制了《全国林业用地立地分类纲要》。

2007年,国家林业局组织开展全国林业发展区划工作(国家林业局网站,2007);2011年,全国林业发展区划办公室出版了《中国林业发展区划》,分"综合篇,条件区划篇(一级区),功能区划篇(二级区1、2、3)"共5部分。该发展区划以林业自然条件分区为一级区,即自然条件区;结合区域生态需求进行主导功能区划,为二级区;再依据林业生态功能和生产力布局划分三级区布局;全国共分为10个一级区,62个二级区,501个三级区。

第三节 中国综合自然区划

综合自然区划是根据自然地理综合体的相似性和差异性进行区域划分,是在比较全面地认识地域分异规律和具有比较系统的方法论基础上进行的,反映了自然地理系统的地域分异和地域联系。

中华人民共和国成立以后,随着国民经济的迅速发展,自然区划工作列为国家科学技术发展规划中的主要项目,先后发表了多种全国性的自然区划方案。1954年,中华地理志编辑部的《中国自然区划草案》,将全国分为东半壁和西半壁。前者为季风影响显著的区域,后者为季风影响微弱或完全无季风影响的区域。在其间再划出几个过渡区,将全国划分为东北、华北、华中、华南、蒙新、青藏、康滇七个"基本区",再以地形为主要依据,划分为23个副区(罗开富,1956)。1956年,中国科学院成立自然区划工作委员会,以光、热、水分、土壤和植被的地域分异为依据,以气候、土壤、植被的地理相关关系为基础,编制了《全国综合自然区划》(1958年),将全国分为三大自然区、6个热量带、18个自然地区和亚地区、28个自然地带和亚地带、90个自然省。

《中国综合自然区划概要》将全国划分为东部季风区、西北干旱区和青藏高原区3个大自然区。根据气温将全国分为14个自然带,44个自然区。《中国自然地理总论》把全国划分为三大区,再按温度、水分条件组合及其在土壤、植被等方面的反映,划分出7个自然区,然后按地带性因素和非地带性因素的综合指标,划分出33个自然副区。《中国自然地理》根据自然区划的原则、中国自然地理的特点和地域分异规律,采用三级区划将全国划分为东部季风区、西北干旱区、青藏高原区3个一级区;东北、华北、华中、华南、内蒙古、西北、青藏7个二级区,即自然地区;35个三级区,即自然副区。

1984年,全国农业区划委员会编制了《中国自然区划方案》,把全国划分三大区域(东部季风区域、西北干旱区域和青藏高寒区域),再按温度状况把东部季风区域划分为9个带(寒温带、中温带、暖温带、北亚热带、中亚热带、南亚热带、边缘热带、中热带和赤道热带),把西北干旱区域分为2个带(干旱中温带、干旱暖温带),把青藏高寒区域分为2个带(高原寒带、高原温带),根据地貌条件将全国划分为44个区(东部季风区 25 个区、西北干旱区 11 个区、青藏高原 8 个区）。

第四节　中国生态地理区划

　　生态地理区划是自然地域系统研究引入生态系统理论后的继承和发展，是在对生态系统客观认识和充分研究的基础上，应用生态学原理和方法，揭示自然生态区域的相似性和差异性规律，以及人类活动对生态系统干扰的规律，从而进行整合和分区（程叶青，1998）。生态地理区划根据一定区域内生态系统结构、功能和动态的空间分异性，划分为具有相对一致生态因素综合特征与潜在生产力的地块，作为自然资源合理开发、利用与保护，以及综合农业规划布局与可持续发展的基础。与植被区划、单要素自然区划或综合自然区划不同，生态地理区划基于生态系统概念和理论，重视系统的整体性，关注的是具有相似生物潜力、相似结构特征和相似生态危机的生态单元，侧重于生态系统及其组合的功能特征，是单项生物要素地域划分的综合，突出生态过渡区及特殊地面组成物质区的独立，注意生态系统在空间场景上的同源性和相互联系性（程叶青和张平宇，2006）。

　　生态地理区划是生物多样性研究的空间分异基础。倪健等（1998）采用多元分析与地理信息系统等手段，基于气候、植被、动物、土壤、地貌等生态因子，利用模糊聚类方法，进行了中国生物多样性的生态地理区划，将全国划分为 5 个生物大区，7 个生物亚区和 18 个生物群区。苗鸿等（2001）从人类活动对生态环境胁迫机制入手，选择社会经济、污染胁迫过程、资源胁迫过程和胁迫效应 4 个方面的 12 个指标，提出了中国生态胁迫过程区划方案，共分 2 个一级区、10 个二级区和 29 个三级区。

参 考 文 献

程叶青，张平宇 . 2006. 生态地理区划研究进展 [J]. 生态学报，10：3424-3433.
国家林业局 全国林业发展区划办公室 . 2011. 中国林业发展区划 [M]. 北京：中国林业出版社 .
刘健国，袁嘉祖 . 1994. 林业区划原理与方法 [M]. 北京：中国林业出版社 .
罗开富 . 1956. 中国自然区划草案 [M]. 北京：科学出版社 .
苗鸿，王效科，欧阳志云 . 2001. 中国生态环境胁迫过程区划研究 [J]. 生态学报，21（1）：7-13.
倪健，陈仲新，董鸣，等 . 1998. 中国生物多样性的生态地理区划 [J]. 植物学报，4：83-95.
全国农业区划委员会 . 1985. 中国综合农业区划 [J]. 农业区划，6：19.
赵济 . 1995. 中国自然地理 [M]. 北京：高等教育出版社 .
中国林业年鉴编委会 . 1986. 中国林业年鉴 [M]. 北京：中国林业出版社 .
1985. 中国自然区划概要 [J]. 农业区划，6：33-34.
http：//www.forestry.gov.cn/main/4818/content-796800.html（2007）.

第九章
功能区划

第一节 中国主体功能区划

中国总体上是一个资源空间分布非常不平衡的国家,由于人口数量的快速增加,再加上粗放式的经济增长方式,使得中国资源环境承载能力面临日益严峻的挑战。进行主体功能区划分,是缓解中国区域性资源环境约束日益加剧的必然选择,通过划分主体功能区,赋予不同区域不同的分工定位,实施不同的发展战略、思路和模式,有助于切实缓解日益尖锐的资源环境矛盾。"主体功能区"在区域经济学中的规范名词是"匀质区",是指有一定的功能内聚性、各组成部分相互依赖的空间单元,其重视的是各组成部分的功能联系,而非同质性。

2006年《国务院办公厅关于开展全国主体功能区划规划编制工作的通知》(国办发〔2006〕85号)指出,编制全国主体功能区规划是"十一五"规划中的一项新举措,涉及各地自然条件、资源环境状况和经济社会发展水平,涉及全国人口分布、国土利用和城镇化格局,涉及国家区域协调发展布局,等等。国家"十一五"规划纲要提出:"根据资源环境承载能力、现有开发密度和发展潜力,统筹考虑未来我国人口分布、经济布局、国土利用和城镇化格局,将国土空间划分为优化开发、重点开发、限制开发和禁止开发四类主体功能区"(高国力,2007)。优化开发区域是指国土开发密度已经较高,资源环境承载能力开始减弱的区域;重点开发区域是指资源环境承载能力较强,经济和人口集聚条件较好的区域;限制开发区域是指资源环境承载能力较弱,大规模集聚经济和人口条件不够好,并关系到全国或较大区域范围生态安全的区域;禁止开发区域是指依法设立的各类自然保护区域。主体功能区的类型、边界和范围在较长时期内应保持稳定,但可以随着区域发展基础、资源环境承载能力及在不同层次区域中的战略地位等因素发生变化而调整。

2010年《国务院关于印发全国主体功能区规划的通知》(国发〔2010〕46号)指出,全国主体功能区规划是我国国土空间开发的战略性、基础性和约束性规划。国家层面的主体功能区是全国"两横三纵"城市化战略格局、"七区二十三带"农业战略格局、"两屏三带"生态安全战略格局的主要支撑。主体功能区划事关国土空间的长远发展布局,区域的主体功能定位在长时期内应保持稳定,因而是一个一经确定就会长期发挥作用的战略性方案。编制实施全国主体功能区规划,是深入贯彻落实科学发展观的重大战略举措,对于推进形成人口、经济和资源环境相协调的国土空间开发格局，加快转变经济发展方式，促进经济长期平稳较快发展和社会和谐稳定，实现全面建设小康社会目标和社会主义现代化建设长远目标，具有重要战略意义。

第二节　中国生态功能区划

随着经济活动的加强，自然资源开发与生态环境保护的矛盾日益突出，并引发了一系列环境问题，生态学家在生态区划的基础上提出了生态功能区划，并在大区域尺度上得到广泛应用。生态功能区划，强调生态系统和生态过程的完整性，同时把人类的社会经济活动作为生态系统的组成部分，研究生态系统在人类活动影响下的演化过程。生态功能区划是在分析区域生态环境特征、环境问题的前提下，明确生态系统结构和功能的差异性，依据区域生态系统类型、生态系统受胁迫过程与效应、生态环境敏感性、生态服务功能重要性等特征的空间分异进行地理空间分区，其目的是明确区域或国家生态安全重要地区，分析区域可能的生态环境问题、明确生态环境脆弱区，为产业布局、生态环境保护与建设规划提供科学依据，为实施区域生态环境分区管理提供基础（贾良清等，2005）。

20世纪80年代出版的《中国自然生态区划与大农业发展战略》，将全国划分为22个生态区（蔡佳亮等，2010）。根据国务院《全国生态环境保护纲要》和《关于落实科学发展观加强环境保护的决定》的要求，环境保护部和中国科学院联合编制了《全国生态功能区划》，提出了全国生态功能区划方案，将全国初步划分为208个生态功能区，于2008年7月印发全国。为落实《环境保护法》《中共中央国务院关于加快推进生态文明建设的意见》等关于加强重要区域自然生态保护、优化国土空间开发格局、增加生态用地、保护和扩大生态空间的要求，环境保护部和中国科学院在2008年印发的《全国生态功能区划》基础上，联合开展了修编工作，形成《全国生态功能区划（修编版）》，于2015年11月印发全国（环境保护部、中国科学院 公告2015年 第61号）。

第三节　中国生物多样性保护区

随着中国自然保护区事业的不断发展，自然保护综合地理区划成为自然地理区划的重要研究内容之一。自然保护综合地理区划，主要服务生物多样性保护和自然保护区建设。郭子良和崔国发（2014）将中国版图划分为3489个基本地理单元，并参考植被区划和地貌区划等对这些地理单元进行分类，提出了中国自然保护综合地理区划方案，共包括8个一级区（自然保护地理大区）、37个二级区（自然保护地理地区）和117个三级区（自然保护地理亚地区）。

为促进生物多样性保护，《中国生物多样性保护与行动战略（2011—2030年）》（环发〔2010〕106号）综合考虑生态系统类型的代表性、特有程度、特殊生态功能，以及物种的丰富程度、珍稀濒危程度、受威胁因素、地区代表性、经济用途、科学研究价值、分布数据的可获得性等因素，划定了 35 个生物多样性保护优先区域，包括大兴安岭区、三江平原区、祁连山区、秦岭区等 32 个内陆陆地及水域生物多样性保护优先区域，以及黄渤海保护区域、东海和台湾海峡保护区域及南海保护区域 3 个海洋与海岸保护优先区。

第四节　中国国家级自然保护区

国家级自然保护区是推进生态文明、建设美丽中国的重要载体，是保护生物多样性、筑牢生态安全屏障、确保各类自然生态系统安全稳定、改善生态环境质量的有效举措。根据《中华人民共和国自然保护区条例》，自然保护区是指对有代表性的自然生态系统、珍稀濒危野生动植物物种的天然集中分布区、有特殊意义的自然遗迹等保护对象所在的陆地、陆地水体或者海域，依法划出一定面积予以特殊保护和管理的区域。禁止在自然保护区内进行砍伐、放牧、狩猎、捕捞、采药、开垦、烧荒、开矿、采石、挖沙等活动；法律、行政法规另有规定的除外。

自然保护区建立和划分的主要依据：典型的自然地理区域、有代表性的自然生态系统区域以及已经遭受破坏但经保护能够恢复的同类自然生态系统区域；珍稀、濒危野生动植物物种的天然集中分布区域；具有特殊保护价值的海域、海岸、岛屿、湿地、内陆水域、森林、草原和荒漠；具有重大科学文化价值的地质构造、著名溶洞、化石分布区、冰川、火山、温泉等自然遗迹；经国务院或者省、自治区、直辖市人民政府批准，需要予以特殊保护的其他自然区域。

自然保护区的分类和分级：自然保护区分为国家级自然保护区和地方级自然保护区。在国内外有典型意义、在科学上有重大国际影响或者有特殊科学研究价值的自然保护区，列为国家级自然保护区。除列为国家级自然保护区的外，其他具有典型意义或者重要科学研究价值的自然保护区列为地方级自然保护区，地方级自然保护区可以分级管理。

自然保护区可以分为核心区、缓冲区和实验区。自然保护区内保存完好的天然状态的生态系统以及珍稀、濒危动植物的集中分布地，应当划为核心区，禁止任何单位和个人进入。核心区外围可以划定一定面积的缓冲区，只准进入从事科学研究观测活动。缓冲区外围划为实验区，可以进入从事科学试验、教学实习、参观考察、旅游以及驯化、繁殖珍稀、濒危野生动植物等活动。

根据环境保护部公布的数据，截至 2015 年 12 月底，全国共有自然保护区 2740 个，其中国家级自然保护区 428 个、省级自然保护区 879 个、市级自然保护区 410 个、县级自然保护区 1023 个。在类型分布方面，森林生态系统类型自然保护区数量最多，其余依次为野生动物类型、内陆湿地和水域生态系统类型、野生植物类型、地质遗迹类型、海洋与海岸生态系统类型、草原与草甸生态系统类型、荒漠生态系统类型、古生物遗迹类型自然保护区（光明日报，2015）。

第五节　中国灾害区划

中国是一个自然灾害多发的国家，农业生产本身具有暴露性，每年因自然灾害造成大量的农业生产损失。依据区域内农作物风险水平的差异性进行风险区划、制定相应的保险费率，能够有效化解农业保险中的道德风险和逆向选择问题，科学的风险区划是解决农作物保险精确承保的关键所在。自然灾害多样，包括地震、台风等。

地震区划是依据地震危险性所进行的区域划分，国家地震区划是根据地震危险性将国土划分成不同区域，对不同的区域规定不同的抗震设防参数。《中国地震动参数区划图》（GB18306—2015，以下简称"第五代国家地震区划图"）作为强制性国家标准于2016年6月1日起正式实施。第五代国家地震区划图的颁布实施，是支撑国家社会经济可持续发展的重要国家标准。国家地震区划图是全面了解一个地区地震危险性的公共服务产品，也是实现地震灾害弹性的重要依据。第五代国家地震区划图的颁布实施，对于保障人民安居乐业、社会安定有序和国家长治久安，以及保障国家社会经济安全、可持续发展，具有十分重要的作用。

韩兴勇等（2016）从台风气象灾害的危险性、渔业系统的敏感性、脆弱性和抗灾减灾能力4个方面出发，共选取18个指标，建立渔业台风灾害风险评价指标体系，运用熵值法确定各指标的权重，计算出各地区的渔业台风灾害风险指数。根据风险指数的大小，分为4个等级，为渔业台风灾害的有效管理提供参考。胡波等（2012）运用GIS技术，就台风灾害对农业的风险进行评估并区划，结果显示灾害等级由沿海向内陆逐渐降低。

我国受灾害影响的区域及人口较多，巨灾风险很大。部分县级行政区位于自然灾害威胁严重的区域范围内。频发的自然灾害，加大了工业化、城镇化的成本并给人民生命财产安全带来许多隐患。《国务院关于印发全国主体功能区规划的通知》（国发〔2010〕46号）提出的全国主体功能区规划，对全国各地自然灾害危险性进行了评价和区划。

第六节　中国林下经济发展区划

自21世纪初国家实施西部大开发战略以来，以退耕还林、还草禁牧、围栏封育等措施为主的生态建设工程取得了巨大成绩，生态环境治理效果显著。如何提高农业、林业生产效益，增加当地人民群众的经济收入，巩固生态建设成果，受到各级政府部门的高度重视。从2008年6月国家实施集体林权制度改革以来，全国各地相继出台有关政策，大力推动发展林下经济，推广林业立体复合式经营模式。2012年7月国务院办公厅颁发了《关于加快林下经济发展的意见》（国办发〔2012〕42号），提出："要结合国家特色农产品区域布局，制定专项规划，分区域确定林下经济发展的重点产业和目标。"2014年国家林业局制定了《全国集体林地林下经济发展规划纲要（2014—2020年）》，对林下种植、林下养殖、相关产品采集加工和森林景观利用进行了总体布局。2015年4月国家林业局发布了《全国集体林地林药林菌发展实施方案（2015—2020年）》，对中药资源保护和绿色生产提出了新的更高要求，为全面深化农村土地制度和集体林权制度改革，中药材规模化生产、集约化经营创造了更大的发展空间。

为揭示林药、林菌生产的地域分异规律，明确不同区域林药、林菌发展的优势及其特色，提出生产发展的方向和建设途径，为调整林药、林菌生产结构和布局制定发展政策，科学指导林药、林菌生产。国家林业局组织开展了林药复合经营调查工作，通过调查对比分析了不同区域植被类型、林药、林菌资源概况和发展条件等。路飞对林下经济发展区进行了划分，共分为7个区（Ⅰ东北、Ⅱ内蒙古片区、Ⅲ华北片区、Ⅳ东部及沿海片区、Ⅴ中部片区、Ⅵ西南片区、Ⅶ西北片区），同时对全国林药进行了区划（路飞等，2014）。

参 考 文 献

本刊记者. 2006. 国务院办公厅发出通知要求开展全国主体功能区划规划编制工作[J]. 城市规划通讯，20：5

蔡佳亮，殷贺，黄艺. 2010. 生态功能区划理论研究进展[J]. 生态学报，30（11）：3018-3027.

高国力. 2007. 如何认识我国主体功能区划及其内涵特征[J]. 中国发展观察，2703：23-25.

郭子良，崔国发. 2014. 中国自然保护综合地理区划[J]. 生态学报，5：1284-1294.

国家林业局中国林业区划办公室. 2011. 中国林业发展区划[M]. 北京：中国林业出版社.

韩兴勇，李亚琦，岳宗胜. 2016. 我国渔业台风灾害风险评价及区划研究[J]. 海洋开发与管理，5：64-69.

胡波，严甲真，丁烨毅，等. 2012. 台风灾害风险区划模型[J]. 自然灾害学报，5：152-158.

贾良清，欧阳志云，赵同谦，等. 2005. 安徽省生态功能区划研究[J]. 生态学报，25（2）：254-260.

路飞，陈为，张良，等. 2014. 全国林药、林菌发展区划布局研究[J]. 林业建设，5：20-25.

宋小叶，王慧，袁兴中，等. 2016. 国内外生态功能区划理论研究[J]. 资源开发与市场，2：170-173.

http：//epaper.gmw.cn/gmrb/html/2015-05/08/nw.D110000gmrb_20150508_2-11.htm?div=-1（光明日报）

http：//sts.mep.gov.cn/zrbhq/zrbhq/（环保部：全国自然保护区名录）

http：//www.mep.gov.cn/gkml/hbb/bgg/200910/t20091022_174499.htm（全国生态功能区划，2008）

http：//www.zhb.gov.cn/gkml/hbb/bgg/201511/t20151126_317777.htm（全国生态功能区划（修编版），2015）

http：//www.zhb.gov.cn/gkml/hbb/bwj/201009/t20100921_194841.htm（环发〔2010〕106号）.

第十章
可用于中药区划的相关数据

第一节 中药相关数据库简介

一、全国中药资源普查数据库

根据国家中医药管理局关于组织开展全国中药资源保护、开发和合理利用的政府职能,为在国家、省和县级层面掌握区域内可药用资源种类、分布等中药资源本底情况,国家中医药管理局于 2011 年 8 月启动实施了全国中药资源普查(试点)工作。为辅助普查人员进行中药资源普查数据填报和汇总管理,为中药资源普查成果共享应用提供有效的数据支撑和服务,在前期工作基础上,中国中医科学院中药资源中心根据《全国中药资源普查技术规范》关于普查队员采集数据的内容和相关要求,研究开发了中药资源普查数据填报和数据管理相关系统。随着全国中药资源普查工作的深入和数据信息的汇总,各类调查数据资料的收集、汇总和共享应用成为此次全国中药资源普查工作的主要任务和成果之一,并逐渐形成了全国中药资源普查基础数据库,如图 10-1 所示,包括一般调查、重点调查、标本信息、药材信息、市场调查、种质资源调查、传统知识调查 7 个方面 312 项调查指标。

图 10-1 中药资源普查信息管理系统

截至 2017 年年底,全国已有 1332 个县开展中药资源调查工作。基于全国中药资源普查信息管理系统,汇总到全国 1.3 万多种野生药用资源、700 多种栽培药材、1000 多种市场流通药材的种类、分布信息,总记录数 900 余万条,照片 600 万张。汇交药材样品、腊叶标本、种质资源 23 余万份。发现新物种 73 个,为我国生物多样性增添了新的成员。

二、中药资源动态监测数据库

国家中医药管理局在组织实施全国中药资源普查试点工作过程中,建立了包括 1 个中心平台、65个监测站和若干个监测点的中药资源动态监测信息及技术服务体系，形成了覆盖全国主要中药材产区，比较系统、结构合理、由不同层次构成的中药资源动态监测技术服务队伍。为收集汇总中药资源动态监测数据信息，中国中医科学院中药资源中心研发了中药资源动态监测系统，可以实时掌握我国中药材的产量、流通量、价格和质量等的变化汇总基础数据信息，如图10-2所示。

图10-2　中药资源普查信息管理系统

三、生物资源数据库

（一）中国数字植物标本馆

中国数字植物标本馆（Chinese Virtual Herbarium，CVH）是中国科学院在科技部"国家科技基础条件平台"项目资助下建立的，CVH网站包含数据库20余个，数据量3.3TB，包括中国科学院和地方科学院及一些大学标本馆，基本上包含了我国主要和重要的标本馆。

1. 植物标本数据库

在CVH网上能查询到全国35家标本馆的标本，共计600多万份（笔）标本的标签信息及400多万张标本图像。每份标本的标签信息包括标本采集人、采集日期、地点、生境与海拔，以及鉴定信息和标本存放地点（标本馆）等。

2. 植物彩色照片数据库

在CVH网站上能查询到植物彩色照片6万余张，属于269科5700种，范围涉及全国34个省（自治区、直辖市）的野生植物。

3. 植物名称及分布数据库

包括中国种子植物名称及分布信息（到省级）等简单信息。资料主要来源于《中国植物志》和 Flora of China。目前数据库记录数34 056条。

4.《中国植物志》数据库

《中国植物志》数据库包括《中国植物志》79卷（除第一卷外）125册图书的PDF文件，可通过科名和植物名称（学名、中名）查询到志书文字及图片。

网址：http：//www.cvh.ac.cn/。

（二）国家教学标本资源共享平台

国家标本资源共享平台（NSII）是国家科技部资助建设，汇集了植物、动物、岩矿化石和极地标本数字化信息的在线共享平台。NSII下设植物标本、动物标本、教学标本、保护区标本、岩矿化石标本和极地标本6个子平台。整理、整合约880万号（件），动物和植物标本、岩矿和化石标本（包括模式标本、活体标本等），包括拉丁学名、分布等信息。

网址：http：//mnh.scu.edu.cn/。

（三）全球生物多样性信息数据库

Global Biodiversity Information Facility（GBIF）成立于2001年，是政府间组织，现有国家成员和组织成员106个。是目前全球数据量最大和影响最大的生物多样性信息服务网络。该组织通过合作和种子基金等各种途径促进生物多样性原始数据的共享，将目前世界上现存的生物多样性数据库集整合起来，形成一个面向全世界用户的关于全球生物多样性的综合性信息服务网络。GBIF目前已拥有3.9亿条数据，可为用户提供海量生物多样性数据信息服务。

自2007年开始，中国科学院生物多样性委员会陆续成为国际生物多样性信息学项目的区域中心或节点，如物种2000项目中国节点（Species 2000 China Node）、网络生命大百科中国区域中心（EOL-China Regional Center）和生物多样性遗产图书馆中国区域中心（BHL-China Regional Center）等。2013年，联合印度、韩国、印度尼西亚、尼泊尔等国家组建了亚洲生物多样性保护和信息网络（ABCDNet），旨在将亚洲分散的生物多样性信息系统联系起来。

网址：http：//www.gbif.org/。

（四）中国植物主题数据库——药用植物数据库

中国植物主题数据库——药用植物数据库：中国植物主题数据库是基础科学数据共享网资助项目，由植物学学科积累深厚和专业数据库资源丰富的中国科学院植物研究所和中国科学院昆明植物研究所联合建设。以物种 2000 项目中国节点和中国植物志名录为基础，整合植物彩色照片、植物志文献记录、化石植物名录与标本数据库。包括：植物名称数据 15 万多条（包括科，属，种及种下名称）；植物图片 1.8 万多种，100 万多张；365 万多条文献数据。其中药用植物数据库：包括 11 987 种药用植物，2 万多条数据记录（拉丁学名、中文名、药性描述、专著编码等内容）。

网址：http：//www.plant.nsdc.cn/herb。

四、国家人口与健康科学数据共享平台

国家人口与健康科学数据共享平台属于国家科技基础条件平台下的科学数据共享平台。平台的总体目标是建立国家的人口与健康科学数据共享服务平台，为政府决策、人口健康、医疗卫生、人才培养、科技创新、产业发展和百姓健康提供权威、开放、便捷的数据共享和信息服务。国家人口与健康科学数据共享平台的承担单位是中国医学科学院，主管部门是国家卫生和计划生育委员会。平台由中国医学科学院医学信息研究所、中国人民解放军总医院、中国中医科学院中医药信息研究所、中国中医科学院中药资源中心、中国疾病预防控制中心、国家食品药品监督管理总局信息中心、国家卫生计生委科学技术研究所等 20 余家行政事业单位及高等院校直接参与建设。目前平台的科学数据在线开放共享，涵盖基础医学、临床医学、药学、中医药学、人口与生殖健康等多方面的科学数据资源。

网址：http://www.ncmi.cn/1。

第二节　自然生态相关数据库简介

一、气候数据库

（一）中国气象数据

中国气象数据网是气象科学数据共享网的升级系统，是国家科技基础条件平台的重要组成部分，是气象云的主要门户应用系统，是中国气象局面向国内和全球用户开放气象数据资源的权威的、统一的共享服务平台，是开放中国气象服务市场、促进气象信息资源共享和高效应用、构建新型气象服务体系的数据支撑平台。中国气象数据网以满足国家和全社会发展对气象数据的共享需求为目的，重点围绕标准规范体系建立、数据资源整合、共享平台建设和数据共享服务4个方面开展工作。中国气象数据网服务模式分为在线数据服务和离线数据服务两种，在线服务主要通过中国气象数据网提供在线数据下载和服务，离线数据服务包括电话咨询、信息咨询及根据用户需求制作专题数据产品等。

气象科学数据共享平台是由一个国家级主节点、31个省级分节点，以及若干个专题节点组成的覆盖全国的分布式气象数据共享服务网络体系。通过资源整合集成、历史资料数字化、数据分析研究和国外数据资源引进，气象科学数据共享平台共研制了基本覆盖大气科学领域的数据集产品。气象科学数据共享中心研制的近600个数据集产品涵盖了大气科学领域的主要数据种类，既包括地面、高空、海洋等常规气象要素，也包括卫星、雷达等非常规探测手段获取的气象科学数据；既有来源于气象部门观测获得的资料，也有来源于其他部门观测获得的气象资料；既有中国范围的气象资料，也有通过国际合作获得的全球数据产品。除满足气象及其相关学科的科学研究的基本需求外，气象科学数据共享中心还针对减灾防灾和应对气候变化等科技前沿及热点问题，研制了一批主题数据集产品，包括均一化气候序列数据集、国家级高密度气象要素数据集、中国和东亚格点数据集、中国沙尘暴序列等。

网址：http://data.cma.cn/。

（二）其他气候数据

1. 全球生物气候学建模数据库

全球生物气候学建模数据库（global clomatologies for bioclimatic modelling，CliMond），旨在分享特殊格式的环境数据、建模工具和专业知识在生态模型中的使用。相关应用包括物种分布建模、作物的潜力和威胁、气候变化研究等。历史数据来源于气候研究中心（CRU），主要基于 1961～1990 年的气候数据和 1950～2000 年的部分数据。

Bioclim 气候数据：提供全球范围 ASCII、ESRI、GRID 格式的温度、降水、辐射和土壤水分等数据，可以直接在现阶段流行的生物物种分布建模软件包中使用。

Climex 气候数据：提供全球范围 ASCII 格式的日最低温度、日最高温度、月平均降水量和相对湿度等数据。

网址：https://www.climond.org/。

2. 全球气候数据库

全球气候数据库（WorldClim）是一组栅格格式的全球气候图层，空间分辨率约为 $1km^2$。可用于地图制作、空间建模分析等。目前的版本是 V1.4，通过这个数据库，可以得到过去、当前和未来的气候数据。未来气候数据，来源于国际植物保护公约（International Plant Protection Convention，IPPC）基于全球气候模型（global climate models，GCMs）第五次评估预测报告结果，是最新的全球气候预测结果。

网址：http://www.worldclim.org。

3. 未来气候数据

CCAFS 气候数据门户网站提供了全球和地区未来的高清晰度的气候数据集，可作为评估各个领域，包括生物多样性、农业和畜牧业生产、生态系统服务和水文气候变化的影响及适应的依据。该网站所载数据集是国际热带农业中心（CIAT）与国际农业研究磋商组织 CGIAR 研究计划中气候变化、农业和粮食安全（CCAFS）的一部分。

CCAFS 是国际农业研究磋商和地球系统科学联盟（ESSP）为期 10 年的研究计划。该 CCAFS 方案力求克服气候变化对农业和粮食安全的威胁，探索帮助弱势农村社区适应气候全球性变化的新途径。CCAFS 带来农业科学、气候学、环境和社会科学识别及应对气候变化与农业之间的最重要的相互作用，协同和权衡世界上最优秀的研究人员。

网址：http：//www.ccafs-climate.org/。

二、国土资源数据库

（一）中国国土资源数据

国土资源部信息中心成立于 1999 年，是国土资源部的直属事业单位，负责土地、矿产、海洋资源基础信息和资源利用情况、变化趋势动态数据的收集、技术处理及预测分析，为政府部门提供决策支持和管理支持，向社会提供公益服务。主要从事国土资源信息化、信息研究与信息服务工作。承担国土资源部信息化工作办公室（金土工程办公室）的工作。承担国土资源部国土资源统计和科技成果登记工作。承担国土资源信息的对外发布工作，为社会提供公益信息服务。

全国和省级年度土地利用现状数据：本数据主要来源于第二次全国土地调查和年度全国土地变更调查，采用中华人民共和国国家标准《土地利用现状分类》（GB/T 21010—2007），并对《土地利用现状分类》中 05、06、07、08、09 一级类和 103、121 二级类进行了归并，在此基础上对部分地类进行了适当取舍。全国数据不包含香港、澳门特别行政区和台湾省。全国土地利用挂图和分省 1：400 万土地利用图集（不包含香港、澳门特别行政区和台湾省），编制数据源为第二次全国土地调查缩编数据成果。

另外还有 1：1200 万中国地下水资源分布图、全国矿产地数据库、1：500 万中国成矿区带划分图、1：500 万国际亚洲地质图、地质图专用地理素图、中国自然资源图集、1：20 万水文系列、全国 5 万区域矿产调查数据资料分布图等。

网址：http：//www.mlr.gov.cn/bbgk/jgsz/zsdw/xxzx/201003/t20100320_711938.htm。

（二）其他国土资源数据

1. 中国土壤数据

中国土壤数据集（v1.1）来源于联合国粮食及农业组织（FAO）和维也纳国际应用系统研究所（IIASA）所构建的世界土壤数据库（Harmonized World Soil Database version 1.1）（HWSD）。中国境内数据源为第二次全国土地调查南京土壤所提供的1∶100万土壤数据。该数据可为建模者提供模型输入参数，可用来研究生态农业分区、粮食安全和气候变化等。数据格式为grid栅格格式，投影为WGS84。采用的土壤分类系统主要为FAO-90。

网址：http：//westdc.westgis.ac.cn/data/611f7d50-b419-4d14-b4dd-4a944b141175（中国土壤数据集）。

2. 全球土壤数据

全球土壤数据库（HWSD）提供了各个格网点的土壤类型（FAO-74、85、90）、土壤相位、土壤理化性状等信息，共16个指标。全球土壤数据库有助于人们选择合适的用于碳固存的土壤。提供有关土壤物理和化学性质的信息，能够帮助人们选择适宜的土地来过滤废物、保存水分、培育有机物等。正确评估全球自然资源的质量和潜能，从而促进粮食生产和应对气候变化。

网址：http：//www.iiasa.ac.at/。

3. 数字高程数据

DEM是数字高程模型的英文简称（digital elevation model），是流域地形、地物识别的重要原始资料。DEM的原理是将流域划分为m行、n列的四边形（CELL），计算每个四边形的平均高程，然后以二维矩阵的方式存储高程。由于DEM数据能够反映一定分辨率的局部地形特征，因此通过DEM可提取大量的地表形态信息，这些信息包含流域网格单元的坡度、坡向及单元格之间的关系等。同时根据一定的算法可以确定地表水流路径、河流网络和流域的边界。因此从DEM提取流域特征，一个良好的流域结构模式是设计算法的前提和关键。

网址：http：//westdc.westgis.ac.cn/。

4. 植被指数

全球监测与模型研究组（global inventory modelling and mapping studies，GIMMS）植被指数（NDVI）数据是美国国家航天航空局于2003年11月推出的最新全球植被指数变化数据。中国地区长时间序列GIMMS数据集包括1981～2006年的全球植被指数变化，格式为ENVI标准格式，投影为ALBERS，其时间分辨率是15天，空间分辨率为8km。

GIMMS NDVI 数据采用卫星数据的格式记录了 22a 区域植被的变化情况。

网址：http://westdc.westgis.ac.cn/。

第三节　社会经济相关数据库简介

一、国家基础地理信息数据

基础地理信息是国家空间数据基础设施的重要组成部分，是国家信息化的权威、统一的定位基准和空间载体，是国家经济建设、国防建设和社会发展中不可或缺的基础性及战略性信息资源，具有通用性强、共享需求大、行业应用广泛等特点，广泛应用于国土规划、国防军事、气象、环保、电力、水利、海洋、民政、科教科研等多个领域。

随着测绘信息化的不断发展，以及测绘地理信息服务的不断加强，数据的现势性与内容的丰富性引起了社会用户前所未有的重视。《基础测绘条例》也规定了基础测绘成果应当定期进行更新，国民经济、国防建设和社会发展急需的基础测绘成果应当及时更新。国家测绘地理信息局及时作出了国家基础地理信息数据库动态更新的部署，对国家1∶5万、1∶25万、1∶100万基础地理信息数据库进行持续快速更新，重点是对1∶5万基础地理信息数据库实现每年更新一次、每年发布一版的新目标，不断提高基础地理信息的现势性，持续提升地理信息应用价值和测绘服务保障能力。

形成了国家基础地理信息数据库的建库与更新技术体系，完成了全国1∶5万、1∶25万、1∶100万数据库的持续快速更新，实现了多尺度、多类型、多版本数据库的动态管理与快速服务，较好地支撑和保障了我国国民经济建设与社会发展对国家基础地理信息的迫切需求。

国家基础地理信息数据库是存储和管理全国范围多种比例尺、地貌、水系、居民地、交通、地名等基础地理信息，包括栅格地图数据库、矢量地形要素数据库、数字高程模型数据库、地名数据库和正射影像数据库等。

（一）数字高程模型

数字高程模型是在一定范围内通过规则格网点描述地面高程信息的数据集，用于反映区域地貌形态的空间分布。目前，我国已建成覆盖全国陆地范围的1∶100万、1∶25万、1∶5万 DEM 数据库。1∶100万 DEM 数据库于1994年建成，格网间距600m，总图幅数77幅。1∶25万 DEM 数据库于1998年建成，格网间距100m，总图幅数816幅。1∶5万 DEM 数据库于2002年首次建成，2011年更新精化一次，格网间距25m，总图幅数24 182幅。

（二）矢量地形要素数据

矢量地形要素数据（digital line graphic, DLG）是地形图上基础地理要素的矢量数据集，保存了各要素间的空间关系和相关的属性信息。目前，我国已建成覆盖全国陆地范围的1∶100万、1∶25万、1∶5万DLG数据库。1∶100万DLG数据库1994年首次建成，2002年更新一次，总图幅数77幅。1∶25万DLG数据库1998年首次建成，2002年、2008年各更新一次，2012年进行了全面更新，总图幅数816幅。1∶5万DLG的核心要素数据库2006年建成，2011年建成了全要素数据库，总图幅数24 182幅。从"十二五"规划开始，我国实现国家基础地理信息数据库的动态更新和联动更新，对1∶100万、1∶25万、1∶5万DLG数据库每年更新一次。

（三）遥感影像成果

航空遥感影像：是以飞机作为飞行平台，搭载不同的遥感设备而获取的数据成果。航空摄影成果既是测制和更新国家基本比例尺地形图、建立和更新国家基础地理信息系统数据库等的主要数据源，也是一种重要基础测绘成果，可广泛应用于铁路、林业、水利等领域。自2009年以来，航空摄影多采用数码航摄仪获取全色、真彩色和彩红外影像数据。国家基础地理信息中心对2009年以前的绝大部分航片影像进行了扫描数字化。目前国家基础地理信息中心存档数字成果543TB，覆盖面积约356万km^2。随着技术的进步，机载干涉雷达（SAR）和机载激光雷达（LIDAR）等新型传感器也开始应用于航空摄影中，为基础测绘等工作提供了新型影像数据源。

航天遥感影像：航天遥感影像是将传感器搭载到卫星平台上获取的影像成果，与航空摄影成果相比，具有实时性强、覆盖面广的特点。随着卫星影像分辨率和定位精度的提高，已经成为获取基础地理信息的重要手段。目前，国家基础地理信息中心的航天遥感影像存档数量超过8万景（注：这些影像数据限测绘系统内部使用，以及应急救灾、重大及热点事件、人道主义援助等公益性用途）。

目前，航天遥感影像包括SPOT5、P5、RapidEye、ALOS等中分辨率影像，IKONOS、QuickBird、WorldView和GeoEye等高分辨率影像。国产测绘卫星天绘一号和资源三号发射后，也获取了大量的数据，广泛应用于国家基础地理信息数据库更新和其他重大测绘工程。

（四）全球1∶100万基础地理数据

全球1∶100万比例尺的中文基础地理信息底图数据库，是我国最大比例尺的、反映我国政治主张的、覆盖全球的中文基础地理信息数据集，包括中英文地名、政区、居民地、交通、水系、地形地貌（包括海底）管线、植被等矢量数据子集和DEM数据集。

网址：http：//ngcc.sbsm.gov.cn。

二、国家统计数据

国家统计局的政府职能主要有：会同有关部门拟订重大国情国力普查计划、方案，组织实施全国人口、经济、农业等重大国情国力普查，汇总、整理和提供有关国情国力方面的统计数据。组织实施农林牧渔业、工业、建筑业、批发和零售业、住宿和餐饮业、房地产业、租赁和商务服务业、居民服务和其他服务业、文化体育和娱乐业以及装卸搬运和其他运输服务业、仓储业、计算机服务业、软件业、科技交流和推广服务业、社会福利业等统计调查，收集、汇总、整理和提供有关调查的统计数据，综合整理和提供地质勘查、旅游、交通运输、邮政、教育、卫生、社会保障、公用事业等全国性基本统计数据。组织实施能源、投资、消费、价格、收入、科技、人口、劳动力、社会发展基本情况、环境基本状况等统计调查，收集、汇总、整理和提供有关调查的统计数据，综合整理和提供资源、房屋、对外贸易、对外经济等全国性基本统计数据。组织各地区、各部门的经济、社会、科技和资源环境统计调查，统一核定、管理、公布全国性基本统计资料，定期发布全国国民经济和社会发展情况的统计信息，组织建立服务业统计信息共享制度和发布制度。对国民经济、社会发展、科技进步和资源环境等情况进行统计分析、统计预测和统计监督，向党中央、国务院及有关部门提供统计信息和咨询建议。建立并管理国家统计信息自动化系统和统计数据库系统，组织制定各地区、各部门统计数据库和网络的基本标准及运行规则，指导地方统计信息化系统建设。收集、整理国际统计数据。

通过国家统计局的网址可以查询，按月、季和年统计的统计数据，以及普查数据、部门数据、国际数据、中国统计年鉴数据等。

http：//www.stats.gov.cn/。

第四节　国家科学数据共享平台

一、国家科技基础条件平台简介

国家科技基础条件平台中心是科技部直属事业单位，致力于推动科技资源优化配置，实现开放共享，其主要职责是：承担国家科技基础条件平台建设项目的过程管理和基础性工作；承担国家科技基础条件平台建设发展战略、规范标准、管理方式、运行状况和问题的研究，以及国际合作和宣传、培训等工作；承担科技基础条件门户系统的建设与运行管理工作；参与对在建和已建国家科技基础条件平台项目的考核评估和运行监督工作。

国家科技基础条件平台中心于 2006 年 2 月经中央机构编制委员会办公室批准成立。平台中心遵循平台建设"整合、共享、完善、提高"的原则,不断强化服务意识、锐意进取、顽强拼搏,努力建成一个学习型、服务型、创造型、和谐的团队,成为平台建设政策研究、项目管理、咨询服务、国际合作的高水平专业化机构,为发展我国科技基础条件平台事业,增强科技自主创新能力,建设创新型国家贡献力量。

基础科学数据来自于科学研究,同时服务于科学研究,是现代科学研究重要的资源。国家基础科学数据共享服务平台属于国家科技基础条件平台下的科学数据共享平台项目,由中国科学院计算机网络信息中心牵头组织,以中国科学院、国内重要高校和其他科研院所的基础科学数据资源为基础,充分利用中国科学院已有的数据应用环境基础设施条件,以学科为导向、以应用为牵引,组织开展基础科学领域的数据资源整合集成与共享服务。

国家基础科学数据共享服务平台项目的总体目标是按照统一的标准规范,在中国科学院现有科学数据工作的基础上,联合教育部、国防科学技术工业委员会、国家林业局等相关部门的研究院所,在物理、化学、天文、空间、生物等基础科学领域对具有优势地位的数据资源进行整合,实现各类分散的专业数据库在逻辑上的集成整合,形成一批主题数据库、专题数据库。共享服务网具有动态链接和加载数据资源的能力,能动态汇聚各类基础科学研究数据资源,成为我国基础科学领域数据资源汇聚、保存与共享的基础环境。共享服务网为各类用户提供一站式、集成的数据资源发现、检索与下载功能,支持基于内容关联检索,并集成相关的数据分析工具,面向特定学科领域与应用提供一批特色服务。

网址:http://www.nsdata.cn

二、国家级相关数据和信息中心简介

(一)国家基础地理信息中心

国家基础地理信息中心(兼国家测绘档案资料馆)是国家测绘地理信息局直属事业单位。主要职责是负责管理全国测绘成果资料和档案资料;负责国家级基础地理信息系统建设、维护、更新、开发及有关研究工作;承担国家测绘地理信息局下达的专题数据库的建库工作;承担国家测绘地理信息局交办的基础测绘和重大测绘项目。

国家基础地理信息中心是全国甲级测绘资格单位,可向国家有关部门和单位提供多比例尺模拟和数字地图;可提供国家天文大地网、GPS 网、重力网、大地水准面等多精度空间基准成果;可提供处理后的多分辨率航空和卫星遥感影像资料;可提供测绘成果档案服务。在专题地理信息系统设计与开发、电子地图制作、数据库建设及其相关软件的开发应用、NFGIS 标准研究、技术咨询等方面,有较丰富的经验和较雄厚的实力,并设立了博士后科研工作站和工程技术研究中心。

国家基础地理信息中心是《地理信息世界》专业期刊的主要主办单位,承担全国地理信息标准化技术委员会秘书处和ISO/TC 211国内技术归口办公室工作,中国测绘学会的会员(理事)单位,多名专家分别在国际摄影测量与遥感学会(ISPRS)、亚太地区地理信息基础设施常设委员会(PCGIAP)等国际学术团体中任职。

网址:http://www.ngcc.cn。

(二)中国科学院资源环境科学数据中心

中国科学院在长期的知识创新科研实践中形成了大量的宏观与微观资源环境科学数据序列,包括长期野外观测数据、实验室模拟与理化分析数据、人文经济实证调查数据和遥感对地观测数据等。2003年8月中国科学院成立中国科学院资源环境科学数据中心,是中国科学院知识创新工程非法人研究单元。以现代空间信息技术为支撑,实现国家资源环境科学数据的系列产出与国家相关部门数据的科学再加工与集成,创建地理科学与资源环境研究时空数据平台和数值模拟研究平台,以促进数据共享,支持资源环境科学研究,满足国家对可持续发展战略决策信息的迫切需求,全面支持资源环境科学研究方法论的改造和知识创新。

资源环境科学数据中心通过"中心本部"和9个"分中心"的网络结构体系将资源环境科学数据相关的主要研究所结成一个科学数据集成与共享平台。资源环境科学数据中心除数据共享外,还通过对科学数据的综合集成、知识挖掘等,对中国科学院自主产出数据与国家相关部门数据进行科学再加工,提升科学数据的价值,形成具有更高价值的新的科学数据源。

数据共享分为免费共享数据、有限共享数据、集中共享数据、非共享数据4个共享层次。根据不同用户身份,确定用户权限,做出相应的规定,包括中国科学院内部与外部的用户权限,政府、科研、商务用户权限,等等。

网址:http://www.resdc.cn/。

(三)国家遥感中心

国家遥感中心于1981年经国务院批准成立,现在为科学技术部的直属事业单位。国家遥感中心的业务领域从遥感与地理信息系统技术扩展到以遥感、地理信息系统、卫星导航定位及空间探测等为主的地球观测与导航技术领域。国家遥感中心以国家科技计划地球观测与导航技术领域管理为核心,以提高领域自主创新能力为重点,以开展军民合作和国际合作为特色,通过"小核心,大网络"凝聚全国地球观测与导航技术领域力量,以发展战略新兴产业为目标,全面发展以遥感、地理信息系统和导航定位为重点的地理空间信息产业。同时,充分发挥遥感科技的优势,为国家国民经济建设、社会可持续发展及国防建设等重大战略决策提供技术支撑。

国家遥感中心主要负责国务院办公厅遥感信息服务系统的运行,向国务院办公厅编报有关灾害、农业、生态、环境等遥感监测信息;承担国家高技术研究发展计划"地球观测与导航技术领域"及其他科技计划中相关项目的过程管理和基础性工作;承担中欧卫星导航技术培训与合作中心、国际地球观测组织(GEO)中国秘书处,以及联合国亚太空间应用与可持续发展计划的国家联络点等管理工作;联系国内遥感机构和省市遥感中心,开展有关培训、咨询等技术服务;研究地球观测与导航技术领域高新技术发展状况、趋势和问题,为科学技术部宏观决策提供建议和对策。

国家遥感中心按照"小核心、大网络"运行模式,吸纳了国内相关部门及地方优势力量,设立了62个业务部,涉及教育、民政、国土、环保、水利、农业、林业、中国科学院、中国气象局、国家海洋局、国家测绘地理信息局等20个部委,以及北京市、上海市等18个省市区。国家遥感中心所属业务部拥有陆地、气象、海洋卫星、北京一号小卫星及国外卫星等地面接收站。各业务部所从事的研究开发活动基本包括了从卫星总体系统研究、有效载荷设计研发到遥感数据接收处理分析、系统集成,到遥感在农业、林业、气象、海洋、国土资源、灾害、水利、环保、测绘、城市等行业的应用。同时还具有自主知识产权的数字图像处理系统、导航专业软件、地理信息系统平台软件及行业应用软件,并在多个行业建立示范工程进行推广应用,造就了具有一定规模和影响的地理空间信息产业。国家遥感中心所属各部已经形成了完整的遥感、地理信息系统、卫星导航技术体系。

网址:http://www.nrscc.gov.cn/nrscc/。

(四)中国资源卫星应用中心

中国资源卫星应用中心(以下简称为"中心")于1991年10月5日由国家批准成立,是国家发展和改革委员会和国防科技工业局负责业务领导、航天科技集团公司负责行政管理的科研事业单位,负责贯彻执行国家关于对地观测卫星应用的方针政策,提出对地观测卫星的使用要求和发展方向,落实我国对地观测卫星应用的发展战略和中长期规划。中心承担我国陆地卫星数据处理、存档、分发和服务设施建设与卫星在轨运行管理,为国家经济建设和社会发展提供宏观决策依据,为全国广大用户提供各类对地观测数据产品和技术服务,是国家陆地、气象、海洋三大卫星应用中心之一。

中心已经运行管理了资源系列、环境减灾系列、高分系列等十余颗卫星,累计向全国用户提供了1000余万景卫星数据产品,广泛应用于我国农业、林业、水利、国土资源、城市规划、环境保护、灾害监测和国防建设等众多领域,创造了巨大的社会效益和经济效益。中心广泛开展国际交流与合作,与40多个国家和地区在资源卫星数据处理、分发和应用方面取得了积极成果,正朝着国际一流对地观测卫星数据中心稳步迈进。

http://www.cresda.com/CN/。

第三部分　中药区划数据分析方法简介

　　中药区划的主要目的是明确区域间中药资源禀赋特征和分异规律等，要明确中药资源特征和分异规律，需要对大量数据信息进行分析研究。本部分概要介绍统计学基础理论知识，重点介绍应用 SPSS、ArcGIS 等软件进行中药区划数据分析的操作方法，以期辅助未使用过统计软件的区划工作者，能按照相关部分的操作步骤，顺利开展中药区划工作。

　　其中：第十一章，基于 SPSS 软件的具体操作过程，概要介绍了统计学的基本概念和原理，以马尾松相关区划为例，详细介绍了使用 SPSS 软件进行统计分析的具体操作方法；第十二章，概要介绍了空间统计的基本概念和原理，及使用 ArcGIS 软件进行空间统计分析的具体操作方法；第十三章，简要介绍了使用 R 语言和 Excel 进行数据分析的具体操作方法。更详细的统计学知识需查阅统计学专著，更具体的软件系统（R 语言、SPSS、ArcGIS、Excel）操作方法需查阅其他专著。

第十一章
基于 SPSS 的经典统计分析方法简介

统计分析是指用合适的统计方法对所收集的数据进行分析、汇总、理解,从而提取有用的信息、形成结论。本章简要介绍经典统计方面的基本概念,并以常用的统计软件 SPSS 为例,示例介绍其具体操作方法。更多原理、方法和操作,请参见经典统计和 SPSS 专著。

第一节 基本概念

一、总体与样本

根据研究目的而确定的同质观察单位的全体称为总体。观察单位(个体)是统计研究中的基本单位,它可以是一味药材,也可以是特指的一类药材(如祛湿药、镇痛药、解表药等),同质的所有观察单位某种观察值的集合即为总体。例如,调查 2008 年某区域马尾松的株高,则观察对象是 2008 年该区域内的全部马尾松,观察单位是每株马尾松。观察值(变量值)是测得的株高值,2008 年该区域内全部马尾松的株高值就构成了一个总体,它的同质基础是同一区域、同一年份的马尾松。

在实际研究中,为节省人力、物力、财力和时间,一般都采取从总体中抽取样本,根据样本信息来推断总体特征,这种从总体中抽取部分观察单位的过程称为抽样。为了保证样本的代表性,抽样时必须遵循随机化原则。总体中随机抽得的部分观察单位,其观察值的集合就称为样本,该样本中包含的观察单位数称为该样本的样本量。例如,上例中,可从 2008 年某区域的全部马尾松中随机抽取 100 株马尾松,逐个测量株高,组成样本。应当强调的是,获取样本仅是手段,而通过样本信息来推断总体特征才是研究的目的。

从总体的概念可以看出,总体具有同质性,但这里的同质具有大同小异的特点。同一总体内的不同个体在某些观察值上不尽相同,这种个体间的差异称为总体的变异性。这些变异来源于一些已知的或未知的,甚至是某些不可控的因素所导致的随机误差。总体的同质性及个体的变异性是随机抽样及统计推断的基础和前提,为保证样本推断总体具有较高的效力,需保证足够的样本量,不同的抽样方法所需样本也不同。

二、数据的概念和类型

数据是信息的表现形式和载体，可以是符号、文字、数字、语音、图像、视频等。数据是信息的表达，信息是数据的内涵。统计学依据数据的计量尺度将数据划分为不同类型，如定距型数据、定序型数据、定类型数据、定比型数据等。

定距型数据（interval scale）。定距型数据的特点是数据之间是等距的，是数值型变量，一般用数字表示，可以进行求和、平均值等运算。定距型数据分为连续型数据和离散型数据。连续型数据，如植物个体的株高、胸径、生物量、有效成分含量等。离散型数据，如样方内容植物个体数量、县域内中药资源种类等。

定序型数据（ordinal scale），具有内在固有大小或高低顺序，但又不同于定距型数据，一般可以用数值或字符表示。例如，药材商品的等级，可以分为优、良、中、差，可以有1、2、3、4个等级，也可以用A、B、C、D表示。

定类型数据（nominal），是根据定性的原则区分总体中个案类别的变量。定类变量的值，是能把研究对象分类，确定研究对象是同类或不同类。例如，药材来源分为动物类药、植物类药、矿物类药等；药材质量可分为合格或不合格等；动物、植物分类的科、属、种等。定类型数据，也可以用数值或字母表示，但是没有内在固有大小或高低顺序之分，只是一种名义上的指代。

定比型数据（scale），是由定比尺度计量形成的，表现为数值，可以进行加、减、乘、除运算。没有负数。与定距尺度的区别在于是否有绝对零点。在定距尺度中"0"表示某一个数值；定比尺度中"0"表示特定含义，如"没有"或"无"。有些情况定距尺度、定比尺度不加区别。

按照变量属于定量或定性，可将资料分为以下几种类型。

计量资料，又称为定量资料或数值变量资料，为观测每个观察单位某项指标的大小获得的资料。其变量值是定量的，表现为数值大小，一般有度量衡单位。根据其观测值取值是否连续又可分为连续型或离散型两类。前者可在实数范围内任意取值，如马尾松的高度、胸径等；后者只能取整数值，如马尾松的株龄等。

计数资料，又称为定性资料或无序分类变量资料，亦称名义变量资料，为将观察单位按某种属性或类别分组计数，分组汇总各组观察单位数后得到的资料。其变量值是定性的，表现为互不相容的属性或类别。二分类，如药品分为处方药与非处方药、道地产区与非道地产区、合格药材与不合格药材，两类间相互对立，互不相容。多分类，如血型分为A型、B型、AB型与O型互不相容的4个类别，坡位分为上坡位、中坡位和下坡位等。

等级资料又称为半定量资料或有序分类变量资料，为将观察单位按某种属性的不同分成等级后分组计数，分类汇总各组观察单位数后而得到的资料。其变量值具有半定量性质，表现为等级大小或属性程度。例如，药性可分为寒、凉、温、热4个等级；治疗效果可分为治愈、显效、好转、无效4个等级。

统计分析方法的选用，是与资料类型密切联系的。根据需要在专业理论指导下各类资料间可以相互转化，以满足不同统计分析方法的要求。在研究设计中，对于能测量的指标，应尽可能设计为定量资料，这将为分析中的资料转化带来方便，对于那些只能是计数或等级的资料，在资料分析过程中，为满足某些统计分析方法的要求，有时要进行指标的数量化。

值得注意的是，有些计数资料及等级资料，虽以数字代码的形式体现，如分别用数字1、2、3、4代表血型的A型、B型、AB型与O型，此时的数字只是代码，并不具有数值意义，不能将其作为定量变量进行统计分析。其他的数据，如坡向、植被类型、土壤类型等，也不能作为定量变量进行统计分析。

三、变量的概念和类型

确定总体之后，研究者应对每个观察单位的某项特征进行观察或测量，这种能表现观察单位变异性的特征，称为变量。对变量的观测值称为变量值或观察值，资料则由变量值构成。

一般意义上的变量是指"数值可以变化的量"。统计中的变量是指可变的数量标志、全部统计指标、说明某种现象属性或特征的名称。在数量标志中，不变的数量标志称为常量或参数，可变的数量标志称为变量。由可变数量标志构成的各种指标也称为变量。

按表现形式，变量可分为定性变量和定量变量，按变量连续性可分为离散变量和连续变量，按性质可分为确定性变量和随机变量。在研究变量的关系时，通常把一个变量称为自变量（独立变量），另一个变量称为因变量（依赖变量）。

定性变量。观测的个体只能归属于几种互不相容类别中的一种时，一般用非数字来表达其类别，这样的观测数据称为定性变量。

定量变量。也就是通常所说的连续变量，是由测量、计数、统计所得到的量，这些变量具有数值特征，称为定量变量。

离散型变量。离散变量亦可称为离散指标，是指在一个取值区间内变量仅可取有限个可列值，仅能表现为整体取值的指标，只能被有限次分割。离散型变量值只能用计数的方法取得。

连续型变量。连续型变量是指在一个取值区间内可取无穷多个值。连续变量也可称为连续指标，通过计算得到，最小单位的情况下可以是小数，能被无限次分割。连续型变量值要用测量或计算的方法获取。

第二节 数据获取

获取数据的方式有两种，第一种是使用已有的数据，第二种是亲自去调查。已有数据，如公开出版的各种统计年鉴，发布在各种期刊、图书、网站、广播、电视等不同载体中的数据。亲自去调查，一般是从研究对象或所关心的总体中抽取部分样本，抽样方法通常有以下几种，即简单随机抽样、分层抽样、系统抽样、整群抽样等。

一、简单随机抽样

简单随机抽样是从含有 N 个元素的总体中随机抽取 n 个元素组成一个样本，使得总体中的每个元素都有相同的机会（概率）被抽中。一般步骤是先将调查总体的全部基本单位编号，形成抽样框架，再用抽签或随机数字法等能够实现随机的方法进行抽样。采用简单随机抽样时如果抽取一个个体记录下数据后，再把这个个体放回原来的总体中参加下一次抽选，称为重复抽样；如果抽中的个体不再放回去，再从剩下的个体中抽取第二个元素，直到抽取 n 个个体为止，这样的抽样方式称为不重复抽样。由简单随机抽样得到的样本称为简单随机样本。这种抽样的优点是简单直观；缺点是总体较大时，难以对总体中的个体一一编号，且样本分散，不易组织调查。

二、分层抽样

分层抽样也称为分类抽样，它是在抽样之前先将总体的元素划分为若干层（类），然后从各个层中抽取一定数量的元素组成一个样本。例如，研究各区域马尾松的质量，先将马尾松按地区进行分类，然后从各类中抽取一定数量的马尾松组成一个样本。分层抽样的优点是样本分布在各层内，从而使样本在总体中的分布比较均匀。分层设计合理时抽得的样本具有较好的代表性，减少抽样误差，但分层不合理也可使样本的代表性欠佳。

三、系统抽样

系统抽样也称等距抽样，它是先将总体中每个个体按照某种顺序编号，并按照某种规则确定一个随机起点抽取第一个个体，然后，每隔一定的间隔抽取一个个体组成样本。该抽样方法的优点是易于理解，简便易行，尤其适合抽样对象已经有现成的抽样框架的情形。当观察个体按顺序没有上升、下降或周期性趋势时，系统抽样容易得到一个有代表性的样本，较简单随机抽样的抽样误差要小，否则抽取的样本将存在较大偏性。

四、整群抽样

整群抽样是先将总体划分成若干群，然后以群作为抽样单元，从中抽取部分群组成一个样本，再对抽中的每个群中包含的所有元素进行观察。例如，可以把某个区域中马尾松分布的几个片区看成是几个群，从中抽取一定数量的片区，然后对抽中片区的每一株马尾松都进行研究。整群抽样的优点是便于组织，节省经费；缺点是存在较大的抽样误差。

以上 4 种抽样方法中分层抽样的抽样误差最小，整群抽样的抽样误差最大。在实际调查研究中可结合实际情况来选择不同的抽样方法，也可将几种抽样方法联合使用。

第三节　统计描述与统计图表

描述性统计分析是将研究中所得的数据加以整理、归类、简化或绘制成图表，通过绘制统计图形、统计表格、计算统计量等方法来探索数据的主要分布特征，揭示其内在的规律，以此描述和归纳数据的特征及变量之间关系的一种最基本统计方法。

一、计量资料的统计描述

计量资料的描述性统计主要包括数据的集中趋势、离散趋势。

（一）集中趋势的统计描述

统计学用平均数这一指标体系来描述一组变量值的集中位置或平均水平。常用的平均数有算数均数、几何均数和中位数等。

（1）算数均数。简称均数，可用于反映一组呈对称分布的变量值在数量上的平均水平。

（2）几何均数。用于反映一组经对数转换后呈对称分布的变量值在数量上的平均水平。

（3）中位数。将 n 个变量值从小到大排序，位置居于中间的那个数。当 n 为奇数时取位次居中的变量值，当 n 为偶数时取位次居中的两个变量值的均数。它适用于各种分布类型的资料，尤其是偏态分布资料，一端或两端无确切数值的资料。

（4）百分位数。是一种位置指标，用 P_x 来表示，读作第 X 百分位数。一个百分位数 P_x 将全部变量值分为两部分，在 P_x 处若无相同变量值，则在不包含 P_x 的全部变量值中有 $X\%$ 的变量值小于它，（100-X）% 变量值大于它。中位数实际上是第 50 百分位数。

（5）众数。反映一组数值中出现次数最多的数值。用众数代表一组数据可靠性较差，不过，众数不受极端数据的影响。

（二）离散趋势的统计描述

个体间变异是总体数据的显著特征，因而，要全面刻画一组数据（变量值）的数量特征，除了计算反映数据平均水平的指标外，还必须计算反映变异程度的指标。描述变异大小的常用统计指标有极差、四分位数间距、方差、标准差和变异系数。

（1）极差（R）。一组变量值的最大值与最小值之差。它标志变量值变动的最大范围，是测定变量值变动的最简单指标。极差描述的变异程度并不全面，其易受样本量的影响，样本量越大，极差越大，故其稳定性较差。

（2）四分位数间距（QR）。四分位数是把全部变量值分为四部分的分位数，即第 25 分位数 P_{25}、百分位数 P_{50}、第 75 分位数 P_{75}。四分位数间距是由第 75 分位数和第 25 分位数相减而得。由于四分位数间距包括了居于中间位置 50% 的变量值，故其受样本大小的影响较小。它一般和中位数一起描述偏态分布资料的分布特征。

（3）方差（σ^2）。方差也称为均方差，反映一组数据的平均离散水平，其单位是原变量值单位的平方。

（4）标准差（σ）。是方差的算术平方根，其单位与原变量值的单位相同。它一般和均数一起描述正态分布资料的分布特征。

（5）变异系数（CV）。标准差除以算术均数，当多个正态分布总体的观察指标单位不同或均数相差很大时，计算变异系数来进行变异程度的比较。

值得注意的是，常以 20 作为样本量大小的分界点，对于小样本资料，应报告其所有数据，不宜做统计描述。应避免使用百分位数描述小样本资料，因为只能计算出很少的几个百分位数，失去了本身的意义。

（三）相对数的统计描述

计数资料常见的数据形式是绝对数，如某药用植物园内马尾松的株数、金花茶的株数、七叶树的株数等。但绝对数通常不具有可比性，需要在绝对数的基础上计算相对数。常用的相对数指标有比值、比例和比率三种。两个绝对数之比称为比值，当比值的分子是分母的一部分时称为比例，当比例与时间有关系时称为比率。

（1）比率。表明某现象发生的频率或强度，常以百分率（%）、千分率（‰）等表示。

（2）比例。表示事物内部某一部分的个体数与该事物各部分个体数的总和之比，用来说明各构成部分在总体中所占的比例或分布，又称为构成比。比例具有两个特点：同一事物的 k 个构成比的总和应等于 100%，即各个分子的总和等于分母。各构成部分之间相互影响，此消彼长。

（3）比值。是两个有关指标之比，说明两指标间的比例关系。两个指标可以性质相同，也可以性质不同，通常以倍数或百分数（%）表示。

值得注意的是，样本量较少时，相对数波动较大，最好用绝对数直接表示。

（四）SPSS 软件的实例分析

【例 11-1】 以马尾松区划数据为例，对马尾松的株高进行统计描述，数据如图 11-1 所示。

第一步：依次选择“分析”-“描述统计”-“频率”菜单，将“H 株高”变量选入右侧分析变量框内，如图 11-2 所示。

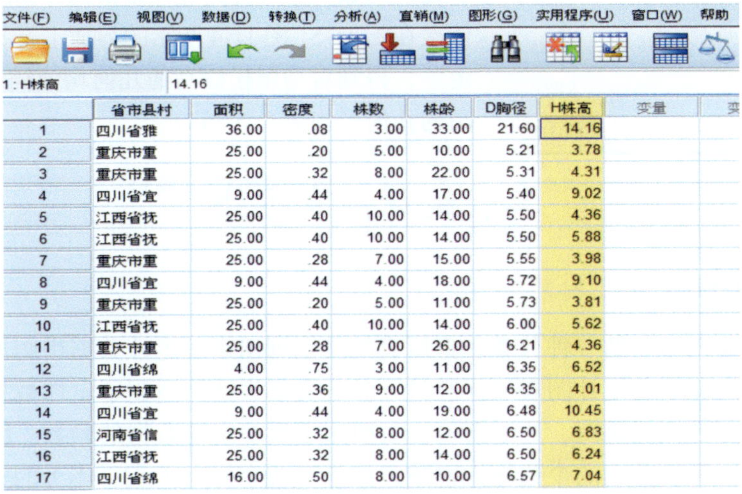

	省市县村	面积	密度	株数	株龄	D胸径	H株高	变量
1	四川省雅	36.00	.08	3.00	33.00	21.60	14.16	
2	重庆市重	25.00	.20	5.00	10.00	5.21	3.78	
3	重庆市重	25.00	.32	8.00	22.00	5.31	4.31	
4	四川省宜	9.00	.44	4.00	17.00	5.40	9.02	
5	江西省抚	25.00	.40	10.00	14.00	5.50	4.36	
6	江西省抚	25.00	.40	10.00	14.00	5.50	5.88	
7	重庆市重	25.00	.28	7.00	15.00	5.55	3.98	
8	四川省宜	9.00	.44	4.00	18.00	5.72	9.10	
9	重庆市重	25.00	.20	5.00	11.00	5.73	3.81	
10	江西省抚	25.00	.40	10.00	14.00	6.00	5.62	
11	重庆市重	25.00	.28	7.00	26.00	6.21	4.36	
12	四川省绵	4.00	.75	3.00	11.00	6.35	6.52	
13	重庆市重	25.00	.36	9.00	12.00	6.35	4.01	
14	四川省宜	9.00	.44	4.00	19.00	6.48	10.45	
15	河南省信	25.00	.32	8.00	12.00	6.50	6.83	
16	江西省抚	25.00	.32	8.00	14.00	6.50	6.24	
17	四川省绵	16.00	.50	8.00	10.00	6.57	7.04	

图 11-1 马尾松区划数据

第二步：在图 11-2 的界面上选择"统计量"按钮，选择统计描述指标，如图 11-3 所示。

第三步：依次在图 11-3、图 11-2 所示的界面上选择"继续""确定"，得到对马尾松株高的统计描述结果，如表 11-1 所示。

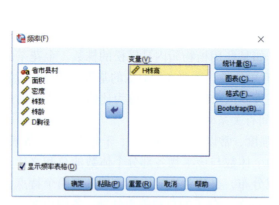

图 11-2　选择马尾松的株高作为待描述变量

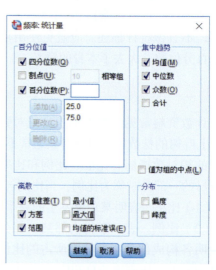

图 11-3　选择描述马尾松株高的指标

表 11-1　马尾松株高的描述结果

N	有效	17
	缺失	0
均值		6.4396
中值		5.8800
众数		4.36
标准差		2.85151
方差		8.131
全距		10.38
百分位数	25	4.575
	50	5.880
	75	8.0315

表 11-1 中，全距即为极差，标准差小于均值，可认为该资料近似服从正态分布，用均值和标准差描述较为合适。变异系数未直接给出，需要用标准差/均值手动算得。

另外，几何均数的软件实现需要在第一步时依次选择"分析""比较均值""均值"，同样的将株高选择进入因变量框内，如图 11-4 所示。在图 11-4 所示的界面上选择"选项"，在左侧的描述指标中选择"几何均数"进入右侧统计量框内，如图 11-5 所示。依次在图 11-5、图 11-4 所示的界面上选择"继续""确定"，得到对马尾松株高的几何均值描述结果，"株高的几何平均值为 5.7527"。

二、统计图表方法

（一）用图表展示定性数据

定性数据是对事物的一种分类，把所有的类别列出来。定性数据用图形来表示更加形象和直观，一张好的统计图表往往胜过冗长的文字表达。适用于定性数据的图形主要有条形图、帕累托图、饼图、环形图等，一般用于反映定性数据的频数。统计每一类别个数，落在某一特定类别的个数称为频数。如果有两个样本（或总体）的分类相同且可比时，还可以绘制环形图。

图 11-4 选择马尾松的株高作为待描述变量　　图 11-5 选择几何均值描述统计量

【例 11-2】 从福建、贵州、广西、湖南四省（自治区）中抽取 10 年、20 年、30 年、40 年的马尾松共 50 株,生成频数分布表,观察不同地区不同株龄马尾松的分布情况（表 11-2）。

表 11-2 抽取的 50 株马尾松的分布地区和株龄

序号	地区	株龄	序号	地区	株龄	序号	地区	株龄
1	福建	10	18	广西	10	35	湖南	30
2	广西	30	19	福建	20	36	贵州	10
3	贵州	40	20	福建	20	37	湖南	30
4	湖南	20	21	福建	30	38	贵州	30
5	广西	20	22	福建	20	39	福建	20
6	福建	30	23	广西	10	40	福建	40
7	贵州	20	24	湖南	40	41	福建	10
8	广西	30	25	广西	20	42	福建	40
9	福建	40	26	福建	30	43	广西	30
10	湖南	40	27	贵州	30	44	福建	20
11	贵州	10	28	福建	20	45	湖南	30
12	广西	20	29	福建	10	46	福建	30
13	福建	40	30	福建	30	47	贵州	10
14	广西	10	31	福建	20	48	广西	30
15	湖南	30	32	广西	20	49	福建	40
16	福建	20	33	福建	10	50	福建	10
17	贵州	30	34	广西	40			

1. 条形图

条形图（bar chart）是用宽度相同的条形来表示数据多少的图形,用于观察不同类别频数的多少或分布状况。绘制时，各类别可以放在纵轴，也可以放在横轴。图 11-6（a）、图 11-6（b）分别给出了例 11-2 中马尾松产地和株龄分布的条形图。

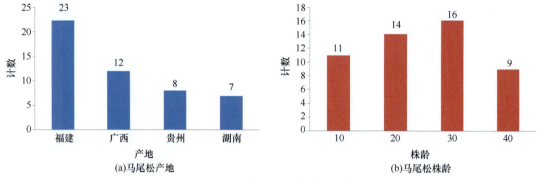

图 11-6 马尾松产地和株龄分布的条形图

图 11-7 的两张图也可以绘制在一张图里，形成复式条形图，从而便于比较。图 11-7 是根据图 11-6 绘制的马尾松产地和株龄分布的两张不同形式的复式条形图。

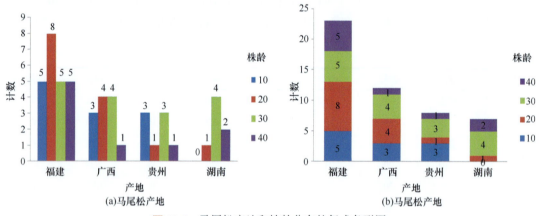

图 11-7 马尾松产地和株龄分布的复式条形图

2. 帕累托图

帕累托图是以意大利经济学家 V.Pareto 的名字命名的。该图是按各类别出现的频数多少排序后绘制的条形图。通过对条形图的排序，容易看出哪类频数高，哪类频数低。根据例 11-2 中马尾松产地数据绘制帕累托图，如图 11-8 所示。左侧的纵轴给出了计数值，即频数，右侧的纵轴给出了累计百分比。

3. 饼图

饼图是用圆形及圆内扇形的角度来表示数值大小的图形，它主要用于表示一个样本（或总体）中各类别的频数占全部频数的比例，对于研究结构性问题十分有用。根据表 11-2 中马尾松的产地和株龄数据绘制饼图，结果如图 11-9 所示。

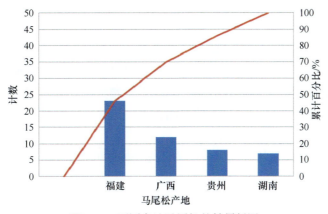

图 11-8　不同产地马尾松的帕累托图

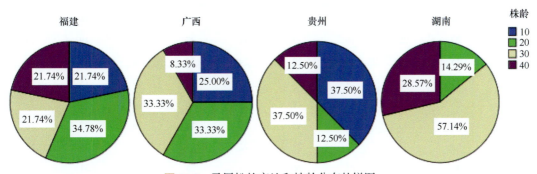

图 11-9　马尾松的产地和株龄分布的饼图

4. 环形图

简单的饼图只能显示一个样本各类别频数所占的比例。图 11-9 中不同地区抽取的马尾松株龄结构比较，就需要画 4 个饼图，这样不便于比较。能否用一个图形比较出 4 个地区马尾松株龄的结构呢？把饼图叠在一起，挖去中间的部分就可以了，这就是环形图。

环形图与饼图类似，但又有区别。环形图中间有一个"空洞"，每个样本用一个环来表示，样本中每一类别的频数比例用环中的一段表示。因此环形图可显示多个样本各类别频数所占的相应比例。根据表 11-2 中马尾松的分布地区和株龄数据，由内向外依次绘制福建、广西、贵州、湖南 4 个地区马尾松株龄结构环形图，如图 11-10 所示。

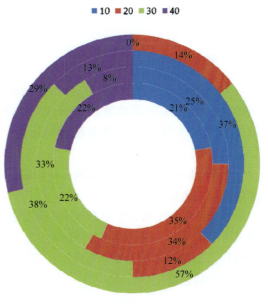

图 11-10　马尾松株龄结构环形图

（二）用图表展示定量数据

定性数据的图示方法基本上适用于定量数据，定量数据还有一些特定的图示方法，但不适用于定性数据。展示定量数据的图形有很多种，这里介绍三种常用的图形。第一是观察数据分布的图形，主要有直方图、茎叶图、箱线图、垂直图、误差图等；第二是观察各变量之间关系的图形，主要是散点图；第三是比较多个样本在多个变量上的相似性的图形，包括雷达图、轮廓图等。

【例 11-3】 表 11-3 是从重庆市抽取的马尾松样本的株龄数据，用相关图表展示马尾松样本的株龄数据特征。

表 11-3　重庆市抽取马尾松样本株龄数据　　（单位：年）

序号	A	B	C	D	E	F	G	H	I
1	10	26	22	25	23	16	13	18	30
2	22	22	10	13	11	27	29	19	29
3	15	23	26	20	24	20	26	19	23
4	11	14	24	13	14	15	29	15	23
5	26	25	13	19	26	26	16	23	22
6	12	23	25	13	30	14	20	22	22
7	23	27	12	23	22	29	22	25	23
8	11	25	25	26	17	25	23	31	22
9	13	15	12	17	25	14	27	25	23
10	22	22	20	24	26	14	26	23	22
11	19	22	25	12	13	27	12	32	22

1. 分组数据看分布

分组数据看分布主要用直方图来表示。直方图是用于展示定量数据分布的一种常用图形，它是用矩形的宽度和高度（面积）来表示频数分布。通过直方图可以观察数据分布的大体形状、分布是否对称等。根据表 11-3 的数据绘制直方图，结果如图 11-11 所示。

从图 11-11 可以直观地看出，所抽取的马尾松样本株龄分布基本是对称的，中间高，两边低，左边尾部稍长。

注意：直方图和条形图不同。条形图中的每一个矩形表示一个类别，其宽度没有意义。而直方图的宽度则表示各组的组距。直方图的各矩形通常是连续排列的，分组数据具有连续性，而条形图则是分开排列的。条形图主要用于展示定性数据，而直方图则主要用于展示定量数据。

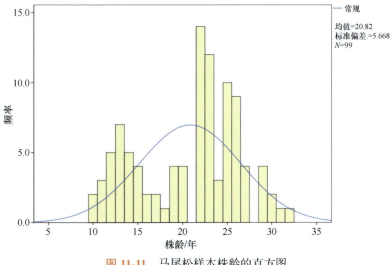

图 11-11　马尾松样本株龄的直方图

2. 未分组数据看分布

未分组数据看分布的图形展示主要有茎叶图和箱线图。

（1）茎叶图。直方图可以很方便的看出数据的分布，但看不到原始数据。茎叶图，既可以看出数据的分布，又能保留原始数据信息。制作茎叶图不需要对数据进行分组，特别是当数据少时，用茎叶图更容易观察数据的分布。茎叶图是一种文本化的图形，由"茎"和"叶"两部分组成，叶上只保留该数值的最后一位数字。例如，128 分成 12|8、12 分成 1|2、1.28 分成 12|8（单位 0.01）等，前部分是茎，后部分是叶。茎一经确定，叶就自然地长在相应的茎上了，叶的长短代表了数据的分布。图 11-12 是用 SPSS 绘制的马尾松样本株龄数据的茎叶图。

```
Frequency  Stem & Leaf
   22.00   1.001112222233333344444
   13.00   1.5555667789999
   33.00   2.000222222222222223333333333334
   27.00   2.555555555566666666677779999
    4.00   3.0012

Stem width:    10
Each leaf:     1 case(s)
```

图 11-12　马尾松株龄数据的茎叶图

由图 11-12 可以看出，茎叶图实际上可以近似的看成是将传统的直方图横向放置的结果，其整体图形完全由文本输出构成，内容分为 3 列：第一列为频数，表示所在行的观察值频数；第二列为茎，表示实际观察值除以图下方茎宽后的整数部分；第三列为叶，表示实际观察值除以茎宽后的小数部分。leaf 表示叶子中每个数字代表的案例个数。

（2）箱线图。箱线图用于描述连续变量的分布情况，它是基于百分位数指标勾勒出统计上的主要信息。使用箱线图便于对多个连续变量同时进行考察，或者对一个变量分组进行考察。例如，对各省抽取的马尾松株龄进行描述，以比较不同省份的马尾松株龄数据的基本特征。数据见"不同省份抽取的马尾松样本株龄描述.xlsx"绘制箱线图，结果如图 11-13 所示。

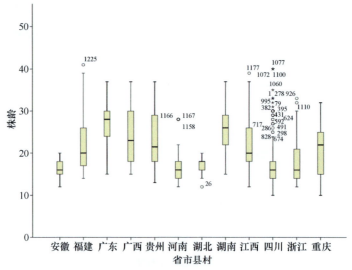

图 11-13　不同省份马尾松株龄箱线图

图 11-13 中，柱形区域中间的横线表示中位数，柱形区域表示四分位间距，上下限分别表示 25% 分位数和 75% 分位数，柱形区域上下须线的端点表示距离四分位数 1.5 倍四分位间距内数据的最大值和最小值（非离群值的最大值和最小值），图中的"○"表示离群值。

（三）用图表示两个变量间的关系

表示两个变量之间的关系主要用散点图。散点图是用二维坐标展示两个变量之间关系的一种图形。横轴代表变量 x，纵轴代表变量 y，每对数据在坐标系中用一个点表示，n 对数据点在坐标系中形成散点图。以例 11-3 重庆市抽取的马尾松样本中原花青素与昼夜温差数据为例，绘制散点图，例 11-2 数据见表"马尾松中原花青素与昼夜温差散点图实例.xlsx"。用 SPSS 软件绘制散点图，结果如图 11-14 所示。

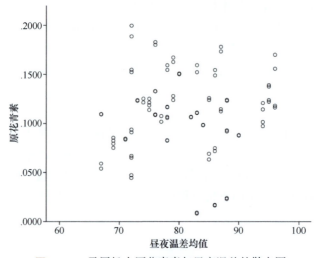

图 11-14　马尾松中原花青素与昼夜温差的散点图

第四节 方差分析

一、方差分析基本概念

方差分析，适用于定量资料，是通过对数据变异的分析来推断两个或多个样本均值所代表总体均数是否有差别的一种统计学方法。通过比较不同变异来源的均方，借助 F 检验做出统计推断，从而推论各种研究因素对试验结果有无影响。其基本思想是把全部的观测值间的差异按设计类型的不同，分解成两个或多个组成部分，然后将各部分的变异与随机误差进行比较，以判断各部分的变异是否具有统计学意义。可用于分析同一药材不同产地的质量（有效成分含量）是否有差异，不同地区的中药材产量是否有差异等问题。

进行方差分析时，数据应满足两个基本条件：

（1）各样本是相互独立的随机样本，均来自正态分布的总体；

（2）各样本的总体方差相等，即具有方差齐性。

总变异，即各部分变异的总和，用所有数据的均方 $MS_{总}$ 表示。

组间差异，即不同水平造成的差异，包括随机误差，用 $MS_{组间}$ 表示。

组内变异，即不同样本个体间的差异，仅反映随机误差，用组内均方 $MS_{组内}$ 表示。

F 分布，$F=\dfrac{MS_{组间}}{MS_{组内}}$。理论上，如果各水平效应相同，则 $F=1$，由于随机误差的影响，$F\approx 1$。若各水平效应不同，即总体均数不全相等，则 $MS_{组间} > MS_{组内}$，$F>1$。F 值有其分布规律，根据分布规律可以获得某一 F 值对应的 P 值，然后根据检验水准 α 作出统计推断，判定是否具有统计学意义。

二、单因素方差分析

研究一个变量的不同水平是否对观测变量产生影响称为单因素方差分析。单因素方差分析是对不同组别的定量观察变量进行的差异性检验，只考虑一个因素对观测数据的影响效应。例如，研究不同省份，马尾松的种植密度（单位面积马尾松的种植数量）是否有差异。

【例 11-4】 研究广西、贵州、湖北、湖南、浙江、重庆 6 省（自治区、直辖市）的马尾松株密度是否有差异，如果有差异，哪个地方的马尾松株密度较高？哪个地方的马尾松株密度较低？数据见"不同地区马尾松株密度差异性分析.xlsx"，数据中广西、贵州、湖北、湖南、浙江、重庆 6 省（自治区、直辖市）的代码分别为 1、2、3、4、5、6。

进行方差分析之前，一定要注意其应用条件。首先分析这 6 省（自治区、直辖市）的马尾松株密度数据是否来源于正态分布的总体，把各省（自治区、直辖市）的马尾松株密度数据都做正态性检验。

打开数据，选择"分析"→"非参数检验"→"单样本"菜单项，打开"单样本非参数检验"对话框，如图 11-15 所示。

图 11-15 马尾松株密度的正态性检验

"目标":选择"自动比较观察数据和假设数据";

"字段":指定需要分析的变量,将"密度"放入"检验字段";

"设置":选择"自定义检验"。

点击"选项"出现"检验选项",勾选"正态分布",得到的检验结果如表 11-4 所示。广西、贵州、湖北、湖南、浙江、重庆 6 省(自治区、直辖市)的马尾松株密度数据正态性检验的 P 值均小于 0.05,拒绝原假设,可以看出 6 省(自治区、直辖市)的马尾松株密度数据都来源于正态分布的总体。

表 11-4 马尾松株密度的正态性检验结果

代码	原假设	测试	Sig.	决策者
1	密度的分布为正态分布,平均值为 0.26,标准差为 0.13	单样本 Kolmogorov-Smirnov 检验	.001	拒绝原假设
2	密度的分布为正态分布,平均值为 0.24,标准差为 0.12	单样本 Kolmogorov-Smirnov 检验	.001	拒绝原假设
3	密度的分布为正态分布,平均值为 0.36,标准差为 0.11	单样本 Kolmogorov-Smirnov 检验	.001	拒绝原假设
4	密度的分布为正态分布,平均值为 0.24,标准差为 0.13	单样本 Kolmogorov-Smirnov 检验	.001	拒绝原假设
5	密度的分布为正态分布,平均值为 0.32,标准差为 0.16	单样本 Kolmogorov-Smirnov 检验	.001	拒绝原假设
6	密度的分布为正态分布,平均值为 0.31,标准差为 0.15	单样本 Kolmogorov-Smirnov 检验	.001	拒绝原假设

进行方差齐性检验和方差分析。打开数据后,选择"分析"→"比较均值"→"单因素方差分析"菜单项,打开"单因素方差分析"对话框,如图 11-16 所示。

图 11-16 马尾松株密度的方差齐性检验和方差分析

将"省份代码"设置为因子,"密度"设置为因变量,"选项"设置如图,勾选"方差同质性检验"选项。点击"确定"后得到方差齐性检验和方差分析的结果,结果如表11-5、表11-6所示。

表 11-5 密度方差齐性分析

Levene 统计量	df1	df2	显著性
2.130	5	489	0.061

表 11-6 密度单因素方差分析

	平方和	df	均方	F	显著性
组间	1.184	5	0.237	13.036	0.000
组内	8.885	489	0.018		
总数	10.069	494			

方差齐性检验的 $P=0.061 > 0.05$,说明该资料满足方差齐性的要求,由方差分析的结果得知,$F=13.036$,$P < 0.05$,可以认为广西、贵州、湖北、湖南、浙江、重庆6省(自治区、直辖市)的马尾松株密度差异有统计学意义,即6省(自治区、直辖市)的马尾松株密度均值不全都相等。但并不能说明6省(自治区、直辖市)的马尾松株密度相互之间都存在差异,要确定哪几个省(自治区、直辖市)的马尾松株密度之间存在差异,还需要做进一步的分析。在图11-16所示单因素方差分析中选择两两比较,用SNK法,结果如表11-7所示,马尾松在广西、贵州、湖南、浙江的种植密度近似相等且密度最小,湖北、重庆与前面4省(自治区)的种植密度互不相同,重庆的种植密度最大,湖北次之。

表 11-7 马尾松密度方差齐性检验和方差分析结果

省份代码	N	alpha = 0.05 的子集		
		1	2	3
7	99	0.215 000		
2	90	0.242 667		
4	81	0.244 444		
1	81	0.252 59		
6	81		0.320 000	
3	63			0.363 810
显著性		0.158	1.000	1 000

三、两因素方差分析

研究两个变量的不同水平对观测变量是否产生影响，称为两因素方差分析。两因素方差分析分为无交互作用和有交互作用两种类型的两因素方差分析。

【例 11-5】 以无交互作用的两因素方差分析为例，说明不同坡向和坡位条件下马尾松单株产量的差异。数据见"不同坡向和坡位马尾松单株产量的比较 .xlsx"。

打开数据，选择"分析"→"一般线性模型"→"单变量"菜单项，打开"单变量"对话框，如图 11-17 所示。将单株产量设为因变量，坡向和坡位设为固定因子。

对模型进行设置，在设定时，把类型设置为主效应，将坡向和坡位都添加到模型中，如图 11-18 所示。

图 11-17 两因素方差分析主界面

图 11-18 两因素方差分析模型设置

对两两比较进行设置，勾选 LSD、S-N-K、Duncan 三种两两比较的方法，如图 11-19 所示。

对选项进行设置，勾选描述统计和方差齐性检验，如图 11-20 所示。

图 11-19　两因素方差分析两两比较设置

图 11-20　两因素方差分析选项设置

设置完成后点击确定，得到统计结果如下所示。

表 11-8 显示各种坡向和坡位的样本数量，以及马尾松单株产量的均值、标准偏差。

表 11-8　描述性统计量（因变量：单株产量）

坡向	坡位	均值	标准偏差	N
	山顶	8.244 444	3.883 4039	18
北	山下	17.476 000	10.734 8922	15
	山腰	14.100 000	9.029 4470	54
	总计	13.470 575	8.986 1082	87
	山顶	6.044 762	2.195 8816	21
东	山下	15.929 583	9.817 6157	24
	山腰	15.244 872	14.419 8777	39
	总计	13.140 476	11.838 0118	84
	山顶	14.063 333	14.309 4522	27
南	山下	18.507 778	13.195 7188	9
	山腰	19.072 222	12.563 5157	63
	总计	17.654 848	13.164 7217	99
	山顶	10.326 667	4.744 0649	12
西	山下	6.295 000	2.588 3798	6
	山腰	17.015 965	11.682 9029	57
	总计	15.088 000	10.949 7223	75
	山顶	9.986 795	9.366 4249	78
总计	山下	15.718 333	10.557 0773	54
	山腰	16.560 610	11.985 8286	213
	总计	14.942 522	11.516 4054	345

表 11-9 中显示的是两因素方差分析的主体，第一行表示所用方差分析模型的检验，F 值为 109.321，P 小于 0.05，因此所用的模型有统计学意义，可以用它来进行分析；第二行表示对不同坡向马尾松单株产量的分析，$P=0.014 < 0.05$，说明不同坡向的马尾松单株产量之间差异有统计学意义；第三行表示对不同坡位马尾松单株产量的分析，$P < 0.05$，说明不同坡位的马尾松单株产量之间差异有统计学意义。

$$R^2=0.659（调整 R^2=0.653）a$$

表 11-10 显示的是不同坡向马尾松单株产量的两两比较，结果显示，南向与东向、北向之间的马尾松单株产量之间的差异有统计学意义，与西向之间差异没有统计学意义。

表 11-11 显示的是不同坡位马尾松单株产量的两两比较，结果显示山顶与山腰、山下的马尾松单株产量差异有统计学意义，且山腰和山脚的马尾松单株产量大于山顶。

表 11-9　主体间效应的检验（因变量：单株产量）

源	Ⅲ 型平方和	df	均方	F	Sig.
模型	80 863.098	6	13 477.183	109.321	0.000
坡向	1 326.058	3	442.019	3.585	0.014
坡位	2 640.681	2	1 320.340	10.710	0.000
误差	41 792.034	339	123.280		
总计	122 655.132	345			

注：$R^2=0.659$（调整 $R^2=0.653$）a

表 11-10　多个比较（因变量：单株产量）

	（I）坡向	（J）坡向	均值差值（I-J）	标准误差	Sig.	95% 置信区间	
						下限	上限
LSD	北	东	0.330 099	1.698 422 3	0.846	−3.010 675	3.670 872
		南	−4.184 274	1.631 646 8	0.011	−7.393 701	−0.974 847
		西	−1.617 425	1.749 500 8	0.356	−5.058 670	1.823 819
	东	北	−0.330 099	1.698 422 3	0.846	−3.670 872	3.010 675
		南	−4.514 372	1.647 082 0	0.006	−7.754 160	−1.274 584
		西	−1.947 524	1.763 905 0	0.270	−5.417 101	1.522 053
	南	北	4.184 274	1.631 646 8	0.011	0.974 847	7.393 701
		东	4.514 372	1.647 082 0	0.006	1.274 584	7.754 160
		西	2.566 848	1.699 704 0	0.132	−0.776 446	5.910 143
	西	北	1.617 425	1.749 500 8	0.356	−1.823 819	5.058 670
		东	1.947 524	1.763 905 0	0.270	−1.522 053	5.417 101
		南	−2.566 848	1.699 704 0	0.132	−5.910 143	0.776 446

注：基于观测到的均值。误差项为均值方（错误）=123.280。均值差值在 0.05 级别上较显著

表 11-11 单株产量（因变量：单株产量）

	坡位	N	子集	
			1	2
Student-Newman-Keuls	山顶	78	9.986 795	
	山下	54		15.718 333
	山腰	213		16.560 610
	Sig.		1.000	0.625
Duncan	山顶	78	9.986 795	
	山下	54		15.718 333
	山腰	213		16.560 610
	Sig.		1.000	0.625

注：1. 已显示同类子集中的组均值。基于观测到的均值。误差项为均值方（错误）= 123.280。
2. 使用调和均值样本大小 = 83.255。
3. 组大小不相等，将使用组大小的调和均值，不保证 I 型误差级别。
4. Alpha =0.05

第五节　卡方检验

卡方检验（χ^2 检验）用于定性资料的差异性检验。方差分析是进行不同组别样本均数的比较，卡方检验是进行不同组别样本构成比（或率）的比较。卡方检验的基本思想是，假设两个或多个样本构成比（或率）相等时计算理论频数，用理论频数与实际频数的吻合程度来推断两个或多个样本构成比（或率）是否有差异，或两个定性变量之间是否关联。

卡方检验适用于无序分类定性变量的情形，其分组变量和结果变量分别有 R 个和 C 个分类，组合形成了 $R×C$ 行列表，称为列联表或交叉表，共有 $R×C$ 个格子，每一格子中的数字为两个变量各分类组合所对应的频数，进行卡方检验前需将数据整理成列联表的形式。卡方检验可用于样本率、样本构成比和关联性分析等。

一、样本率的比较

当分组变量与结果变量各有 2 个分类水平时，形成 2×2 行列表，称为四格表。基于四格表类型的数据，可进行两个样本率的比较。当样本量 $n \geqslant 40$，且每一格子的期望频数 $E \geqslant 5$ 时，采用 Pearson 卡方检验；当样本量 $n \geqslant 40$，但其中有一格子的期望频数 $1 \leqslant E < 5$ 时，采用连续性校正卡方检验；当有任何一个格子期望频数 $E < 1$，或样本量 $n < 40$ 时，需采用 Fisher 确切概率检验。

当分组变量的分类数大于 2，结果变量的分类数为 2 时，形成 $R×2$ 行列表，此时可进行多个样本率的比较。当有 4/5 以上的格子数的期望频数大于 5 且没有期望频数小于 1 的格子出现时，采用 Pearson 卡方检验；当有 1/5 以上的格子数的期望频数小于 5，或任意一个格子的期望频数小于 1 时，需采用 Fisher 确切概率检验。

第十一章 基于 SPSS 的经典统计分析方法简介

【例 11-6】 对四川、河南和广西 3 省（自治区）的马尾松种植率进行抽样调查，分别对四川的 90 个县、河南的 65 个县、广西的 60 个县进行调查。表 11-12 为抽样调查得到的 3 省（自治区）种植马尾松的县数量及未种植马尾松的县数量，以县为最小种植单位，根据样本数据可看到 3 省（自治区）的种植率是不相同的。但总体而言，样本差异是否只是由抽样误差导致的呢？3 省（自治区）的种植率是否来自不同的总体？这就需要通过对样本率进行假设检验来推断总体率，以比较 3 省（自治区）内马尾松的种植率是否真的有差异。

表 11-12　四川、河南、广西马尾松的种植率列联表

省（自治区）	种植马尾松的县数	未种植马尾松的县数	合计	种植率 /%
四川	14	76	90	15.56
河南	5	60	65	7.69
广西	5	55	60	8.33

用软件实现过程：

第一步：将列联表数据输入 SPSS 软件，如图 11-21 所示。

第二步：由于"频数"变量不是观察值而是对县的计数，故需对变量"频数"设置加权。在"数据"选项卡下选择"加权个案"选项，如图 11-22 所示。

图 11-21　录入 SPSS 数据形式

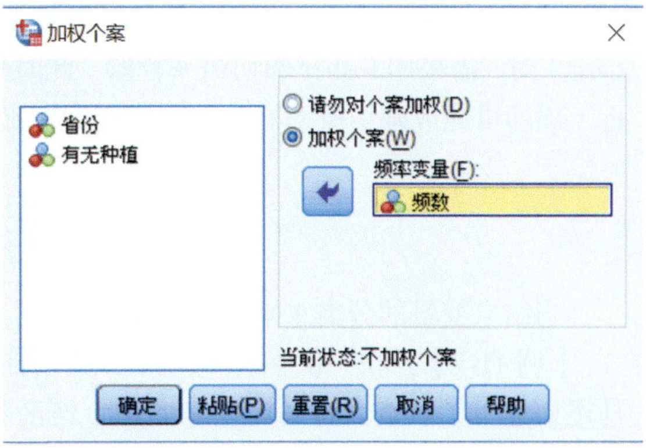

图 11-22　对频数进行加权

第三步：依次选择"分析"选项卡下的"描述统计"、"交叉表"选项打开卡方分析参数设置对话框，将"省份"变量选入行变量列表，将"有无种植"变量选为列变量列表，选择"统计量"按钮，勾选"卡方"，即可完成卡方检验。

第四步：结果解读。在 SPSS 的输出窗口可以看到如表 11-13 的分析结果。

表 11-13　卡方检验结果

	值	df	渐进 Sig.（双侧）
Pearson 卡方	3.025^a	2	0.220
似然比	2.984	2	0.225
线性和线性组合	2.198	1	0.138
有效案例中的 N	215		

a. 0 单元格（0.0%）的期望计数少于 5，最小期望计数为 6.70。

图 11-23 卡方检验参数设置

表 11-13 中，分析结果输出了 Pearson 卡方检验统计量 χ^2=3.025，P=0.22，统计学上一般将 α=0.05 看成是小概率，以此作为检验水准。此时 P 值大于 0.05，因此还不能得出 3 省（自治区）的马尾松种植率存在统计学差异的结论。

另外，表 11-13 中提示了本例中不存在期望频数小于 5 的格子，故选用卡方检验的结果是可靠的。假如存在 1/5 以上的格子数的期望频数小于 5，或任意一个格子的期望频数小于 1 时，需采用 Fisher 确切概率检验，此时只需在第三步中选择"精确"选项，勾选"渐近"项即可完成确切概率检验，同样根据输出结果中的 P 值进行总体率的推断。

二、样本构成比的比较

当结果变量的分类水平大于 2 时，可进行两个或多个样本构成比的比较。

【例 11-7】 在一次抽样调查中，共对四川、河南和广西 3 省（自治区）的 3303 株马尾松进行了调查。将马尾松在四川、河南和广西 3 省（自治区）内不同株龄的分布情况进行整理。将马尾松株龄按 <15 年、15～25 年、25～35 年、≥35 年 4 个等级进行划分，以马尾松的株数进行计数，整理形成列联表。现欲根据表 11-14 中样本数据推断马尾松的株龄在 3 省（自治区）内的分布情况是否有差异。

表 11-14　不同株龄的马尾松在四川、河南、广西的分布情况　（单位：株）

株龄/年	四川	河南	广西	合计
<15	709	183	0	892
15～25（不含 25）	1341	376	305	2022
25～35（不含 35）	119	32	187	338
≥35	18	0	33	51

第一步：将列联表数据输入 SPSS 软件，如图 11-24 所示。
第二步：指定频数变量。在"数据"选项卡下选择"加权个案"选项，将"株数"

变量选入"频率变量"框，如图 11-25 所示。

图 11-24　将数据录入 SPSS 软件　　　　图 11-25　对"株数"进行加权

第三步：依次选择"分析"选项卡下的"描述统计""交叉表"选项打开卡方分析参数设置对话框，将"株龄"变量选入行变量列表，将"省份"变量选入列变量列表，选择"统计量"按钮，勾选"卡方"选项，完成分析，如图 11-26 所示。

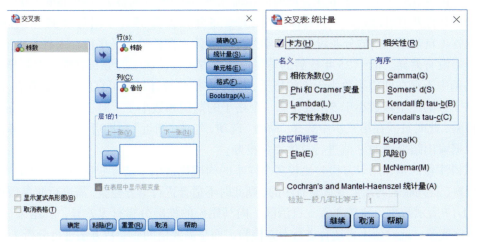

图 11-26　进行卡方检验的参数设置

第四步：结果解读。在 SPSS 的输出窗口可以看到如表 11-15 所示的分析结果。

表 11-15　卡方检验结果

	值	df	渐进 Sig.（双侧）
Pearson 卡方	656.381[a]	6	0.000
似然比	655.937	6	0.000
线性和线性组合	30.934		0.000
有效案例中的 N	3303		

a. 0 单元格（0.0%）的期望计数少于 5；最小期望计数为 8.11。

表 11-15 中，结果输出了 Pearson 卡方检验统计量 χ^2=656.381，P < 0.001，在 α=0.05 的检验水准下，可认为不同株龄的马尾松在 3 省（自治区）的分布存在统计学差异。但是，此处只能得出 4 个株龄组的马尾松在 3 省（自治区）的分布不全相同的结论，若要具体分析，需要进行两两比较。分别将 4 个株龄组两两进行上述分析步骤，共需重复 6 次上述分析，两两比较结果如表 11-16 所示。

表 11-16　不同株龄的马尾松在 3 省（自治区）分布的两两比较

比较组别	卡方统计量	P 值
< 15　VS　15～25（不含 25）	150.986	< 0.001
< 15　VS　25～35（不含 35）	582.006	< 0.001
< 15　VS　≥ 35	599.859	< 0.001
15～25（不含 25）　VS　25～35（不含 35）	284.218	< 0.001
15～25（不含 25）　VS　≥ 35	91.912	< 0.001
25～35（不含 35）　VS　≥ 35	5.518	0.063 > 0.0083

由于两两比较共比较了 6 次，此时的检验水准 α=0.05 应调整为 α'=0.05/6=0.0083。由表 11-16 中的 P 值可以看出，只有株龄在 25～35 年（不含 35 年）组与 ≥ 35 年组的马尾松在 3 省（自治区）内的分布没有统计学差异，可认为高株龄的马尾松在 3 省（自治区）内的分布没有差异。低于 25 年株龄的马尾松在 3 省（自治区）的分布有统计学差异。

本例中不存在期望频数小于 5 的格子，故卡方检验统计量是可靠的。假如存在 1/5 以上的格子数的期望频数小于 5，或任意一个格子的期望频数小于 1 时，需采用 Fisher 确切概率检验，此时只需在第三步中选择"精确"选项，勾选"渐近"项即可完成确切概率检验，同样根据输出结果中的 P 值进行总体率的推断。

值得注意的是，用卡方检验比较多个样本的构成比适用于结果变量为无序分类变量的定性资料，若列联表的结果变量是有序的，则此时不适合进行卡方检验，需进行非参数检验。如表 11-17 所示数据，比较 3 省（自治区）内马尾松的株龄分布有无差异，其结果变量株龄是有序变量，此时就不再适合进行卡方检验，而是需要借助非参数方法进行分析了。

表 11-17　四川、河南和广西 3 省（自治区）不同株龄的马尾松分布情况　（单位：株）

省（自治区）	< 15 年	15～25 年不含 25 年	25～35 年不含 35 年	≥ 35 年	合计
四川	709	1341	119	18	2187
河南	183	376	32	0	591
广西	0	305	187	33	525

三、"行列"表分类资料的关联性分析

若想研究两个定性变量之间是否有相关关联，可以借助卡方检验进行关联分析。这里的两个定性变量既可以是无序分类变量，也可以是有序分类变量。

【例 11-8】　在一次抽样调查中，对 3715 株马尾松的株龄及株高进行了调查，株

龄按照＜15年、15～25年、≥25年3个等级进行划分，株高按照＜7m、7～11m、≥11m 3个等级划分，以马尾松的株数进行计数，整理成如表11-18的列联表。研究马尾松的株高与株高之间有无相关关系，可进行卡方检验。

表 11-18　不同株龄马尾松的株高分布情况　　（单位：株）

株龄/年	＜7m	7～11m（不包含11m）	≥11m	合计
＜15	792	456	7	1255
15～25（不含25）	104	367	722	1193
≥25	56	279	932	1267

第一步：将列联表数据输入 SPSS 软件，如图 11-27 所示。

第二步：指定频数变量。在"数据"选项卡下选择"加权个案"选项，将"株数"变量选入"频率变量"框，如图 11-28 所示。

图 11-27　将数据录入 SPSS 软件 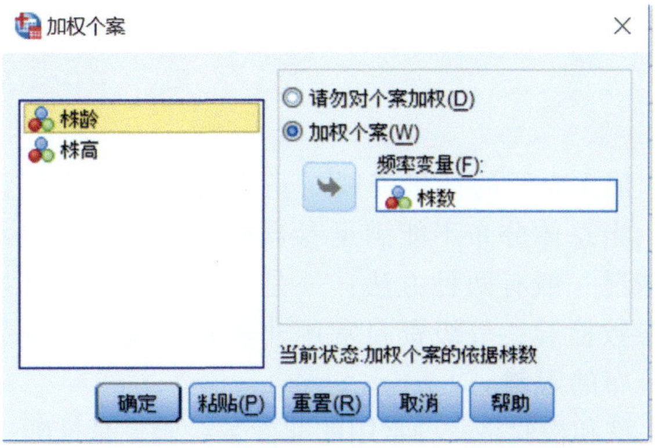　　图 11-28　将"株数"变量指定为频数变量

第三步：依次选择"分析"选项卡下的"描述统计""交叉表"选项打开卡方分析参数设置对话框，将"株龄"变量选入行变量列表，将"株高"变量选入列变量列表，选择"统计量"按钮，勾选"Phi 和 Cramer 变量"选项，完成分析，如图 11-29 所示。

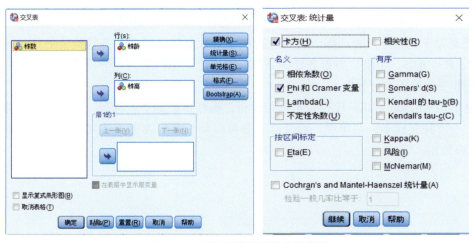

图 11-29　进行关联分析的参数设置

第四步：结果解读。在 SPSS 的输出窗口可以看到如表 11-19 的分析结果。

表 11-19 关联分析输出结果

		值	近似值 Sig.
按标量标定	Φ	0.722	0.000
	Cramer 的 V	0.511	0.000
有效案例中的 N		3715	

表 11-19 中，结果输出了两个衡量关联性的指标，Φ=0.722，Cramer 氏 V 系数=0.511，P=0。其中 Φ 系数只适用于四格表资料，对于非四格表资料，Cramer 氏 V 系数是最常用的关联性指标。本例为非四格表资料，故应选用关联系数 V=0.511，P=0 < 0.001。一般认为关联系数大于 0.7 为强相关，故通过关联分析可以得出马尾松的株龄与株高虽存在关联性，但关联程度不太强。

第六节 非参数检验

前文介绍的计量资料对正态总体均数作假设检验的 t 检验和 F 检验都是参数检验，当总体分布不能满足参数检验条件时，就不能用参数检验来进行分析。对于这种情况一般有两种方法：一是可以尝试变量变换，使其满足参数检验条件；二是用非参数检验，等级资料常用非参数检验。非参数检验对总体不作严格假定，不受总体分布的限制。

秩和检验是一种常用的非参数检验，是推断一个总体表达分布位置的中位数和已知中位数、两个或多个总体分布是否有差别。它是先将数值变量资料从小到大，或等级资料从弱到强转换成秩后再计算检验统计量。秩和检验对总体分布的形状差别不敏感，只对总体分布的位置差别敏感。

【例 11-9】 研究四川、贵州、江西、浙江 4 省的马尾松株密度是否有差异？数据见"不同地区马尾松株密度差异性分析 - 方差不齐.xlsx"。

首先把 4 省的马尾松株密度数据都做正态性检验，结果显示 4 省的马尾松株密度数据都来源于正态分布的总体。然后进行单因素方差分析，方差齐性检验的结果显示，F=599，P < 0.05，不满足方差齐性的条件，则不能用单因素方差分析来进行研究。可以考虑用非参数检验进行分析。

这里用 Kruskal-Wallis H 检验来进行分析，操作步骤如下：选择"分析"→"非参数检验"→"独立样本"菜单项，打开"非参数检验－两个或更多独立样本"对话框，如图 11-30 所示。

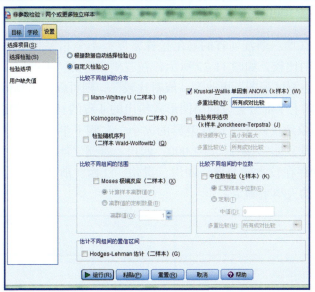

图 11-30　四川、贵州、江西、浙江 4 省的马尾松株密度的秩和检验

"目标"，本例默认"自动比较观察数据和假设数据"；

"字段"指定需要分析的变量，将"密度"放入"检验字段"，"省份"放入"组"；

"设置"选择"自定义检验"，勾选"Kruskal-Wallis 单因素 ANOVA（K 样本）（W）"。

得到的检验结果如图 11-31 所示，$P < 0.05$，说明四川、贵州、江西、浙江 4 省的马尾松株密度差异有统计学意义，即四川、贵州、江西、浙江 4 省的马尾松株密度差不全相等。

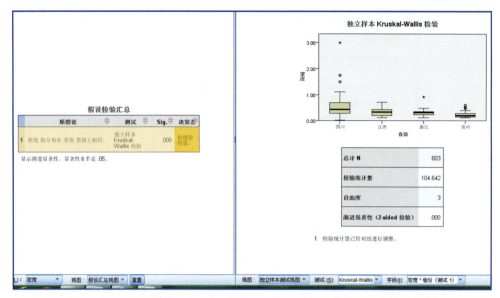

图 11-31　四川、贵州、江西、浙江 4 省的马尾松株密度的秩和检验结果

四川、贵州、江西、浙江 4 省的马尾松株密度差不全相等并不是我们想要的最终结果，还应该进行两两比较，如图 11-32 所示，在右侧底部的"视图"下拉列表框中将视图从默认的"独立样本测试视图"更改为"成对比较"，则可以给出具体的两两比较结果。在图 11-32 中，右侧上半部分是以网络图形式给出的 4 省的马尾松株密度平均秩差异，其节点的距离远近形象地反映了平均秩差异的大小，左侧下半部分可以看出，浙江和江西的马尾松株密度平均秩非常接近，$P=1.000$，四川、贵州之间以及它们和浙江、江西的马尾松株密度平均秩存在较大的差异。四川、贵州、江西、浙江 4 省的马尾松株密度大小可以通过比较均值的大小来确定。

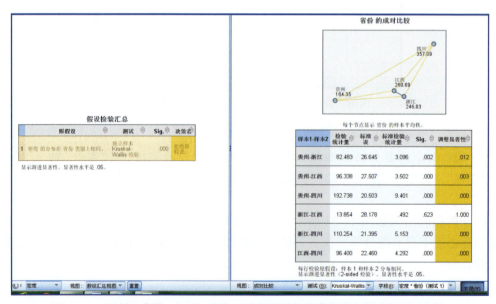

图 11-32　四川、贵州、江西、浙江 4 省的马尾松株密度秩和检验的两两比较

第七节　相关性分析

研究一个或多个自变量与一个因变量之间的相关关系称为相关分析（correlation analysis）。自变量均为随机变量。按照不同的标准，相关分析分为不同种类：按照变量之间相关程度分为完全相关、不完全相关和不相关；按照相关方向分为正相关和负相关；按照相关关系表现形式分为线性相关和非线性相关；按涉及变量（或因素）的多少分为单相关和复相关，其中单相关也称为一元相关，复相关又称为多元相关。

判断相关关系密切程度的主要方法是绘制散点图和计算相关系数。由于两个变量的相关系数大多是由样本值计算出来的，即用两变量的样本相关系数来描述两变量（总体）的相关性。对于样本相关系数的绝对值大到什么程度才能断定 X 与 Y 间可能存在线性关系这样的问题就需要进行显著性检验。

在二维坐标中通过 n 个点的分布、形状及远近等可以判断两个变量之间是否有关系、有什么样的关系及大体的关系强度等。常见的是一些连续变量间的散点图，若图中数据点分布在一条直线（曲线）附近，表明可用直线（曲线）近似地描述变量间的关系。若有多个变量，常制作多幅两两变量间的散点图来考察变量间的关系。

一、简单相关分析

对两个变量之间的相关程度进行分析称为简单相关分析，其所用的指标称为单相关系数，又称为 Pearson 相关系数、积差相关系数，其数值为 -1～1，当两个变量间的相关性达到最大，散点图呈一条直线时取值为 -1 或 1，正负号表明了相关的方向；如果两个变量完全无关，则取值为 0。

积差相关系数有一定的适用条件：①严格地讲只适用于两变量呈线性相关的情况，对于曲线相关等更为复杂的情形，积差相关系数的大小并不能代表其相关性的强弱。②样本中的极端值对积差相关系数的计算影响很大，因此必要时需要对极端值进行剔除。③积差相关系数要求相应的表露呈现双变量正态分布，双变量正态分布并非简单的要求 x 变量和 y 变量各自服从正态分布，而是要求服从一个联合的双变量正态分布。

对于上述 3 个条件，前 2 个要求最严，第 3 个条件要求的比较宽松，违反时系数的计算结果也比较稳定。一般分析之前可以使用散点图来观察是否存在线性相关、有无极端值、变量的分布是否接近正态分布。

【例 11-10】 分析马尾松中原花青素的含量与产地的年平均气温是否相关，数据见"马尾松中原花青素的含量与年平均气温相关性分析"。

对于本例，马尾松中原花青素的含量与产地的年平均气温均为连续性变量，考虑使用描述两个连续性变量相关性的指标。通过散点图和正态性检验，两者之间可能存在负相关，没有明显的极端值，且均服从正态分布。考虑用 Pearson 相关系数进行分析。

操作步骤如下：选择"分析"→"相关"→"双变量"菜单项，打开"双变量相关"对话框，如图 11-33 所示。将"原花青素""年平均气温"两个字段选入"变量"列表框中。单击"确定"。

最终的相关分析结果如表 11-20 所示，结果是以对角阵的形式给出的，由于这里只分析了两个变量，因此给出的是 2×2 的方阵，每个单元格共分 3 行，分别是相关系数、P 值和样本量。从表 11-20 可以看出马尾松中原花青素的含量与年平均气温相关系数为 0.207，对相关系数检验的双侧 P 值小于 0.001，认为两变量间的正相关是有统计学意义的，年平均气温高的地方，马尾松中原花青素的含量也较高。

图 11-33　相关性分析界面

表 11-20　相关性分析结果

		原花青素	年平均气温
原花青素	Pearson 相关性	1	0.207
	显著性（双侧）		0.000
	N	0.336	33
年平均温	Pearson 相关性	0.207	1
	显著性（双侧）	0.000	
	N	0.336	336

二、偏相关分析

在控制其他变量影响的条件下，衡量多个变量中某两个变量之间的线性相关程度的指标称为偏相关系数。偏相关系数不同于简单相关系数。计算简单相关系数只需要掌握两个变量的观测数据，不考虑其他变量对它们可能产生的影响。但是，计算偏相关系数需要掌握多个变量的数据，不仅要考虑多个变量相互之间可能产生的影响，还要采用一定的方法控制其他变量，进而考察这两个特定变量的相关关系。偏相关系数与简单相关系数在数值上可能相差很大。简单相关系数受其他因素的影响，反映的往往是表面的非本质的联系，而偏相关系数则较能说明现象之间真实的联系。

在研究两个事物或现象之间的关系时，只有充分考虑到其他事物和现象对两者之间的影响，才能发现两者的真正联系。偏相关分析就是指扣除了其他因素的作用大小以后，重新来考察两个因素间的关联程度。这种方法的目的就在于消除其他变量关联性的传递效应。

【例 11-11】　在控制年平均气温对原花青素的含量影响的前提下，研究马尾松中原花青素的含量与纬度的相关性，数据见"马尾松中原青花素的含量与纬度的偏相关性分析"。

首先对 3 个变量的相关性进行两两考察，结果如表 11-21 所示。从表 11-21 中可以看到马尾松中原花青素的含量与年平均气温呈正相关，与纬度呈负相关，且两者都有统计学意义。

第十一章 基于 SPSS 的经典统计分析方法简介

表 11-21 马尾松中原花青素的含量与年平均气温、纬度相关性两两分析结果

		原花青素	年平均气温	纬度
原花青素	Pearson 相关性	1	0.207	-0.177
	显著性（双侧）		0.000	0.001
	N	336	336	336
年平均气温	Pearson 相关性	0.207	1	-0.794
	显著性（双侧）	0.000		0.000
	N	336	336	336
纬度	Pearson 相关性	-0.177	-0.794	1
	显著性（双侧）	0.001	0.000	
	N	336	336	336

控制年平均气温对原花青素含量的影响，进行偏相关分析，操作步骤如下：选择"分析"→"相关"→"偏相关"菜单项，打开"偏相关"对话框，如图 11-34 所示。将"原花青素""纬度"两个字段选入"变量"列表框中，将"年平均温"放入"控制"列表框中，单击"确定"。

相关分析结果如表 11-22 所示，这就是控制了年平均气温的影响后计算出的原花青素含量与纬度间的偏相关系数矩阵，可以看到相关系数为 -0.021，$P=0.707 > 0.05$，说明原花青素含量与纬度间相关关系不具有统计学意义，因此在控制了年平均气温的影响后，原花青素含量与纬度间不存在相关关系。

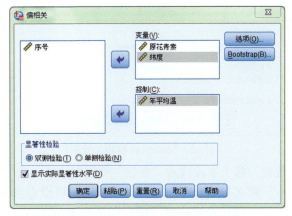

图 11-34 偏相关分析对话框

表 11-22 偏相关分析结果

控制变量			原花青素	纬度
年平均气温	原花青素	相关性	1.000	-0.021
		显著性（双侧）	0.0	0.707
		df	0	333
	纬度	相关性	-0.02	0.000
		显著性（双侧）	0.707	0.0
		df	333	0

三、等级资料的相关分析

前文讲的都是定量变量相关关系的分析,在实际研究中常常会遇到对定序变量相关关系进行分析,也就是对等级资料进行相关分析,这时常常会用到 Spearman 相关系数,即秩相关系数。Spearman 相关系数应用范围比较广,对服从 Pearson 相关系数的数据也可以计算 Spearman 相关系数,但统计效能比 Pearson 相关系数要低一些。对于不能满足 Pearson 相关系数要求的定量资料,也可以通过计算 Spearman 相关系数来研究其相关关系。

图 11-35 Spearman 秩相关分析

【例 11-12】 研究马尾松单株产量与坡位之间的相关关系,数据见"地形地貌与马尾松单株产量的相关性分析"。

从数据中可以看出,马尾松的单株产量是一个定量变量,坡位分为山顶、山腰和山脚,是一个定序变量,研究两者之间的关系应该用 Spearman 相关系数。

进行 Spearman 秩相关分析,操作步骤如下:选择"分析"→"相关"→"双变量"菜单项,打开"双变量相关"对话框,如图 11-35 所示。将"单株产量""地形地貌"两个字段选入"变量"列表框中,勾选"Spearman",单击"确定"。

相关分析结果如表 11-23 所示,可以看到 Spearman 相关系数为 0.273,$P < 0.001$,说明马尾松单株产量与坡位间的相关关系有统计学意义,因此马尾松单株产量与坡位间存在正相关,也就说明由山顶到山脚,马尾松的单株产量呈现出增加的趋势。

表 11-23 Spearman 秩相关分析结果

			坡位	单株产量
Spearman 的 rho	坡位	相关系数	1.000	0.273**
		Sig.(双侧)	0.0	0.000
		N	345	345
	单株产量	相关系数	0.273**	1.000
		Sig.(双侧)	0.000	0.0
			345	345

** 在置信度(双测)为 0.01 时,相关性是显著的。

四、典型相关分析

在一元统计分析中,可用相关系数(称为简单相关系数)研究两个随机变量之间的线性相关关系；可用复相关系数（称为全相关系数）研究一个随机变量与多个随机变量之间的线性相关关系。1936 年 Hotelling 首先将它推广到研究多个随机变量与多个随机变量之间的相关关系的讨论中，提出了典型相关分析。

实际问题中，两组变量之间具有相关关系的问题很多。例如，人参、三七、大黄等药材的价格（作为第一组变量）和这些药材的销售量（作为第二组变量）有相关关系，运动员的体力测试指标（如反复横向跳、纵跳、背力、握力等）与运动能力测试指标（如耐力跑、跳远、投球等）之间具有相关关系，等等。典型相关分析就是研究两组变量之间相关关系的一种多元统计方法。

典型相关分析的基本思想：首先在每组变量中找出变量的线性组合，使其具有最大相关性，然后在每组变量中找出第二对线性组合，使其分别与第一对线性组合不相关，而第二对线性组合本身具有最大的相关性，如此继续下去，直到两组变量之间的相关性被提取完毕为止。有了这样线性组合的最大相关后，讨论两组变量之间的相关就转化为只研究这些线性组合的最大相关，从而减少研究变量的个数。典型相关分析是将两组变量（指标）中的每一组作为整体来考虑。因此，它能够广泛应用于变量群之间的相关分析研究。

第八节 回归分析

在对实际问题进行研究时往往涉及多个变量，在这些变量中，有的变量是要特别关注的，而其他变量是影响这些变量的因素，将所关注的变量称为因变量，影响因素称为自变量。回归分析的目的就是要给出一个描述两者关系的数学方程。假定因变量与自变量之间有某种关系，这就是回归要解决的问题，这种关系用适当的数学模型表达出来，就可以根据给定的自变量来预测因变量。在回归分析中，只涉及一个自变量时称为一元回归，涉及多个自变量时称为多元回归。如果因变量和自变量之间是线性关系称为线性回归，如果因变量与自变量之间是非线性关系称为非线性回归。

回归分析是寻找具有相关关系的变量间的数学表达式，并进行统计推断的一种统计方法。其主要内容包括：①进行参数估计，即如何根据样本观测值对回归模型的参数进行估计，求出具体的回归方程。②进行统计显著性检验，即对回归方程、参数估计值进行显著性检验与校正，以便使回归方程或参数更加优良。③进行预测和控制。根据回归方程进行适当的预测和控制是回归分析的最终目的。

一、线性回归

线性回归（直线回归、简单回归）分为一元线性回归和多元线性回归。线性回归对数据有一定的要求，数据需要满足以下 4 个适用条件。①线性趋势：自变量与因变量的关系是线性的，如果不是，则不能采用线性回归来分析，可以通过散点图来加以判断。②独立性：可以表述为因变量的取值相互独立，之间没有联系。③正态性：自变量的任何一个线性组合，因变量均服从正态分布。④方差齐性：自变量的任何一个线性组合，因变量的方差均相同。

一元线性回归与多元线性回归的分析过程和结果比较相似，对一元线性回归不进行举例说明，下面通过实例进行多元回归分析。

【例 11-13】 建立自变量包括年均温、年均降雨量的马尾松单株产量的回归方程，数据见"马尾松单株产量与平均温的回归分析 .xls"。

图 11-36　马尾松单株产量的回归分析

本例需要建立包括 2 个候选自变量的回归方程，但不能确定这两个自变量是否都具有统计学意义，因此出于简化模型的思路，可以考虑用"向后"法进行变量筛选。

假设数据满足线性回归条件，进行多元线性回归分析，操作步骤如下：选择"分析"→"回归"→"线性"菜单项，打开"线性回归"对话框，如图 11-36 所示，将"单株产量"选入"因变量"列表框中，将"年均温""年均降雨量"选入"自变量"列表框中，方法选择"向后"，单击"确定"。

由于进行了变量筛选，最终输出的表格较多，依次解释如下。

表 11-24 给出了 SPSS 在回归过程中每个步骤所进行的操作，第 1 步是采用进入法选入了全部 2 个候选自变量，然后在第 2 步剔除了年均降雨量，原因是其检验概率大于 0.1 的剔除标准。

表 11-24　回归分析中输入、移去的变量

模型	输入的变量	移去的变量	方法
1	年均温，年均降雨量[b]	.	输入
2	.	年均降雨量	向后（准则：F-to-remove >＝.100 的概率）

b. 已输入所有请求的变量

表 11-25 给出了两步分析中所拟合模型的决定系数，可见总决定系数"R^2"和校正的决定系数"调整 R^2"在第二个模型中都没有下降，这说明被剔除的自变量的确不应该被选入模型中。

表 11-25　回归分析的模型汇总

模型	R	R^2	调整 R^2	标准估计的误差
1	0.426[a]	0.182	0.181	8.800 06
2	0.426[b]	0.182	0.181	8.796 49

a. 预测变量：（常量），年均温，年均降雨量；b. 预测变量：（常量），年均温

表 11-26 分别给出了检验所拟合的两个模型是否在整体上具有统计学意义的结果，显然两个模型都具有一定的预测价值。

表 11-26　回归分析的模型拟合度检验（Anova[a]）

模型		平方和	df	均方	F	Sig.
1	回归	21 208.632	2	10 604.316	136.934	0.000[b]
	残差	95 407.436	1 232	77.441		
	总计	116 616.068	1 234			
2	回归	21 208.629	1	21 208.629	274.090	0.000[c]
	残差	95 407.439	1 233	77.378		
	总计	116 616.068	1 234			

a. 因变量：单株产量；b. 预测变量：（常量），年均温，年均降雨量；c. 预测变量：（常量），年均温

表 11-27 输出了两个模型中自变量的偏回归系数估计值，第一个模型中年均降雨量的检验 P 值高达 0.995，没有统计学意义；在第二个模型中，剔除了年均降雨量后年均温的系数值基本没有变化，也间接支持了应当将年均降雨量剔除。所以取第二个模型，最后得到的回归方程为

$$y=-16.282+1.845x$$

表 11-27　回归分析的系数表

模型		非标准化系数		标准系数（试用版）	t	Sig.
		B	标准误差			
1	（常量）	-16.248	5.659		-2.871	0.004
	年均降雨量	-0.001	0.083	0.000	-0.006	0.995
	年均温	1.845	0.127	0.427	14.473	0.000
2	（常量）	-16.282	1.798		-9.054	0.000
	年均温	1.845	0.111	0.426	16.556	0.000

表 11-28 给出了所剔除变量的检验结果，包括如果将其选入模型之后的回归系数估计值、偏相关系数、共线性统计量等。这里的偏相关系数是控制模型中所包含的自变量之后计算出的模型残差与该自变量的偏相关系数，绝对数值越小，越说明自变量没有必要被选入模型中。

表 11-28　回归分析中已剔除变量的检验

模型		Beta In	t	Sig.	偏相关	共线性统计量（容差）
2	年均降雨量	0.000[b]	-0.006	0.995	0.000	0.765

b. 模型中的预测变量：（常量），年均温

二、加权回归

建立线性回归模型的前提是所有的观测变量在计算过程中具有相同的贡献。如果某些观测量的一些特性变异较其他观测量大，此时就不能获得较好的模型。但是，如果它们的变应性是可以通过其他变量进行预测的，就可以使用加权最小二乘法拟合线性回归模型。

加权回归对数据的要求：自变量和因变量应该是数值型变量。加权变量必须与因变量有相同的数值型变量。对于自变量的每一个值，要求因变量的分布必须是正态的。因变量和每一个自变量的关系应该是正态的，并且所有的观测量应该是相互独立的。自变量取不同值时，因变量的方差不同，但是这些差异一定是可以根据加权变量预测出来的。

【例 11-14】 对马尾松中原青花素含量与年平均温进行加权回归分析，数据见"马尾松中原青花素的含量与年平均温的加权回归分析.xls"。

操作步骤如下：选择"分析"→"回归"→"权重估计"菜单项，打开"权重估计"对话框，如图 11-37 所示，将"原花青素"选入"因变量"列表框中，将"年平均温"选入"自变量"列表框中，将"年平均温"选入"权重变量"列表框中，幂在 -2 和 2 之间，步长为 0.5，单击"确定"。这里幂的范围不仅限于在 -2 和 2 之间。

图 11-37　马尾松中原青花素的含量与年平均温的加权回归分析

表 11-29　幂摘要（对数似然值）

	幂	对数似然值
幂	-2.000	55.376
	-1.500	559.728
	-1.000	562.330
	-0.500	64.201
	0.000	565.36
	0.500	565.83
	0.000	565.648
	1.500	54.817
	2.000	563.37

加权回归分析结果如表 11-28～表 11-32 所示，幂摘要中计算每一步中的对数似然值，可见，对于幂为 0.5 时，算出的对数似然值最大，在最佳模型选择时选择幂为 0.5。决定系数 R^2 为 0.047，调整决定系数调整 R^2 为 0.044。对所拟合的模型进行检验，$F=16.374$，$P<0.001$，说明模型具有统计学意义。表中最后一个表格显示，常数项为 0.039，$P=0.043<0.05$，系数为 0.000 453（在 SPSS 中双击可显示数值），$P<0.001$，常数项和系数均有统计学意义，则回归方程为

$$y=0.039+0.000\,453x$$

表 11-30　最佳模型统计量

模型描述		
自变量	因变量	原花青素
	1	年平均温
权重	源	年平均温
	幂值	0.50
模型摘要		
	复相关系数	0.216
	R^2	0.047
	调整 R^2	0.044
	估计的标准误	0.01
	对数似然函数值	565.837

表 11-31　加权回归 ANOVA

	平方和	df	均方	F	Sig.
回归	0.003	1	0.003	16.374	0.000
残差	0.052	34	0.00		
总计	0.055	335			

表 11-32　加权回归系数

	未标准化系数		标准化系数		t	Sig.
	B	标准误	试用版	标准误		
（常数）	0.03	0.019			2.029	0.043
年平均温	0.000	0.000	0.16	0.53	4.046	0.000

三、逻辑回归

Logistic 回归分析属于概率型非线性回归，它是研究二分类或多分类观察结果与一些影响因素之间关系的多变量分析方法。Logistic 回归与线性回归分析的思路大致相同，模型的参数具有鲜明的实际意义，是处理二分类和多分类数据的常用方法。Logistic 回归用于分析分类变量的影响因素，排除混杂因素的影响，建立概率性模型，从而预测某事件的发生概率。

【例 11-15】　对马尾松单株产量的影响因素进行分析，单株产量大于等于 15 定义为高产，数据中用 1 表示，单株产量小于 15 定义为非高产，数据中用 0 表示。数据见"马尾松单株产量的逻辑回归分析 .xls"

操作步骤如下：选择"分析"→"回归"→"二元 Logistic 回归"菜单项，打开"Logistic 回归"对话框，如图 11-38 所示。将"是否高产"选入"因变量"列表框中，将"海拔""坡度""年均温""总日照时数""总辐射""酸碱度"选入"自变量"列表框中，方法选择"进入"，单击"确定"。得到的结果如下面的图表所示。

图 11-38 Logistic 回归分析对话框

第一部分结果，如表 11-33、表 11-34 所示，是对案例数据的描述，通过表 11-33 可以看出有多少数据参与计算，有多少数据是缺失值；从表 11-34 可知因变量的编码方式，得分为 1 代表高产，得分为 0 代表非高产。

表 11-33 案例处理汇总

	未加权的案例	N	百分比 /%
选定案例	包括在分析中	1214	98.0
	缺失案例	21	1.0
	总计	1235	100.0
未选定的案例		0	0.0
总计		1235	100.0

表 11-34 因变量编码

初始值	内部值
0	0
1	1

第二部分结果，如表 11-35～表 11-37 所示，表示没有任何自变量引入前，对案例数据的描述。表 11-35 预测了所有样本数据都是非高产的正确率，正确率为 72.5%。表 11-36 显示了常数项的预测情况。B 是没有引入自变量时常数项的估计值，SE 是它的标准误，Wals 是对总体回归系数是否为 0 进行统计学检验的卡方。表 11-37 中，通过 Sig. 值可以知道如果将模型外的各个变量纳入模型，则整个模型的拟合优度改变是否有统计学意义，Sig. 值小于 0.05 说明有统计学意义。

表 11-35 分类表

		已观测	已预测		
			是否高产		百分比校正
			0	1	
步骤 0	是否高产	0	880	0	100.0
			334	0	0.0
	总计百分比				0.5

表 11-36　方程中的变量

	B	SE	Wals	df	Sig.	Ep(B)
步骤 0 常量	−0.969	0.064	227 0.228	1	0.00	0.380

表 11-37　不在方程中的变量

			得分	df	Sig.
步骤 0	变量	海拔	4.422	1	0.035
		坡度	178.660	1	0.00
		总日照时数	0.195	1	0.658
		总辐射	132.864	1	0.00
		酸碱度	18.65	1	0.00
	总统计量		11 64	6	0.000

第三部分结果，如表 11-38 ～表 11-41 所示，表示将所有自变量引入模型后，对案例数据的描述。表 11-38 是对模型进行检验，为似然比检验，给出 3 个结果，Sig. 值 < 0.05 表明模型有统计学意义。表 11-39 展示了 −2log 似然值和两个伪决定系数，两个伪决定系数反映自变量解释了因变量的变异占因变量的总变异的比例，它们的值不同是因为使用的方法不同。表 11-40 展示了使用拟合的模型对数据进行分类，正确率为 76.3%。表 11-41 所示为输出回归方程中的各变量的系数和对系数的检测值，Sig. 值表明该系数是否具有统计学意义。得到的 Logistic 回归模型为

$\ln[p/(1-p)] = 0.969 - 7.283x_1 + 0.311x_2 - 0.001x_3 + 0.002x_4$，其中 p 为马尾松非高产的概率。

表 11-38　模型系数的综合检验

		卡方	df	Sig.
步骤 1	步骤	228.2	6	0.00
	块	28.201	6	0.000
	模型	228.201	6	0.000

表 11-39　模型汇总

步骤	−2 对数似然值	Cox & Snell R^2	Nagelkerke R^2
1	1200.164	0.171	248

表 11-40　分类表

	已观测		已预测		
			是否高产		百分比校正
			0	1	
步骤 1	是否高产	0	809	71	91.9
		1	217	117	35.0
	总计百分比				6.3

表 11-41 方程中的变量

		B	SE	Wals	df	Sig.	Exp（B）
步骤1	海拔	-728	0.892	670	1	0.000	0.001
	坡度	311	0.041	58.386	1	000	0.6
	总日照时数	-0.001	0.000	7.398	1	0.00	0.999
	总辐射	0.02	0.000	33.387	1	00	1.002
	酸碱度	-0.025	0.051	0.249	1	0.618	0.975

第九节 主成分分析和因子分析

一、主成分分析

主成分分析（principle component analysis）是把多维空间的相关多变量的数据集，通过降维化简为少量而且相互独立的新综合指标，同时又使简化后的新综合指标尽可能多的包括原指标群中的主要信息，或是尽可能不损失原有指标主要信息的一种多元统计分析方法。这些主成分能够反映原始变量的绝大部分信息，它们通常表示为原始变量的线性组合。

主成分分析也称为主分量分析，是揭示大样本、多变量数据或样本之间内在关系的一种方法，旨在利用降维的思想把多指标转化为少数几个综合指标，降低观测空间的维数，以获取最主要的信息。它是一种线性变换，该变换把数据变换到一个新的坐标系统中，使得任何数据投影的第一大方差在第一坐标上（称第一主成分）、第二大方差在第二坐标上（称第二主成分），依次类推。

主成分分析适用于定量资料类型。主成分分析可以达到两个目的：①降维，减少变量个数，简化工作量；②构建独立变量，方便进一步统计分析。主成分分析法可与回归分析联合应用，当回归分析中的自变量不独立时，该方法可将原有自变量转化为互不相关的几个少数新变量。当然，新的变量应尽可能多的反映原来变量的信息。

【例 11-16】 挥发油、藁本内酯、阿魏酸、总多糖、正丁烯基酞内酯（简写为正丁烯基）为当归中含有的 5 种成分，这些成分为几个相互关联的指标且是影响当归质量的主要因素，对其进行主成分分析，并对表 11-42 中 43 株当归的质量进行综合评价，数据结构如表 11-42 所示。

表 11-42 当归样品质量数据

NO	挥发油	藁本内酯	阿魏酸	总多糖	正丁烯基	NO	挥发油	藁本内酯	阿魏酸	总多糖	正丁烯基
1	0.71	15.65	0.85	19.16	0.14	5	0.61	15.88	0.81	18.91	0.19
2	0.45	10.42	0.69	18.41	0.08	6	0.75	17.79	0.88	19.88	0.19
3	0.60	14.36	0.88	16.46	0.11	7	0.58	17.67	0.82	16.74	0.13
4	0.55	18.57	0.72	15.28	0.25	8	0.42	13.80	0.70	17.37	0.17

续表

NO	挥发油	藁本内酯	阿魏酸	总多糖	正丁烯基	NO	挥发油	藁本内酯	阿魏酸	总多糖	正丁烯基
9	0.51	11.83	0.72	17.88	0.17	27	0.54	7.52	0.83	22.72	0.03
10	0.64	14.54	0.84	18.68	0.08	28	0.44	7.43	0.77	21.42	0.08
11	0.55	12.23	1.07	19.80	0.07	29	0.46	8.42	0.76	21.56	0.15
12	0.58	13.47	0.83	18.24	0.11	30	0.43	8.68	0.69	20.06	0.07
13	0.78	17.74	0.95	20.10	0.06	31	0.49	6.84	0.68	22.45	0.10
14	0.65	14.16	1.02	19.12	0.14	32	0.71	14.48	0.86	15.27	0.14
15	0.65	14.16	1.02	19.12	0.14	33	0.66	12.22	0.92	16.27	0.04
16	0.51	13.02	0.81	20.76	0.15	34	0.64	13.16	0.88	16.90	0.03
17	0.66	15.69	0.84	19.32	0.05	35	0.57	12.25	0.98	18.47	0.08
18	0.57	15.43	0.87	18.28	0.19	36	0.54	12.04	1.05	17.16	0.07
19	0.56	15.91	0.85	19.36	0.25	37	0.59	13.28	0.98	17.48	0.06
20	0.71	15.54	0.99	19.72	0.14	38	0.63	13.37	0.89	17.21	0.10
21	0.66	16.04	0.91	18.22	0.27	39	0.68	13.74	1.15	17.18	0.15
22	0.63	13.43	0.95	18.36	0.04	40	0.63	12.53	1.00	17.88	0.09
23	0.69	16.68	0.88	18.92	0.15	41	0.62	12.78	0.77	18.82	0.02
24	0.43	9.70	0.66	22.16	0.09	42	0.57	11.96	0.83	18.38	0.07
25	0.58	10.16	0.63	19.26	0.14	43	0.62	12.08	0.93	19.35	0.04
26	0.60	11.36	0.78	19.46	0.11						

第一步：将表 11-42 中的"当归样品质量数据"导入到 SPSS 软件中。依次选择"分析""降维""因子分析"菜单。将"挥发油、藁本内酯、阿魏酸、总多糖、正丁烯基"变量选入右侧分析变量框内，如图 11-39 所示。

第二步：在图 11-39 的界面上选择"描述"按钮。选择描述统计的相关选项，如图 11-40 所示。

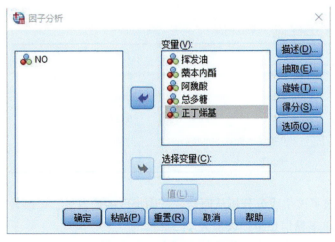

图 11-39　因子分析对话框

图 11-40　选择描述统计界面

第三步：在图11-39的界面上选择"抽取"按钮。选择抽取的相关选项。选择基于特征值大于1时，SPSS软件会输出特征值大于1的所有主成分；选择因子的固定数量时，需参考下面结果中"总方差的解释"，一般选择累计贡献率大于70%所输出的主成分个数，将该数据填入此处，如图11-41所示。

第四步：在图11-39的界面上选择"旋转"按钮，默认情况下为"无"。进行主成分分析时无需进行因子旋转，在旋转界面下方法选"无"。

第五步：在图11-39的界面上选择"得分"按钮。选择因子得分的相关选项，如图11-42所示。

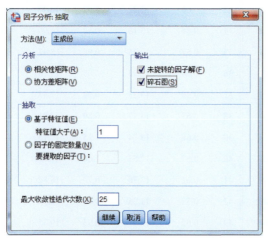
图11-41　选择抽取界面下的相关选项

图11-42　选择得分界面下的相关选项

第六步：依次在图11-40、图11-41、图11-42所示界面选择"继续"，在图11-39所示界面选择"确定"，得到对当归质量相关指标因子分析情况，以下按照输出顺序对结果进行解读。

（1）相关系数矩阵：表11-43为所选的5个变量两两之间的相关系数大小的方阵。据表11-43中数据可知，挥发油与藁本内酯之间为正相关，相关系数为0.663；挥发油与阿魏酸相关系数为0.577。

表11-43　相关系数矩阵

		挥发油	藁本内酯	阿魏酸	正丁烯基	总多糖
相关	挥发油	1.000	0.663	0.577	0.03	-0.305
	藁本内酯	0.663	1.000	0.337	0.466	-0.527
	阿魏酸	0.577	0.337	1.000	-0.137	-0.262
	正丁烯基	0.039	0.466	-0.137	1.000	-0.143
	总多糖	-0.305	-0.527	-0.262	-0.143	1.000

（2）公因子方差：表11-44给出了该主成分分析从原始变量中提取的信息量，可以看出藁本内酯提取的信息量最多，而总多糖信息量损失最大。

（3）总方差的解释：SPSS默认保留特征值大于1的主成分，这是基于Kaiser-Harris

准则认为大于1的主成分可以较好的代表原始变量，第一主成分（Z_1）的方差（也称特征值）是 2.417，第二主成分（Z_2）的方差是 1.260，因此本例提取 2 个主成分（表 11-45）。可以看到前 2 个成分包含了原始 5 个成分 73.55% 的信息。通过观察碎石图（图 11-43）可知，从第 3 个主成分之后，其趋势趋于平缓，说明其包含的信息量对前两个主成分包含的信息量而言贡献不大。

表 11-44 公因子方差

	初始	提取
藁本内酯	1.000	0.874
挥发油	1.00	0.767
阿魏酸	1.000	0.754
正丁烯基	1.000	0.833
总多糖	1.000	0.450

注：提取方法，主成分分析

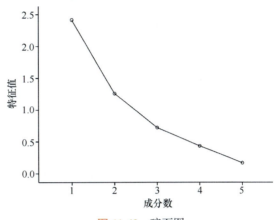

图 11-43 碎石图

注：主成分分析法选取主成分个数的依据有特征值或累计贡献率两种。一般以特征值大于 1 的 Kaiser-Harris 准则为主，有时根据研究需要可要求累计贡献率达到 80% 以上。在确定选取主成分或因子个数时可根据需要来最终决定需要按哪种方式。

表 11-45 解释的总方差

成分	初始特征值			提取平方和载入		
	合计	方差的 /%	累计 /%	合计	方差的 /%	累计 /%
1	2.417	48.347	48.347	2.47	48.347	48.347
2	1.260	25.203	73.550	1.260	25.203	73.550
3	0.721	14.42	87.970			
4	0.434	8.673	96.642			
5	0.168	3.358	100.000			

（4）主成分载荷矩阵：表 11-46 为主成分载荷矩阵，并不是各个主成分的系数。若求主成分的系数，求法为各主成分载荷向量除以各主成分特征值的算数平方根。

第一主成分的各个系数为（0.889，0.826，0.639，0.320，-0.659）除以根下 2.417，得到第一主成分的特征向量（0.572，0.532，0.411，0.206，-0.424）。

Z_1=0.572× 藁本内酯 +0.532× 挥发油 +0.411×

表 11-46 成分矩阵 a

	成分	
	1	2
藁本内酯	0.889	0.290
挥发油	0.826	-0.289
阿魏酸	0.639	-0.587
正丁烯基	0.320	0.855
总多糖	-0.659	-0.127

a. 已提取了 2 个成分。

注：提取方法，主成分

阿魏酸 +0.206× 正丁烯基 -0.424× 总多糖

第二主成分的各个系数为（0.290，-0.289，-0.587，0.855，-0.127）除以根下 1.260。得到第二主成分的特征向量（0.259，-0.258，-0.523，0.762，-0.113）。

Z_2=0.259× 藁本内酯 -0.258× 挥发油 -0.523× 阿魏酸 +0.762× 正丁烯基 -0.113× 总多糖；

第一主成分主要反映藁本内酯、挥发油、阿魏酸及总多糖等的信息，第二主成分则主要反映了正丁烯基酞内酯的信息。

（5）因子得分：因子得分为"得分"按钮下选中的选项的输出形式，见图 11-44。FAC1_1、FAC2_1 并非第一、第二主成分的得分。

NO	挥发油	藁本内酯	阿魏酸	总多糖	正丁烯基	FAC1_1	FAC2_1
1	.71	15.65	.85	19.16	.14	.74399	.18788
2	.45	10.42	.69	18.41	.08	-1.29219	.45244
3	.60	14.36	.88	16.46	.11	.58171	.08091
4	.55	18.57	.72	15.28	.25	1.05834	2.77300
5	.61	15.88	.81	18.91	.19	.44510	1.18349
6	.75	17.79	.88	19.88	.19	1.23181	.64466
7	.58	17.67	.82	16.74	.13	.79406	.83459
8	.42	13.80	.70	17.37	.17	-.59766	1.80819
9	.51	11.83	.72	17.88	.17	-.53846	1.30946
10	.64	14.54	.84	18.68	.08	.25725	-.30991
11	.55	12.23	1.07	19.80	.07	-.07515	-1.33222
12	.58	13.47	.83	18.24	.11	-.00007	.15292
13	.78	17.74	.95	20.10	.06	1.18389	-1.14633
14	.65	14.16	1.02	19.12	.14	.70368	-.43592
15	.65	14.16	1.02	19.12	.14	.70368	-.43592
16	.51	13.02	.81	20.76	.15	-.68340	.66809

图 11-44 因子得分

（6）各主成分得分：各主成分的得分是相应的因子得分乘以相应的方差的算数平方根，即

第一主成分得分 =FAC1_1×2.417 的算数平方根

第二主成分得分 =FAC2_1×1.260 的算数平方根

依次点击"转换 - 计算变量"，编写计算第一主成分、第二主成分得分的公式（此处截图第一、第二主成分公式）。两个主成分得分的结果见图 11-45 ～图 11-47。

（7）综合得分：计算综合得分需确定各个主成分的权重，则第一主成分权重 = 第一主成分方差 / 两个主成分方差之和，即 f_1=2.417/（2.417+1.260）=0.657；f_2=1.260/（2.417+1.260）=0.343。根据 $Z=f_1 Z_1+f_2 Z_2$，计算综合得分。点击"转换 - 计算个案"，综合得分公式见图 11-48。点击"数据 - 排序个案"，选择综合得分降序排列（图 11-49）。表明第 4 株当归的质量最好。最终综合得分结果见图 11-50。

图 11-45　第一主成分得分计算公式

图 11-46　第二主成分得分计算公式

二、因子分析

研究中有时会遇到指标不可测的情况，当指标不可测时，可以通过一系列可观测的指标来反映，这些可观测的指标都不同程度地反映了不可观测指标的特征。这些可观测的指标之间呈现出一定的相关性，这一相关性必然是由它们所共同反映的不可测现象所支配的。通过可观测指标的相关性，探索支配这种相关性的潜在因素，以及它对可观测的指标起到怎样的支配作用，就会用到因子分析。因子分析同样适用于定量类型的资料。

NO	挥发油	藁本内酯	阿魏酸	总多糖	正丁烯基	FAC1_1	FAC2_1	zf_1	zf_2
1	.71	15.65	.85	19.16	.14	.74399	.18788	1.16	.21
2	.45	10.42	.69	18.41	.08	-1.29219	.45244	-2.01	.51
3	.60	14.36	.88	16.46	.11	.58171	.08091	.90	.09
4	.55	18.57	.72	15.28	.25	1.05834	2.77300	1.65	3.11
5	.61	15.88	.81	18.91	.19	.44510	1.18349	.69	1.33
6	.75	17.79	.88	19.88	.19	1.23181	.64466	1.92	.72
7	.58	17.67	.82	16.74	.13	.79406	.83459	1.23	.94
8	.42	13.80	.70	17.37	.17	-.59766	1.80819	-.93	2.03
9	.51	11.83	.72	17.88	.17	-.53846	1.30946	-.84	1.47
10	.64	14.54	.84	18.68	.08	.25725	-.30991	.40	-.35
11	.55	12.23	1.07	19.80	.07	-.07515	-1.33222	-.12	-1.50
12	.58	13.47	.83	18.24	.11	-.00007	.15292	.00	.17
13	.78	17.74	.95	20.10	.06	1.18389	-1.14633	1.84	-1.29
14	.65	14.16	1.02	19.12	.14	.70368	-.43592	1.09	-.49
15	.65	14.16	1.02	19.12	.14	.70368	-.43592	1.09	-.49
16	.51	13.02	.81	20.76	.15	-.68340	.66809	-1.06	.75
17	.66	15.69	.84	19.32	.05	.31683	-.63528	.49	-.71
18	.57	15.43	.87	18.28	.19	.46489	1.05395	.72	1.18
19	.56	15.91	.85	19.36	.25	.40150	1.79070	.62	2.01
20	.71	15.54	.99	19.72	.14	.95109	-.39881	1.48	-.45
21	.66	16.04	.91	18.22	.27	1.15882	1.59332	1.80	1.79

图 11-47　主成分得分结果

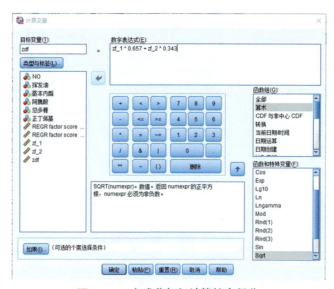

图 11-48　主成分加权计算综合得分

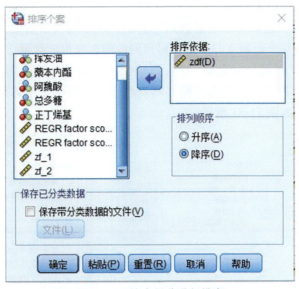

图 11-49 综合得分进行排序

NO	挥发油	藁本内酯	阿魏酸	总多糖	正丁烯基	FAC1_1	FAC2_1	zf_1	zf_2	zdf
4	.55	18.57	.72	15.28	.25	1.05834	2.77300	1.65	3.11	2.15
21	.66	16.04	.91	18.22	.27	1.15882	1.59332	1.80	1.79	1.80
6	.75	17.79	.88	19.88	.19	1.23181	.64466	1.92	.72	1.51
32	.71	14.48	.86	15.27	.14	1.22878	.28087	1.91	.32	1.36
7	.58	17.67	.82	16.74	.13	.79406	.83459	1.23	.94	1.13
19	.56	15.91	.85	19.36	.25	.40150	1.79070	.62	2.01	1.10
39	.68	13.74	1.15	17.18	.15	1.37972	-.83169	2.15	-.93	1.09
23	.69	16.68	.88	18.92	.15	.92399	.32887	1.44	.37	1.07
5	.61	15.88	.81	18.91	.19	.44510	1.18349	.69	1.33	.91
18	.57	15.43	.87	18.28	.19	.46489	1.05395	.72	1.18	.88
1	.71	15.65	.85	19.16	.14	.74399	.18788	1.16	.21	.83
20	.71	15.54	.99	19.72	.14	.95109	-.39881	1.48	-.45	.82
13	.78	17.74	.95	20.10	.06	1.18389	-1.14633	1.84	-1.29	.77
3	.60	14.36	.88	16.46	.11	.58171	.08091	.90	.09	.63
14	.65	14.16	1.02	19.12	.14	.70368	-.43592	1.09	-.49	.55
15	.65	14.16	1.02	19.12	.14	.70368	-.43592	1.09	-.49	.55
38	.63	13.37	.89	17.21	.10	.45351	-.26821	.71	-.30	.36
10	.64	14.54	.84	18.68	.08	.25725	-.30991	.40	-.35	.14
40	.63	12.53	1.00	17.88	.09	.46227	-.91244	.72	-1.02	.12
8	.42	13.80	.70	17.37	.17	-.59766	1.80819	-.93	2.03	.09

图 11-50 综合得分结果

因子分析是从分析多个定量变量（指标）的相互关系入手，找出支配这种相关关系的有限个不可观测的隐性变量（也称为潜在变量），并用这些隐性变量来解释以上定量变量（指标）之间的相互关系的多元统计分析方法。

从本质上讲，因子分析实际上是一种探讨隐性变量是怎样影响原有定量变量的方法，因子分析是在主成分分析基础上的推广应用，方法学原理并没有本质差别。主成分分析的重点在于综合原始变量的信息，而因子分析的重点在于解释原始变量之间的关系。由于主成分分析本质上是一个矩阵的变换过程，所以各主成分并不一定具有实际的意义，这就会导致主成分在解释力度上不强，或者解释不够清晰。如果想使得所提取的信息含义更加清晰，则应选用因子分析。

【例 11-17】 以"当归样品质量数据"为例，对影响当归质量的几个关联的指标进行因子分析，挖掘出几个影响当归质量不可预测的潜在变量。数据结构如表 11-42 所示。

第一步：将"当归样品质量数据"导入到 SPSS 软件中。依次选择"分析""降维""因子分析"菜单，将"挥发油、藁本内酯、阿魏酸、总多糖、正丁烯基酞内酯"变量选入右侧分析变量框内，如图 11-51 所示。

图 11-51　因子分析对话框　　　　图 11-52　选择描述统计界面

第二步：在图 11-51 所示界面选择"描述"按钮。选择描述统计的相关选项，如图 11-52 所示。

第三步：在图 11-51 所示界面选择"抽取"按钮。选择抽取的相关选项，如图 11-53 所示。

第四步：在图 11-51 所示界面上选择"旋转"按钮，默认情况下为"无"。很多情况下，因子分析的主成分解、主因子解等的各公因子的典型代表变量并不突出，容易使各公因子的专业意义难以解释，为便于公因子的解释需进行因子旋转，通过因子旋转使得因子载荷矩阵的系数更加显著，公因子的实际意义更加明显。此次旋转选用"最大方差法"，如图 11-54 所示。

图 11-53　抽取界面　　　　图 11-54　旋转界面

第五步：在图 11-51 的界面上选择"得分"按钮。选择因子得分的相关选项，如图 11-55 所示。

第六步：依次在图 11-52、图 11-53、图 11-54、图 11-55 中选择"继续"，在图 11-51 中选择"确定"，得到对影响当归质量的因子分析情况，以下按照输出顺序对结果进行解读。

（1）相关系数矩阵：表 11-47 为所选的 5 个变量两两之间的相关系数大小的方阵。从表 11-47 可知，挥发油与藁本内酯之间为正相关，相关系数为 0.663；挥发油与阿魏酸的相关系数为 0.577。

图 11-55　因子得分界面

表 11-47　相关矩阵

		挥发油	藁本内酯	阿魏酸	正丁烯基	总多糖
相关	挥发油	1.000	0.663	0.577	0.039	-0.30
	藁本内酯	0.663	1.000	0.337	0.466	-0.527
	阿魏酸	0.577	0.337	1.000	-0.137	-0.262
	正丁烯基	0.039	0.466	-0.137	1.000	-0.143
	总多糖	-0.305	-0.527	-0.262	-0.143	1.000

（2）KMO 和 Bartlett 检验：由表 11-48 可知，KMO 值 =0.539 > 0.5，可认为因子分析的结果可接受。Bartlett 检验值 =72.414，P=0.000 < 0.05，即认为相关系数矩阵不是单位矩阵，故考虑进行因子分析。

KMO 检验则是用于比较观测相关系数值与偏相关系数值的指标，其值越接近 1，表明所选定的这些变量进行因子分析的效果越好。注：一般要求 KMO > 0.5，Bartlett 检验达到显著程度（P < 0.05），则适合做因子分析；否则，不适合做因子分析。

（3）公因子方差：表 11-49 说明了各变量中包含的原始信息能够被公因子信息提取的程度。其中，年均温变化范围提取信息量最多，酸碱度损失的信息量最多。

表 11-48　KMO 和 Bartlett 的检验

取样足够度的 Kaiser-Meyer-Olkin 度量		0.539
Bartlett 的球形度检验	近似卡方	72.414
	df	10
	Sig.	0.000

表 11-49　公因子方差

	初始	提取
藁本内酯	1.000	0.874
挥发油	1.000	0.767
阿魏酸	1.000	0.754
正丁烯基	1.000	0.833
总多糖	1.000	0.450

（4）总方差的解释：表 11-50 所示为总的解释方差。系统会默认方差大于 1 的为因子，所以由表 11-50 可知提取前两个成分，前两个成分累加占总方差的 88.543%。并且第一公因子（Z_1）的方差（也称为特征值）是 3.521，第二公因子（Z_2）的方差是 1.792。由碎石

图可以看出到第 3 个公因子后趋于平缓。选取特征值大于 1 的公因子数。根据选取的公因子易于赋予实际意义的原则，最终选用的公因子数为 2。

表 11-50　解释的总方差

成分	初始特征值			提取平方和载入		
	合计	方差的 /%	累积 /%	合计	方差的 /%	累积 /%
1	2.417	48.347	48.347	2 417	48.347	48.347
2	1.260	25.203	73.550	1.260	25.203	73.550
3	0.721	14 420	87.970			
4	0.434	8.673	96.642			
5	0.168	3.358	100.000			

（5）成分矩阵：表 11-51 为未旋转成分矩阵，显示全部载荷。因子载荷不明显，需要进行因子旋转。

（6）旋转成分矩阵：表 11-52 为"旋转"按钮下选定"最大方差法"旋转后的成分矩阵。表 11-52 中各变量按照负荷量的大小进行了排列。旋转后的因子矩阵与旋转前的因子矩阵有明显的差异，旋转后的负荷量应该明显地向 0 和 1 两极分化。根据因子载荷量形成了 2 个公共因子，可以很容易地判断哪个变量归入哪个因子。第一公因子在藁本内酯、挥发油、阿魏酸有较大的载荷，联系实际意义，将其命名为内酯酸类因子；第二公因子在正丁烯基、藁本内酯有较大的载荷，联系实际意义，将其命名为丁烯类因子。

表 11-51　成分矩阵 [a]

	成分	
	1	2
藁本内酯	0.889	0.290
挥发油	0.826	-0.289
阿魏酸	0.639	-0.587
正丁烯基	0.320	0.855
总多糖	-0.659	-0.127

a. 已提取了 2 个成分。
注：提取方法，主成分

表 11-52　旋转后的成分矩阵 [a]

	成分	
	1	2
藁本内酯	0.626	0.694
挥发油	0.861	0.161
正丁烯基	-0.149	0.901
总多糖	-0.508	-0.438
阿魏酸	0.847	-0.191

a. 旋转在 3 次迭代后收敛。
注：提取方法，主成分。旋转法，具有 Kaiser 标准化的正交旋转法

第十节　聚类分析

聚类分析（cluster analysis）又称为群分析，是根据"物以类聚"的道理，对样品或指标进行分类的一种多元统计分析方法。其基本思想是根据样品或指标的相关程度进行类别的聚合，这种聚合是在没有先验知识的情况下进行的。聚类的目的是根据已知数据，计算各样品或指标之间亲疏关系的距离或相关系数。根据最短距离法、最长距离法或重

心法等使同一类内的差别较小，不同类之间的差别较大，最终将观察个体或变量分为若干个类，且必须满足"类内差异小，类间差异大"的原则。

根据分类对象不同分为样品聚类（又称为 Q 型聚类）和变量聚类（又称为 R 型聚类）。R 型聚类是将多个指标根据一定的聚类规则聚成少于原指标数量的几类，其功能与主成分分析及因子分析类似。Q 型聚类是对观察单位进行聚类，根据被观察样本单位的各种特征进行聚类，实际中应用较多的是 Q 型聚类分析。根据分析原理不同可将 Q 型聚类分析分为系统聚类分析（或称层次聚类分析）、动态聚类分析、两步聚类分析等。

一、系统聚类法

系统聚类法是应用最广泛的一种聚类方法，其规则是根据类间相似性系数来将相近的归为一类，开始时将每个单独的观察单位视为一类，将相似系数最大的两类合并成新类，再计算新类与其余类间的相似系数，重复进行直至最终所有观察单位被并为一类。类间相似系数的常用计算方法有最大相似系数法、最小相似系数法、重心法、类平均法、离差平方和法（Ward）等，在具体的聚类分析过程中一般需要尝试多种方法，寻找最佳聚类。

【例 11-18】 在某次抽样调查中，分别收集了 36 个县的马尾松密度、分布总面积、商用林分布面积、实际可砍伐面积、鲜松叶产量的指标数据，欲以每个县为一个观察单位，用种植密度、分布总面积、商用林分布面积、实际可砍伐面积、鲜松叶产量 5 个指标分析哪些县的马尾松的种植情况相似。数据如表 11-53 所示。

表 11-53　36 个县的马尾松种植情况

县代码	密度	分布总面积	商用林分布面积	实际可砍伐面积	鲜松叶产量
511821	0.11	1	1	0.5	7 972.62
341124	0.31	20	6	3	61 337.32
510322	0.38	11	11	5.5	108 451.3
510813	0.56	20	10	5	112 706.91
500237	0.26	70	28	14	161 609.15
511525	0.33	21	17	8.5	178 595.47
510781	0.31	20	20	10	178 758.57
511781	0.33	50	25	12.5	217 275.29
510812	0.8	20	10	5	220 205.45
421122	0.39	65	19.5	9.75	237 366.68
511902	0.4	50	25	12.5	237 592.05
341002	0.32	50	25	12.5	267 309.26
510822	0.72	30	15	7.5	277 701.72
411502	0.3	70	35	17.5	300 534.07
411330	0.29	60	30	15	311 324.3
511521	0.36	70	40	20	426 399.21

续表

县代码	密度	分布总面积	商用林分布面积	实际可砍伐面积	鲜松叶产量
500242	0.11	160	96	48	445 420.62
511721	0.34	100	50	25	465 785.79
420506	0.34	88	44	22	531 649.08
510724	1.1	30	30	15	653 619.91
361002	0.43	110	72	36	819 790.54
500119	0.24	200	60	30	871 585.92
511922	0.51	160	60	30	894 605.21
330185	0.33	200	100	50	1 028 476.88
440983	0.2	170	85	42.5	1 196 982.00
360402	0.22	318	79.5	39.75	1 278 597.53
430682	0.27	200	120	60	1 513 019.28
440232	0.16	210	105	52.5	1 770 701.77
350781	0.21	600	300	150	3 057 044.47
331126	0.31	500	250	125	3 397 879.75
430521	0.22	450	270	135	3 483 495.14
522731	0.24	573.6	458.88	229.44	5 386 713.04
450328	0.23	600	360	180	5 445 245.75
522622	0.24	623.25	373.95	186.97	5 692 627.96
350881	0.17	2300	1150	575	15 822 724.04
450122	0.28	326	200	100	4 097 351.61

分析该问题，这是一个 Q 型聚类。这里的 5 个指标均为连续型变量，先进行系统聚类。

第一步：数据标准化。表 1 中指标变量的量纲数量级相差很大，为使不同指标的数据可比，需要进行标准化。系统聚类模块中内置了数据标准化选项，本例只需在进行系统聚类分析时选择相应的选项即可，具体操作将在第二步中展示。

第二步：进行系统聚类分析。依次选择"分析""分类""系统聚类"选项，打开系统聚类分析窗口（图 11-56），将左侧变量列框中的 5 个变量全部加入右侧的分析变量框。将"县代码"变量作为观察单位的标签加入"标注个案"列表，"聚类"选项框中勾选"个案"，并在"输出"选项框中勾选"统计量""图"；打开"统计量"窗口（图 11-57）勾选"合并进程表"；打开"绘制"窗口（图 11-58）勾选"树状图"；打开"方法"窗口（图 11-59），在"转换值"选项框中选择"Z 得分"标准化并勾选"按照变量"进行标准化。

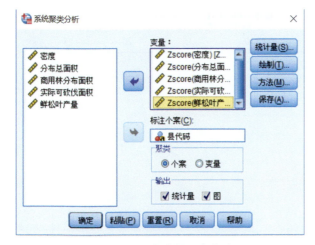

图 11-56　系统聚类分析的参数设置 -1

图 11-57　系统聚类分析的参数设置 -2

图 11-58　系统聚类分析的参数设置 -3

图 11-59　系统聚类分析的参数设置 -4

第三步：结果解读。输出结果中会输出系统聚类的样本聚集表及聚类谱系图（树状图）。其中聚类谱系图更直观地展现了聚类的结果，一般常将该图作为聚类分析的常规展示。此例输出的树状图如图 11-60 所示，为了便于观察分类数，平行于纵轴分别做三条与树状图相交 2 次、3 次、4 次的直线，可以看到 36 个县最多可以聚成 4 类，最终可以聚成 2 类，且无论选择几类，代码为 350881 的县均是独自成类。

另外，以上软件操作未指定聚类的类别数，若根据专业知识可以事先知道分类数，可在图 11-57 所示"统计量"窗口的"聚类成员"选项框中勾选聚类方案进行设定。如果勾选"单一方案"，则填写一个确定的分类数；如果勾选"方案范围"，则可设置期望的分类数的范围。

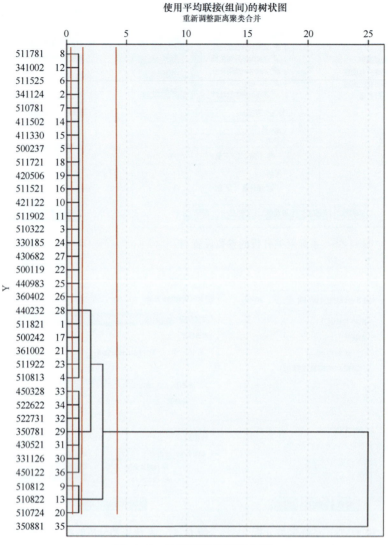

图 11-60　系统聚类分析树状图

图 11-61　变换系统聚类方法

第四步：变换系统聚类方法，确定最终分类。有时聚类分析的结果在专业上不容易解释，可以变换不同的方法进行聚类，将多个树状图进行比较，寻求最佳解释。此时可在图 11-56 所示的"系统聚类分析"窗口上选择"方法"选项，打开聚类方法设置窗口，选择不同的系统聚类方法进行分析，寻求最优聚类，如图 11-61 所示。

第五步：保存聚类结果。完成聚类分析后，可将每个样本的分类结果以新变量的形式保存在原数据表里。可在图 11-56 所示的"系统聚类分析"窗口选择"保存"选项，设置保存内容。如果勾选"单一方案"则填写欲保存的确切的分类数,也可在"方案范围"选项框里设置欲保存的分类数目范围。如图 11-62 所示。

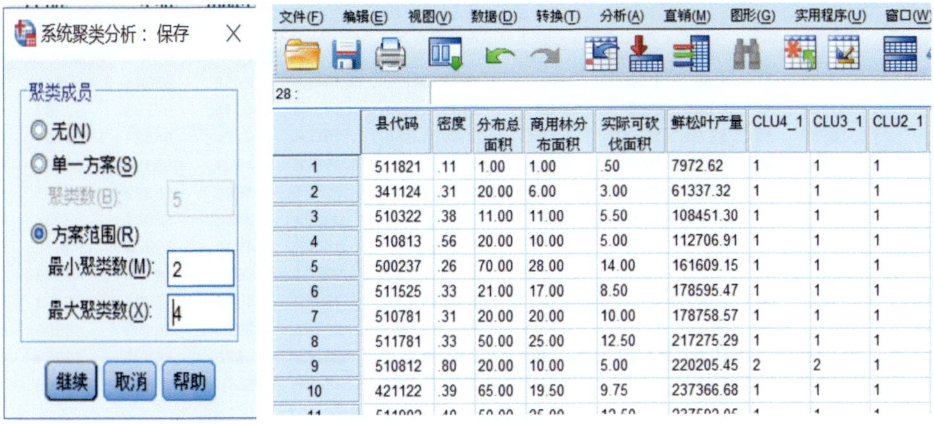

图 11-62　聚类结果保存

二、动态聚类法

动态聚类法又称为快速聚类。当待分类的观察单位较多时,系统聚类分析计算速度缓慢,且用系统聚类方法聚类,观察单位一旦被归类后,在后续分析过程中就不再变动了。快速聚类是非系统聚类中最常用的一种方法。其优点是计算量小,处理速度快,适合处理大样本数据。但其应用范围有限,要求用户在软件中指定分类数目,对专业性要求较高。另外,动态聚类只能处理连续性变量。

动态聚类最常用的是 K-Means 聚类法,其原理是根据用户指定的分类数 K,随机选取 K 个观察单位作为凝聚点各成一类,依次计算剩余观察单位与现有 K 类的距离,并归为距离最小的类,重复进行此过程直至所有观察单位均已被归类。再次重复上述步骤,直至所有观察单位的归类结果与上一次一致为止。

本节采用 K-Means 聚类法对本章的例 11-18 再次进行聚类分析。

第一步:数据标准化。将数据导入 SPSS 后,依次选择"分析""描述统计""描述"选项,打开描述性分析窗口,将 5 个指标全部加入右侧的分析变量框,并勾选窗口左下角的"将标准化得分另存为变量"完成操作,此时标准化后的新变量即会显示在数据表中(图 11-63)。例 11-18 中也可按照此方法先进行数据标准化,直接对标准化后的变量进行分析。

第二步:进行 K-Means 聚类分析。依次选择"分析""分类""K 均值聚类"选项,打开 K 均值聚类窗口(图 11-64),将标准化后的连续性变量加入右侧聚类变量列表,将"县代码"加入右侧"个案标记依据"列表,"聚类数"填写 4;打开"保存"窗口(图 11-65)勾选"聚类成员",使聚类结果以新变量的形式保存在原始数据表中;打开"选项"窗口(图 11-66),勾选"统计量"选项框下的"初始聚类中心""每个个案的聚类信息"两项,完成分析。

	县代码	密度	分布总面积	商用林分布面积	实际可砍伐面积	鲜松叶产量	Z密度	Z分布总面积	Z商用林分布面积	Z实际可砍伐面积	Z鲜松叶产量
1	511821	.11	1.00	1.00	.50	7972.62	-1.19405	-.58757	-.59645	-.59645	-.57649
2	341124	.31	20.00	6.00	3.00	61337.32	-.16568	-.54034	-.57283	-.57283	-.55829
3	510322	.38	11.00	11.00	5.50	108451.30	.19425	-.56271	-.54921	-.54921	-.54223
4	510813	.56	20.00	10.00	5.00	112706.91	1.11978	-.54034	-.55394	-.55394	-.54078
5	500237	.26	70.00	28.00	14.00	161609.15	-.42277	-.41608	-.46892	-.46891	-.52411
6	511525	.33	21.00	17.00	8.50	178595.47	-.06284	-.53786	-.52087	-.52087	-.51832
7	510781	.31	20.00	20.00	10.00	178758.57	-.16568	-.54034	-.50670	-.50670	-.51826
8	511781	.33	50.00	25.00	12.50	217275.29	-.06284	-.46578	-.48309	-.48309	-.50513
9	510812	.80	20.00	10.00	5.00	220205.45	2.35382	-.54034	-.55394	-.55394	-.50413
10	421122	.39	65.00	19.50	9.75	237366.68	.24567	-.42850	-.50906	-.50906	-.49828
11	511902	.40	50.00	25.00	12.50	237592.05	.29708	-.46578	-.48309	-.48309	-.49820
12	341002	.32	50.00	25.00	12.50	267309.26	-.11426	-.46578	-.48309	-.48309	-.48807

图 11-63 数据标准化后新增变量

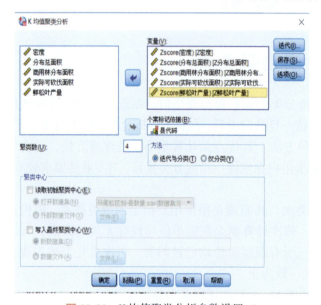

图 11-64 K 均值聚类分析参数设置 -1　　　　图 11-65 K 均值聚类分析参数设置 -2

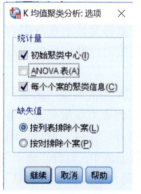

图 11-66 K 均值聚类分析参数设置 -3

第三步：结果解读。在 SPSS 的输出窗口中可以看到"初始聚类中心"（表 11-54）、"最终聚类中心"（表 11-55）及"迭代历史记录"（表 11-56），两图对比观察可以发现第一分类在初始聚类后并未改变，说明第一分类与其他观察单位的距离最远，通过查看"最终聚类中心间的距离"（表 11-57），发现第一分类与另外 3 个分类的距离确实是最远的，根据"每个聚类中的案例数"（表 11-58）可以看出第一分类只有一个观察单位，查找"聚类成员"表（表 11-59），可以发现第一分类的成员是代码为 350881 的县，该结论与系统聚类法的结论是一致的。

表 11-54 初始聚类中心

	聚类			
	1	2	3	4
Z_{score}（密度）	5.12623	−0.51549	0.83554	−0.316 66
Z_{score}（商用林分布面积）	4.83084	−0.45947	1.56634	−0.261 08
Z_{score}（实际可砍伐面积）	4.83085	−0.45947	1.56635	−0.261 08
Z_{score}（鲜松叶产量）	4.81541	−0.35636	1.25735	−0.299 71

表 11-55 最终聚类中心

	聚类			
	1	2	3	4
Z_{score}（密度）	5.12623	−0.52377	0.71399	−0.342 11
Z_{score}（商用林分布面积）	4.83084	−0.51458	0.89201	−0.381 25
Z_{score}（实际可砍伐面积）	4.83085	−0.51458	0.89201	−0.381 25
Z_{score}（鲜松叶产量）	4.81541	−0.44834	0.90926	−0.393 41

表 11-56 迭代历史记录[a]

迭代	聚类中心内的更改			
	1	2	3	4
1	0.000	0.778	0.890	0.556
2	0.000	0.395	0.157	0.089
3	0.000	0.000	0.000	0.000

a. 由于聚类中心内没有改动或改动较小而达到收敛，任何中心的最大绝对坐标更改为 0.000，当前迭代为 3 时，初始中心间的最小距离为 3.374。

表 11-57 最终聚类中心间的距离

聚类	1	2	3	4
1		11.395	8.119	10.578
2	11.395		4.207	2.899
3	8.119	4.207		2.483
4	10.578	2.899	2.483	

表 11-58 每个聚类中的案例数

聚类	1		1.000
	2		3.000
	3		7.000
	4		25.000
有效			36.000
缺失			0.000

表 11-59 聚类成员

案例号	县代码	聚类	距离	案例号	县代码	聚类	距离
1	511821	4	1.125	19	420506	4	0.148
2	341124	4	0.374	20	510724	2	1.172
3	510322	4	0.499	21	361002	4	0.638
4	510813	4	1.322	22	500119	4	0.469
5	500237	4	0.331	23	511922	4	1.040
6	511525	4	0.319	24	330185	4	0.475
7	510781	4	0.294	25	440983	4	0.691
8	511781	4	0.239	26	360402	4	0.793
9	510812	2	0.386	27	430682	4	0.677
10	421122	4	0.460	28	440232	4	1.006
11	511902	4	0.502	29	350781	3	0.531
12	341002	4	0.216	30	331126	3	0.642
13	510822	2	0.790	31	430521	3	0.489
14	411502	4	0.149	32	522731	3	1.023
15	411330	4	0.203	33	450328	3	0.514
16	511521	4	0.264	34	522622	3	0.644
17	500242	4	1.101	35	350881	1	0.000
18	511721	4	0.148	36	450122	3	0.939

三、两步聚类法

两步聚类法为一种探索性的聚类方法，是随着人工智能的发展而发展起来的智能聚类方法，用于解决海量数据或具有复杂类别结构的聚类分析问题。两步聚类也称为二阶聚类，可以处理超大样本量的数据，相比动态聚类法，两步聚类法的处理速度更快，并且可将连续变量与分类变量混合进行聚类，实际应用中更方便。另外，两步聚类法还可以自动确定聚类数。

两步聚类法的第一步是进行预聚类；第二步对第一步的初步聚类结果进行再聚类，确定最终的聚类方案，并根据一定的统计标准确定聚类类别数目。

【例 11-19】 在某次抽样调查中，分别收集了 12 个省（自治区、直辖市）36 个县的马尾松密度、分布总面积、商用林分布面积、实际可砍伐面积、鲜松叶产量的指标数据，欲以每个县为一个观察单位，以省份、种植密度、分布总面积、商用林分布面积、实际可砍伐面积、鲜松叶产量 6 个指标来分析哪些县的马尾松的种植情况相似。数据如表 11-60 所示。

表 11-60　12 个省份 36 个县的马尾松种植情况

省（自治区、直辖市）	县代码	密度	分布总面积	商用林分布面积	实际可砍伐面积	鲜松叶产量
四川	511821	0.11	1	1	0.5	7 972.62
安徽	341124	0.31	20	6	3	61 337.32
四川	510322	0.38	11	11	5.5	10 8451.3
四川	510813	0.56	20	10	5	112 706.91
重庆	500237	0.26	70	28	14	161 609.15
四川	511525	0.33	21	17	8.5	178 595.47
四川	510781	0.31	20	20	10	178 758.57
四川	511781	0.33	50	25	12.5	217 275.29
四川	510812	0.8	20	10	5	220 205.45
湖北	421122	0.39	65	19.5	9.75	237 366.68
四川	511902	0.4	50	25	12.5	237 592.05
安徽	341002	0.32	50	25	12.5	267 309.26
四川	510822	0.72	30	15	7.5	277 701.72
河南	411502	0.3	70	35	17.5	300 534.07
河南	411330	0.29	60	30	15	311 324.3
四川	511521	0.36	70	40	20	426 399.21
重庆	500242	0.11	160	96	48	445 420.62
四川	511721	0.34	100	50	25	465 785.79
湖北	420506	0.34	88	44	22	531 649.08
四川	510724	1.1	30	30	15	653 619.91
江西	361002	0.43	110	72	36	819 790.54
重庆	500119	0.24	200	60	30	871 585.92
四川	511922	0.51	160	60	30	894 605.21
浙江	330185	0.33	200	100	50	1 028 476.88
广东	440983	0.2	170	85	42.5	1 196 982.00
江西	360402	0.22	318	79.5	39.75	1 278 597.53
湖南	430682	0.27	200	120	60	1 513 019.28
广东	440232	0.16	210	105	52.5	1 770 701.77
福建	350781	0.21	600	300	150	3 057 044.47
浙江	331126	0.31	500	250	125	3 397 879.75
湖南	430521	0.22	450	270	135	3 483 495.14
贵州	522731	0.24	573.6	458.88	229.44	5 386 713.04
广西	450328	0.23	600	360	180	5 445 245.75
贵州	522622	0.24	623.25	373.95	186.97	5 692 627.96
福建	350881	0.17	2300	1150	575	1 582 2724.04
广西	450122	0.28	326	200	100	4 097 351.61

分析该问题，这是一个 Q 型聚类，这里的"省（自治区、直辖市）"为一个分类变量，我们进行两步法聚类。

第一步：进行数据标准化。本例进行数据标准化的方法可参照例 11-18 的方法。另外，在 SPSS 软件的聚类分析模块中其实内置了标准化的选项，只需在相应的部分进行勾选设置即可。具体操作将在第二步中展现。

值得注意的是，数据的标准化是针对连续型定量变量的，对分类变量不进行标准化。

第二步：进行两步法聚类分析。依次选择"分析""分类""两步聚类"选项，打开两步聚类分析窗口。将左侧变量列表中的"密度""分布总面积""商用林面积"、"实际可开发面积"、"鲜松叶产量"5 个定量变量（这里的 5 个变量为未标准化的原始变量）加入右侧的连续变量列表，将"省份"加入分类变量列表，如图 11-67 所示。

在图 11-67 中打开"选项"窗口，如图 11-68 所示，可以看到图 11-68 中"要标准化的变量"框中自动添加了 5 个定量变量，所以图 11-67 所示"连续变量计数"部分显示

图 11-67 两步聚类法参数设置 -1

要标准化的变量计数为 5。如果在图 11-67 的连续变量列表中选入了标准化后的 5 个变量，则需在图 11-68 中将"要标准化的变量"列表框清空，此时，相应的图 11-67 中要标准化的变量计数会自动变为 0。

在图 11-67 中打开"输出"窗口，如图 11-69 所示，在"模型浏览器输出"选项框中勾选"图表和表格"选项，在"工作数据文件"选项框中勾选"创建聚类成员变量"使聚类结果以新变量的形式输出在原数据表中。

图 11-68 两步聚类法参数设置 -2

图 11-69 两步聚类法参数设置 -3

第三步：结果解读。SPSS 输出窗口的概要结果，可以看到 36 个县进行两步聚类法后被分为两类，且聚类质量处于"好"的水平。详细的聚类结果可双击 SPSS 输出窗口中的概要结果激活模型浏览器查看。模型浏览器有多个视图，分别为"模型概要"视图（图 11-70）、"聚类大小"视图（图 11-71）、"聚类"视图（图 11-72），以及对"聚类"视图的详细说明，即"单元分布"视图（图 11-73）和"预测变量重要性"视图（图 11-74）。

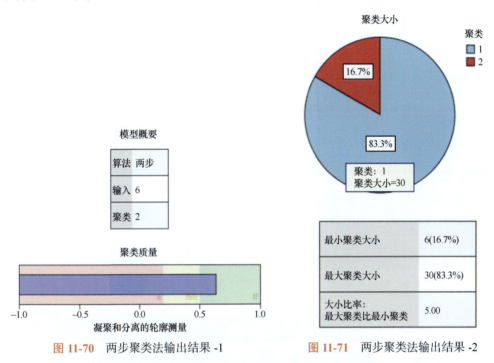

图 11-70　两步聚类法输出结果 -1　　　图 11-71　两步聚类法输出结果 -2

从图 11-71 可以看到每一类包含的县数，有 30 个县被聚为第一类，6 个县被聚为第二类；图 11-72 中详细列出了用于聚类分析的 6 个变量在聚类过程中的贡献程度，以颜色的深浅表示贡献大小；图 11-74 以更直观的方式列出了 6 个变量的重要性排序，本例的聚类分析中，鲜松叶产量贡献最大，而种植密度贡献最小。另外，在图 11-72 中选中第一类的鲜松叶产量一格，图 11-73 即显示为鲜松叶产量的频数分布，并用颜色的深浅表示总体与第一类分布情况，此处可以看出划分到第一类的县，鲜松叶产量较高。其他变量也可按照此方法依次分析。

四、不同聚类方法的选择

实际研究过程中，需要根据数据类型及研究目的选择不同的聚类分析方法。

根据聚类类型选择聚类方法。本章介绍了 Q 型聚类的 3 种方法，若要进行 R 型聚类，则只能选择系统聚类法，另外两种方法只适用于对观察单位的聚类。

根据样本数量选择聚类方法。系统聚类计算过程复杂，占用资源，不适用于大样本量的数据分析，动态聚类及两步法聚类在处理大样本量的数据时有较高的效率。一一般样本量小于 1000,可进行系统聚类,样本量超过 1000 建议选择动态聚类法或两步聚类法。

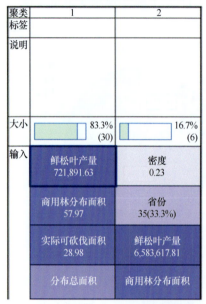

图 11-72　两步聚类法输出结果 -3

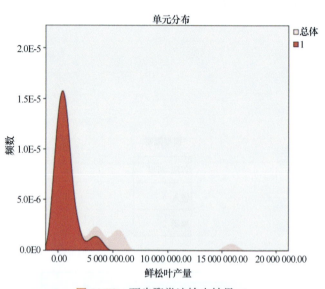

图 11-73　两步聚类法输出结果 -4

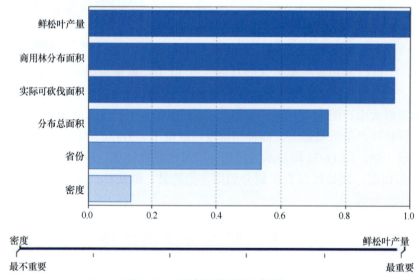

图 11-74　两步聚类法输出结果 -5

根据变量类型选择聚类方法。对于连续型变量,3 种方法均可,但若有分类变量存在,则不适合用动态聚类法,可选用两步聚类法。

根据聚类数目的确定程度选择聚类方法。对于聚类数目未知需要探索的研究,可选择系统聚类通过尝试不同的相似系数算法寻找最佳聚类数目。对于有明确聚类数目规定的研究，可选用动态聚类法。对于希望软件自动设定聚类数目的研究，可选择两步聚类法。

需要注意的是，不管选用哪种聚类方法，都需要对数据进行标准化，以消除不同变量量纲的影响。另外，变量间的共线性也是需要事先考虑的问题，如果变量间存在共线性可借助主成分分析等方法将变量转换成相互独立的几个新变量再进行聚类分析。

第十一节 判别分析

判别分析是多元统计中利用已知类别的样本建立判别模型，根据观测或测量到若干变量值，判别研究对象属于哪一类的方法。主要是用来确定新样品类别的样本属于哪一类的统计分析方法。进行判别分析必须已知观测对象的分类和若干表明观测对象特征的变量值。判别分析就是要从中筛选出能提供较多信息的变量并建立判别函数，使得利用推导出的判别函数对观测量判别其所属类别时的错判率最小。

判别分析与聚类分析一样是一种将样品分类的方法。而判别分析是在待分类样品的类别归属明确的前提下，根据样品的某些特征指标（变量）构造判别函数来判定其类别归属的一种统计学分类方法。主要是用来确定新样品类别的样本属于哪一类的统计分析方法。进行判别分析必须已知观测对象的分类和若干表明观测对象特征的变量值。判别分析就是要从中筛选出能提供较多信息的变量建立判别函数，并使利用推导出的判别函数对观测对象判别其所属类别时的错判率最小。

经典的判别分析方法有 Fisher 判别和 Bayes 判别。Fisher 判别是寻找合适的投影方向，使样本在投影面上类内变异变小，类间变异增大，达到判别的目的。Bayes 判别以概率为判别依据，要求各类近似服从正态分布，要求样本量较大，多分类判别时多采用此方法。

判别分析中应注意以下几个方面的问题。

判别分析中所用的样本资料视为总体的估计，所以要求样本足够大，有较好的代表性。样本的原始分类必须正确无误，否则得不到可靠的判别函数。判别指标的选择要适当，但不在于多。必要时应对判别指标进行筛选。

各类的先验概率可以由训练样本中各类的构成比作为估计值，此时要注意样本构成比是否具有代表性。如果取样存在选择性偏倚，就不能用构成比来估计先验概率，不如把各类的发生视为等概率事件，先验概率取 $1/g$ 更为妥当。

判别函数的判别能力不能只由训练样本的回代情况得出结论。小样本资料建立的判别函数回代时可能有很低的误判率，但训练样本以外的样品误判率不一定低，因此要预留足够的验证样品以考察判别函数的判别能力。

判别函数建立以后可在判别应用中不断积累新的资料，不断进行修正，逐步完善。

Fisher 判别和 Bayes 判别都是线性判别，二分类的 Logistic 回归也可以用于两类判别，称为 Logistic 判别，是非线性的。

以马尾松单株产量的判别分析为例，假定马尾松单株产量高产和低产的类别归属明确，即单株产量大于等于15定义为高产，数据中用1表示；单株产量小于15定义为非高产，数据中用2表示。数据见"马尾松单株产量的判别分析.xls"。

操作步骤如下：选择"分析"→"分类"→"判别"菜单项，打开"判别分析"对话框，如图11-75、图11-76所示。将"产量分组"选入"分组变量"列表框中，定义范围1～2，将"经度""纬度""海拔""坡度""年均温""年均降雨量""总日照时数""总辐射""酸碱度""有机碳含量"选入"自变量"列表框中，这里方法选择"使用步进式方法"，判别分析统计量，描述性选"均值"，矩阵选"组内相关"，函数系数选"Fisher（F）"；判别分析分类，先验概率根据组大小计数，在组内使用协方差矩阵。参数选好后确定如图11-77所示。

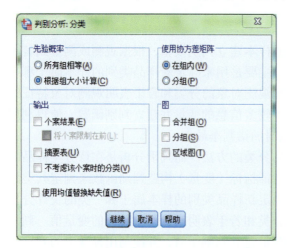

图11-75 马尾松单株产量的判别分析-1

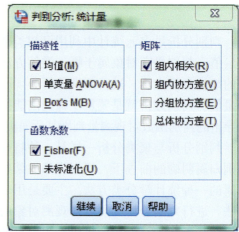

图11-76 马尾松单株产量的判别分析-2

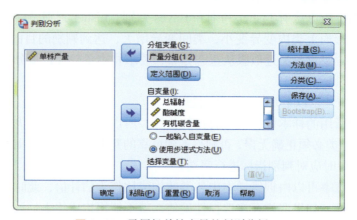

图11-77 马尾松单株产量的判别分析-3

得到的结果如表11-61、表11-62、表11-63所示，用 $X_1 \sim X_4$ 分别表示纬度、坡度、总日照时数、总辐射，建立判别函数为

$$F_1 = -600.272 + 24.418X_1 + 29.281X_2 + 0.11X_3 + 0.05X_4$$

$$F_2 = -618.436 + 24.948X_1 + 29.496X_2 + 0.12X_3 + 0.04X_4$$

将判别对象的数值带入方程中，得到 F_1、F_2 的值。若 F_1 大，则判别对象在高产组；若 F_2 大，则判别对象在低产组。

表 11-61　组统计量

产量分组		均值	标准差	有效的 N（列表状态）	
				未加权的	已加权的
1	经度	414.035 928 143 7	312.9 845 843 754 0	334	334.000
	纬度	26.839 607 759 3	2.6 936 453 355 8	334	334.000
	坡度	78.278 443 113 8	2.6 605 249 038 5	334	334.000
	总日照时数	1 258.613 810 516 2	222.5 948 479 238 9	334	334.000
	总辐射	1.303 263 478 8	0.5 139 505 513 4	334	334.000
	酸碱度	5.599 101 883 3	1.3 048 417 010 4	334	334.000
2	经度	452.861 363 636 4	276.5 290 536 352 3	880	880.000
	纬度	29.895 674 315 2	2.6 188 869 038 8	880	880.000
	坡度	76.448 863 636 4	3.6 135 409 072 1	880	880.000
	总日照时数	1 251.897 741 261 7	241.6 096 501 372 8	880	880.000
	总辐射	1.270 386 370 2	0.7 267 788 881 5	880	880.000
	酸碱度	5.987 727 327 9	1.4 416 159 640 4	880	880.000
合计	经度	442.179 571 663 9	287.4 125 880 282 8	1214	1214.000
	纬度	29.054 878 409 4	2.9 708 702 776 6	1214	1214.000
	坡度	76.952 224 052 7	3.4 747 029 498 2	1214	1214.000
	总日照时数	1 253.745 490 134 0	236.4 591 450 592 7	1214	1214.000
	总辐射	1.279 431 637 3	0.6 749 043 327 2	1214	1214.000
	酸碱度	5.880 807 312 7	1.4 154 730 010 0	1214	1214.000

表 11-62　汇聚的组内矩阵

		经度	纬度	坡度	总日照时数	总辐射	酸碱度
相关性	经度	1.000	0.182	−0.050	−0.504	−0.032	−0.055
	纬度	0.182	1.000	−0.354	−0.067	0.039	0.191
	坡度	−0.050	−0.354	1.000	−0.325	0.141	−0.204
	总日照时数	−0.504	−0.067	−0.325	1.000	0.067	0.121
	总辐射	−0.032	0.039	0.141	0.067	1.000	−0.123
	酸碱度	−0.055	0.191	−0.204	0.121	−0.123	1.000

表 11-63　判别分析结果（分类函数系数）

	产量分组	
	1	2
纬度	24.418	24.948
坡度	29.281	29.496
总日照时数	0.011	0.012
总辐射	0.005	0.004
（常量）	−600.272	−618.436

注：Fisher 的线性判别式函数

第十二章 空间统计分析方法简介

本章通过对空间统计分析的介绍，引导中药区划工作者应用 ArcGIS 空间统计分析解决中药生产中的实际问题。本章简要介绍空间统计分析的基本情况和操作，更多空间分析原理、方法和操作，请参见空间分析相关专著。

第一节　基于空间统计的数据分析方法

一、空间自相关分析

（一）Moran's I 系数计算

以特有种数据分析为例，说明 Moran's I 系数计算基本原理和操作步骤。

1. Moran's I 系数简介

Moran's I 系数，即空间自相关系数（I 指数），反映空间邻近区域单元属性值的相似程度，用于发现空间分布模式，见图 12-1。Moran's I 系数，取值范围为 [-1，1]，能反映区域之间观测值相似（正关联）或非相似（负正关联）。可以用标准化后的 Moran's I 系数（标准化统计量 Z）来检验 n 个区域间是否存在自相关关系。

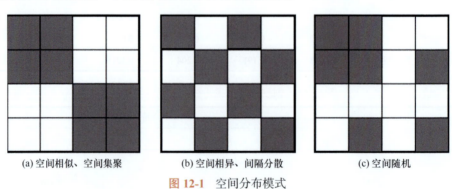

图 12-1　空间分布模式

当 $Z > 0$ 时，代表观测值在空间分布上呈正相关性；当 $Z > 0$ 且显著时，表示相似的观测值趋于空间集聚，空间上呈聚集分布；数值越大表明正的空间相关性越强，聚集程度越强。

当 $Z<0$ 时，代表观测值在空间分布上呈负相关性；当 $Z<0$ 时且显著时，表示相似的观测值趋于分散，空间上呈离散分布；数值越小表明负的空间相关性越强，离散程度越强。

当 $Z=0$（或当 Z 接近 0）时，代表观测值在空间分布上不具有相关性，空间上呈随机分布。

2. 计算 Moran’s *I* 值操作

以各省特有种数量和分布数据为例，介绍空间自相关操作步骤，基础数据信息加载操作如下所述。

打开 ArcGIS 软件中的 ArcMap 软件，点击“+”号按钮，添加数据如省级本地数据，在省级数据里点击右键出现如图 12-2 所示界面。打开“Open Attribute Table”后，属性表界面如图 12-3 所示。在图 12-3 所示属性表界面中选择“Add Field”，如图 12-4 所示。在“Add Field”中，在“Name”处输入导出体现特有种数据的“tyz”，如图 12-5 所示。点击“OK”，表格中会出现如图 12-6 所示的内容。

图 12-2　省级边界数据

Table

特有

FID	Shape *	OBJECTID	PAC	Shape_Leng	Shape_Area	name
0	Polygon	1	110101	0.415244	0.00442	东城区
1	Polygon	17	120101	0.136903	0.001044	和平区
2	Polygon	33	130102	0.581435	0.012236	长安区
3	Polygon	205	140105	1.160808	0.02964	小店区
4	Polygon	323	150102	1.490464	0.070629	新城区
5	Polygon	425	210102	0.239144	0.002304	和平区
6	Polygon	525	220102	1.768292	0.058186	南关区
7	Polygon	585	230102	1.634714	0.053517	道里区
8	Polygon	714	310101	0.192792	0.001926	黄浦区
9	Polygon	731	320102	0.437939	0.007248	玄武区
10	Polygon	835	330102	0.243602	0.002491	上城区
11	Polygon	925	340102	0.652301	0.012839	瑶海区
12	Polygon	1030	350102	0.240955	0.003175	鼓楼区
13	Polygon	1115	360102	0.231134	0.002763	东湖区
14	Polygon	1215	370102	0.588841	0.011358	历下区
15	Polygon	1355	410102	0.729648	0.01948	中原区
16	Polygon	1514	420102	0.463711	0.007515	江岸区
17	Polygon	1617	430102	0.366911	0.003916	芙蓉区
18	Polygon	1739	440103	0.430842	0.005495	荔湾区
19	Polygon	1862	450102	1.494813	0.06374	兴宁区
20	Polygon	1971	460105	1.539885	0.042457	秀英区
21	Polygon	1993	500101	4.193322	0.325457	万州区
22	Polygon	2031	510104	0.522414	0.00568	锦江区
23	Polygon	2212	520102	0.619786	0.008065	南明区
24	Polygon	2300	530102	0.199542	0.001096	五华区
25	Polygon	2429	540102	1.066415	0.048437	城关区
26	Polygon	2502	610102	0.288451	0.00293	新城区
27	Polygon	2609	620000	3.01266	0.085977	太子山天然林
28	Polygon	2697	630102	0.468252	0.011244	城东区
29	Polygon	2743	640104	1.707024	0.066684	兴庆区
30	Polygon	2765	650102	0.674876	0.019311	天山区

图 12-3　属性表

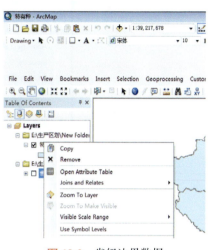

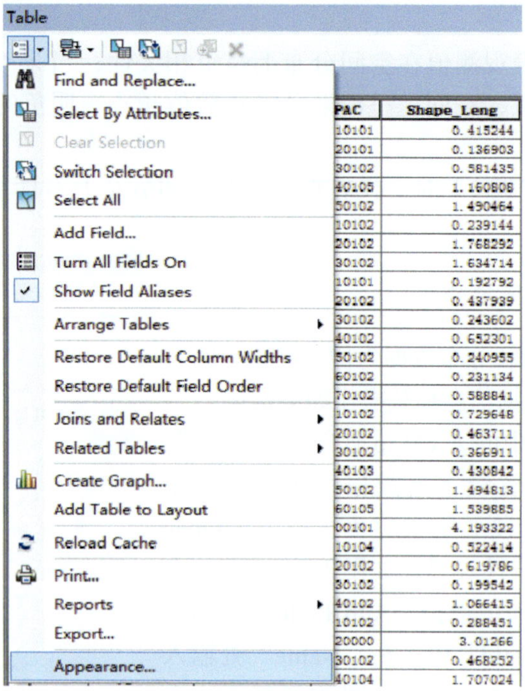

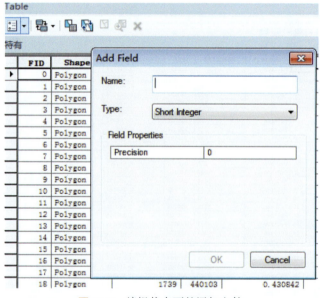

图 12-4　添加文件界面表

图 12-5　编辑状态下的添加文件

在图 12-7 中点击"Start Editing"，点击省级本地数据右键，出现开始编辑后的数据右键列表，如图 12-8 所示。选择图 12-8 中"Open Attribute Table"，修改表格"tyz"属性，把特有种的数据输入相应的表格中，如图 12-9 所示。

第十二章 空间统计分析方法简介

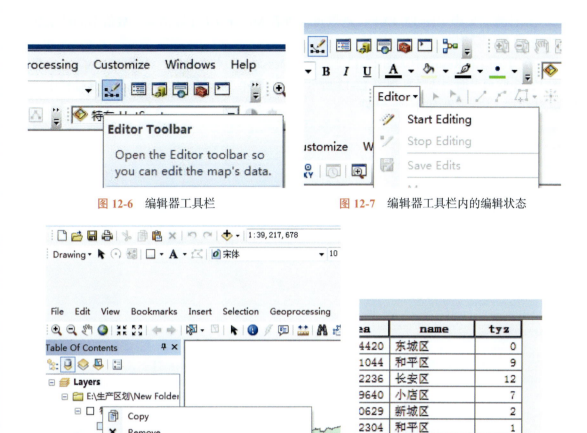

图 12-6　编辑器工具栏

图 12-7　编辑器工具栏内的编辑状态

图 12-8　开始编辑后的数据右键列表

图 12-9　输入表格新增列的情况

在空间分析工具"ArcToolbox"中选择"Analyzing Patterns"项下的"Spatial Autocorrelation（Moran's *I*）"，如图 12-10 所示。弹出 Spatial Autocorrelation（Moran's *I*）对话框，如图 12-11 所示。

在图 12-11 界面中设置相关参数，计算 Moran's *I*。在"Input Feature Class"中输入要分析的数据，在"Input Field"中输入要分析的表格项下的数据，如特有种属性表中的"tyz"，其他默认。在图 12-11 所示界面中设置完参数，点击"OK"。

图 12-10　选取 Moran's *I* 工具

图 12-11　Moran's *I* 计算参数设置

在计算结果中（图 12-12），选取可以查看 Moran's *I* 计算结果。数值型的结果如图 12-12 所示。图型的结果如图 12-13 所示。

在分析结果 Result 中（图 12-12），在"Messages"点击右键，选择"View"，出现图 12-13 所示界面，选择复制图 12-13 所示界面倒数第三行的信息到浏览器的地址栏中，出现图 12-14 所示界面的计算结果。

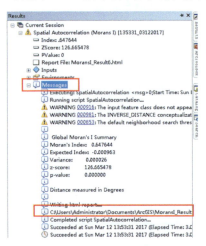

图 12-12　Moran's *I* 数值结果　　　　　图 12-13　信息目录

（二）空间自相关显著性检验

在空间分析工具（ArcToolbox）中选择"Spatial Statistics Tools"→"Mapping Clsters"→"Cluster and Outlier Analysis"，如图 12-15 所示。弹出 Cluster and Outlier Analysis 对话框，如图 12-16 所示。在 Cluster and Outlier Analysis 对话框界面中设置相关参数，点击"OK"，进行空间自相关显著性检验。

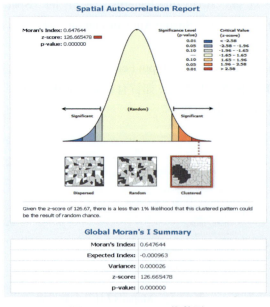

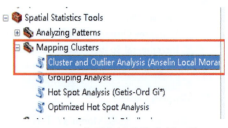

图 12-14　Moran's *I* 指数图　　　　　图 12-15　集群和异常值分析工具

第十二章　空间统计分析方法简介

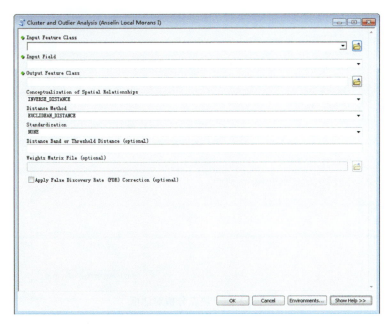

图 12-16　需要录入的项目表格

（三）局部空间自相关

局部空间自相关分析，一般常用 G 指数表示，G 指数计算操作示例如下。

在空间分析工具（ArcToolbox）中选择"Spatial Statistics Tools"→"Mapping Clsters"→"Hot Spot Analysis"，如图 12-17 所示。弹出"Hot Spot Analysis"热点分析对话框，如图 12-18 所示。在"Hot Spot Analysis"热点分析对话框界面中设置相关参数，点击"OK"，进行 G 指数计算。

图 12-17　热点分析工具

二、空间关联关系的可视化

在格网数据的可视化过程中，空间权重矩阵和空间滞后（spatial lag）是两个非常重要的概念。空间权重矩阵中，第 i 行的非 0 元素，定义了该空间单元的所有邻居；对第 i 行所有邻居的观测值进行加权平均，即得到变量在位置 i 上的空间滞后。通过饼状图、柱状图或散点图等形式，将每个位置上的观测值和其空间滞后之间的关系表示在地图上，便可进行空间关联关系的可视化。

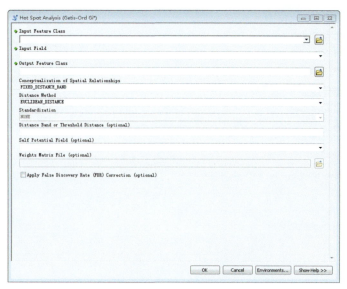

图 12-18　热点分析对话框

（一）Moran 散点图

1. Moran 散点图

散点图是数据分析中表示两个变量之间关系的常用方法，表示一个变量的空间自相关关系，可以采用 Moran 散点图。Moran 散点图，横坐标表示某个位置上的观测值，纵坐标表示该位置的空间滞后。空间变量的观测值和其空间滞后之间的拟合程度（直线的斜率），即 I 指数。Moran 散点图可以用来探索空间关联的全局模式、识别空间异常和局部不平稳性等（Anselin，1994，1996）。

Moran 散点图的 4 个象限，分别对应区域单元与邻居单元之间的 4 种局部空间联系形式。第一象限（H-H）：观测值大于均值，空间滞后大于均值；代表具有高观测值的区域单元被具有高观测值的区域单元包围。第二象限（L-H）：观测值小于均值，空间滞后大于均值；代表具有低观测值的区域单元被具有高观测值的区域单元包围。第三象限（L-L）：观测值小于均值，空间滞后小于均值；代表具有低观测值的区域单元被具有低观测值的区域单元包围。第四象限（H-L）：观测值大于均值，空间滞后小于均值；代表具有高观测值的区域单元被具有低观测值的区域单元包围。

第一象限（H-H）和第三象限（L-L），对应正的空间自相关，表示该位置上的观测值和周围邻居的观测值相似；其中，第一象限（H-H）为高 - 高相似，第三象限（L-L）为低 - 低相似。第一象限和第三象限分别对应 G 指数中的正的空间关联（高 - 高）和负的空间关联（低 - 低）。观察第一象限和第三象限点的相对密度，可以了解全局空间关联模式是由高值之间的关联决定的，还是由低值之间的关联决定的。

第二象限（L-H）和第四象限（H-L），对应负的空间自相关，表示该位置上的观测值和周围邻居的观测值相异；其中，第二象限（L-H）为低 - 高相异，第四象限（H-L）为高 - 低相异。观察第二象限和第四象限点的相对密度，可以了解哪种形式的负空间关联模式占主导地位。

此外，观察 Moran 散点图的第二象限和第三象限，可以发现潜在的空间异常。以 Moran 散点图的原点，做一个半径为 2 的圆，可以认为圆以外的观点都是异常值。

与 G 指数相比，Moran 散点图能进一步反映区域单元与其邻居区域单元之间是高值和高值、高值和低值、低值和高值、低值和低值 4 种空间联系形式中的哪一种类型。基于 Moran 散点图，可以识别出空间分布中存在哪几种不同的实体特性。

Moran 散点图与 LISA 显著性水平同时使用，可以得到"Moran 显著性水平图"，可以显示出显著的 LISA 区域，并且可以分别标出 Moran 散点图中不同象限对应的区域。

Moran 散点图中的 H-H、L-L、H-L、L-H 类型，包括了所有研究单元；而 LISA 显著性水平图上标注的单元仅仅是通过了显著性检验的单元。

使用 R 语言，进行 Moran 散点图操作，如下所述。

用 R 软件先加载软件包"spdep"，作 Moran 散点图具体命令如下：

all < -read_excel（"全国.xlsx"）

block.rel < - graph2nb（relativeneigh（as.matrix（all[，1：2］）），as.character（all[，4]），sym=T）

m < -moran.plot（all$numb，nb2listw（block.rel），

labels=as.character（all$name），main=" Moran 散 点 图 "，xlab=" 种 类 数 量 "，pch=18）

2. 空间聚集统计显著性地图

当在 Moran 散点地图中仅显示显著性高或者低的观测值时，即得到 Moran 显著性地图。如果显著性观测值属于 Moran 散点图的第一象限或第三象限，认为存在显著的空间聚集；如果显著性观测值属于 Moran 散点图的第二象限或第四象限，认为存在显著的空间差异。

Prediction map（预测图）。

Probability（概率图），当确定一个阈值后，可预测区域内大于该阈值的概率，生成概率图。

Quantile map（分位图），当确定了一个概率值，则对整个预测区域生成一个分位图。

Standard error map（标准差）。

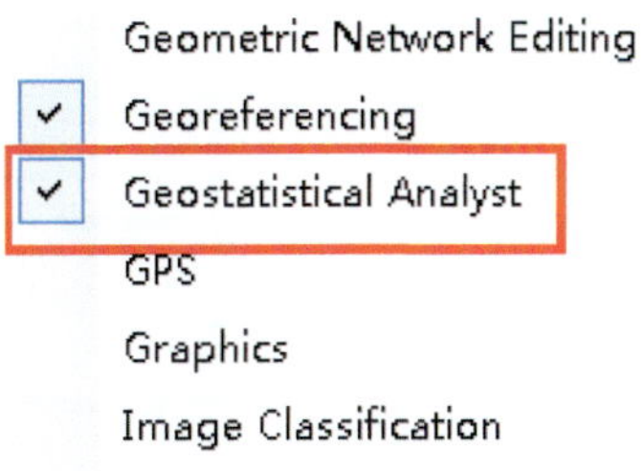

图 12-19　空间统计学分析

（二）趋势面分析

空间趋势反映了空间现象在地理单元上变化的方向特征，利用 ArcGIS 趋势分析工具，可以将属性数据转换为三维图。将属性数据按照两个返现投影到与地图平面正交的平面上，每个方向通过投影点做出最佳的拟合线，来模拟特定方向上存在的趋势。

1. 趋势分析图

趋势面分析是利用数学曲面模拟地理系统要素在空间上的分布及变化趋势的一种数

学方法，模拟地理要素在空间上的分布规律，展示地理要素地域空间上的变化趋势。趋势面分析常被用来模拟资源、人口及经济要素等在空间上的分布规律，在空间分析方面有重要的应用价值。一般趋势面分析结果，x 轴表示东西方向上的变化趋势，y 轴表示南北方向上的变化趋势。

利用 ArcGIS 趋势分析工具，可以将属性数据转换为三维图。利用 ArcGIS 趋势分析工具，可以将属性数据转换为三维图。

2. 趋势图制作

首先勾选空间统计分析工具，如图 12-19 所示。依次选择空间分析工具中的"Explore Data"和"Trend Analysis"（图 12-20），得到趋势面结果，如图 12-21 所示。

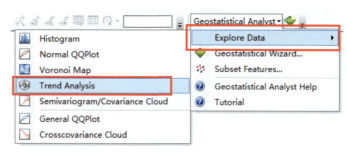

图 12-20　地质统计学的趋势分析

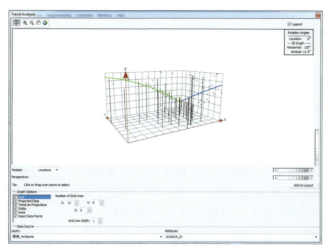

图 12-21　分布趋势图

第二节　空间统计相关软件简介

随着方法体系的完善，计算软件也逐渐被开发，表 12-1 总结了重要的地统计学相关软件。20 世纪 80 年代末，E.Englund 分别开发了 GeoEAS，能完成地统计学的基本计算（半变异函数拟合和克立格空间局部估计）；90 年代初，由 Stanford Unversity 开发了综合性 GSLIB（FO RT RAN 77），能胜任大部分地统计学计算，包括半变异函数拟合、克立格空间局部估计、随机模拟和空间制图，是当时最为流行的软件。之后开发的软件更加专业化（FACTOR2D、UNCERT 1.3），且编程语言扩展到 C++（S-GeMS 1.4）、S-language 和 Rlanguage（Gstat 2.4.5），尤其是 ESRI 公司和 Golden software 公司在其软件中增加了地统计学模块。从表 12-1 的计算软件来看，GSLIB90 较为简单易行，S-GeMS 1.4 方法全面且可二次开发，Gstat 2.4.5 适合统计专家使用且可二次开发，BMELIB2.0b 是时空地统计学计算软件，也是当前地统计学研究热点。

表 12-1 空间统计相关软件

软件名称	开发年份	第一开发者	统计分析	差变函数	克里格空间估计			免费
					单变量	多变量	非参数	
Geo-EAS	1989	E.Englund	–	Yes	Yes	–	–	Yes
GeoPACK	1990	S.R. Yates	Yes	–	Yes	Yes	–	Yes
Geo-Toolbox	1990	Froidevaux	–	Yes	Yes	Yes	–	Yes
GSLIB	1992	C.V.Deutsch	Yes	Yes	Yes	Yes	Yes	Yes
UNCERT 1.3	1997	W.L.Wingle	Yes	Yes	Yes	–	–	Yes
WinGslib	1999	C.V.Deutsch	Yes	–	–	–	–	No
SAGE2001	2001	–	Yes	Yes	–	–	–	No
Explostat	2002	L.Hazelhoff	Yes	Yes	Yes	Yes	–	Yes
ArcGIS	2002	ESRI	Yes	Yes	Yes	Yes	Yes	No
BMELIB2.0b	–	M.L.Serre	–	Yes	Yes	Yes	–	Yes
SADA	2004	R.Stewart	–	–	Yes	–	Yes	Yes
Gstat 2.4.5	2005	E.J.Pebesma	–	Yes	Yes	Yes	Yes	Yes
SAGA-GIS2.0	2005	O.Conrad	–	–	Yes	–	–	Yes
Isatis	2006	Geovariances	Yes	Yes	Yes	Yes	Yes	No
S-GeMS 1.4	2006	Geovariances	–	Yes	Yes	Yes	Yes	Yes
GS+v7	2006	GammaDesign	Yes	Yes	Yes	Yes	–	No
Surfer8.06	2006	Goldensoftware	–	Yes	Yes	–	–	No

参 考 文 献

汤国安，杨昕. 2006. ArcGIS 地理信息系统空间分析实验教程 [M]. 北京：科学出版社.
王劲峰，李连发，葛咏，等. 2000. 地理信息空间分析的理论体系探讨 [J]. 地理学报，（1）：92-103.
王劲峰，徐成东. 2017. 地理探测器：原理与展望 [J]. 地理学报，（1）：116-134.
王劲峰. 2006. 空间分析 [M]. 北京：科学出版社.
张学良，译. 2008. Arcview GIS 与 ArcGIS 地理信息统计分析 [M]. 北京：中国财政经济出版社.

第十三章
经典统计分析其他方法简介

本章简要介绍使用 R 和 Excel 进行统计分析的操作流程和方法。

第一节　基于 R 的数据分析方法

R 是一套完整的数据处理、计算和制图软件系统。其功能包括：数据存储和处理系统，数组运算工具（其向量、矩阵运算方面功能尤其强大）；具有完整连贯的统计分析工具，优秀的统计制图功能，简便而强大的编程语言，可操纵数据的输入和输出，可实现分支、循环，用户可自定义功能。这里仅基于本书中的部分案例，对 R 的操作进行简要介绍，详细具体的操作可以参照相关专业书籍。

一、通用函数

1. 读取数据函数

> qh <- read.table（"按省份.txt"，header=T）；qh
> head（qh，10）

2. 显示数据函数

提取主成分、回归分析等结果信息，用 summary（）函数，其调用格式为
summary（object，loadings=FALSE，cutoff=0，1，…）
说明：object 是对象，loadings 是逻辑变量，当 loadings=TRUE 表示显示 loadings 的内容，当 loadings=FALSE 则不显示。

二、描述分析

（一）描述分析常用函数

1. 常用统计量函数

（1）最大值（maximum），在 R 软件中的函数为 max（）。
（2）最小值（minimun），在 R 软件中的函数为 min（）。

(3)平均值(mean),在 R 软件中的函数为 mean( )。
(4)中位数(median),在 R 软件中的函数为 median( )。
(5)极差(range),在 R 软件中的函数为 max( )-min( )。
(6)方差(variance),在 R 软件中的函数为 var( )。
(7)标准差(standard deviation),在 R 软件中的函数为 sd( )。
(8)绝对离差,在 R 软件中的函数为 mad( )。

2. 常用统计图函数

(1)散点图,在 R 软件中,单组散点图的函数为 plot( ),多组数据散点图的函数为 pairs( )。多组数据的散点图是不同变量散点图放在一起,也可直接使用散点图函数 plot( )。
(2)框须图,也称为箱线图,在 R 软件中的函数为 boxplot( )。
(3)直方图,在 R 软件中的函数为 hist( )。
(4)茎叶图,在 R 软件中的函数为 stem( )。
(5)矩阵图,在 R 软件中的函数为 matplot( )。
(6)条件散点图,在 R 软件中的函数为 coplot( )。

(二)实例分析

1. 读取数据

取前 10 条数据代码为
> qh < -read.table("按省份 .txt",header=T);qh
> head(qh,10)
结果为:

	青蒿乙素	青蒿素	青蒿酸	东莨菪内酯
1	0.1561	0.1718	0.0661	0.0009
2	0.1038	0.0648	0.0699	0.0027
3	0.0964	0.1015	0.0535	0.0033
4	0.1125	0.1655	0.0563	0.0026
5	0.1464	0.1888	0.0384	0.0032
6	0.1649	0.1764	0.0566	0.0043
7	0.1813	0.1335	0.0701	0.0049
8	0.1365	0.1181	0.0737	0.0048
9	0.1413	0.1358	0.0815	0.0056
10	0.1510	0.1026	0.0926	0.0038

2. 概括性统计

代码如下:
> max < -sapply(qh,max)
> min < -sapply(qh,min)

```
> mean < -sapply（qh, mean）
> median < -sapply（qh, median）
> var < -sapply（qh, var）
> sd < -sapply（qh, sd）
> cbind（max, min, mean, median, var, sd）
```

结果如下：

	max	min	mean	median	var	sd
青蒿乙素	0.392	6e-04	0.08778	0.05669	0.006983	0.08356
青蒿素	0.9234	0.001	0.1874	0.1498	0.02507	0.1583
青蒿酸	0.7428	1e-04	0.03762	0.011	0.003612	0.0601
东莨菪内酯	0.0973	1e-04	0.005552	0.0038	5.117e-05	0.007154

3. 散点图

代码为："> plot（qh）"。运行结果，如图 13-1 所示。

对于数据较多提取前部分数据的代码为"> plot（head（qh, 100））"（提取前 100 条数据），结果如图 13-2 所示。

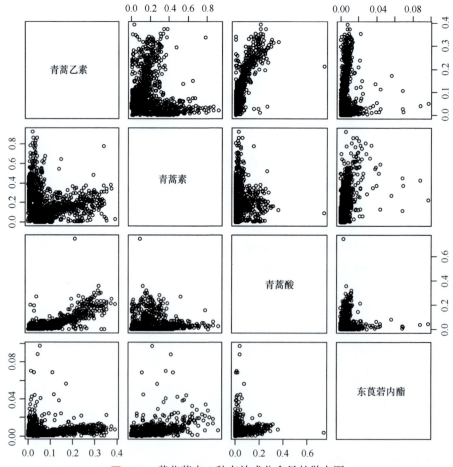

图 13-1　黄花蒿中 4 种有效成分含量的散点图

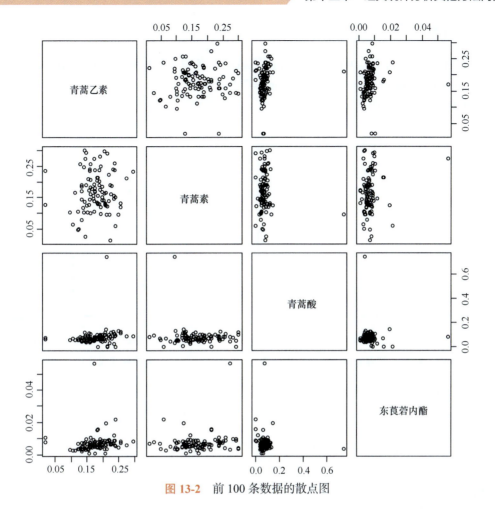

图 13-2　前 100 条数据的散点图

4. 矩阵图

矩阵图与散点图矩阵的区别是将各个散点图放在同一个作图区域中。

代码为："＞ matplot（q，type ='l'，ylab =""，main = "Matplot"）"。R 语言中，type 参数可以设置所绘图形的显示类型：type="p" 在图形中数据显示为点；type="l" 在图形中数据显示为线；type="b" 在图形中数据显示为点和连接线；type="o" 在图形中数据显示为点覆盖在线上；type="h" 在图形中数据显示为从点到 x 轴的垂直线；type="s" 在图形中数据显示为阶梯图；type="n" 在图形中数据不显示。

将函数 plot 中 type 参数设置为 "l"，在图形中数据显示为线的形式显示，结果见图 13-3。取前 100 条数据，函数为 "＞ plot（head（qh，100））"，结果如图 13-4 所示。

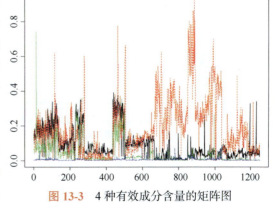

图 13-3　4 种有效成分含量的矩阵图

5. 框须图

使用函数 boxplot（）可在同一个作图区域画出各组数的框须图（盒形图），代码为
"＞boxplot（head（qh，1000），main="boxplot"）"
结果如图 13-5 所示。

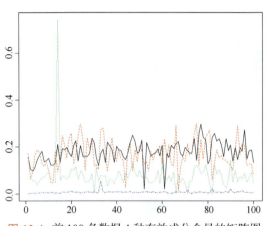

图 13-4　前 100 条数据 4 种有效成分含量的矩阵图

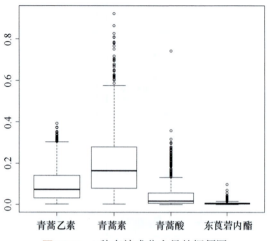

图 13-5　4 种有效成分含量的框须图

6. 直方图

代码为

opar＜-par（mfrow=c（2，2））
hist（qh$青蒿乙素）
hist（qh$青蒿素）
hist（qh$青蒿酸）
hist（qh$东莨菪内酯）
结果如图 13-6 所示。

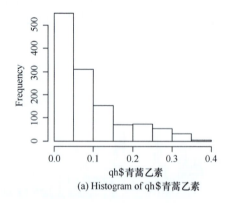

(a) Histogram of qh$青蒿乙素

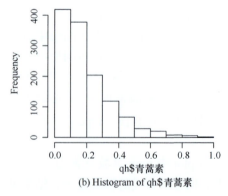

(b) Histogram of qh$青蒿素

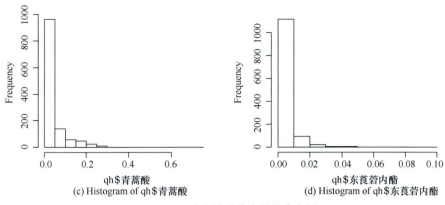

图 13-6　4 种有效成分含量的直方图

三、线性回归分析

（一）回归分析常用函数

1. 回归函数

在 R 中，回归方程的函数为 lm（ ），函数 lm（ ）的调用格式为
lm（formular, data, subset, weights, na.action, method="qr"
model=TRUE, x=FALSE, y=FALSE, qr=TRUE, singular.ok=TRUE, ..）
其中，formular 是显著性回归模型，data 是数据库框，subset 是样本观察的子集，weights 是用于拟合的加权向量，na.action 显示数据是否包含缺失值，method 是指出用于拟合的方法。model，x，y，qr 是逻辑表达，如果是 TRUE，应返回其值，除了 formular 是必选项，其他都是可选项。

2. 置信区间函数

在 R 中，置信区间为 confint（ ），函数 confint（ ）的调用格式为
confint（object, parm, level=0.95）
说明：object 是指回归模型；parm 要求指出所求区间估计的参数，默认值为所有的回归参数；level 是指置信水平。
与回归分析有关的函数还有 summary（ ）、anova（ ）和 predict（ ）等。

（二）实例分析

1. 线性回归分析代码

sj＜-read.table（"回归.txt", header=T）; sj
lm2＜-lm（青蒿素～辐射+降水量+气温+日照+相对湿度+海拔+坡度, data=sj）
　　summary（lm2）
　　st2＜-step（lm2）

summary（st2）
Call：
lm（formula = 青蒿素 ~ 辐射 + 降水量 + 日照 + 相对湿度 + 海拔 + 坡度，data = sj）

2. 线性回归分析结果

Residuals：

Min	1Q	Median	3Q	Max
−0.36943	−0.06759	−0.01014	0.05555	0.58312

Coefficients：

	Estimate	Std. Error	t value	Pr（>|t|）
（Intercept）	6.876e-01	1.312e-01	5.239	1.97e-07 ***
辐射	2.108e-05	1.805e-06	11.678	< 2e-16 ***
降水量	1.501e-04	1.833e-05	8.189	8.03e-16 ***
日照	−4.704e-04	2.926e-05	−16.075	< 2e-16 ***
相对湿度	−8.663e-03	1.267e-03	−6.838	1.40e-11 ***
海拔	3.020e-05	1.366e-05	2.210	0.027307 *
坡度	−5.318e-03	1.508e-03	−3.526	0.000442 ***

Signif. codes：0 '***' 0.001 '**' 0.01 '*' 0.05 '.' 0.1 ' ' 1

Residual standard error：0.1104 on 993 degrees of freedom

Multiple R-squared：0.5733， Adjusted R-squared：0.5708

F-statistic：222.4 on 6 and 993 DF，p-value：< 2.2e-16

回归方程为：

青蒿素 =0.6876+0.000 021 08* 辐射 +0.000 150 1* 降水量 −0.000 470 4* 日照 −0.008 663* 相对湿度 +0.000 030 20* 海拔 −0.005 318* 坡度。

四、单因素方差分析

（一）方差分析常用函数

1. 方差分析函数

R 中函数 aov（）提供了方差分析的计算与检验，其调用格式为

aov（formula, data=NULL, projections=FALSE, qr=TRUE, contrast=NULL, …）

说明：formula 是方差分析的公式，在单因素方差分析中它表示为 x、A；data 是数据框。

2. p 值调整使用函数

R 软件中 p 值调整使用函数 p.adjust（），其调用格式为

p.adjust（p, method=p.adjust.methods, n=length（p））

R 软件中函数 pairwise.t.test（）可以得到多重比较的 p 值，其调用格式为

pairwise.t.test（x，g，p.adjust.method=p.adjust.methods，pool.sd=TRUE，…）

说明：x 是响应变量构成的向量；g 是分组向量（因子）；p.adjust.method 是上面提到的调整 p 值的方法，p.adjust.method="none" 表示不作任何调整，默认值按 Holm 方法调整。

（二）实例分析

以省为单位对青蒿乙素进行分组，分析各省之间青蒿乙素的差异性。

1. 单因素方差分析示例代码

```
X <- read.table（"按省份.txt"，header=T）；X
X <- as.data.frame（X）；X
A <- factor（rep（1：19，c（135，75，70，75，80，65，5，90，70，70，45，70，40，70，75，35，40，75，65）））；A
cy <- data.frame（X，A）；cy
aov.cy <- aov（青蒿乙素~A，data=cy）
summary（aov.cy）
```

2. 单因素方差分析结果

	Df	Sum Sq	Mean Sq	F value	Pr（>F）
A	18	6.963	0.3868	270.7	<2e-16 ***
Residuals	1231	1.759	0.0014		

Signif. codes： 0 '***' 0.001 '**' 0.01 '*' 0.05 '.' 0.1 ' ' 1

由结果可知，不同省份间青蒿乙素的含量有显著差异。

利用多重比较法和箱线图来确定具体哪两组总体均值具有显著性差异。多重 t 检验法，代码为：pairwise.t.test（cy$青蒿乙素，A，p.adjust.method="bonferroni"）

箱线图，代码为 "plot（cy$青蒿乙素~cy$A）"，结果见图 13-7。

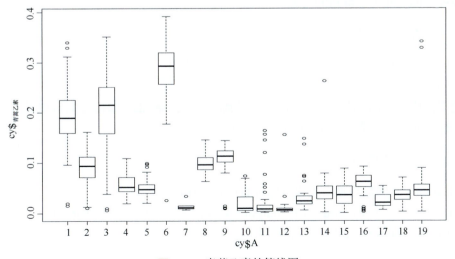

图 13-7 青蒿乙素的箱线图

可以直观的看出，1、3 省无显著性差异，与其他各省均有显著性差异；2、8、9 省无显著性差异，与其他各省均有显著性差异；4 与 5、7、14、16、19 省无显著性差异，与其他各省有显著性差异；5 与 6、9、12 有显著性差异，与其他各省无显著性差异；6 与其他各省均有显著性差异。

五、主成分分析

（一）主成分分析常用函数

1. 主成分分析函数

R 语言中 princomp（）函数可完成主成分分析，princomp（）的两种调用格式如下：
princomp（formula，data=NULL，subset，na.action，…）
princomp（x，cor=FALSE，scoses=TRUE，covmat=NULL，subset=rep（TRUE，nrow（as.matrix（x））），…）

说明：formula 是没有相应变量的公式；x 是用于主成分分析的数据；cor 是逻辑变量，当 cor=TRUE 表示用样本的相关阵 R 作主成分分析，否则，cor=FALSE（默认选项）表示用样本的协方差阵 S 作主成分。

2. 显示结果函数

summary（）是提取主成分的信息，其调用格式为
summary（object，loadings=FALSE，cutoff=0，1，…）

说明：object 是由 princomp（）得到的对象；loadings 是逻辑变量，当 loadings=TRUE 表示显示 loadings 的内容（具体含义在下面的 loadings 函数）当 loadings=FALSE 则不显示。

loadings（）函数是显示主成分分析中 loadings（载荷）的内容，在主成分分析中，该内容实际上是主成分对应的各列；loadings（）函数的调用格式："loadings（x）"，x 是由函数 princomp（）得到的对象。

3. 主成分得分计算函数

predict（）函数是预测主成分的值，其调用格式为
predict（object，newdata，…）

说明：其中 object 是由 princomp（）得到的对象；newdata 是由预测值构成的数据框，当 newdata 缺省时，预测已有数据的主成分值。

4. 主成分碎石图函数

screeplot（）函数是画出主成分的碎石图，其使用格式为
screeplot（x，npcs=min（10，length（x$sdev）），type=c（"barplot"，"lines"），main= deparse（substitute（x）），…），

说明：其中 x 是 princomp（）得到的对象，npcs 是画出主成分的个数，type 是描述画出碎石图的类型，"barplot"是直方图类型，"lines"是直线图类型。

（二）实例分析

1. 主成分分析代码

qh＜-read.table（"按省份.txt"，header=T）；qh
qh＜-as.data.frame（qh）
qh.pr＜-princomp（~青蒿乙素+青蒿素+青蒿酸+东莨菪内酯，data=qh，cor=T）
summary（qh.pr，loadings=TRUE）

2. 主成分分析结果

Importance of components：

	Comp.1	Comp.2	Comp.3	Comp.4
Standard deviation	1.3433839	1.2075314	0.7375058	0.43962807
Proportion of Variance	0.4511701	0.3645330	0.1359787	0.04831821
Cumulative Proportion	0.4511701	0.8157031	0.9516818	1.00000000

Loadings：

	Comp.1	Comp.2	Comp.3	Comp.4
青蒿乙素	0.694	0.158		0.703
青蒿素		-0.714	-0.678	0.172
青蒿酸	0.703		-0.172	-0.690
东莨菪内酯	0.157	-0.682	0.714	

结果分析说明：Standard deviation：表示主成分的标准差，即主成分的方差平方根（相应特征值的开方）；Proportion of Variance：表示方差的贡献率；Cumulative Proportion：表示方差的累计贡献率；用 summary 函数中 loadings=TRUE 选项列出了主成分对应原始变量的系数。

因此得到前两个主成分是

z_1=0.694×青蒿乙素+0.703×青蒿酸+0.157×东莨菪内酯
z_2=0.158×青蒿乙素-0.714×青蒿素-0.682×东莨菪内酯

由于前两个主成分的累计贡献率已经达到 81.57%，所以取前两个主成分来降维。

六、聚类分析

（一）聚类分析常用函数

利用 R 语言的 hclust（）函数就可完成系统聚类分析，其基本调用格式如下：

hclust（d，method = "complete"，members=NULL）

说明：d 是由"dist"构成的距离结构；method 是系统聚类的方法，主要有类平均法（average linkage）、重心法（centroid method）、中间距离法（median method）、最长距离法（complete method）、最短距离法（single method）、离差平方和法（ward method）和 Mcquitty 相似法（Mcquitty method）共 7 种。默认为最长距离法。

在 R 软件中，dist（）函数给出了各种距离的计算结果，其调用格式为

dist（x, method = "euclidean", diag = FALSE, upper = FALSE, p = 2）

说明：method 表示计算距离的方法，默认值为 euclidean（欧氏）距离；diag 是逻辑变量，当 diag=TRUE 时，输出距离矩阵对角线上的距离；upper 也是逻辑变，当 upper=TRUE 时，输出距离矩阵上三角部分（默认仅输出下三角矩阵）。

（二）实例分析

采用聚类分析对青蒿按省（自治区、直辖市）进行聚类。

1. 聚类分析代码

jl＜-read.table（"聚类.txt", header=T, row.names=c（"河北","内蒙古","辽宁","吉林","黑龙江","江苏","江西","山东","河南","湖北","湖南","广东","广西","重庆","贵州","陕西","甘肃","青海","新疆"））; jl

jl～as.data.frame（jl）; jl

生成距离结构，作系统聚类

d＜-dist（scale（jl））

hc1＜-hclust（d, "single"）; hc2＜-hclust（d, "average"）

绘出谱系图和聚类情况（用最短距离法和类平均法）

opar＜-par（mfrow=c（2, 1）, mar=c（5.2, 4, 0, 0））

plclust（hc1, hang=-1）; re1＜-rect.hclust（hc1, k=3, border="red"）

plclust（hc2, hang=-1）; re2＜-rect.hclust（hc2, k=3, border="red"）

注释：用函数 rect.hclust（）按给定类的个数（或阈值）进行聚类，并用函数 plclust（）代替 plot（）绘制聚类的谱系图（两者使用方法基本相同）；hang 是表明谱系图中各类所在的位置，当 hang 取负值时，谱系图中的类从底部画起。各类用红色边框界定（border="red"）。

2. 聚类分析结果

最短距离和类平均法聚类结果见图 13-8。最短距离聚类，第 1 类：陕西、新疆、吉林、黑龙江、甘肃、青海、河南、内蒙古、山东、湖南、贵州、广东、湖北、重庆；第 2 类：江苏、河北、辽宁；第 3 类：江西、广西。类平均法聚类，第 1 类：陕西、新疆、吉林、黑龙江、甘肃、青海、河南、内蒙古、山东、湖南、贵州、广东、湖北、重庆；第 2 类：江苏、河北、辽宁；第 3 类：江西、广西。可知，如果聚成 3 类，最短距离法和类平均法的聚类结果是相同的。

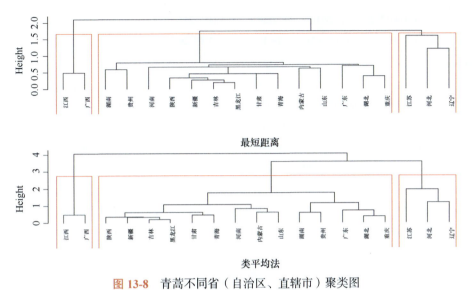

图 13-8　青蒿不同省（自治区、直辖市）聚类图

七、典型相关

以青蒿乙素、青蒿素、青蒿酸、东莨菪内酯作为青蒿药材质量方面的指标，以辐射、降水量、气温、日照、相对湿度、海拔、坡度为生态环境指标，进行典型相关分析。分析青蒿药材质量与生态环境之间的关系。

（一）典型相关函数

cancor（）函数就可完成典型相关分析，其基本调用格式为：cancor（x，y，xcenter = TRUE，ycenter = TRUE）。

说明：x，y 是两组变量的数据矩阵，xcenter 和 ycenter 是逻辑变量，TRUE 表示将数据中心化（默认选项）。

（二）实例分析

1. 典型相关分析代码

```
> sj <-read.table（"回归.txt"，header=T）；sj
> ca <-cancor（sj[，1：4]，sj[，5：11]）；ca
```

2. 典型相关分析函数运行结果

$cor
[1] 0.81757743　0.53398189　0.12488481　0.08829487

$xcoef

	[,1]	[,2]	[,3]	[,4]
青蒿乙素	-0.19792897	0.3930014	0.0448253	0.42508773
青蒿素	0.13332353	0.1185377	-0.1090777	0.06083686

青蒿酸	0.03831772	−0.1255417	−0.1713026	−0.84552247
东莨菪内酯	0.52101939	0.4784654	4.3991092	−0.82297726

$ycoef

	[,1]	[,2]	[,3]	[,4]	,5]	[,6]	[,7]
辐射	3.393021e−06	6.612085e−06	1.338497e−05	3.055779e−06	−9.463926e−06	−2.469859e−06	8.319539e−06
降水量	7.499068e−05	−1.044104e−04	1.124543e−04	−2.190813e−05	1.106385e−04	−3.096653e−05	6.285732e−05
气温	−2.854161e−03	8.785744e−03	−1.020493e−02	3.081649e−04	4.184194e−03	8.804866e−03	−1.059466e−02
日照	−8.860778e−05	−9.490361e−05	−1.031188e−04	−6.583270e−05	7.693929e−05	2.036912e−04	−2.361886e−04
相对湿度	−1.855168e−03	−9.153466e−04	1.039459e−03	−3.112453e−03	−7.416010e−03	6.078290e−03	−6.208167e−03
海拔	2.480857e−05	−4.940695e−05	−1.600058e−05	1.176348e−05	−1.414868e−05	1.114668e−04	3.024800e−06
坡度	−1.154026e−03	−4.440253e−04	1.324338e−03	9.413096e−03	−4.296776e−03	−1.252990e−03	−9.099221e−03

$xcenter

青蒿乙素	青蒿素	青蒿酸	东莨菪内酯
0.094047225	0.206136743	0.041587834	0.006263544

$ycenter

辐射	降水量	气温	日照	相对湿度	海拔	坡度
37687.425300	910.963365	11.804672	1728.757018	69.038000	335.777400	2.155279

3. 典型相关分析结果说明

$cor 给出了典型相关系数。其中第 1 对典型变量的相关系数为 0.817 577 43，第 2 对典型变量的相关系数为 0.533 981 89，第 3 对典型变量的相关系数 0.124 884 81，第 4 对典型变量的相关系数为 0.088 294 87。

$xcoef 是对应于数据 X 的系数，即为关于数据 X 的典型载荷；$ycoef 为关于数据 Y 的典型载荷；$xcenter 与 $ycenter 是数据 X 与 Y 的中心，即样本均值。对典型变量的表达式为

u_1= −0.197 928 97× 青蒿乙素 +0.133 323 53× 青蒿素 +0.038 317 72× 青蒿酸 +0.521 019 39× 东莨菪内酯

u_2=0.393 001 4× 青蒿乙素 +0.118 537 7× 青蒿素 −0.125 541 7× 青蒿酸 +0.478 465 4× 东莨菪内酯

u_3=0.044 825 3× 青蒿乙素 −0.109 077 7× 青蒿素 −0.171 302 6× 青蒿酸 +4.399 109 2× 东莨菪内酯

u_4=0.425 087 73× 青蒿乙素 +0.060 836 86× 青蒿素 −0.845 522 47× 青蒿酸 −0.822 977 26× 东莨菪内酯

v_1=3.393 021e−06× 辐射 +7.499 068e−05× 降水量 −2.854 161e−03× 气温 −8.860 778e−05× 日照 −1.855 168e−03× 相对湿度 +2.480 857e−05× 海拔 −1.154 026e−03× 坡度

v_2=6.612 085e−06× 辐射 −1.044 104e−04× 降水量 +8.785 744e−03× 气温 −9.490 361e−05× 日照 −9.153 466e−04× 相对湿度 −4.940 695e−05× 海拔 −4.440 253e−04× 坡度

v_3=1.338 497e−05× 辐射 +1.124 543e−04× 降水量 −1.020 493e−02× 气温 −1.031 188e−04× 日照 +1.039 459e−03× 相对湿度 −1.60 0058e−05× 海拔 +1.324 338e−03× 坡度

v4=3.055 779e−06× 辐射 −2.190 813e−05× 降水量 +3.081 649e−04× 气温 −6.583 270e−05 × 日照 −3.112 453e−03× 相对湿度 +1.176 348e−05× 海拔 +9.413 096e−03× 坡度

4. 典型相关分析结果

计算样本数据在典型变量下的得分，代码为
U <−as.matrix（sj[，1：4]）%*%ca$xcoef
V <−as.matrix（sj[，5：11]）%*%ca$ycoef
分别画出以 U1、V1、U2、V2、U3、V3、U4、V4 为坐标的散点图：
plot（U[，1], V[，1], xlab="U1", ylab="V1", main=" 第一典型变量散点图 "）
plot（U[，2], V[，2], xlab="U2", ylab="V2", main=" 第二典型变量散点图 "）
plot（U[，3], V[，3], xlab="U3", ylab="V3", main="第三典型变量散点图 "）
plot（U[，4], V[，4], xlab="U4", ylab="V4", main=" 第四典型变量散点图 "）

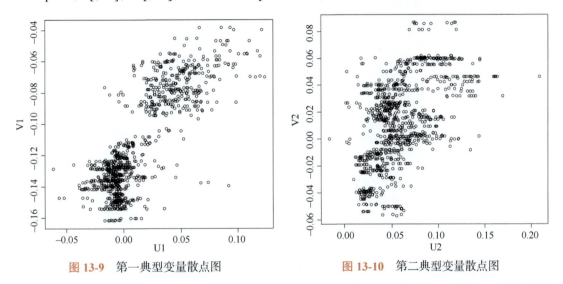

图 13-9　第一典型变量散点图　　　图 13-10　第二典型变量散点图

由图 13-9 可以看出，第一典型相关的散点图基本在一条之间两侧，而第二图 13-10、第三和第四典型相关的散点图分布很分散（第三和第四典型相关的散点图略）。所以只取第一典型相关进行分析即可。

第二节　基于 Excel 的数据分析方法

一般简单常用的统计指标使用 Excel 也能进行统计分析，这里仅基于本书中的部分案例，对描述分析、统计图、相关分析、回归分析和方差分析进行简要介绍，详细具体的操作可以参照相关专业书籍。

一、描述分析

打开"中药秦艽含量数据 .xls"→点击数据，呈现界面如图 13-11 所示。

	A	B	C	D	E	F	G	H	I
1	No.	龙胆苦苷（%）	马钱苷酸（%）	獐牙菜苦苷（%）	6'-O-β-D-葡萄糖基龙胆苦苷（%）	獐芽菜苷（%）	异荭草苷（%）	异牡荆苷（%）	（龙胆苦苷+马钱苷酸）（%）
2	1	12.0132	6.1348	0.6166	0.8855	0.0605	0.0090	0.0110	18.1480
3	2	11.3363	3.1912	0.5792	0.5783	0.0809	0.0105	0.0205	14.5275
4	3	12.5208	1.7431	0.6960	0.4197	0.0330	0.0095	0.0120	14.2639
5	4	12.1431	1.4757	0.6414	0.6205	0.0357	0.0080	0.0130	13.6188
6	5	10.4751	2.6439	0.5738	0.4570	0.0585	0.0150	0.0160	13.1190
7	6	9.7831	3.3352	0.5084	0.5325	0.0289	0.0110	0.0070	13.1183
8	7	10.7683	2.2719	0.5610	0.8001	0.0354	0.0100	0.0160	13.0403
9	8	6.3076	1.8907	0.3058	0.2074	0.0527	0.0100	0.0070	8.1983
10	9	10.0748	2.1140	0.5462	0.5063	0.0667	0.0090	0.0085	12.1888
11	10	9.8507	2.2683	0.4764	0.2506	0.0498	0.0090	0.0150	12.1190

图 13-11　Excel 数据处理界面

点击数据分析→描述统计→确定，界面如图 13-12 所示。

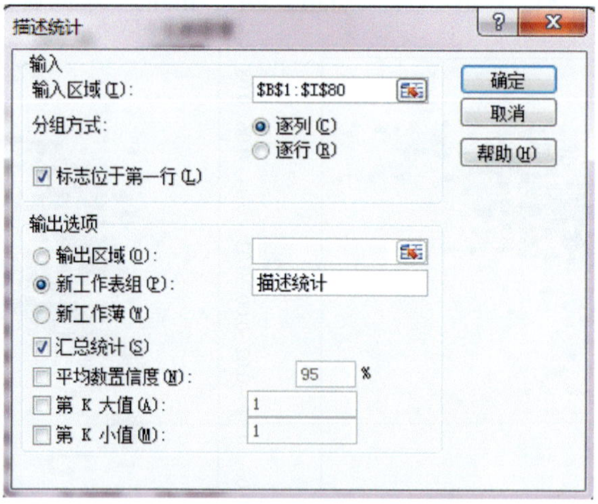

图 13-12　Excel 描述统计对话框

点击图 13-12 中的确定按钮，输出结果如图 13-13 所示。

龙胆苦苷（%）		马钱苷酸（%）		獐牙菜苦苷（%）		6'-O-β-D-葡萄糖基龙胆苦苷（%）		獐芽菜苷（%）		异荭草苷（%）		异牡荆苷（%）		（龙胆苦苷+马钱苷酸）（%）	
平均	6.408374	平均	1.469862	平均	0.376982	平均	0.661453	平均	0.110339	平均	0.012646	平均	0.013534	平均	7.878236
标准误差	0.309695	标准误差	0.119006	标准误差	0.017359	标准误差	0.050953	标准误差	0.01032	标准误差	0.00062	标准误差	0.00075	标准误差	0.384133
中位数	6.613793	中位数	1.293955	中位数	0.371814	中位数	0.532497	中位数	0.07902	中位数	0.013	中位数	0.0135	中位数	8.198296
众数	#N/A	众数	#N/A	众数	#N/A	众数	#N/A	众数	0.035553	众数	0.015	众数	0.016	众数	#N/A
标准差	2.752625	标准差	1.057744	标准差	0.154286	标准差	0.452876	标准差	0.091722	标准差	0.005515	标准差	0.006663	标准差	3.41425
方差	7.576945	方差	1.118823	方差	0.023804	方差	0.205097	方差	0.008413	方差	3.04E-05	方差	4.44E-05	方差	11.65711
峰度	-0.83386	峰度	3.4577	峰度	-1.00696	峰度	7.435666	峰度	2.982771	峰度	0.199687	峰度	-0.17875	峰度	-0.25628
偏度	0.276262	偏度	1.389159	偏度	-0.06115	偏度	2.544357	偏度	1.715954	偏度	-0.08466	偏度	0.225309	偏度	0.306314
区域	10.22297	区域	6.096163	区域	0.58268	区域	2.393828	区域	0.431511	区域	0.027	区域	0.0298	区域	15.48712
最小值	2.297842	最小值	0.038682	最小值	0.113358	最小值	0.170397	最小值	0.020121	最小值	0	最小值	0	最小值	2.66093
最大值	12.52081	最大值	6.134845	最大值	0.696038	最大值	2.564226	最大值	0.451631	最大值	0.027	最大值	0.0298	最大值	18.14805
求和	506.2616	求和	116.1191	求和	29.7816	求和	52.25478	求和	8.716808	求和	0.999027	求和	1.069217	求和	622.3806
观测数	79	观测数	79	观测数	79	观测数	79	观测数	79	观测数	79	观测数	79	观测数	79

图 13-13　Excel 描述统计输出结果

二、统计图形

以秦艽数据为例，打开"中药秦艽含量数据.xls"，点击数据→数据分析→直方图→确定，结果见图 13-14。龙胆苦苷直方图输出结果如图 13-15 所示，可见龙胆苦苷呈现右偏正态分布。

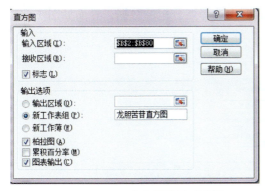
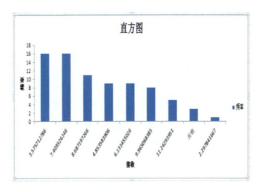

图 13-14　Excel 直方图设置对话框　　　图 13-15　龙胆苦苷直方图

三、相 关 分 析

以秦艽数据为例，计算各化学成分之间的相关系数，步骤如下所述。

打开"中药秦艽含量数据 .xls"，点击数据→数据分析→相关系数→确定，在相关系数对话框中输入要分析的数据，点击确定按钮，界面如图 13-16 所示，输出结果见图 13-17。

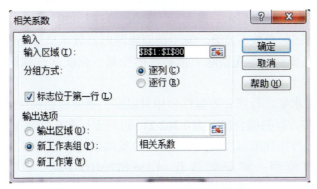

图 13-16　Excel 相关系数设置对话框

	龙胆苦苷（%）	马钱苷酸（%）	獐牙菜苦苷（%）	6'-O-β-D-葡萄糖基龙胆苦苷（%）	獐芽菜苷（%）	异荭草苷（%）	异牡荆苷（%）	（龙胆苦苷+马钱苷酸）（%）
龙胆苦苷（%）	1							
马钱苷酸（%）	0.508546027	1						
獐牙菜苦苷（%）	0.909205353	0.3822965	1					
6'-O-β-D-葡萄糖基龙胆苦苷（%）	0.108709057	0.321691124	0.20197238	1				
獐芽菜苷（%）	-0.194843788	-0.106257574	-0.186991	0.008491298	1			
异荭草苷（%）	-0.30627694	-0.391096986	-0.3417191	-0.119878515	0.250716	1		
异牡荆苷（%）	-0.048017206	-0.30389716	-0.1604596	-0.378248666	0.220332	0.465081	1	
（龙胆苦苷+马钱苷酸）（%）	0.963765486	0.719800991	0.85145289	0.187303844	-0.19001	-0.36809	-0.13286	1

图 13-17　中药秦艽中化学成分的相关系数

四、回 归 分 析

以秦艽数据为例，建立线性回归模型，步骤如下所述。

点击数据分析→回归→确定，在出现的对话框中选择要分析的数据，界面如图 13-18 所示。

点击确定按钮，输出结果如图 13-19 所示。

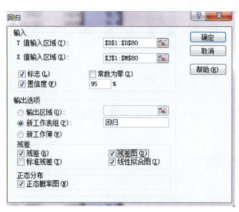

图 13-18 Excel 回归分析设置对话框

	A	B	C	D	E	F	G	H	I
1	SUMMARY OUTPUT								
2									
3	回归统计								
4	Multiple	0.600243							
5	R Square	0.360291							
6	Adjusted	0.287182							
7	标准误差	0.130262							
8	观测值	79							
9									
10	方差分析								
11		df	SS	MS	F	gnificance F			
12	回归分析	8	0.668966	0.083621	4.928104	7.43E-05			
13	残差	70	1.18777	0.016968					
14	总计	78	1.856736						
15									
16		Coefficien	标准误差	t Stat	P-value	Lower 95%	Upper 95%	下限 95.0%	上限 95.0%
17	Intercept	2.014437	0.507684	3.967897	0.000173	1.001893	3.02698	1.001893	3.02698
18	辐射	-2.8E-05	1.23E-05	-2.31186	0.023733	-5.3E-05	-3.9E-06	-5.3E-05	-3.9E-06
19	降水量	-4.6E-05	0.000221	-0.20813	0.835735	-0.00049	0.000394	-0.00049	0.000394
20	气温	0.019432	0.018084	1.07454	0.286271	-0.01664	0.055499	-0.01664	0.055499
21	日照	-7.8E-05	0.000166	-0.4686	0.640813	-0.00041	0.000254	-0.00041	0.000254
22	相对湿度	-0.00576	0.004771	-1.20677	0.231585	-0.01527	0.003758	-0.01527	0.003758
23	海拔	5.96E-05	4.3E-05	1.385439	0.170317	-2.6E-05	0.000145	-2.6E-05	0.000145
24	酸碱度	-0.04264	0.019892	-2.14354	0.035546	-0.08231	-0.00297	-0.08231	-0.00297
25	等温性	0.004356	0.006607	0.659396	0.511805	-0.00882	0.017533	-0.00882	0.017533
26									

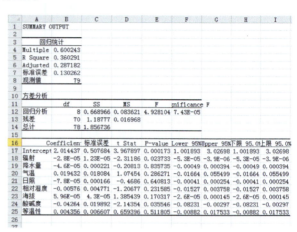

图 13-19 獐芽菜苦苷回归分析结果

在图 13-19 所示回归统计的结果中调整 R 方代表了拟合优度，即獐芽菜苦苷的回归拟合优度为 0.287 182。方差分析表中 F 检验值小于 0.01，代表回归方程整体拟合较好，t 检验对每个自变量的检验结果显示，降水量、气温、日照、相对湿度、海拔和等温性的 P 值均大于 0.05，说明回归系数不显著，需手动剔除回归系数不显著变量，进行再次分析。注意剔除变量时应逐步剔除，先剔除 P 值最大的变量，依次逐步剔除，直至所有变量的回归系数均在 0.05 水平上显著。

依次剔除变量降水量、日照、等温性和相对湿度，最终得到的结果如图 13-20 所示。由图 13-20 可知，回归方程的拟合优度为 0.302 21，回归方程在 0.01 水平上显著（$F<0.01$），常数项、辐射、气温、海拔和酸碱度回归系数的 t 检验结果均小于 0.05，即在 0.05 水平显著。

最终回归方程模型：獐芽菜苦苷 =1.356 677−0.000 024× 辐射 +0.020 102× 气温 +0.000 0729× 海拔 −0.038 77× 酸碱度。

残差输出结果如图 13-21 所示，可进行残差分析。

	A	B	C	D	E	F	G	H	I
1	SUMMARY OUTPUT								
2									
3	回归统计								
4	Multiple	0.581373							
5	R Square	0.337995							
6	Adjusted	0.302211							
7	标准误差	0.128881							
8	观测值	79							
9									
10	方差分析								
11		df	SS	MS	F	gnificance F			
12	回归分析	4	0.627567	0.156892	9.445399	3.18E-06			
13	残差	74	1.229169	0.01661					
14	总计	78	1.856736						
15									
16		Coefficien	标准误差	t Stat	P-value	Lower 95%	Upper 95%	下限 95.0%	上限 95.0%
17	Intercept	1.356677	0.248424	5.461132	6.05E-07	0.861681	1.851673	0.861681	1.851673
18	辐射	-2.4E-05	5.42E-06	-4.3864	3.76E-05	-3.5E-05	-1.3E-05	-3.5E-05	-1.3E-05
19	气温	0.020102	0.007254	2.771104	0.007061	0.005648	0.034555	0.005648	0.034555
20	海拔	7.29E-05	2.67E-05	2.728582	0.007942	1.97E-05	0.000126	1.97E-05	0.000126
21	酸碱度	-0.03877	0.018047	-2.14853	0.034944	-0.07473	-0.00281	-0.07473	-0.00281
22									

图 13-20 獐芽菜苦苷回归分析结果 2

	A	B	C	D
25	RESIDUAL OUTPUT			
26				
27	观测值	预测 獐牙菜苦苷（%）	残差	标准残差
28	1	0.555055	0.06153	0.490149
29	2	0.552551	0.026615	0.212018
30	3	0.38817	0.307868	2.452484
31	4	0.326072	0.31535	2.512083
32	5	0.470059	0.103715	0.826197
33	6	0.51689	-0.00848	-0.06751
34	7	0.5099	0.05113	0.407299
35	8	0.380484	-0.07468	-0.59494
36	9	0.569571	-0.02333	-0.18584
37	10	0.355445	0.120944	0.96344
38	11	0.411108	0.046272	0.368606
39	12	0.478689	0.006033	0.048057
40	13	0.516654	0.019866	0.15825
41	14	0.416314	0.214078	1.705351
42	15	0.558543	0.064251	0.511827
43	16	0.285284	0.231137	1.841245
44	17	0.5076	-0.08521	-0.67882
45	18	0.472572	-0.10076	-0.80265
46	19	0.506251	0.063276	0.504055

图 13-21 Excel 回归分析的残差输出结果

五、单因素方差分析

以秦艽数据为例,单因素方差分析步骤如下所述。

点击数据→数据分析→方差分析:单因素方差分析→确定,选择要分析的数据,设置显著水平,界面如图 13-22 所示。点击确定,输出结果如图 13-23 所示。

由图 13-23 可知,不同化学成分之间差异显著($P < 0.05$)。

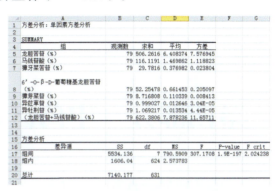

图 13-22　Excel 单因素方差分析设置窗口　　图 13-23　秦艽数据方差分析输出结果

第四部分　中药区划结果图制作方法

　　中药区划结果一般需以地图的形式展现出来，中药区划结果图的制作需要借助地学领域的专业制图软件。本部分重点介绍应用 ArcGIS、ENVI 等软件进行中药区划制图的操作方法，以期辅助未使用过制图软件的区划工作者，能按照相关部分的操作步骤，开展其他药材或类型的区划图制作，更好地开展中药区划相关工作。

　　其中：第十四章，以全球定位系统（GPS）、地理信息系统(GIS)、遥感(RS)和空间格网技术为例，对空间信息技术进行简要介绍；第十五章，详细介绍了应用 ArcGIS 软件，进行马尾松分布和生长、鲜松叶品质和生产区划图制作的具体操作步骤和结果；第十六章，详细介绍了应用 ENVI 软件，进行宁前胡种植区域提取的具体操作步骤和结果。其他更详细具体的软件操作技术方法，需要翻阅 ArcGIS、ENVI 等方面的专著。

第十四章
空间信息技术

自人造地球卫星问世以来，人类在空间技术研究上不断创新，取得了巨大成功，开创了空间技术为人类造福的新纪元。近年来，随着计算机技术的完善和发展，空间信息技术得到飞速发展，全球定位系统（GPS）、地理信息系统（GIS）和遥感（RS）（简称"3S"技术）作为空间信息技术的核心，为中药资源的研究、保护及利用提供了革命性的新思路和新方法。

第一节 全球卫星定位系统

一、全球卫星定位或导航系统

世界大国或联盟，如美国、欧盟、俄罗斯、中国，以及日本和印度都在积极建设自己的全球卫星定位或导航系统（以下统称全球卫星定位系统）。随着全球卫星定位系统的不断改进，硬件、软件的不断完善，应用领域正在不断地开拓，全球卫星定位系统已在多个领域普遍应用，如大地测量、工程测量、航空摄影测量、地形地籍测量、海洋测绘、地球动力研究、资源勘察等（张军，2006），并开始逐步深入人们的日常生活。

1. 全球卫星定位系统一般功能

精密定位：能进行静态、动态等不同方式的精密定位测量，能准确提供速度、时间、方向、距离等信息。可广泛用于地球科学研究、大地测量、工程测试、勘探测绘、电子地图、各种用途的位置监控等。精确导航：用于飞机、船舶、星际导航，卫星轨道定位，武器精密制导，车辆的调度、监控与导航等等。准确授时：面向全球需要提供标准时间的用户进行准确授时。

2. 全球卫星定位系统的特点

全球性：由于全球卫星定位系统卫星的分布合理，全球在覆盖范围内地球上任何地点均可连续同步地观测到至少 4 颗卫星。全天候：利用全球卫星定位系统进行观测测量可在一天（24h）内的任何时间进行，不受阴天黑夜、起雾刮风、下雨下雪等任何气候因素的影响。高精度：全球卫星定位系统可提供高精度的三维坐标、三维速度和时间信息，采用差分技术其定位精度为厘米级，速度误差小于 0.01m/s，授时精度达到 20ns。高效率：

随着全球卫星定位系统的不断完善和软件的不断更新，一般静态定位仅需几分钟。应用广泛：可用于与定位、导航、授时有关的所有应用，是继通信、互联网之后的第三大高科技应用技术。操作简便：只要能接收到全球卫星定位系统信号就可进行定位，操作简便；同时全球卫星定位系统接收机的自动化程度越来越高，极大地减轻了测量的工作量和劳动强度。

3. 全球卫星定位系统的组成

全球卫星定位系统的组成包括：由卫星星座构成的空间部分，地面控制中心和观测站构成的运控部分，导航卫星接收机及其终端构成的用户部分，以及影响系统使用的各因素构成的环境部分。

空间部分：全球导航卫星系统通过空间搭建星座的方式实现全球覆盖，保证用户的导航卫星接收机在大部分时间内，能够收到数量足够的卫星信号，以获得高质量的定位、导航和授时服务。卫星在高空中昼夜不停地连续广播带有时间和轨道位置信息的无线电信号，导航卫星接收机接收到信号后就可以实现精确定位。卫星导航定位常采用三角测量法。在三维空间中，地面接收机通常可收到多个卫星发射机发出的信号，其实只要有3颗卫星信号，便能确定接收机的三维位置。在某个确定的时刻，这3颗卫星的所在位置可从卫星发射的包含导航电文（含星历）的信号中得知，而收发信号的时间差可以从接收机对卫星信号的测量中得到，进而确定3颗卫星至接收机的距离。而卫星导航要实现三维的精确定位，导航接收机至少需要接收4颗卫星的信号。通过三颗卫星发出的信号建立3个联立方程，求得空间三维坐标系中位置的经纬度和高程。

运控部分：在全球导航卫星系统的运营过程中，导航卫星的轨道和星载原子钟均会不断发生变化，为此需要地面运控。由主控站通过上行通信电路，定期定时地以导航电文方式向卫星注入经过更新的导航参数及其误差改正信息，这些信息随同导航信号一起发送。

用户部分：由接收终端相关软硬件构成。一般情况下，导航卫星接收机测量结果的输出量是位置、速度和时间，用以实现定位、导航、授时的应用服务。因为星座布设的缘故，卫星的倾角（与地球赤道的夹角）不大于60°，所以在高纬度和地球极区，卫星信号很难覆盖到。

环境部分：卫星导航系统的环境部分所涵盖的空间极广，涉及的内容众多。卫星导航的应用遍及海、陆、空、天，在从地面、海上，到近地空间、地外空间，乃至深空这样巨大的空间内，卫星导航系统的定位、导航和授时精度，完好性，可用性，连续性和可靠性等一系列关键指标会受到多种因素的影响，如环境部分还会影响用户接收机的信号接收，在森林、城市、峡谷中甚至室内都存在因电波传播环境条件产生的各种影响和限制。

目前，世界有四大全球系统。已经建成并且投入全球完全服务的有：美国的全球定位系统（Global Positioning System，GPS）、俄罗斯的格洛纳斯系统（Global Navigation Satellite System，GLONASS）、中国的北斗卫星导航系统（CNSS）。区域系统有日本的准天顶卫星系统（QZSS）和印度的印度区域导航卫星系统（IRNSS）。

所有持有全球系统或者区域系统的国家，基本都拥有星基增强系统。通常，每个全球导航卫星系统仅仅用数十颗卫星组成的星座，就能够提供全天候全时空的全球化覆盖一体化服务。基于全球导航卫星系统的众多应用深入国计民生的各个角落，实现无所不在的服务。使用范围最广的就是美国的 GPS。

二、美国的全球定位系统

在 20 世纪 60 年代中期，美国海军提出了"Timation"计划，美国空军提出了 621B 计划，并付之实施。但在发射了数颗实验卫星和进行了大量实验后发现各自都还存在一些大的缺陷。所以在此背景下，1973 年美国国防部决定发展各军种都能使用的全球定位系统 GPS，并指定由空军牵头研制。在项目的实施中，参加的单位有美国空军、陆军、海军、海军陆战队、海岸警卫队、运输部、国防地图测绘局、国防预研计划局，以及一些北大西洋公约组织和澳大利亚。历时 20 多年，于 1994 年 3 月 10 日，24 颗工作卫星全部进入预定轨道，GPS 系统全面投入正常运行，定位精度高达 20m。GPS 系统由三部分组成：空间部分、地面控制部分和用户设备部分（陈磊和梁强，2008）。

空间部分：由 24 颗工作卫星和 3 颗备用卫星组成，距地约 20 200km，卫星的轨道分布保证在世界各地、任何时间至少见到 6 颗卫星，可连续向用户提供位置和时间信息，至少能接收到 4 颗卫星信号，并测出地面上任何一点的三维坐标。

控制部分：由分布在全球的一个主控站、五个监测站和三个注入站组成。主控站位于 Colorado。监测站跟踪视野内所有 GPS 卫星、收集测距信息，并把信息传送到主站。主控站根据各监测站收集到的观测数据，计算各卫星的轨道参数、钟差参数等，并传送到注入站。由注入站将主控站发来的数据信息注入到相应卫星的存储器中。

用户部分：由 GPS 接收机、数据处理软件及其终端设备等组成。GPS 接收机可捕获到一定范围待测卫星的信号，并对信号进行交换、放大和处理，得到 GPS 接收机中心所在地的三维坐标。使用者只需拥有 GPS 设备即可使用 GPS 定位服务功能。

GPS 是一种全球性、全天候、高精度的无线电导航定位系统，它能提供三维位置、速度和时间信息（刘玉华，2011），与罗盘仪相比更准确、快捷、高效，可以解决传统定位方法精度低、工作量大、复位难的问题，成为当今最具优势的空间定位系统。GPS 是一种双重用途的系统，提供民用和军用两种不同的服务，GPS 信号分为民用标准定位服务（standard positioning service，SPS）和军用精确定位服务（precise positioning service，PPS）两类。

三、俄罗斯的卫星导航系统

苏联在总结其第一代卫星导航系统的基础上，吸收了美国 GPS 系统的经验，研制称之为格洛纳斯系统（GLONASS）的全球导航卫星系统。1982 年 10 月 12 日发射第一颗 GLONASS 卫星，1996 年 1 月 18 日完成 24 颗卫星在轨。GLONASS 的主要作用是实现全球、全天候的实时导航与定位，以及各种等级和种类的测量，单点定位精度水平方向为 16m，垂直方向为 25m。

GLONASS 与 GPS 类似，也由星座、地面控制和用户设备三部分组成。空间星座由 24 颗 GLONASS 卫星组成，其中 21 颗工作卫星，3 颗在轨备用卫星，分布在 3 个近似为圆的轨道面上，每个轨道上均匀分布 8 颗卫星，卫星运行周期 11 小时 15 分，轨道离地高度约 19 390km，这样的分布可以保证地球上任何地方任一时刻都能收到至少 4 颗卫星的导航信息；GLONASS 卫星上装备有高稳定度的铯原子钟，星载设备接收地面站的导航信息和指令，对其进行处理，生成导航电文向用户广播和控制卫星在轨的运行。地面监控部分包括位于莫斯科的控制中心和分散在俄罗斯整个领土上的跟踪控制站网，负责搜集、处理 GLONASS 卫星的轨道参量和相关信息，向每颗卫星发射控制指令和导航信息，实现对 GLONASS 卫星的整体维护和控制。用户设备通过接收 GLONASS 卫星信号，测量其伪距或载波相位，结合卫星星历进行必要的处理，便可得到用户的三维坐标、速度和时间。

GLONASS 与 GPS 除了采用不同的时间系统和坐标系统以外，最大区别是 GLONASS 系统采用频分多址，即发射的伪随机噪声码是相同的，发射的频率是不同的，根据载波频率来区分不同卫星。而 GPS 是码分多址，即发射的频率相同，而伪随机噪声码是不同的，根据调制码来区分卫星。

俄罗斯的 GLONASS 系统是一种星基定位、导航和授时的全球导航卫星系统。最初由于 GLONASS 卫星其工作寿命仅 3～5 年，绝大部分卫星已退役，随着苏联的解体，GLONASS 系统曾经一直处于降效运行状态。在 20 世纪 90 年代俄罗斯制定了 GLONASS 渐进增强计划并付诸实施，将 GLONASS 更新为 Glonass-M 或 GLONASS-K 系统，改进地面测控设施，延长卫星在轨寿命，将发播频率改为 GPS 的频率。俄罗斯对 GLONASS 系统采用军民合用、不加密的开放政策，不像 GPS 那样采取人为降低精度的措施，已先后公开 GLONASS 的接口控制文件，向全球用户提供民用服务。

四、中国的北斗卫星导航系统

中国的全球卫星导航系统于"九五"期间立项，工程代号为"北斗一号"。2003 年 5 月 25 日，在西昌将第三颗"北斗一号"送入太空，与 2000 年发射的前两颗一起构成了我国完备的卫星导航定位系统，即北斗卫星导航系统，简称 CNSS。这是我国自行研制的区域性卫星定位与通信系统，它标志着我国成为继美国 GPS 和俄罗斯 GLONASS 后，第三个建立完备卫星导航系统的国家，该系统的建立将对我国国防现代化和国民经济建设发挥重要作用。

北斗卫星导航系统是我国自主建设、独立运营，可与其他全球导航卫星系统实现兼容共用的全球导航卫星系统，经历了"北斗一号""北斗二号"和"北斗三号"的发展进程。北斗一号，2000 年建成，为中国和周边地区的用户提供有源定位；北斗二号，2012 年建成，为亚太地区用户提供无源的导航服务，并在技术方面追赶国外先进水平；北斗三号，从 2009 年开始启动，北斗卫星导航系统是我国自主建设、独立运营，可与其他全球导航卫星系统实现兼容共用的全球导航卫星系统，经历了"北斗一号""北斗二号"和"北斗三号"的发展进程。北斗一号，2000 年建成，为中国和周边地区的用户提供有源定位；北斗二号，2012 年建成，为亚太地区用户提供无源的导航服务，并在技术方面追赶国外先进水平；北斗三号，从 2009 年开始启动，到 2018 年 12 月 27 日，北斗三号基本系统完成建设，并开始提供全球服务。这标志着北斗系统服务范围由区域扩展为全球，北斗系统正式迈入全球时代。在全球范围，全天候、全天时，为各类用户提供高精度、高可靠的定位、导航、授时服务。目前，北斗系统中在轨工作的卫星数量达到 33 颗。

CNSS 与 GPS 和 GLONASS 类似，由星座（两颗地球同步卫星、一颗在轨备份卫星）、地面控制系统（控制中心和标校系统）和用户设备三部分组成。卫星定点于离地高 36 000km 的地球同步轨道上。采用主动式有源双向询问——应答定位，即首先由地面控制中心向两颗卫星发送询问信号，经卫星转发器向服务区内的用户广播；用户响应其中一颗卫星的询问信号，并同时向两颗卫星发送响应信号，再经卫星转发回控制中心；控制中心接收并解调用户发来的信号，根据用户的申请服务内容进行相应的数据处理，解算出用户所在点的三维坐标，再经加密后发送给用户。由于在定位时需要用户向卫星发送定位信号，根据传播信号的时间差计算用户位置，所以被称为"有源定位"。

北斗卫星导航系统和 GPS 的主要区别是技术体制，GPS 是一个接收型的定位系统，用户只要接收就可以做定位了，不受容量的限制。而北斗系统的最大优势是具有导航定位和通信的双重功能，虽然容量有限，但它的通信功能让它拥有巨大的应用前景。有专家称北斗系统是一个生命线工程，配有北斗接收设备的求救者可在 1s 内发出呼救信号并随即能得到控制中心的响应和施救，如大地震后所有的有线系统都可能瘫痪，而北斗系统作为一个空中监视系统则可及时报告灾情位置和发送相关信息。

第二节　地理信息系统

地理信息系统（geographic information systems，GIS）是一种为地理研究和地理决策服务的计算机技术系统，以地理空间为基础，采用地理模型分析方法，实时提供多种空间和动态的地理信息，具有对地球表面空间与地理分布有关数据进行采集、存储、管理、运算、分析、显示和描述等功能（汤国安等，2010）。GIS 最初是为解决地学问题而产生的，现已成为一门涉及测绘学、地理学、空间科学和网络技术等的综合性学科。目前，我国已形成一批具有自主知识产权的 GIS 软件，如 MapGIS、SuperMap、GeoStar 等。随着电子地图技术的进一步发展，GIS 的地图功能得到进一步扩展，其应用领域也随之扩大。GIS 应用也从最早的地学领域扩展到环境、国土、房产、城建、消防、交通、金融、通信、气象、地质、农业、林业、电力及政府办公等众多领域（储征伟和杨娅丽，2011）。从应用角度看，GIS 功能可归纳为 3 类（周成虎和邵全琴，1997），具体如下所述。

数据集成功能：GIS 作为一个强大的数据集成工具，可以按照统一的数学基础与标准将地理空间数据与属性数据集成，形成一个完整的数据库系统，并利用数据库管理系统提供的数据查询、检索功能实现数据分析。其中，数据采集、转换、检索与编辑等主要用于获取数据，保证 GIS 数据库中的数据在内容与空间上的完整性，以及在逻辑上的一致性；数据的存储和组织是一个数据集成的过程，实现空间信息自动处理与分析。GIS 数据集成功能覆盖数据采集、存储分析和显示处理的全过程，逐步形成跨学科的多层次、多功能的数据集成工具。

地图显示与制作功能：GIS 具有先进的地图制作功能，可以将表格型数据（来自数据库、电子表格文件等）转换为地理图形显示，同时可以对显示结果进行浏览、操作和分析。

还可对多种格式的信息进行分类处理，建立空间拓扑关系，将其分别制成相应的图层，并将属于同区域的图层叠合在一起。应用 GIS 可将数据空间化，并实现这些空间数据的管理、分析、信息发布和生成直观可视化的专题地图。

空间分析功能：GIS 的空间分析与模型计算功能是 GIS 应用的较高级层次，也是 GIS 的核心内容。GIS 作为一种分析工具，具有数据查询与量算、缓冲区分析、空间叠加分析、栅格数据分析等最基本的空间分析功能，也有网络分析、空间统计分析、三维分析、二次开发等方面的高级功能。GIS 的空间分析功能在空间数据科学研究、各类管理决策中得到广泛应用，也是中药区划中应用的核心功能之一。应用 GIS 可以将中药相关数据空间化，并实现对这些空间数据的管理、分析、信息发布和生成专题图等。

第三节　遥　感

遥感（remote sensing，RS）技术起源于 20 世纪 60 年代，是不直接接触被研究目标，利用遥感器从空中通过电磁波反射、辐射等方式获取人们感兴趣的特征信息的手段。任何物体在其所处的环境条件下都具有反射或辐射电磁波的特性，遥感是根据物体对波谱产生的响应不同的原理识别地面上各类地物的。遥感技术具有获取信息速度快、周期短、面积大、数据综合和可比性强等特点（梅安新和彭望琭，2001），已广泛应用于农业、林业、地质、海洋、气象、军事、环保等领域。

根据搭载遥感器的工具（飞机、卫星、宇宙飞船和航天飞机等），遥感技术分为地面遥感、航空遥感、航天遥感等。按遥感器利用的波段，可分为可见光遥感、红外遥感和微波遥感等。电磁波段中的可见光部分和人类对地物的感觉一致，主要是颜色和亮度。近红外等波段由于人眼感觉不到，而凸显遥感的优势；雷达微波则能穿云透雾不受天气限制，反映地面的粗糙程度和介电性质，而且能揭示地表层以下的特征。植物在不同的季节从生长到衰老其光谱特征不同，即使同一种植物同时期生长在不同的地方，由于长势不同其光谱特征也会有差异。

各类遥感图像因在空间分辨率、光谱分辨率和时间分辨率方面有较大差异而应用范围各异。较高光谱分辨率和空间分辨率的遥感影像，可以提高区划工作的精度。

高光谱分辨率遥感：是指具有高光谱分辨率的遥感科学和技术，在 300～2500nm（包括紫外、可见光、近红外）的波长范围内其光谱分辨率一般小于 10nm。高光谱遥感是利用地物的分子光谱吸收和微粒散射特性获取地物信息，包含了地物的辐射、空间分布和吸收光谱等方面大量的窄波段连续光谱（图像）数据。实现了地物空间信息、辐射信息、光谱信息的同步获取。同其他常用的遥感手段相比，成像光谱仪获得的数据具有波段多、光谱分辨率高、相邻波段的相关性高、数据冗余大、空间分辨率较高等技术特点（杨哲海等，2003）。高光谱遥感使探测地物属性信息能力有所增强、分类识别方法灵活多样，定量或半定量分类识别地物成为可能（杨国鹏等，2008）。

高空间分辨率遥感：空间分辨率的大小反映了空间细节水平及与背景环境的分离能力，遥感影像的空间分辨率的大小对影像分类精度影响具有两面性。在进行遥感影像土地覆盖分类时，精细的空间分辨率在一定程度上能提高分类的精度，但过高的分辨率也可能导致类别内部的光谱可变性增大，使分类精度降低（张廷斌等，2006）。在可供选择的空间分辨率里，对于不同应用领域和层次存在一个最佳分辨率的选取问题，使应用研究可以清晰地区分地貌、地物类别。高空间分辨率遥感影像一般是指地面分辨率在 10m 以下的卫星图片，如 GeoEye、World-View、QuickBird、IKONOS 等。

第四节　空间网格技术

网格（grid）是近年逐渐兴起的一个研究领域，网格技术可以将各种信息资源（内容）连接起来，比现有网络更有效地利用信息资源，关于网格技术现在尚无统一的定义。网格技术又被称为第三代网络技术，如果说现有的万维网实现了网络上信息的互通，那么网格则试图实现互联网上所有的资源全面连通。网格技术是指空间信息网格技术。广义的空间信息网格是指在网格技术支持下，在信息网格上运行的天、空、地一体化地球空间数据获取、信息处理、知识发现和智能服务的新一代整体集成的实时空间信息系统。狭义的空间信息网格是指网格计算环境下的新一代 GIS，是广义空间信息网格的一个组成部分。

一、空间信息网格的功能

空间信息网格（SIG）是一种汇集和共享地理上分布的海量空间信息资源，对其进行一体化组织与处理，从而具有按需服务能力的、强大的空间数据管理和信息处理能力的空间信息基础设施。可以连接空间数据资源、计算资源、存储资源，能够协同组合各种空间信息资源，完成空间信息的应用与共享服务。其中，空间信息多级网格（SIMG）研究的主要目标是空间信息的共享与服务，它既是空间位置的划分方法，也是特定空间位置范围内自然、社会、经济属性的信息载体，是为了更方便地在网格计算环境下实现对空间信息资源的整合、共享与利用。

空间信息多级网格的功能主要体现在两个方面：一方面，网格作为宏观信息（如特定空间位置范围内的自然、社会、经济信息）的载体，也就是说宏观信息是以地理上网格的形式进行管理和分析的，而不是以传统的行政区形式，使行政职能部门能更好地掌握和使用这些宏观信息；另一方面，网格是空间数据的载体，即空间数据经过一定的处理后，以网格作为其存储与管理的单元，各种数据通过记录与网格中心的相对量来表达数据的空间位置。

二、空间信息网格的特点

网格是集成的计算与资源环境，具有异构性、可扩展性、可适应性和管理的多重性等特点。网格技术的优势体现在：为"如何在动态变化的网络环境中共享资源和协同解决问题"提供了初步完整的解决方案。网格技术的核心是通过资源的虚拟化和高层次的抽象，跨越系统底层的异构性，实现资源的交互与共享。根据研究的侧重点不同，有计算、信息、数据、知识、商业等网格；根据应用领域不同，人们又提出许多专业网格，如地球系统、地震、军事、金融等网格。

　　空间信息多级网格作为一种新的空间信息在计算机中的表示方法，其最主要的应用是国家和省市自然、经济、社会发展信息的及时获取、分析和在宏观决策中。空间信息多级网格以网格中心点为数据附属体，通过网格内部的空间数据处理与分析，提供以网格为单位的主题数据，这些数据构成基于多级网格信息的基础，在空间信息多级网格的软硬件环境的支持下，为国家和省区市宏观决策提供空间信息服务。鉴于空间信息多级网格在数据获取、共享及宏观决策应用方面独特的优越。空间信息多级网格技术可用于中药资源普查数据资料的数字化建设和中药资源动态监测体系的构建。

参 考 文 献

储征伟，杨娅丽. 2011. 地理信息系统应用现状及发展趋势 [J]. 现代测绘，1：19-22.
陈磊，梁强. 2008.GPS 原理及应用简介 [J]. 科技信息（学术版），（22）:188-190.
刘玉华. 2011. 全球定位系统技术发展及国内外动态 [J]. 黑龙江科技信息，21：68.
梅安新，彭望琭，秦其明，等. 2001. 遥感导论 [M]. 北京：高等教育出版社.
汤国安，赵牡丹，杨昕，等. 2010. 地理信息系统.2 版.[M]. 北京：科学出版社.
杨国鹏，余旭初，冯伍法，等. 2008. 高光谱遥感技术的发展与应用现状 [J]. 测绘通报，10：1-4.
杨哲海，韩建峰，宫大鹏，等. 2003. 高光谱遥感技术的发展与应用 [J]. 海洋测绘，23（6）：55-58.
张军. 2006.GPS 应用的发展 [J]. 全国测绘科技信息网中南分网学术交流会.
张廷斌，唐菊兴，刘登忠. 2006. 卫星遥感图像空间分辨率适用性分析 [J]. 地球科学与环境学报，1：79-82.
张小波，郭兰萍，黄璐琦，等. 2013. 高光谱遥感在药用植物监测研究中的应用探讨 [J]. 中国中药杂志，38（9）：1280-1284.
周成虎，邵全琴. 1997. 地理信息系统应用方法论 [J]. 地理学报，S1：187-196.

第十五章

ArcGIS 软件相关操作应用实例

本章以马尾松生产区划为例详细介绍软件操作流程和步骤。在进行区划分析之前，首先需要安装好 ArcGIS 软件和 Maxent 软件。此外还需准备分析马尾松的数据：①生态因子数据，包括气候因子、地形因子和土壤因子等；②采样地信息，包括产地、经度、纬度、海拔等；③化学成分数据，包括莽草酸、总木脂素、原花青素等有效成分；④生长指标数据，包括产量、株龄、密度等。将以上马尾松数据存放在一个文件夹下，并将马尾松相关数据保存在 Excel 中备用。

第一节　马尾松分布区划

一、马尾松采样点分布图制作

采样点的经纬度是区划相关工作的最核心数据，所有工作均是基于采样点经纬度进行的。将采样点相关数据导入 ArcGIS 的操作步骤如下所述。

（一）采样点数据导入 ArcGIS

若原始数据中马尾松样地经纬度数据不是十进制格式，需将 Excel 中马尾松采样地的经纬度统一换算成十进制格式（图 15-1）。打开 ArcGIS 软件中的 ArcMap 软件（图 15-2、图 15-3），点击 ArcMap 中的“+”号按钮，添加数据（图 15-4）。

编号	省市县乡村	样方编号	经度/°	纬度/°	海拔/m	坡度/°	坡向
1	四川省广元市昭化区王家镇更新村	1	105.9641	32.14261	927	30	北
2	四川省广元市昭化区王家镇更新村	2	105.9636	32.14239	922	10	西
3	四川省广元市昭化区王家镇更新村	3	105.9642	32.14281	894	10	东北
4	四川省广元市昭化区文村乡党阳村	1	105.9673	32.03681	722	20	西北
5	四川省广元市昭化区文村乡党阳村	2	105.9656	32.03624	702	40	西
6	四川省广元市昭化区文村乡党阳村	3	105.9627	32.04056	700	10	东北
7	四川省广元市昭化区元坝镇桂花村	1	105.9534	32.32274	589	30	东
8	四川省广元市昭化区元坝镇桂花村	2	105.9536	32.32266	581	40	东北
9	四川省广元市昭化区元坝镇桂花村	3	105.9548	32.32284	533	10	东
10	福建省龙岩市漳平市官田乡五一林场桂	1	117.4585	24.96861	463	15	南
11	福建省龙岩市漳平市官田乡五一林场桂	2	117.4585	24.96874	460	35	东南
12	福建省龙岩市漳平市官田乡五一林场桂	3	117.4585	24.96888	479	50	南
13	福建省龙岩市漳平市芦芝乡涵梅村	1	117.5342	25.21412	261	50	西
14	福建省龙岩市漳平市芦芝乡涵梅村	2	117.5345	25.21462	295	55	南
15	福建省龙岩市漳平市芦芝乡涵梅村	3	117.5496	25.2149	237	40	东南
16	福建省龙岩市漳平市双洋镇东洋村	1	117.3615	25.60141	390	20	西南
17	福建省龙岩市漳平市双洋镇东洋村	2	117.3617	25.60107	361	15	西
18	福建省龙岩市漳平市双洋镇东洋村	3	117.3623	25.60157	385	15	西
19	重庆市重庆市酉阳土家族苗族自治县龙	1	108.9538	28.79046	514	55	东
20	重庆市重庆市酉阳土家族苗族自治县龙	2	108.9537	28.79057	516	40	东
21	重庆市重庆市酉阳土家族苗族自治县龙	3	108.9534	28.79073	535	40	东
22	重庆市重庆市酉阳土家族苗族自治县桃	1	108.7205	28.86025	881	30	南
23	重庆市重庆市酉阳土家族苗族自治县桃	2	108.7199	28.86034	895	30	南
24	重庆市重庆市酉阳土家族苗族自治县桃	3	108.7189	28.86058	936	15	南
25	重庆市重庆市酉阳土家族苗族自治县天	1	108.4952	28.81791	842	0	南

Sheet1

图 15-1　马尾松经纬度数据

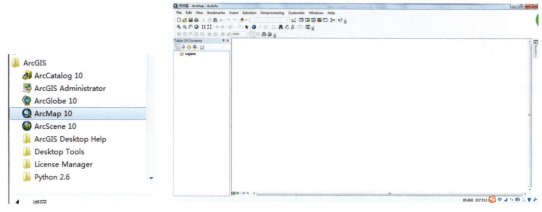

图 15-2　ArcMap 软件图标　　　　图 15-3　ArcMap 软件初始界面

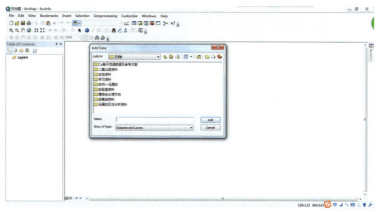

图 15-4　添加数据窗口

然后，点击下拉菜单，找到存放马尾松数据的文件夹，若没有目的文件夹则需要点击 ，添加马尾松数据文件夹（图 15-5）。打开文件夹，找到马尾松采样点数据 Excel 文件（xls 格式），点击 Add（图 15-6），然后点击存储数据的 Sheet1 文件，再点击 Add（图 15-7），得到如图 15-8 所示界面。

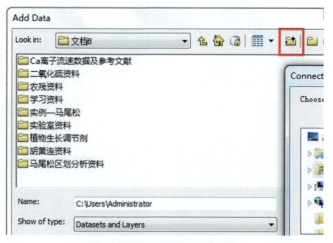

图 15-5　添加数据所在文件夹

第十五章　ArcGIS 软件相关操作应用实例

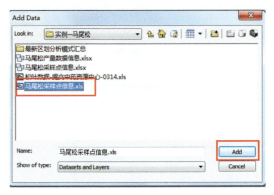

图 15-6　马尾松采样点信息

图 15-7　马尾松数据工作表

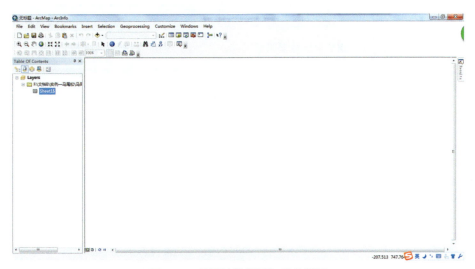

图 15-8　马尾松数据添加后的界面

（二）表格数据转换成矢量图层

制作采样点分布图之前需要将采样点表格数据转换成矢量图层，才能与其他矢量数据或栅格数据进行叠加应用，具体操作步骤如下所述。

添加完马尾松采样点数据后，右击 Layers 项下的 Sheet1，选择 Display XY Data（图 15-9），得到图 15-10 所示界面。然后点击 X Field 下拉箭头，选择经度指标，再点击 Y Field 下拉箭头，选择纬度指标（图 15-11）。接下来点击界面右下方的 Edit 选项，得到如图 15-12 所示界面，点击 Select 选项，得到投影坐标界面（图 15-13），双击"Geographic Coordinate Systems"，再双击"World"（图 15-14），选择 WGS 1984 文件，点击 Add，点击 apply、OK（图 15-15），最终得到如图 15-16 所示界面。点击 OK，出现提示数据图层设置提示界面（图 15-17）；点击 OK，得到马尾松样点分布图（图 15-18）。

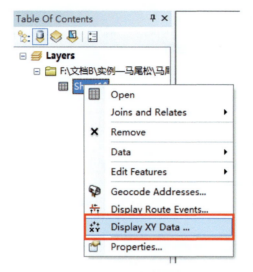
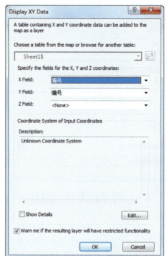

图 15-9　XY 坐标数据图标　　　　图 15-10　投影坐标轴选择界面

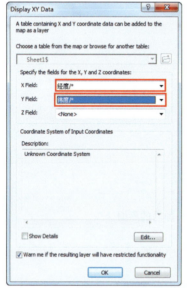

图 15-11　马尾松经纬度坐标选择　　　图 15-12　XY 坐标系

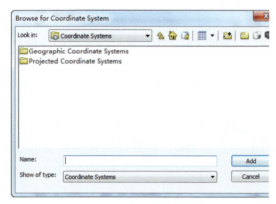
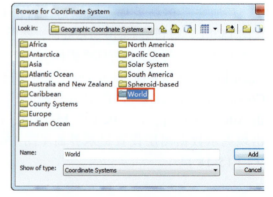

图 15-13　坐标系统选择界面　　　　图 15-14　Word 坐标文件

图 15-15　WGS_1984 坐标界面　　　图 15-16　坐标系设置完成界面

图 15-17　数据图层设置提示界面

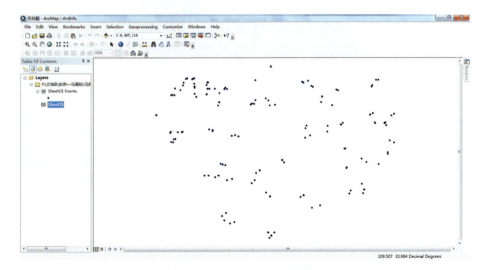

图 15-18　添加数据初始界面

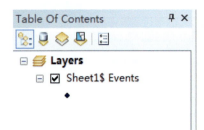

图 15-19　图层列表变换

在 ArcMap 界面左边找到 Table of Contents，点击最左边的 List By Drawing Order 图标，转换成如图 15-19 所示界面。

然后将添加的马尾松采样点数据导出，右键点击列表中的 Sheet1 图层，选择 Date → Export Date（图 15-20），在弹出的对话框中选择保存路径，点击 OK（图 15-21），在弹出的对话框选择 Yes（图 15-22）。选中之前的图层，点击右键，选择 Remove 即可（图 15-23）。

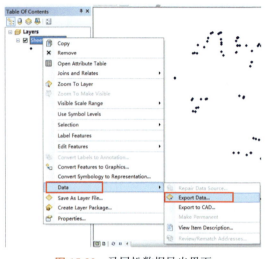

图 15-20　马尾松数据导出界面

图 15-21　数据导出路径选择

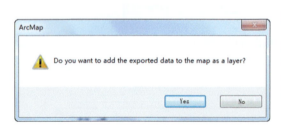

图 15-22　数据重新加载提示界面

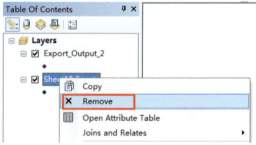

图 15-23　移除初始数据

（三）制作采样点分布图

将马尾松采样点的点状数据，与全国、省级行政区划图层叠加，制作马尾松采样点分布图。

1. 添加国界和省界图层

添加中国各省行政区划图层，首先同样点击 ✚·，在出现的添加文件界面中找到存放全国行政图层的文件夹，双击选中后点击 Add（图 15-24），即将中国省份图层添加到

ArcMap 界面中，可能会出现图层在窗口中显示不完全的情况，需点击 Full Extent 选项（图 15-25），可将所有图层显示完全。最终，得到马尾松在全国各省图层上的分布情况。若需要将全国图层颜色显示去掉，则需要单击全国行政图层，选中 Hollow，再点击 OK 即可（图 15-26）。

图 15-24　全国行政区划数据

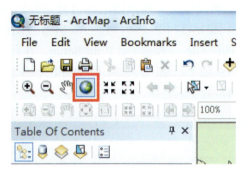

图 15-25　Full Extent 图表

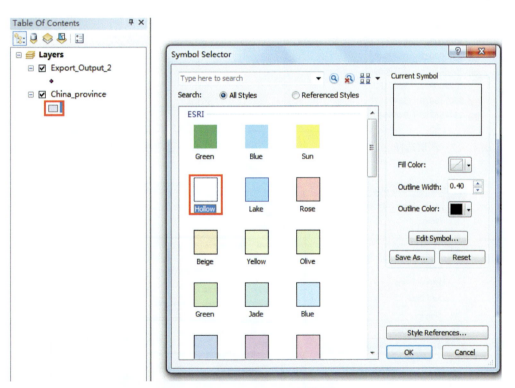

图 15-26　全国行政区划图层符号标记

需要注意，在操作完成采样点分布图层或者后面将要分析的分布区划图层、生长区划图层及品质区划图层等后，最好将该图层导出（export date）或存为图层（save as layer file），方便使用。

2. 生成马尾松采样点分布图

导出马尾松采样点数据图层，生成 tif、jpeg 等格式的图片，以便在 Word 等材料中使用。

将分布区划图层勾选掉，只保留采样点图层和行政边界图层。然后对图层重命名，分别两次单击采样点图层和行政边界图层，然后分别命名为马尾松采样点和全国行政边界（图 15-27）。然后切换 ArcMap 视图模式，选择 Layout View（图 15-28），在该模式下选择 File → Page and Print Setup，在新对话框中选择 Landscape，点击 OK（图 15-29、图 15-30）。调整图片位置和大小使其放在方框中，点击 ◎ 即可（图 15-31、图 15-32）。

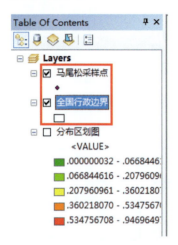

图 15-27　图层选择

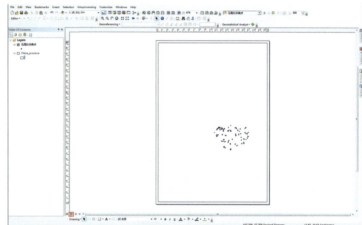

图 15-28　更改视图模式

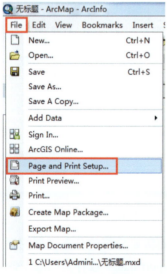

图 15-29　纸张打印设置

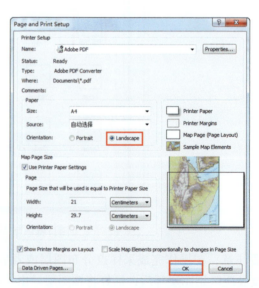

图 15-30　纸张横向打印模式

第十五章 ArcGIS 软件相关操作应用实例 219

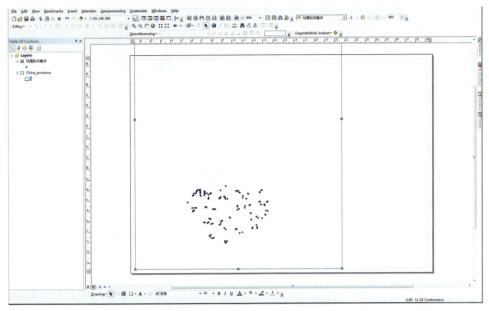

图 15-31　横向打印设置初始界面

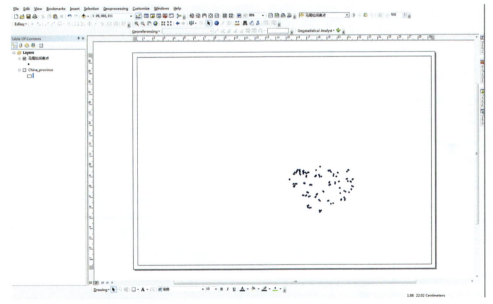

图 15-32　图层位置调整

然后，选择 Insert → North Arrow（图 15-33），选择一种指北针，点击 OK（图 15-34），然后将指北针移动到图层右上角，根据需要调整大小。

接下来添加图例。同样选择 Insert → Legend（图 15-35），在新对话框中选择全国行政边界和马尾松采样点添加到右边框内，点击 Next（图 15-36），在 Legend Title 中输入"图例"，点击 Next（图 15-37），得到最终结果。

图 15-33　插入指南针图标

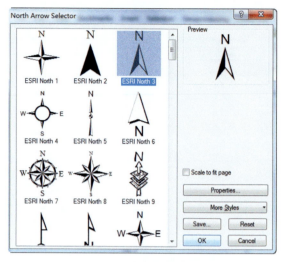

图 15-34　指南针符号选择

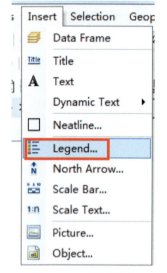

图 15-35　插入图例

图 15-36　插入数据图例

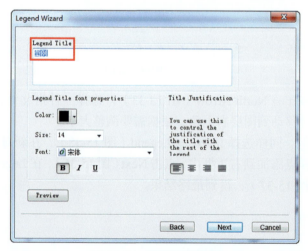

图 15-37　图例标题设置

下面将添加比例尺。同样选择 Insert → Scale Bar（图 15-38），选择一种比例尺，选择 Properties，将 Division Units 改为 Kilometers，然后点击"Apply"和"OK"（图 15-39），再调整比例尺长短，即可。

图 15-38　插入比例尺图标

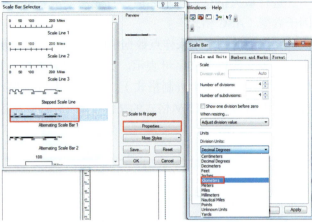

图 15-39　比例尺设置

添加完指北针、图例、比例尺后，选择 File → Export Map（图 15-40），在新打开对话框中选择保存路径，可新建文件夹（如导出地图），文件名可命名为马尾松分布图，格式为 TIFF，点击保存（图 15-41）。这样就将马尾松采样点图层保存为标准的图片格式，便于编辑使用。

图 15-40　导出地图

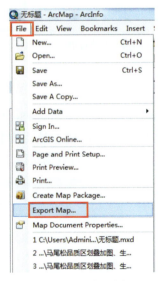

图 15-41　导出选择

二、马尾松分布概率估计

用马尾松采样点数据生成的图层均是点状分布，要估算马尾松潜在分布区域，需采用相关模型基于点状数据生成区域性面状数据。以最大信息熵模型（Maxent 模型）为例，介绍具体操作步骤。

（一）数据预处理

进行最大信息熵运算之前，首先需要准备好马尾松采样点数据（CSV 格式）和生态因子数据（ASC 格式）。

将之前的马尾松采样点数据中的经度、纬度复制到一个新的 Excel 表格中，且在数据表中，表头应以英文字母表示。数据内容只需要三列信息即可，分别为植物名（英文字母表示）、经度（十进制格式）、纬度（十进制格式）（图 15-42）。然后将该 Excel 文件另存为后缀名为 CSV 格式的文件（图 15-43），备用。

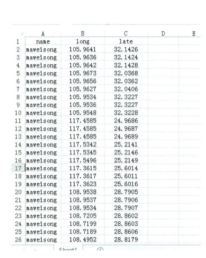

图 15-42　马尾松经纬度数据

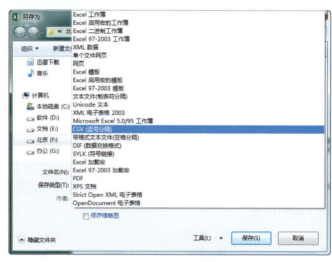

图 15-43　数据另存格式界面

（二）马尾松在各地分布概率估算

Maxent 模型的初始界面如图 15-44 所示（Maxent 软件，使用 JAVA 平台开发而成，若软件无法正常打开，请核查是否安装 JDK 运行环境）。首先进行数据配置，在左侧 Samples 中点击 Browse 选择数据路径，找到马尾松采样点数据（CSV 格式）（图 15-45），

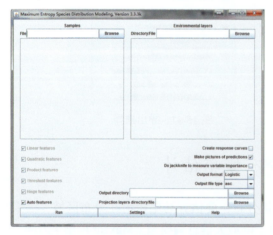

图 15-44　Maxent 模型的初始界面

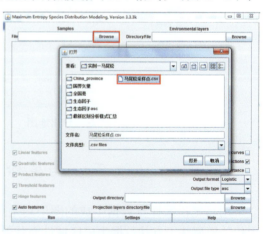

图 15-45　添加马尾松采样点数据

选择完成后点击打开，结果显示如图 15-46 所示。然后在 Environmental layers 中点击 Browse，选择生态因子数据（ASC 格式）存储位置，选中生态因子文件夹，点击打开（图 15-47），即将生态因子添加到模型中（图 15-48）。

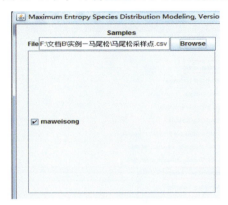

图 15-46　马尾松数据添加完成

图 15-47　添加生态因子数据

接下来对数据类型进行选择判断，默认都是连续型数据，所以要对类别型数据进行选择。例如，aspect 坡向为类别型数据，需将其改为类别型数据（图 15-49）。其他数据需依次判断，选择其类型。然后在 output directory 中配置数据输出位置，点击 Browse，选择存放文件夹（或新建文件夹）即可，但要勾选 Create response curves（图 15-50）。

图 15-48　马尾松数据和生态因子数据添加完成　　图 15-49　生态因子数据类型选择

图 15-50　模型运算数据存储位置

最后，在数据设置完毕后要对运算条件进行选择，点击 Settings，弹出如下对话框，如图 15-51 所示。分别对 Basic、Advanced、Experimental 三个对话框内容进行选择和参数修改，具体内容如图 15-52～图 15-54 所示。

图 15-51　Setting 设置界面　　　　　　　图 15-52　Basic 设置

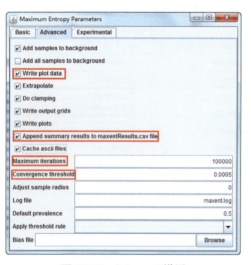

图 15-53　Advanced 设置　　　　　　　图 15-54　Experimental 设置

配置完成后点击 Run，等待程序运行。

软件运行成功后会生成一系列文件，如图 15-55 所示，选择其中的 HTML 文件可对运行结果进行查看（图 15-56、图 15-57）。

（三）制作马尾松在各地分布概率图

1. 估算结果格式转化

将 Maxent 模型估算结果（文本格式）转化成栅格格式，作为后期进行空间分析和制作马尾松在各地分布概率图的基本图层。

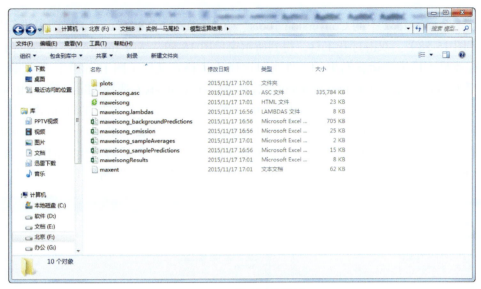

图 15-55　模型运算结果

Analysis of omission/commission

The following picture shows the omission rate and predicted area as a function of the cumulative threshold. The omission rate is is calculated both on the training presence records, and (if test data are used) on the test records. The omission rate should be close to the predicted omission, because of the definition of the cumulative threshold.

The next picture is the receiver operating characteristic (ROC) curve for the same data. Note that the specificity is defined using predicted area, rather than true commission (see the paper by Phillips, Anderson and Schapire cited on the help page for discussion of what this means). This implies that the maximum achievable AUC is less than 1. If test data is drawn from the Maxent distribution itself, then the maximum possible test AUC would be 0.977 rather than 1; in practice the test AUC may exceed this bound.

Some common thresholds and corresponding omission rates are as follows. If test data are available, binomial probabilities are calculated exactly if the number of test samples is at most 25, otherwise using a normal approximation to the binomial. These are 1-sided p-values for the null hypothesis that test points are predicted no better than by a random prediction with the same fractional predicted area. The "Balance" threshold minimizes 6 * training omission rate + .04 * cumulative threshold + 1.6 * fractional predicted area.

Cumulative threshold	Logistic threshold	Description	Fractional predicted area	Training omission rate	Test omission rate	P-value
1.000	0.025	Fixed cumulative value 1	0.100	0.000	0.000	6.763E-53
5.000	0.142	Fixed cumulative value 5	0.067	0.007	0.038	0E0
10.000	0.223	Fixed cumulative value 10	0.054	0.027	0.154	0E0
4.136	0.118	Minimum training presence	0.070	0.000	0.038	0E0

图 15-56　模型准确度评价结果

Pictures of the model

This is a representation of the Maxent model for maweisong. Warmer colors show areas with better predicted conditions. White dots show the presence locations used for training, while violet dots show test locations. Click on the image for a full-size version.

(A link to the Explain tool was not made for this model. The model uses product features, while the Explain tool can only be used for additive models.)

Response curves

These curves show how each environmental variable affects the Maxent prediction. The (raw) Maxent model has the form exp(...)/constant, and the curves show how the exponent changes as each environmental variable is varied, keeping all other environmental variables at their average sample value. Click on a response curve to see a larger version. Note that the curves can be hard to interpret if you have strongly correlated variables, as the model may depend on the correlations in ways that are not evident in the curves. In other words, the curves show the marginal effect of changing exactly one variable, whereas the model may take advantage of sets of variables changing together.

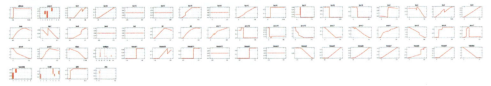

图 15-57　各生态因子影响曲线

点击 ArcToolbox 中的 Conversion Tools → To Raster → ASCII to Raster 工具进行格式转换（图 15-58）。双击打开工具，得到所示窗口图 15-59。选择 InputASC Ⅱ raster file，打开存放最大熵模型运算结果的文件夹，选择 ASC 格式文件（图 15-60）；选择输出数据类型为 float，然后点击 Environment，选择 Raster Analysis，选择 Minimum of Inputs，点击 OK（图 15-61），设置完后再点击 OK。完成格式转换，软件将 TIFF 格式图层自动加载到 ArcMap 中（图 15-62）。然后点击该图层，选择 Date → Export Date，在弹出的对话框中选择存储位置和文件名，点击 Save（图 15-63）。然后将新生成的图层添加到 ArcMap 中在提示窗中点击 Yes（图 15-64）。这样可把之前的图层删除（图 15-65）。

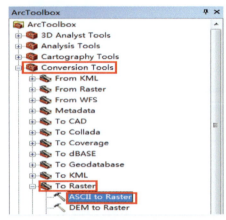

图 15-58　数据格式转换工具

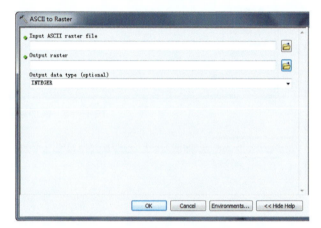

图 15-59　ASCII to Raster 工具

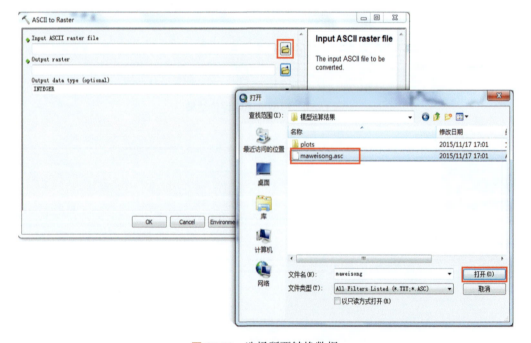

图 15-60　选择所要转换数据

第十五章 ArcGIS 软件相关操作应用实例

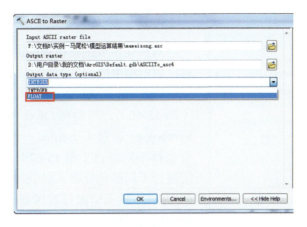

图 15-61 输出数据类型设置

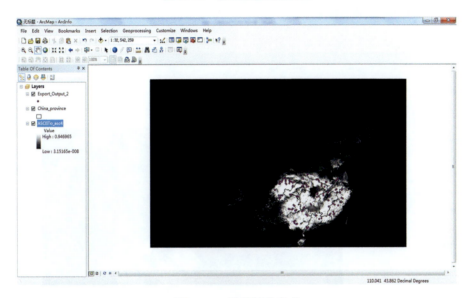

图 15-62 数据转换完成

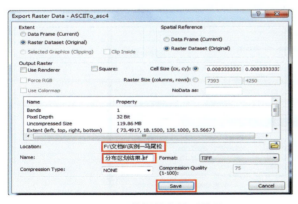

图 15-63 数据导出界面设置

图 15-64 导出数据重新加载提示

2. 概率分布图切割处理

对转化生成的栅格数据进行切割处理，获取目标区域的结果图。

选择新添加的图层，右键选择 Properties（图 15-66），然后在 Layer Properties 选项卡单击 Symbology 选择 Classified，再选择 Color Ramp，可选择不同颜色（图 15-67）。点击 OK 即可对图层进行不同颜色分类（图 15-68）。若存在如图 16-68 所示不显示全国行政区划图层，将区划分布结果图层向下移即可。

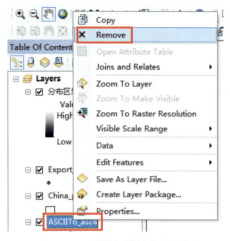

图 15-65　删除初始转换的数据

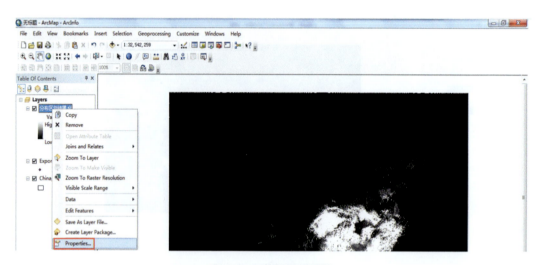

图 15-66　数据图层属性

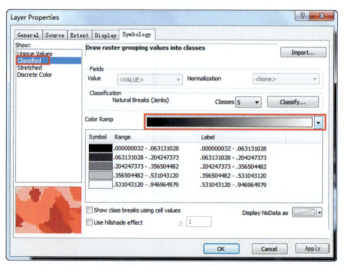

图 15-67　数据图层符号分类

第十五章 ArcGIS 软件相关操作应用实例 229

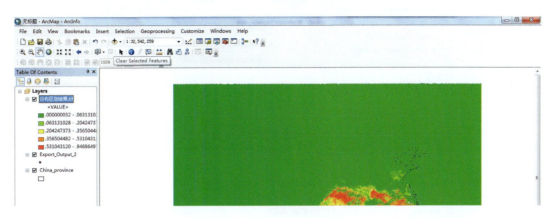

图 15-68　调整图层数据颜色

接下来，我们需要对图层进行切割，只保留国界范围内的内容。首先添加国界图层，方法同上。然后选择 ArcToolbox 工具，选择 Spatial Analyst Tools → Extraction → Extract by Mask（图 15-69），双击后，在新打开的对话框 Input raster 中选择"分布区划结果 .tif"，在 Input raster or feature mask date 中选择国界图层，保存路径最好选择默认路径，点击 OK（图 15-70），等软件运算完成，将国界图层删除或把前面的 china_boundary_project 去掉即可，这样就可得到切割完成的分布区划图。

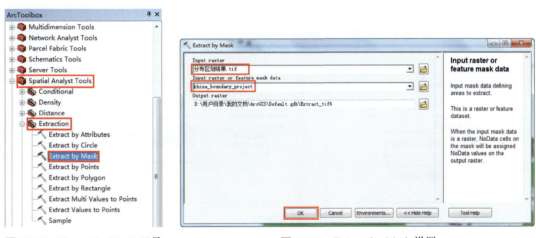

图 15-69　Extract by Mask 工具　　　　　图 15-70　Extract by Mask 设置

同样，选择新切割的图层，右键选择 Propoties 中的 Classified，再选择 Color Ramp，确定。然后把之前的分布区划结果图层删掉或 分布区划结果.tif，便可显示最终图层。为方便后期使用，需将该切割图层导出到指定文件夹中（图 15-71），不必再加载到 ArcMap 软件中。

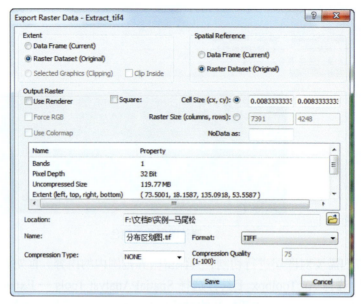

图 15-71　导出马尾松分布区划图层

3. 生成马尾松分布概率区划图

导出马尾松分布概率区划图与马尾松分布图的操作步骤相同。首先将 Layers 列表中的马尾松采样点图层勾掉，选择分布区划图（图 15-72）。然后双击图例，将分布区划图和全国行政边界图层选到右边框内，如图 15-73 所示，点击"Apply"和"OK"，得到最终结果。

图 15-72　选择分布区划图

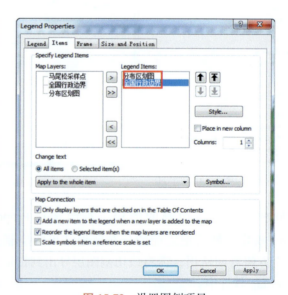

图 15-73　设置图例项目

然后，选择导出地图数据，保存文件路径和命名等步骤均与导出马尾松采样点图层操作一样。最终得到马尾松分布概率区划图（图 15-74）。

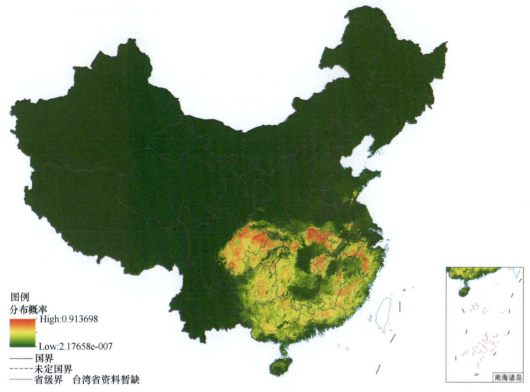

图 15-74　导出的马尾松分布区划图

三、马尾松分布区划图制作

在进行马尾松分布区划分析之前，首先需要提取马尾松采样点在分布概率图层上的生境适宜度值，然后根据最小值和最大值，利用 ArcMap 软件将分布概率图层进行栅格计算，去除不在采样点范围内的数据。

（一）马尾松潜在分布区域提取

前面我们已经得到了马尾松的最大信息熵分布图层，即分布概率图层，下面将根据采样点提取分布概率图层上的生境适宜度数值，得到马尾松潜在分布区域。

首先新建 ArcMap 软件操作界面，添加采样点分布图层、全国行政边界图层和最大信息熵运算得出的分布概率图层。

然后选择 ArcToolbox 工具，选择 Spatial Analysis Tools → Extraction → Extract Values to Point，在新打开的对话框中，在 Input point features 中选择采样点图层，在 Input raster 中选择分布概率图层（图 15-75），点击"OK"。

接下来点击新提取的图层，单击右键选择 Open Attribute Table（图 15-76），打开图层数据列表，在 Table 中可以看到提取到的生境适宜度数值（图 15-77）。将表格导出，选择 Export（图 15-78），选择存储路径和格式（dbf），如图 15-79 所示。

图 15-75　数据提取工具设置

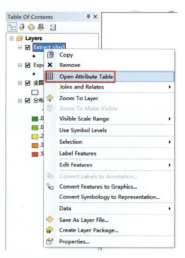

图 15-76　打开图层数据列表

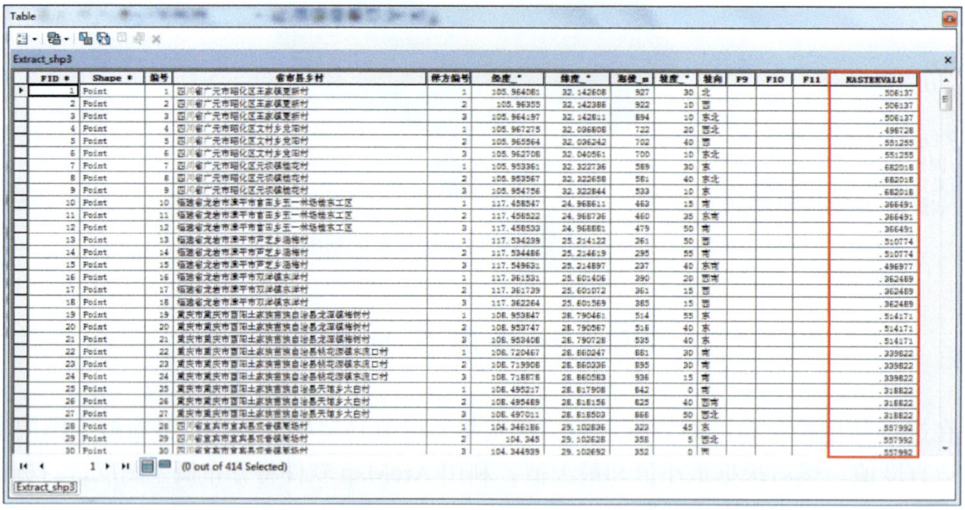

图 15-77　提取得到的生境适宜度值

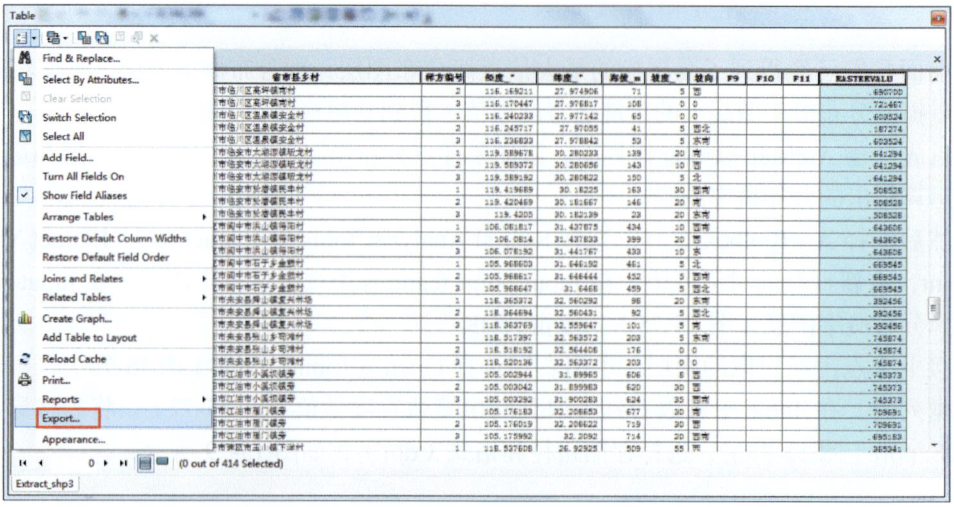

图 15-78　导出提取数据

图 15-79　数据导出路径

然后将导出的数据在 Excel 中打开，根据数据查找生境适宜度的最小值和最大值。通过分析得到最大值为 0.9214，最小值为 0.0658。

下面，我们将利用最大值和最小值对分布概率图层进行栅格计算。使用 Raster Calculator 工具，将大于 0.0658 且小于 0.9214 的赋值为 1，其余的为 0。分布概率区划图层数据栅格计算公式为"Con（"分布概率区划图"＞=0.0658，1&Con（"分布概率区划图"＜=0.9214，1））"，如图 15-80 所示。点击 OK，得到图层数据栅格计算结果（图 15-81）。

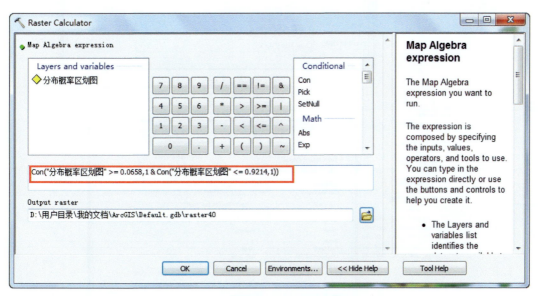

图 15-80　分布概率区划图层数据栅格计算

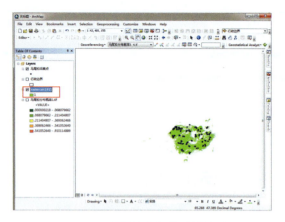

图 15-81　图层数据栅格计算结果

这样我们得到了分布概率图层数值范围在 0.068～0.91 的数据。将此图层重新命名为分布概率底图。在该图层右键选择 Save as Layer file，导出并保存计算结果（图 15-82），或者选择 Export，导出数据（图 15-83）。

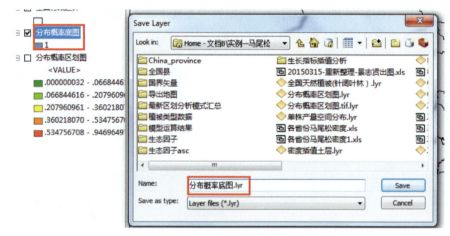

图 15-82　图层数据保存

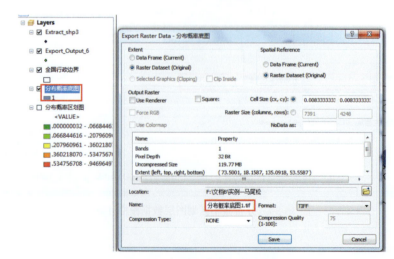

图 15-83　导出分布概率底图

这样我们通过栅格计算得到了基于马尾松采样点数据的分布概率底图，可用于生长区划和品质区划的基础数据图层。

（二）马尾松潜在分布区域修正

基于全国植被图，提取针阔叶混交林和针叶林分布图。采用 ArcMap 将马尾松在全国分布概率区划图转换为栅格数据，基于栅格数据空间计算方法，将马尾松在全国分布概率区划图与针阔叶混交林和针叶林分布图进行空间叠加，对全国马尾松潜在分布区域进行修正。具体操作流程如下。

1. 针叶林、针阔混交林分布区域提取

首先重新打开 ArcMap 软件，添加植被类型数据，选择全国天然植被（图15-84），点击 Add。

利用全国植被类型数据，根据植被大类的字段内容删除不包含针叶林、针阔混交林的内容。若 ArcMap 界面上没有 Editor 编辑框，则需要在界面空白处右键选择 Editor（图 15-85），点击 Editor 按钮，选择 Start Editing（图 15-86），选择植被类型数据，点击 OK 即可。

图 15-84 添加植被类型数据

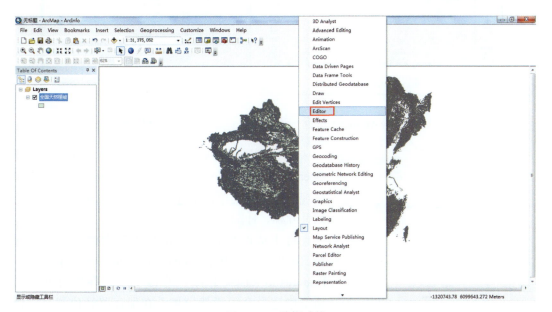

图 15-85 编辑功能

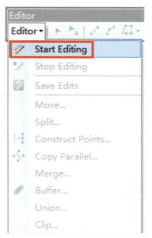

图 15-86　开始编辑图标

在 Start editing 界面中选择 Selection 中的 Select By Attributes（图 15-87），在 layer 中选择植被类型数据，计算方法如图 15-88 所示，完成后点击 Apply。

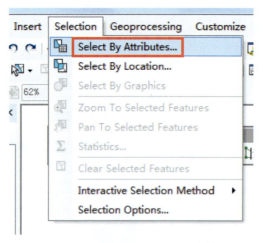

图 15-87　Select By Attributes 功能　　　　图 15-88　图层数据筛选计算

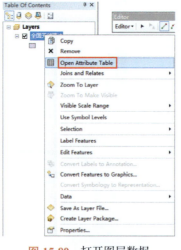

然后在 layers 列表中选择该图层，单击右键选择 Open Attribute Table（图 15-89），打开数据展列，在出现的对话框菜单栏中选择 ✖（图 15-90）。最后得到针叶林、针阔叶林的植被图层。

将生成的植被类型数据转换为栅格格式，在 ArcToolbox 工具中，Conversion Tools → To Raster → Features to Raster 工具（图 15-91），在新打开的对话框中选择全国天然植被，在保存路径位置可以修改文件名（针阔叶林），注意在 Output cell size 中输入 1000（图 15-92），点击 OK，得到栅格格式数据（图 15-93）。可以将此栅格格式数据导出，便于后期使用。

图 15-89　打开图层数据

第十五章　ArcGIS 软件相关操作应用实例

图 15-90　列表删除所选数据

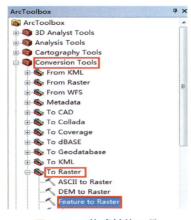

图 15-91　格式转换工具

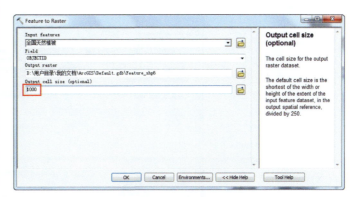

图 15-92　格式转换设置

如果该图层与之前得到的图层在宽度上不一致，是因为投影不一致所致。还要将针阔叶林图层投影转成 WGS1984，右键点击图层，选择 Date Frame Propertits（图 15-94），在新对话框中选择 Geographic Coordinate Systems → World → WGS1984（图 15-95、图 15-96），单击"Apply"和"OK"即可。然后添加全国行政边界图层，完成提取针叶林数据图层工作。

图 15-93　栅格格式数据

图 15-94　Date Frame Propertits 工具

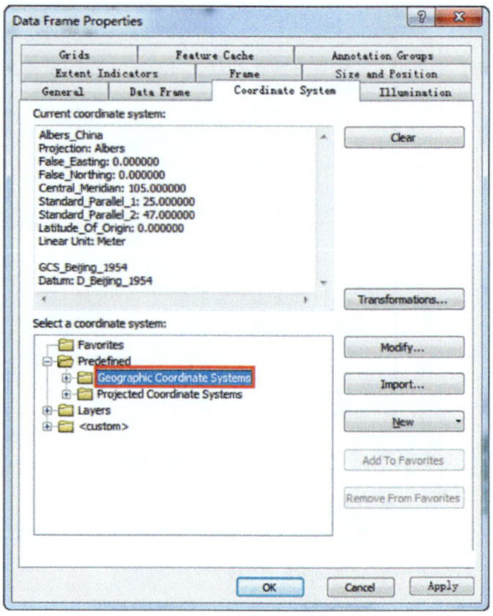

图 15-95　Geographic Coordinate Systems 投影

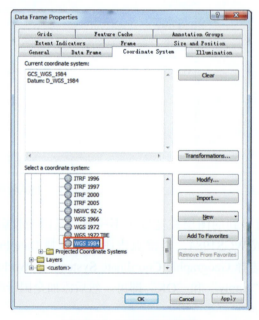

图 15-96　WGS 1984 投影

2. 导出针叶林、针阔混交林分布图

此处导出针阔叶林图层（针叶林和针阔叶混交林）与之前最大信息熵运算中导出地图操作相同。首先将针阔叶林进行图层属性转换。

在图层的属性中也可点击 Label 对绿色图层进行命名（图 15-97）。还要注意对全国行政边界进行重命名。然后在 Layout View 视图模式下添加指北针、图例和比例尺（图 15-98）。

最后，点击 File → Export Date，将图层导出，保存即可。得到针叶林和针阔叶混交林分布图。

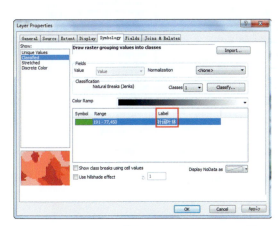
图 15-97　图层标签重命名

图 15-98　导出针阔叶林图层

3. 制作马尾松分布图

马尾松分布区划是根据最大信息熵模型计算的马尾松概率分布与通过植被类型提取得到的针叶林和针阔叶混交林的分布图进行叠加而成的。

因此，利用 ArcToolbox 中栅格计算工具，选择 Spatial Analyst Tools 中的 Map Algebra 中的 Raster Calculator 工具（图 15-99），将植被类型图层数据值均变为 1（图 15-100），点击 OK，即可。

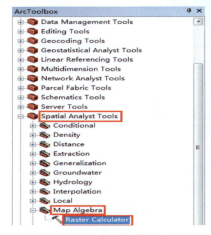
图 15-99　栅格计算工具

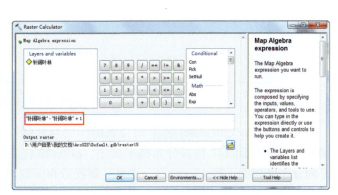
图 15-100　针阔叶林图层计算公式

利用处理好的植被类型数据与分布概率底图（连续型）进行叠加（利用 Raster Calculator 工具），即可获得最终马尾松生长分布，操作如下所述。

首先，添加之前得到的马尾松分布概率图层，然后添加分布概率底图，打开 ArcToolbox → Spatial Analyst Tools → Map Algebra → Raster Calculator，这里需要将分布概率底图（类别型）转换成连续型图层，即范围在 0.0658～0.9214 的连续型数据。计算公式如图 15-101 所示，点击 OK，得到连续型分布概率底图，如图 15-102 所示。

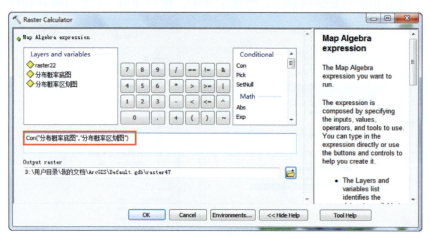

图 15-101　分布概率底图栅格计算

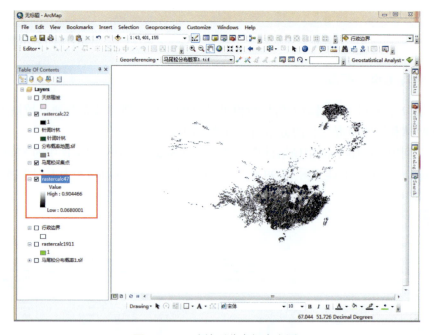

图 15-102　连续型分布概率底图

使用 Raster Calculator 将上面得到的图层与针阔叶林图层进行叠加（相乘）（图 15-103）。其中 raster47 代表分布概率底图，raster22 代表针阔叶林图层。点击 OK，得到最终的分布区划图（图 15-104）。选择马尾松分布区划图层，右键选择 Properties。

第十五章　ArcGIS 软件相关操作应用实例

图 15-103　栅格图层计算

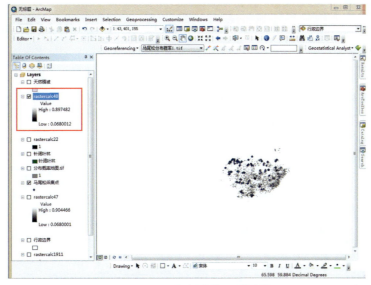

图 15-104　马尾松分布区划图层

打开 raster48 图层属性，在属性中选择 Labeling 将黑白颜色换成彩色，如图 15-105 所示。然后点击 OK 即可。

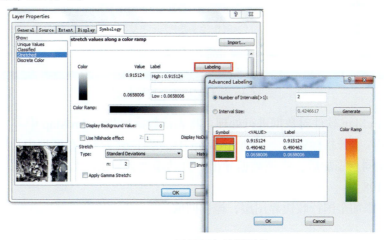

图 15-105　图层颜色符号调整

图 15-106　图层重命名

将 raster48 图层重命名为马尾松分布区划图（图 15-106）。按照之前导出地图的操作将马尾松分布区划图层导出即可。同时得到 tif 格式的马尾松分布区划图。

第二节　马尾松生长区划

马尾松生长区划是在分布区划的基础上，基于马尾松的株密度、株龄、产量等生长指标，采用现有模型对其进行空间分布情况估算。本节以自然临近插值（泰森多边形插值）方法为例，介绍马尾松生长区划操作过程。

一、马尾松生长指标区划

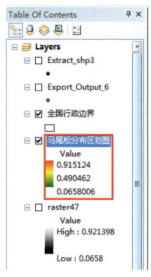

（一）数据准备

首先将马尾松生长指标（密度、单株产量、株龄）数据在 Excel 中预处理好（图 15-107）。同时保证有经纬度数据。

序号	省市县村	样方编号	面积/m2	密度	株数	经度/°	纬度/°	株龄/年	单株鲜松叶产量/Kg
1	四川省绵阳市北川县桂溪乡八角村	1	9	1.11	10	104.6448	32.0018	18	5.57
2	四川省绵阳市北川县桂溪乡八角村	2	16	0.31	5	104.6443	32.0019	20	6.18
3	四川省绵阳市北川县桂溪乡八角村	3	4	1.00	4	104.6439	32.0016	20	6.89
4	四川省绵阳市江油市小溪坝镇旁	1	16	0.38	6	105.0029	31.8997	18	3.96
5	四川省绵阳市江油市小溪坝镇旁	2	16	0.25	4	105.0030	31.9000	18	9.50
6	四川省绵阳市江油市小溪坝镇旁	3	16	0.25	4	105.0033	31.9003	13	3.82
7	四川省绵阳市江油市雁门镇旁	1	196	0.10	20	105.1762	32.2087	15	13.46
8	四川省绵阳市江油市雁门镇旁	2	81	0.41	33	105.1760	32.2086	16	14.34
9	四川省绵阳市江油市雁门镇旁	3	16	0.50	8	105.1760	32.2092	11	8.16
10	四川省雅安市名山区联江乡续元村	1	64	0.06	4	103.3526	30.1941	33	22.87
11	四川省雅安市名山区联江乡续元村	2	225	0.02	4	103.3513	30.1954	27	19.18
12	四川省雅安市名山区联江乡续元村	3	121	0.02	3	103.3515	30.1962	30	17.92
13	四川省雅安市名山区茅和乡茅和村	1	36	0.08	3	103.3513	30.2185	33	26.31
14	四川省雅安市名山区茅和乡茅和村	2	36	0.11	4	103.3514	30.2183	30	21.63
15	四川省雅安市名山区茅和乡茅和村	3	9	0.33	3	103.3520	30.2187	30	16.67
16	四川省自贡市富顺县万寿镇青山村	1	25	0.12	3	105.0947	29.0812	23	9.52
17	四川省自贡市富顺县万寿镇青山村	2	16	0.19	3	105.0944	29.0813	23	5.16
18	四川省自贡市富顺县万寿镇青山村	3	16	0.19	3	105.0949	29.0802	23	15.06
19	四川省自贡市富顺县童寺镇墨香村	1	16	0.25	4	105.1529	29.1046	12	5.78
20	四川省自贡市富顺县童寺镇墨香村	2	25	0.28	7	105.1528	29.1044	15	7.66
21	四川省自贡市富顺县童寺镇墨香村	3	4	0.75	3	105.1526	29.1041	12	5.69
22	四川省自贡市富顺县李桥镇川主村	1	9	0.56	5	104.8139	29.0649	12	6.78
23	四川省自贡市富顺县李桥镇川主村	2	9	0.33	3	104.8137	29.0653	10	5.02

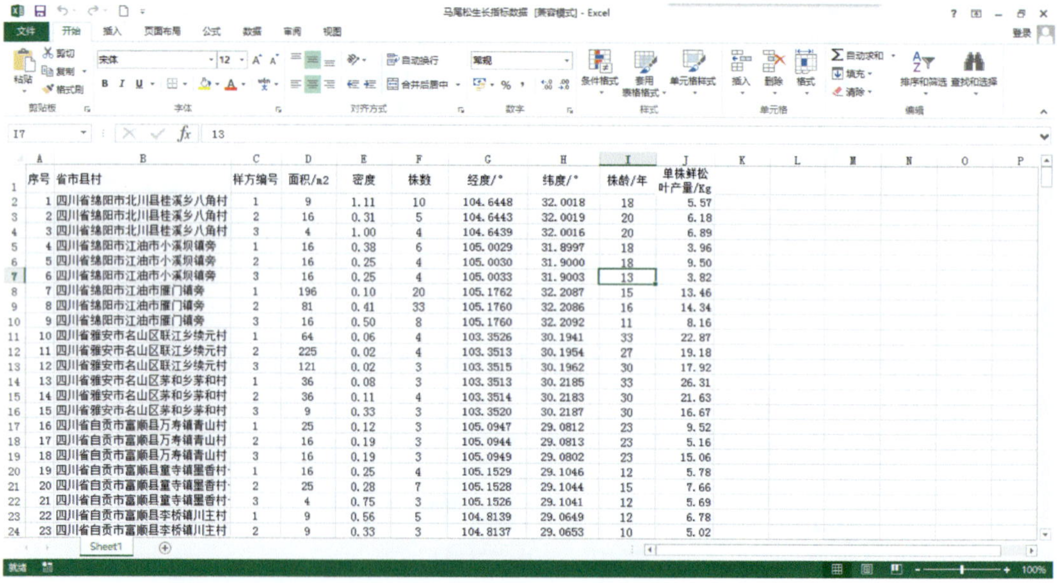

图 15-107　马尾松生长指标数据

其次用 ArcMap 软件对数据进行处理，将表格数据加载到 ArcMap 中。

先将马尾松生长指标数据添加到 ArcMap 中，操作方法与分布区划中马尾松采样点数据添加方法相同。添加后，将该数据导出，自动添加新导出的数据，得到马尾松采样分布图（图 15-108）。

接下来，添加全国行政边界图层，操作同前。

第十五章 ArcGIS 软件相关操作应用实例 243

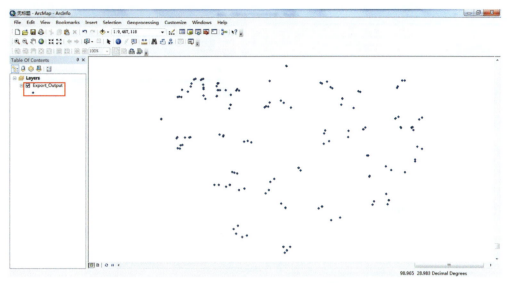

图 15-108　新导入的马尾松采样点图层

（二）马尾松生长指标空间估算

1. 马尾松株密度空间估算

马尾松密度空间分布图是由马尾松密度插值后图层与分布区划图层叠加而成的。插值的目的是通过点状数据生成面状数据，估计密度的空间分布情况。使用 Natural Neighbor 工具进行单株产量指标的空间插值，依次选择 Arctoolbox → Spatial Analyst Tools → Interpolation → Natural Neighbor 工具，双击打开界面（图 15-109）。在 Input point features 中选择添加的数据图层（图 15-110），在 Z value field 中选择密度指标（图 15-111），再选择存储路径（图 15-112），在最后一项中选择马尾松分布区划图层，保证像元大小一致，点击"OK"即可。最后得到马尾松密度插值结果，如图 15-113 所示。

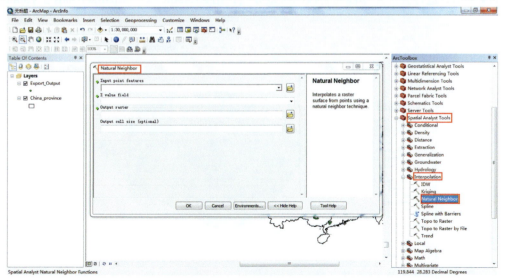

图 15-109　空间插值工具

图 15-110　选择所要插值的数据

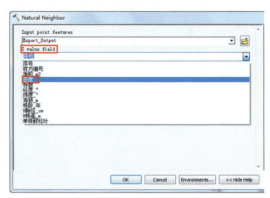
图 15-111　选择生长指标

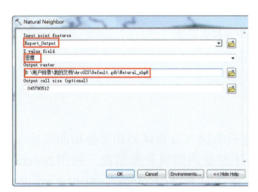
图 15-112　选择数据存储路径和像元大小

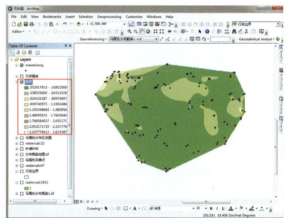
图 15-113　密度空间插值结果

叠加分布区划图层，目的是界定密度的区域。得到密度插值结果后，将该图层与马尾松分布区划图层相叠加。图层叠加操作同前，首先添加马尾松分布区划图层，结果如图 15-114 所示，进行叠加操作前需将该图层重分类，用 Arctoolbox → Spatial Analyst Tools →

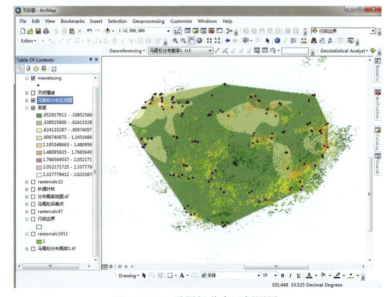
图 15-114　马尾松分布区划图层

Reclass→Reclassify，在 Input Raster 中选择马尾松分布区划图，在 New values 赋值为 1（图 15-115），点击 OK 即可，得到重分类数据（图 15-116）。

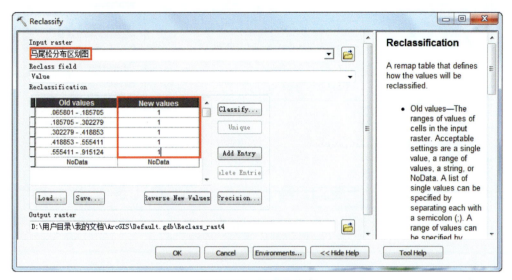

图 15-115　图层重分类

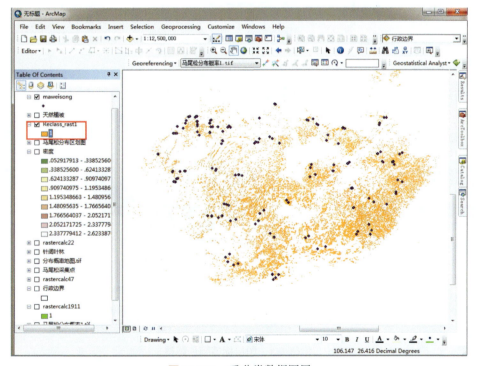

图 15-116　重分类数据图层

使用 ArcToolbox → Spatial Analyst Tools → Map Algebra → Raster Calculator，将重分类的马尾松分布区划图层与密度图层相乘（图 15-117）。然后修改图层颜色，右键选择 Properties，选择 Labelling，选择颜色，结果如图 15-118 所示。

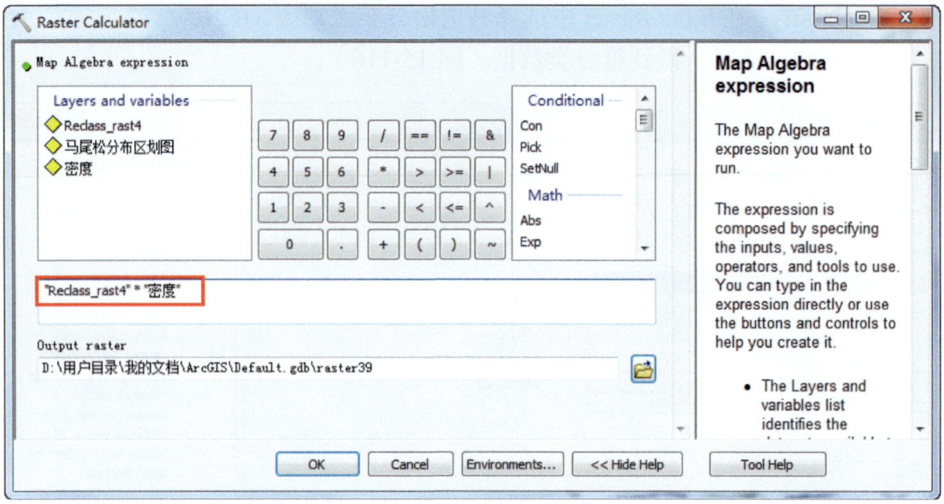

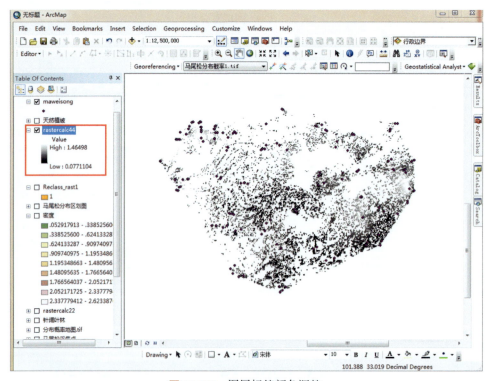

图 15-117　数据图层叠加计算

图 15-118　图层标签颜色调整

调整图层位置，使用放大缩小工具 🔍🔍，及拖动工具 ✋，将密度空间分布的区域放在中心位置，将 China_province 重命名为行政边界，添加比例尺、图例、指北针。再将密度空间分布图层导出，最终得到马尾松密度空间分布图（图 15-119）。

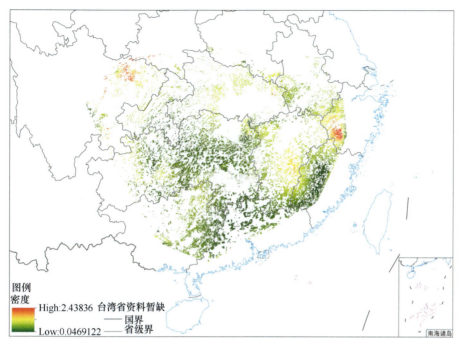

图 15-119　马尾松密度区划图

2. 马尾松单株产量空间估算

马尾松单株产量空间分布同样是利用分布区划图层与单株产量插值后的图层叠加（相乘）而得。操作方法同上，先使用 Natural Neighbor 工具进行单株产量指标的空间插值，然后再使用 Raster Calculator 将插值后图层与分布区划图层叠加（图 15-120 ~ 图 15-123）。将 raster46 图层重命名为单株产量，在 layer out 视图模式下添加图例，最终得到马尾松单株产量空间分布图（图 15-124）。

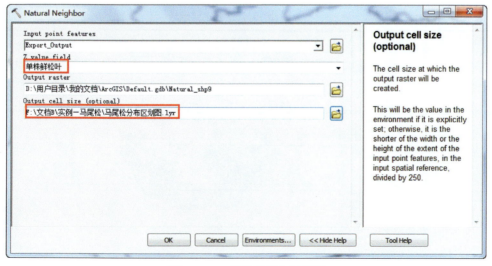

图 15-120　单株产量空间插值

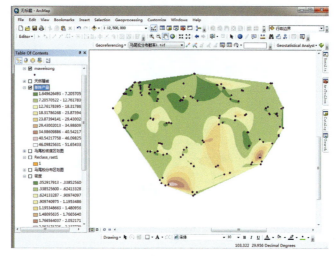

图 15-121　单株产量空间插值图

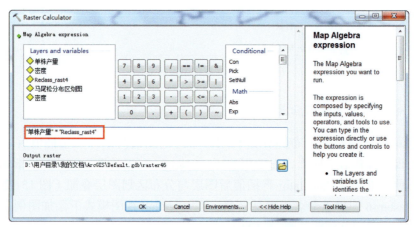

图 15-122　单株产量与分布区划图层叠加计算

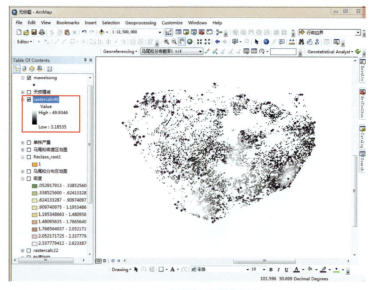

图 15-123　图层标签颜色调整

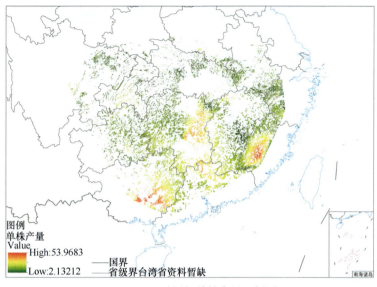

图 15-124　马尾松单株产量区划图

3. 马尾松株龄空间估算

马尾松株龄空间分布也是通过将株龄插值后的图层与分布区划图层叠加而得到的。首先对株龄指标进行插值（图 15-125），将插值后的图层与分布区划图层叠加（相乘），再将新图层重新命名（图 15-126），在 Layout view 视图下添加图例，然后导出得到马尾松株龄空间分布图，如图 15-127 所示。

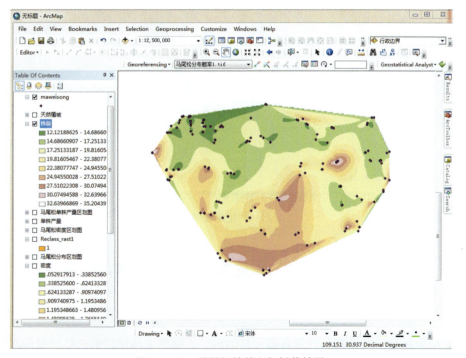

图 15-125　马尾松株龄空间插值结果

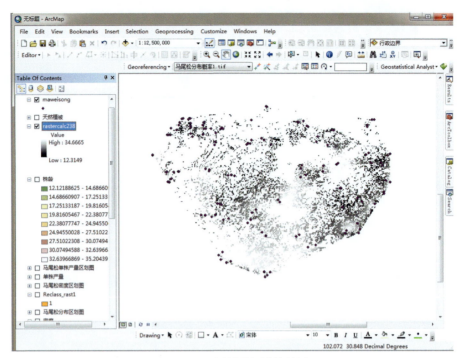

图 15-126　图层叠加计算结果

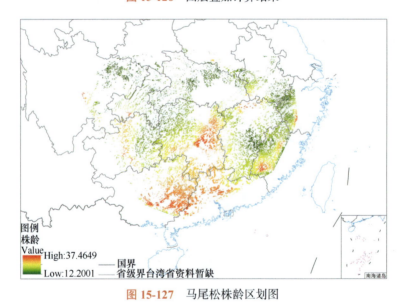

图 15-127　马尾松株龄区划图

二、鲜松叶产量空间分布图制作

（一）数据准备

对原始数据进行预处理，计算各省（自治区、直辖市）马尾松鲜松叶产量的平均值，保存在 Excel 中。数据信息如图 15-128 所示。

第十五章 ArcGIS 软件相关操作应用实例

图 15-128 各省（自治区、直辖市）马尾松鲜松叶产量数据

（二）制作鲜松叶产量空间分布图

1. 在行政区划图层中添加鲜松叶产量数据

在 ArcMap 中选择行政区划图层，然后点击右键，选择 Open Attribute Table（图 15-129），在打开的 Table 中选择 Add Field（图 15-130），添加新列。然后对新建列进行命名（图 15-131），点击 OK，得到鲜松叶产量列表（图 15-132）。

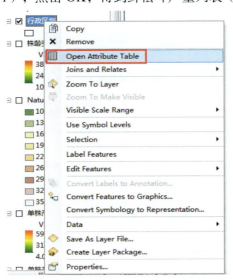

图 15-129 行政区划图层数据列表

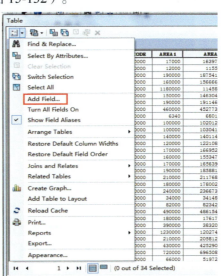

图 15-130 添加新列

将行数与 Excel 进行连接 [要确保 Excel 中各省（自治区、直辖市）名字与 Table 中省（自治区、直辖市）名字一致]。选择 Table 中的 Join（图 15-133），然后选择对应的标题（PROVNAME）（图 15-134），得到鲜松叶产量数据（图 15-135）。

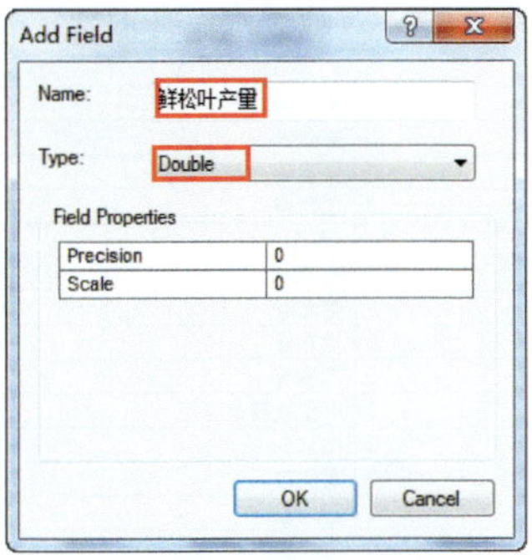

图 15-131 新列属性编辑

Table

行政区划

FID	Shape *	PROVNAME	CODE	AREA1	AREA2	AREA_AREA2	鲜松叶产量
0	Polygon	北京市	110000	17000	16397.387708	1.036751	0
1	Polygon	天津市	120000	12000	11551.39272	1.038836	0
2	Polygon	河北省	130000	190000	187541.018903	1.013112	0
3	Polygon	山西省	140000	160000	156666.114926	1.02128	0
4	Polygon	内蒙古自治区	150000	1180000	1145890.5663	1.029767	0
5	Polygon	辽宁省	210000	150000	146304.123072	1.025262	0
6	Polygon	吉林省	220000	190000	191146.669124	.994001	0
7	Polygon	黑龙江省	230000	460000	452773.904749	1.01596	0
8	Polygon	上海市	310000	6340	6801.007553	.932215	0
9	Polygon	江苏省	320000	100000	102012.757813	.980270	0
10	Polygon	浙江省	330000	100000	103041.447185	.970483	0
11	Polygon	安徽省	340000	140000	140114.834255	.999180	0
12	Polygon	福建省	350000	120000	122108.505612	.982733	0
13	Polygon	江西省	360000	170000	166952.841677	1.018252	0
14	Polygon	山东省	370000	160000	155347.534717	1.029949	0
15	Polygon	河南省	410000	170000	165639.198026	1.026327	0
16	Polygon	湖北省	420000	190000	185881.297348	1.022158	0
17	Polygon	湖南省	430000	210000	211768.722549	.991648	0
18	Polygon	广东省	440000	180000	178002.203584	1.011223	0
19	Polygon	广西壮族自治区	450000	240000	236673.629316	1.014055	0
20	Polygon	海南省	460000	34000	34148.350716	.995656	0
21	Polygon	重庆市	500000	82000	82342.850519	.995836	0
22	Polygon	四川省	510000	490000	486154.394939	1.00791	0
23	Polygon	贵州省	520000	180000	176170.46537	1.021738	0
24	Polygon	云南省	530000	390000	383206.07376	1.017729	0
25	Polygon	西藏自治区	540000	1230000	1202748.37684	1.022658	0
26	Polygon	陕西省	610000	210000	205812.990873	1.020344	0
27	Polygon	甘肃省	620000	430000	425290.801275	1.011073	0
28	Polygon	青海省	630000	720000	696508.005968	1.033728	0
29	Polygon	宁夏回族自治区	640000	66000	51972.014682	1.269914	0

(0 out of 34 Selected)

行政区划

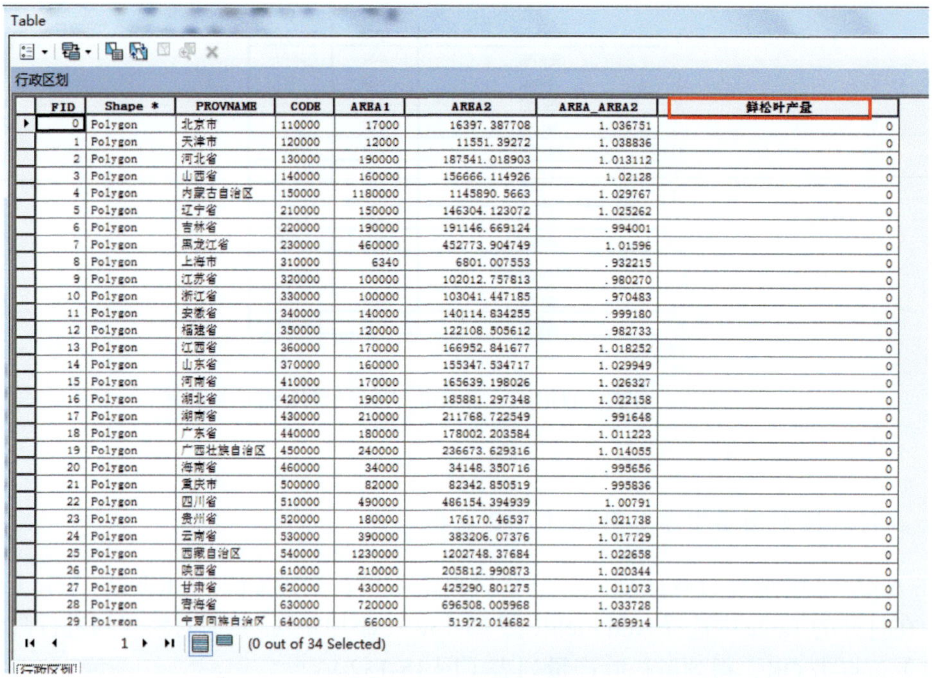

图 15-132 鲜松叶产量列表

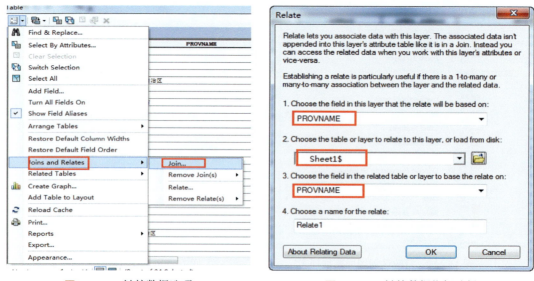

图 15-133 链接数据选项

图 15-134 链接数据指标选择

0	浙江省	.32	221.32
0	安徽省	.32	16.43
0	福建省	.19	943.99
0	江西省	.33	104.92
0	<Null>	<Null>	<Null>
0	河南省	.29	30.59
0	湖北省	.37	38.45
0	湖南省	.25	249.83
0	广东省	.18	148.38
0	广西壮族自治区	.26	477.13
0	<Null>	<Null>	<Null>
0	重庆市	.21	49.29
0	四川省	.48	30.61
0	贵州省	.24	553.97

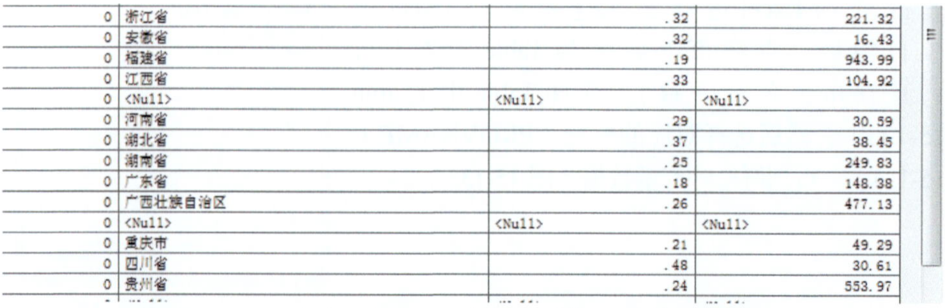

图 15-135 各省（自治区、直辖市）鲜松叶产量加载数据

2. 在行政图上侧栏图显示鲜叶量

选择该图层，右键选择 Properties，选择 Charts，再选择 Bar/Column，将鲜松叶产量代入右侧框内（图 15-136），点击 OK 即可，得到各省（自治区、直辖市）鲜松叶产量空间分布。

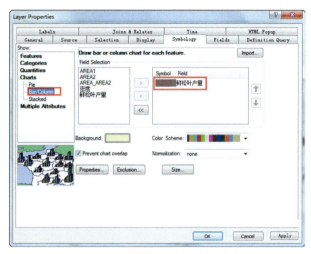

图 15-136　鲜松叶产量标签设置

3. 生成鲜松叶产量分布图

将此图层导出即可。若要将行政区划这几个字删除，可以选择图例，右键选择 Convert to Graphics，然后再单击图例选择 Ungroup，再单独选择行政区划，点击右键选择 Delete，即可。

第三节　鲜松叶品质区划

应用 SPSS13.0 统计软件，分析各地莽草酸、原花青素、总木脂素含量的差异，分别构建莽草酸、原花青素、总木脂素含量与生态环境因子之间的关系模型。在此基础上，应用 ArcMap 的空间计算功能，基于马尾松有效成分与生态因子之间的关系模型，估算各有效成分的空间分布情况。基于马尾松有效成分空间分布结果、分布区划结果，进行各地马尾松鲜松叶品质区划。

一、鲜松叶品质建模所需生态因子数据提取

（一）筛选生态因子

进行品质区划之前，首先使用统计分析模型筛选出对马尾松品质影响较重要的环境因子。然后使用 ArcMap 软件提取每个采样点对应的环境因子值。此处使用统计分析方法进行筛选，最终筛选得到季节降水量、昼夜温差、年均日照、降水量、相对湿度、总辐射、

年平均温这 9 个生态因子。

（二）提取生态因子数值

1. 添加点位和生态因子数据

将马尾松采样点经纬度和与之对应的化学成分含量放在一个 Excel 表格中（图 15-137）。然后按照之前添加采样点分布的方法操作，将该 Excel 表格中的采样点添加到 ArcMap 软件中（图 15-138）。然后，点击 ✥ 添加上面筛选出来的 9 个生态因子图层。

样地具体地点	经度1	纬度1	重复样	含水量	莽草酸	原花青素	总黄酮	总木脂素
四川广元青川县木鱼镇	105.38316	32.635667	11-1	4.40%	4.27%	9.74%	0.03%	8.62%
	105.38316	32.635667	11-2	4.40%	4.32%	10.15%	0.03%	8.70%
四川广元朝天区羊木镇	105.80598	32.602414	19-1	4.33%	4.87%	11.81%	0.03%	6.45%
	105.80598	32.602414	19-2	4.33%	5.05%	11.64%	0.03%	6.43%
四川广元朝天区朝天镇	105.86978	32.658817	20-1	4.79%	3.86%	17.00%	0.03%	7.02%
	105.86978	32.658817	20-2	4.79%	3.88%	15.58%	0.03%	7.01%
四川广元青川县凉水镇	105.23166	32.382731	13-1	4.77%	5.43%	8.82%	0.03%	6.42%
	105.23166	32.382731	13-2	4.77%	5.39%	8.78%	0.02%	6.51%
四川广元昭化区元坝镇	105.95336	32.322736	28-1	4.63%	4.87%	13.76%	0.03%	7.44%
	105.95336	32.322736	28-2	4.63%	4.96%	13.91%	0.04%	7.43%
河南南阳西峡西坪镇花	111.1255	33.456542	136-1	4.05%	3.31%	4.07%	0.02%	4.19%
	111.1255	33.456542	136-2	4.05%	3.29%	4.19%	0.02%	4.17%
河南南阳西峡重阳镇云	111.16174	33.446978	137-1	3.85%	3.31%	8.96%	0.04%	6.32%
	111.16174	33.446978	137-2	3.85%	3.83%	8.90%	0.04%	6.32%
四川广元昭化区王家镇	105.96408	32.142608	29-1	4.87%	6.31%	11.24%	0.03%	6.72%
	105.96408	32.142608	29-2	4.87%	6.29%	11.46%	0.03%	6.69%
四川达州万源市茅垭乡	108.07566	32.045914	73-1	4.32%	4.93%	17.81%	0.03%	6.47%
	108.07566	32.045914	73-2	4.32%	4.92%	17.34%	0.03%	6.48%
湖北宜昌兴山县黄粮镇	110.79946	31.320042	155-1	4.04%	4.50%	13.65%	0.03%	9.08%
	110.79946	31.320042	155-2	4.04%	4.51%	14.04%	0.02%	9.06%
四川广元昭化区文村乡	105.96728	32.036808	27-1	4.98%	4.65%	14.90%	0.03%	6.32%
	105.96728	32.036808	27-2	4.98%	4.77%	15.44%	0.03%	6.47%
四川达州万源市青花镇	108.00186	31.946064	74-1	3.95%	5.13%	2.39%	0.03%	4.39%
	108.00186	31.946064	74-2	3.95%	5.06%	2.42%	0.03%	4.38%
重庆巫山县骡坪镇骡坪	110.09311	31.209125	46-1	3.90%	6.04%	10.51%	0.03%	8.64%

图 15-137　马尾松经纬度和化学成分数据

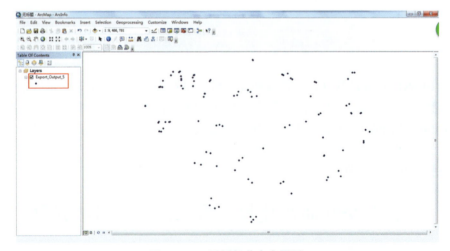

图 15-138　马尾松分布点图层

2. 根据马尾松采样点提取各点的生态因子数值

点击 ArcToolbox → Spatial Analysis Tools → Extraction → Extract Multi Values to Points，

在 Input point features 中选择采样点数据图层，在 Input rasters 中依次选择 9 个生态因子（图 15-139），点击 OK。

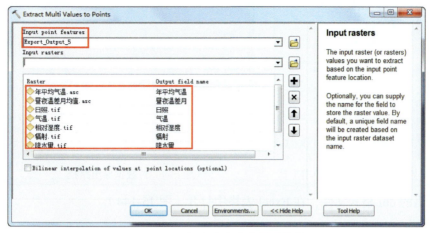

图 15-139　提取多个生态因子数值

3. 导出采样点各生态因子数值

待软件运行结束，即完成了数据的提取。点击马尾松采样点数据图层，单击右键选择 Open Attribute Table（图 15-140），在 Table 中可以看到提取的 9 个因子数值（图 15-141）。

然后选择左上角图标，点击 Export（图 15-142），选择导出路径，选择 dbf 格式导出（图 15-143）。

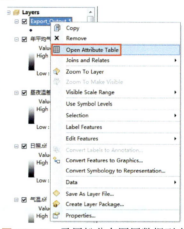

图 15-140　马尾松分布图层数据列表

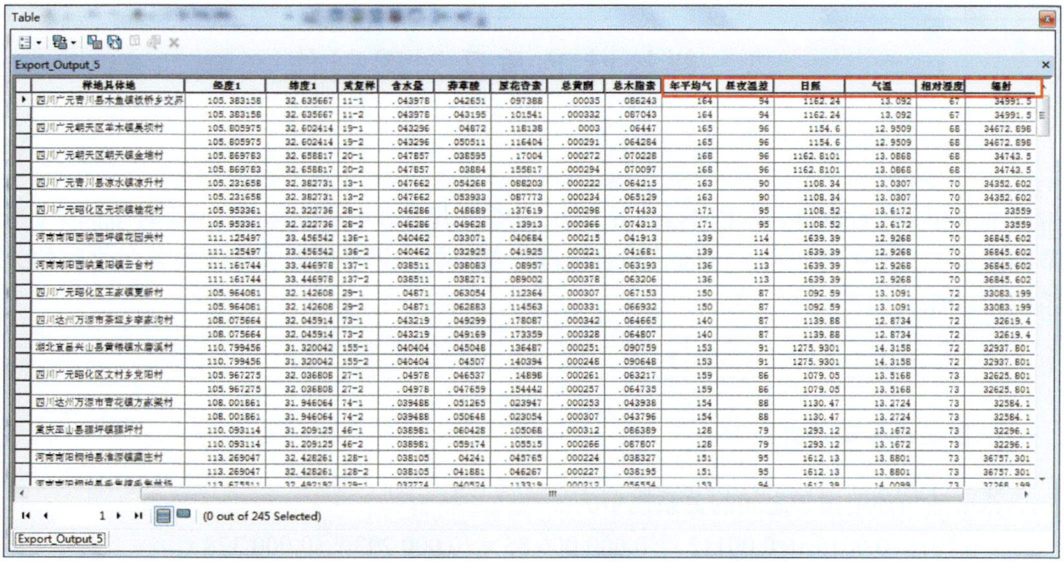

图 15-141　提取的马尾松样地生态因子数据

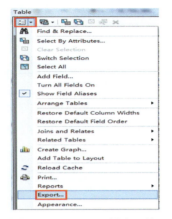 

图 15-142　Export 导出工具　　　图 15-143　数据导出路径

将导出的 dbf 格式文件，在 Excel 表格中打开（图 15-144）。

图 15-144　导出的马尾松各样地生态因子数据

二、鲜松叶品质区划图制作

（一）鲜松叶品质估算模型构建

基于相关统计软件，采用回归分析方法，构建马尾松 3 个成分含量与 9 个环境因子（季节降水量、日照、降水量、气温、相对湿度、总辐射、年平均温、昼夜温差）之间的关系模型。略。

（二）鲜松叶品质区划图制作

1. 莽草酸含量空间分布

莽草酸与环境因子之间的关系模型为

$y=0.1918+0.0019\,x_1-0.00112\,x_2-0.000\,006\,85\,x_3-0.000\,293\,x_6-0.000\,378\,x_7$

模型中，y 为莽草酸；x_1 为气温；x_2 为相对湿度；x_3 为降水量；x_6 为年平均温；x_7 为昼夜温差均值。

根据莽草酸的回归方程，采用 ArcMap 软件中的 Raster Calculator 工具进行运算。将气温、相对湿度、降水量、年平均气温和昼夜温差月均值这5个生态因子添加到 ArcMap 中。

然后，打开 ArcToolbox，依次点击 Spatial Analysis Tools → Map Algebra → Raster Calculator，按照回归方程将各因子输入编辑框中（图 15-145），计算后得到莽草酸分布图。

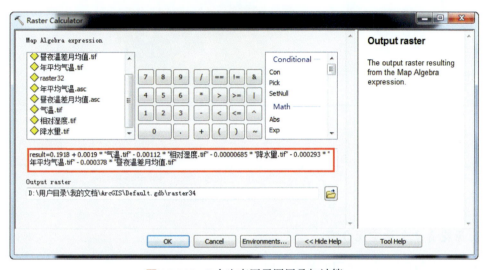

图 15-145　5 个生态因子图层叠加计算

将此图层与之前得到的马尾松分布概率底图进行叠加（相乘），得到最终的莽草酸空间分布图。首先添加马尾松分布概率底图（将马尾松分布区划图层重分类并赋值为1的图层），然后使用 Raster Calculator 将两图层进行叠加，如图 15-146 所示。将该图层按照之前的操作导出，如图 15-147 所示。

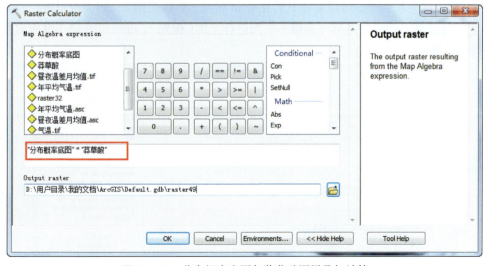

图 15-146　分布概率底图与莽草酸图层叠加计算

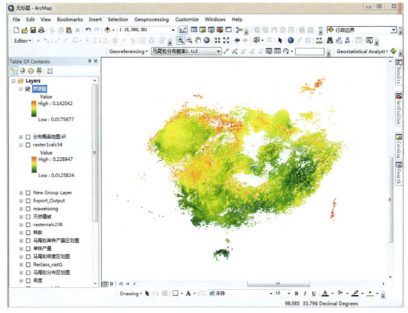

图 15-147　莽草酸分布图层

2. 原花青素含量空间分布

原花青素与环境因子之间的关系模型为

$y = -0.007\,495\,x_1 + 0.002\,389\,x_2 + 0.001\,111\,x_5 - 0.000\,639\,3\,x_9$

模型中，y 为原花青素；x_1 为气温（T）；x_2 为相对湿度（H）；x_5 为总辐射（fs）；x_9 为季节降水量变异系数。

根据原花青素的回归方程，采用 ArcMap 软件中的 Raster Calculator 工具进行运算。首先将气温、相对湿度、总辐射和季节降水量变化系数这 5 个生态因子添加到 ArcMap 中。若有 asc 格式的生态因子，可以先将其转化成 tif 格式。然后使用 Raster Calculator 计算（图 15-148），将计算出的图层再与分布概率底图进行叠加（相乘），得到如图 15-149 所示图层，最后导出地图。

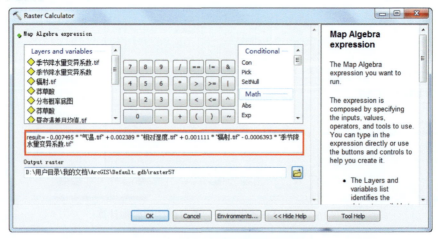

图 15-148　5 个生态因子图层叠加计算

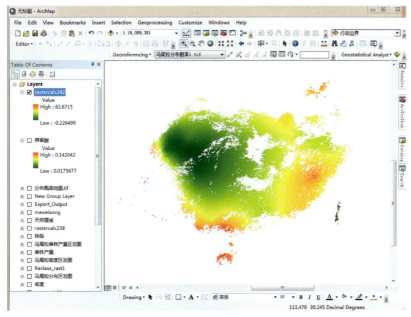

图 15-149　原花青素分布图层

3. 总木脂素含量空间分布

总木脂素与环境因子之间的关系模型为

$y=0.1715-0.0009795\,x_2-0.00001201\,x_3+0.00002438\,x_4-0.0002845\,x_6$

模型中，y 为总木脂素；x_2 为相对湿度（H）；x_3 为降水量（R）；x_4 为日照（s）；x_6 为年平均温。

同样，根据空间回归模型，进行 ArcMap 软件分析。操作同上，结果如图 15-150 所示。

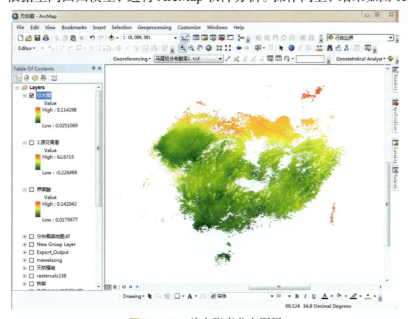

图 15-150　总木脂素分布图层

4.3 种成分叠加空间分布

将上面得到的 3 种成分的空间分布图层加载到 ArcMap 软件中（图 15-151），使用 Raster Calculator，将 3 个图层进行叠加（图 15-152、图 15-153）。

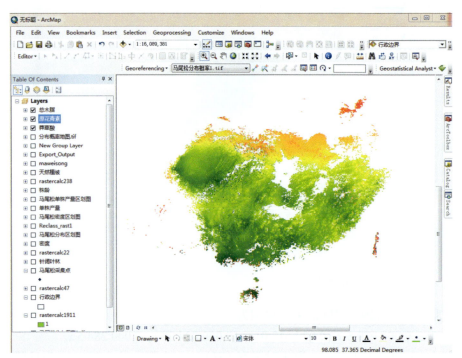

图 15-151　添加 3 种成分空间图层

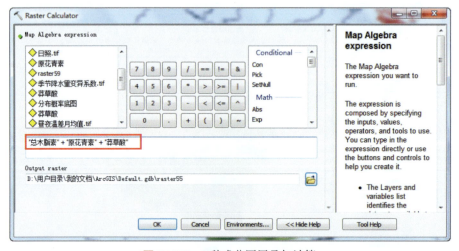

图 15-152　3 种成分图层叠加计算

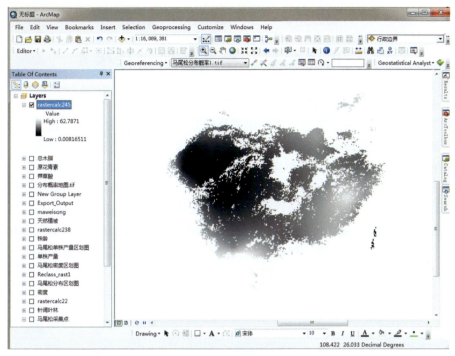

图 15-153　3 种成分叠加计算结果

然后调整图层颜色（图 15-154），并对其重命名为马尾松主要成分含量，添加图注。

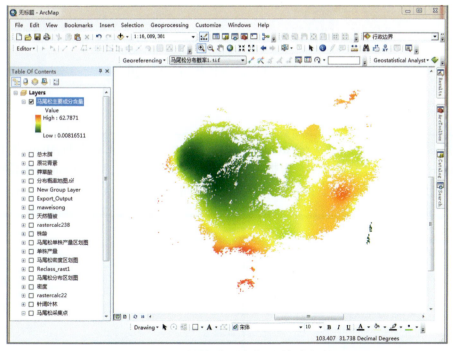

图 15-154　马尾松主要成分图层颜色调整

第四节 鲜松叶生产区划

一、构建鲜松叶生产区划指标体系

马尾松生产区划需综合考虑松叶工业生产与种植基地间的距离，马尾松分布、生长，松叶品质等因素。由于松叶工业生产使用的是鲜品，随着存放时间的延长，松叶中有效成分含量逐渐降低；随着采收地与生产车间距离的增加，工业生产中的运输成本逐渐增加，因此在生产区划指标构建时，以距离生产车间近的区域赋以高值。根据前期研究结果，一般情况下马尾松株龄越高，单株产量也越高，因此在生产区划指标构建时，马尾松株龄高的区域赋以高值。松叶工业生产中一般以总木质素含量高低作为评价质量的依据，但是工业提取生产时，一般同时也提取原花青素和莽草酸，因此在生产区划指标构建时，以3个成分高的区域赋以高值。根据马尾松分布区划、生长区划和品质区划结果，构建马尾松生产区划指标体系，结果见表15-1。

表 15-1 鲜松叶生产区划指标体系

距离		分布		生长		品质	
距离/km	赋值	概率/%	赋值	株龄/年	赋值	有效成分总量/%	赋值
(0-300]	5	(0.53-0.89]	5	(26.56-37.46]	5	(0.36-0.53]	5
(300-600]	4	(0.37-0.53]	4	(23-26.56]	4	(0.32-0.35]	4
(600-900]	3	(0.2-0.37]	3	(19.9-23]	3	(0.30-0.31]	3
(900-1200]	2	(0.07-0.2]	2	(17-19.9]	2	(0.28-0.29]	2
>1200	1	(0.05-0.07]	1	(12.2-17]	1	(0.18-0.27]	1

二、制作鲜松叶生产区划图

（一）生成等距离的缓冲图层

确认缓冲区中心点，并导入 ArcMap 中，打开 ArcToolbox 工具中的 Analysis Tools—Proximity—Buffer（图 15-155）。根据实际需要选择输出路径，以 300km 为单位缓冲区大小（图 15-156）进行选择。得到一个固定距离的同心圆图层，如图 15-157 所示。

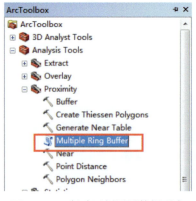

图 15-155 行政区划图层数据列表

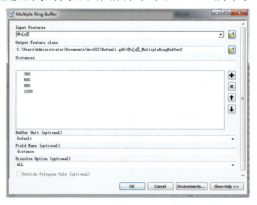

图 15-156 输出路径及缓冲区单位设置界面

第十五章　ArcGIS 软件相关操作应用实例　263

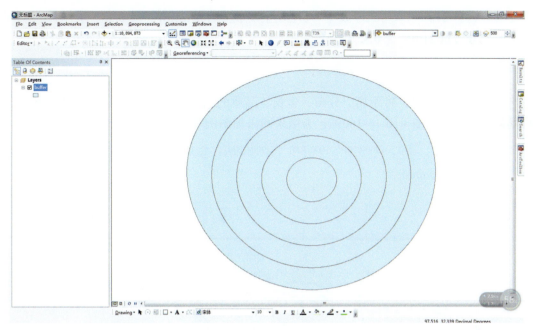

图 15-157　300km 缓冲区

（二）对各指标进行分类

根据区划体系指标，对所得结果进行归一化处理，即根据数据划分不同的等级。利用 ArcToolbox 工具中 Spatial Analyst Tools—Map Algebra—Raster Calculator 工具（图 15-158），利用计算公式，对同一区间内的值进行归一化处理（图 15-159）。

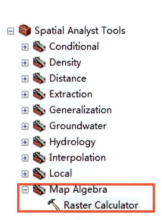

图 15-158　Raster Calculator 工具

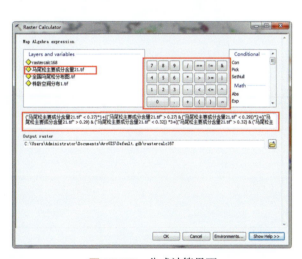

图 15-159　公式计算界面

具体公式如下：（"马尾松主要成分含量 21.tif " ＜ 0.27）*1+（（"马尾松主要成分含量 21.tif " ＞ 0.27）&（"马尾松主要成分含量 21.tif " ＜ 0.29））*2+（（"马尾松主要成分含量 21.tif " ＞ 0.29）&（"马尾松主要成分含量 21.tif " ＜ 0.32））*3+（（"马尾松

主要成分含量 21.tif " > 0.32）&（" 马尾松主要成分含量 21.tif " < 0.35））*4+（" 马尾松主要成分含量 21.tif" > 0.35）* 5。

（三）制作鲜松叶生产区划图

利用归一化结果，将距离、分布、生长、品质的结果用 Raster Calculator 进行相加，得到最终生产区划图（图 15-160），为结果图添加图例等，形成鲜松叶生产区划图。

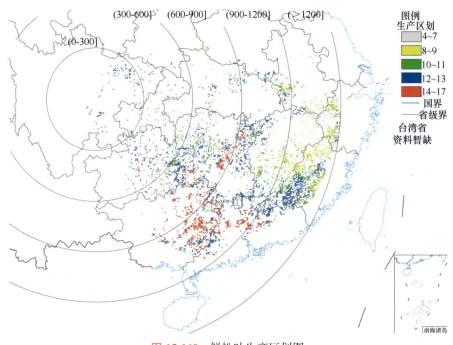

图 15-160　鲜松叶生产区划图

第十六章
RS 软件相关操作应用实例

本章以宁国前胡分布信息提取为例，详细介绍 RS 相关软件操作流程和步骤。在进行信息提取之前，首先需要安装好 ENVI 软件。此外还需准备宁国市行政区划矢量数据、覆盖宁国市的多时相遥感影像数据和 DEM 数据。将以上宁国市数据存放在一个文件夹备用。

第一节 遥感数据预处理

一、辐射校正

辐射定标就是将图像的数字量化值（DN）转化为辐射亮度值、反射率或表面温度等物理量的处理过程。辐射定标参数一般存放在元数据文件中，ENVI 中的通用辐射定标（Radiometric Calibration）工具能自动从元数据文件中读取参数，从而完成辐射定标。

这里以 Landsat8 L1G 级的数据为例，进行辐射校正：打开 ENVI 软件（图 16-1、图 16-2），选择 File > Open As > Landsat > GeoTIFF with Metadata（图 16-3），选择打开 *_MTL.txt 文件（图 16-4）。

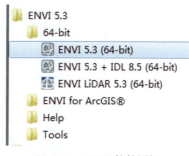

图 16-1 ENVI 软件图标

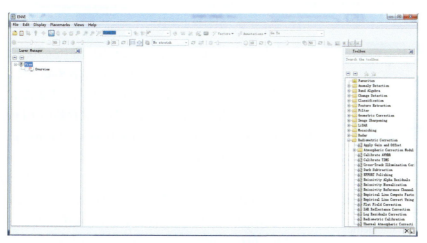

图 16-2 ENVI 软件初始界面

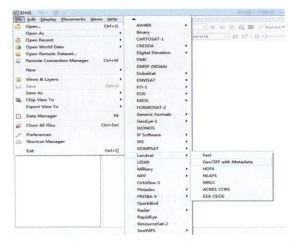

图 16-3 打开数据菜单

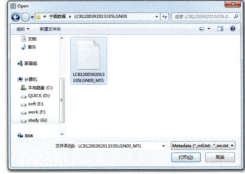

图 16-4 添加数据窗口

在 Toolbox 中，选择 Radiometric Correction > Radiometric Calibration，打开 Radiometric Calibration 面板，在 File Selection 对话框中选择多光谱数据，点击 OK（图 16-5）。

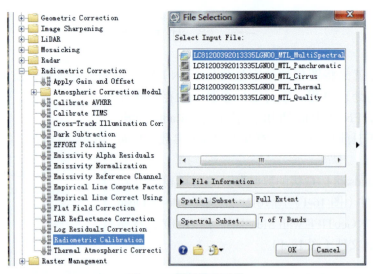

图 16-5 辐射校正工具

图 16-6 Radiometric Calibration 面板

在 Radiometric Calibration 面板中（图 16-6）设置以下参数，即定标类型（Calibration Type）：辐射率 Radiance。

单击 Apply FLAASH Settings 按钮，自动设置 FLAASH 大气校正工具需要的数据类型，包括储存顺序（Interleave）：BIL 或者 BIP；数据类型（Data Type）：Float；辐射率数据单位调整系数（Scale Factor）：0.1。

设置输出路径和文件名，单击 OK 执行辐射定标。

显示辐射定标结果图像，选择 Display > Profiles > Spectral 查看波谱曲线（图 16-7），看到定标后的数值主要集中在 0～10 范围内，单位是 μW/（cm² * sr * nm）（图 16-8）。

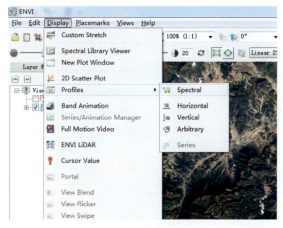
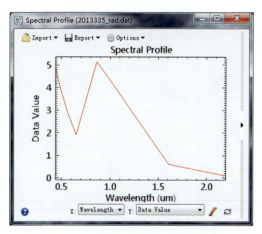

图 16-7　光谱曲线菜单　　　　　图 16-8　辐射定标结果的波谱曲线

二、FLAASH 大气校正

太阳辐射通过大气以某种方式入射到物体表面然后再反射回传感器，由于大气气溶胶、地形和邻近地物等影响，使得原始影像包含物体表面、大气及太阳的信息等信息的综合。想了解某一物体表面的光谱属性，必须将它的反射信息从大气和太阳的信息中分离出来，这就需要进行大气校正。

ENVI 大气校正模块的使用主要由以下 6 个方面组成：①输入文件准备；②基本参数设置；③多光谱数据参数设置；④高级设置；⑤输出文件；⑥处理结果。下面以 Landsat8 的多光谱数据为例介绍操作步骤。

1. 输入文件准备

由于前文使用了 Radiometric Calibration 工具辐射定标，数据类型、储存顺序、辐射率数据单位都符合 FLAASH 要求，Landsat8 的 L1G 级数据包括了中心波长信息，因此前文中辐射定标后的数据即可作为待校正文件。

2. 基本参数设置

在 Toolbox 中打开 FLAASH 工具：/Radiometric Correction/Atmospheric Correction Module/FLAASH Atmospheric Correction（图 16-9）。启动 FLAASH Atmospheric Correction Module Input Parameters 面板（图 16-10）。

Input Radiance Image：选择辐射定标结果数据（图 16-11），在打开的 Radiance Scale Factors 面板（图 16-12）中设置 Single scale factor：1。

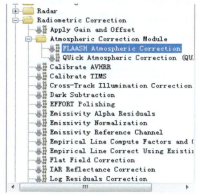

图 16-9　大气校正工具

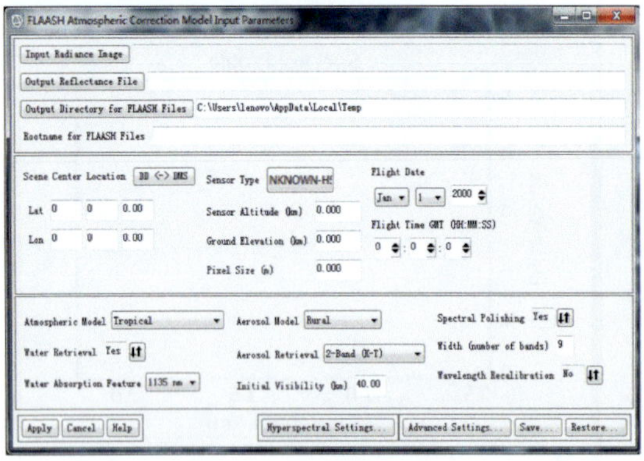

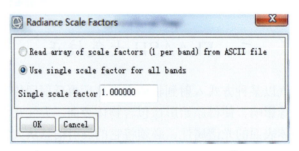

图 16-10　参数设置面板 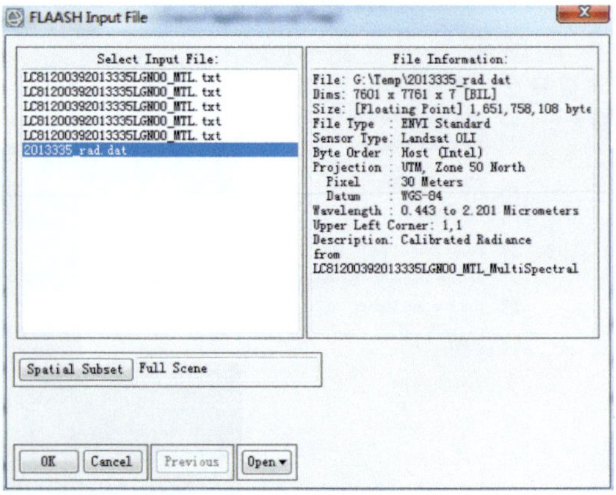　　　　　图 16-11　数据选取界面

图 16-12　Radiance Scale Factors 面板

注：辐射率数据的单位已经是（μW）/（cm²*nm*sr）

Output Reflectance File：设置输出路径和文件名；Output Directory for FLAASH Files：设置其他文件输出目录。

传感器基本参数设置：中心点经纬度 Scene Center Location：如果图像有地理坐标则自动获取；选择传感器类型 Sensor Type：Landsat TM5，其对应的传感器高度以及影像数据的分辨率自动读取；设置影像区域的平均地面高程 Ground Elevation：0.05km。影像成像时间（格林威治时间）：在 layer manager 中的数据图层中右键选择 View Metadata，浏览 time 字段获取成像时间，2013 年 12 月 1 日 02：39：23（注：也可以从元文件 "*_MTL.txt" 中找到，具体名称：DATE_ACQUIRED 和 SCENE_CENTER_TIME。）。大气模型参数选择 Atmospheric Model：Mid-Latitude Summer（根据成像时间和纬度信息依据表 16-1 选择）；气溶胶模型 Aerosol Model：Urban；气溶胶反演方法 Aerosol Retrieval：2-band（K-T）；注：初始能见度 Initial Visibility 只有在气溶胶反演方法为 None 的时候，以及 K-T 方法在没有找到黑暗像元的情况下。其他参数按照默认设置即可（图 16-13）。

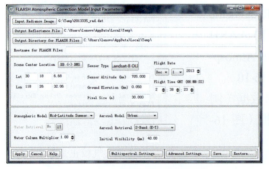

图 16-13　FLAASH 基本参数设置

表 16-1 数据经纬度与获取时间对应的大气模型

纬度（°N）	1月	3月	5月	7月	9月	11月
80	SAW	SAW	SAW	MLW	MLW	SAW
70	SAW	SAW	MLW	MLW	MLW	SAW
60	MLW	MLW	MLW	SAS	SAS	MLW
50	MLW	MLW	SAS	SAS	SAS	SAS
40	SAS	SAS	SAS	MLS	MLS	SAS
30	MLS	MLS	MLS	T	T	MLS
20	T	T	T	T	T	T
10	T	T	T	T	T	T
0	T	T	T	T	T	T
−10	T	T	T	T	T	T
−20	T	T	T	MLS	MLS	T
−30	MLS	MLS	MLS	MLS	MLS	MLS
−40	SAS	SAS	SAS	SAS	SAS	SAS
−50	SAS	SAS	SAS	MLW	MLW	SAS
−60	MLW	MLW	MLW	MLW	MLW	MLW
−70	MLW	MLW	MLW	MLW	MLW	MLW
−80	MLW	MLW	MLW	SAW	MLW	MLW

3. 多光谱数据参数设置

单击 Multispectral Settings，打开多光谱设置面板（图 16-14）；K-T 反演选择默认模式：Defaults- > Over-Land Retrieval standard（600：2100），自动选择对应的波段；其他参数选择默认。

4. 高级设置

点击 Advanced Settings 打开高级设置面板（图 16-15）。这里一般选择默认设置能符合绝大部分数据情况，在右边面板中设置。分块处理（Use Tiled Processing）：是否分块处理，选择 Yes 能获得较快的处理速度，Tile Size 一般设为 4～200Mb，根据内存大小设置，这里设置为 100Mb（计算机物理内存 8G）。空间子集（Spatial Subset）：可以设置输出的空间子集，这里选择默认输出全景。重定义缩放比例系数（Re-define Scale Factors For Radiance Image）：重新选择辐射亮度值单位转换系数，这里不设置。输出反射率缩放系数（Output Reflectance Scale Factor）：为了降低结果储存空间，默认反射率乘于 10 000，输出反射率范围变成 0～10 000。自动储存工程文件（Automatically

Save Template File）：选择是否自动保存工程文件。输出诊断文件（Output Diagnostic Files）：选择是否输出 FLAASH 中间文件，便于诊断运行过程中的错误。

图 16-14　多光谱设置面板

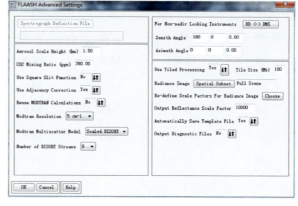

图 16-15　高级设置面板

5. 处理结果浏览

设置好参数后，单击 Apply 执行大气校正，完成后会得到反演的能见度和水汽柱含量。显示大气校正结果图像，查看像元值，可以看到像元值扩大 10 000 倍后，值在几百到几千不等。如果要得到 0～1 范围内的反射率数据，可以使用 BandMath 除以 10 000.0。

选择 Display > Profiles > Spectral 查看典型地物波谱曲线，如植被、水体等（图 16-16）。

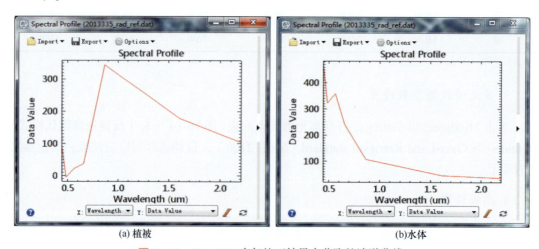

图 16-16　FLAASH 大气校正结果中获取的波谱曲线

三、图像裁剪

图像裁剪的目的是将研究之外的区域去除。常用方法是按照行政划边界或自然区划边界进行图像裁剪。本节利用宁国市行政区划边界矢量数据进行不规则图像裁剪。

打开图像 2013335_rad_ref.dat，按 Linear2% 拉伸显示。File- > Open，打开"宁国.shp"

矢量数据（图 16-17）。

在 Toolbox 中，打开 Regions of Interest/Subset Data from ROIs（图 16-18）。Select Input File 选择 2013335_rad_ref.dat，点击 OK（图 16-18），打开 Subset Data from ROIs Parameters 面板。在 Subset Data from ROIs Parameters 面板中（图 16-19）设置参数：Select Input ROIs：选择 EVF：宁国市.prj.shp。Mask pixels output of ROI?：Yes。Mask Background Value 背景值：0。选择输出路径和文件名，单击 OK 执行图像裁剪，结果如图 16-20 所示。

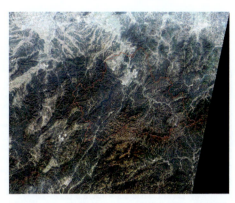

图 16-17　待裁剪的 TM 影像加载矢量数据显示

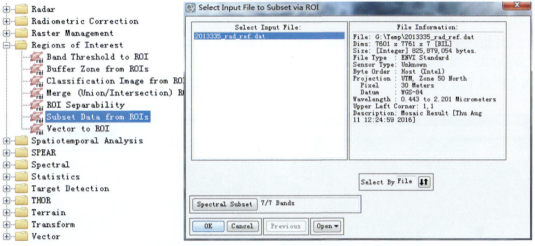

图 16-18　裁剪工具及数据选取

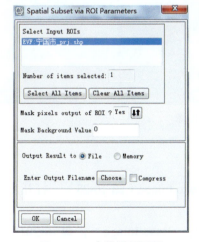

图 16-19　参数设置面板

图 16-20　利用矢量数据生成 ROI 进行图像裁剪结果

四、几何精校正

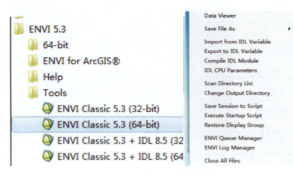

图 16-21　打开文件菜单

几何校正是利用地面控制点和几何校正数学模型来矫正非系统因素产生的误差,由于校正过程中会将坐标系统赋予图像数据,所以此过程包括了地理编码。

本节以具有地理参考的 2015 年 9 月 20 日的 Landsat8 影像为基准影像,对 Landsat8 TM 的 2013 年 10 月 13日的图像进行几何精校正的过程为例。

1. 打开并显示图像文件

开始＞程序＞ ENVI5.3 ＞ Tools ＞ ENVI Classic（图 16-21）,主菜单＞ File ＞ Open Image File（图 16-21）,将基准图像和待校正图像文件打开,并分别在 Display 中显示两个影像（图 16-22）。

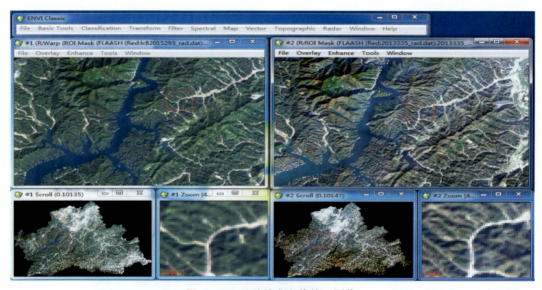

图 16-22　显示基准和待校正图像

2. 启动几何校正模块

主菜单＞ Map ＞ Registration ＞ Select GCPs：Image to Image（图 16-23）,打开几何校正模块。

选择显示 2015 年 TM 文件的 Display 为基准影像（Base Image）,显示 2013 年 TM 文件的 Display 为待校正影像（Warp Image）,点击 OK 进入采集地面控制点（图 16-24）。

第十六章 RS 软件相关操作应用实例

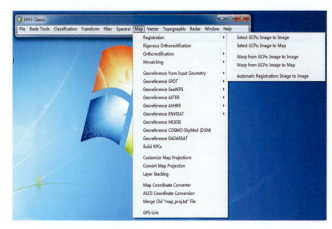

图 16-23　几何校正菜单

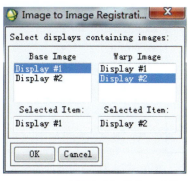

图 16-24　选择基准与待校正影像

3. 采集地面控制点

在两个 Display 中找到相同区域，在 Zoom 窗口中，点击左小下角第三个按钮，打开定位十字光标，将十字光标到相同点上，点击 Ground Control Points Selection（图 16-25）上的 Add Point 按钮，将当前找到的点加入控制点列表。

用同样的方法继续寻找其余的点，当选择控制点的数量达到 3 时，RMS 被自动计算。Ground Control Points Selection 上的 Predict 按钮可用（图 16-26），选择 Options > Auto Predict，打开自动预测功能。这时在 Base Image 上定位点，Warp Image 上会自动预测区域。

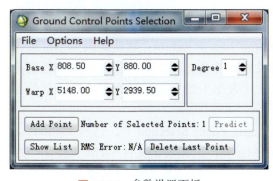

图 16-25　参数设置面板

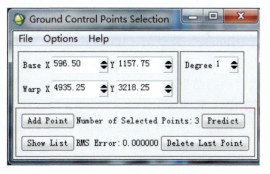

图 16-26　参数设置面板

当选择一定数量的控制点之后（至少 3 个），可以利用自动找点功能。在 Ground Control Points Selection 上，选择 Options > Automatically Generate Points，选择一个匹配波段，这里选择 band5，点击 OK，弹出自动找点参数设置面板（图 16-27），设置 Tie 点的数量为 50，Search Window Size 为 131，其他选择默认参数，点击 OK。

点击 Ground Control Points Selection 上的 Show List 按钮，可以看到选择的所有控制列表，如图 16-28 所示。选择 Image to Image GCP List 上的 Options > Order Points by Error，按照 RMS 值由高到低排序。

图 16-27　Tie 点自动选择参数设置

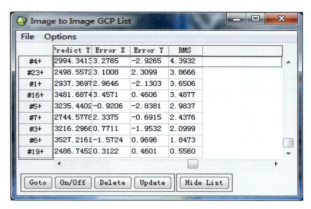

图 16-28　控制点列表

对于 RMS 过高的点：一是直接删除：选择此行，按 Delete 按钮；二是在两个影像的 ZOOM 窗口上，将十字光标重新定位到正确的位置，点击 Image to Image GCP List 上的 Update 按钮进行微调，本节直接做删除处理。

总的 RMS 值小于 1 个像素时，完成控制点的选择。点击 Ground Control Points Selection 面板上的 File > Save GCPs to ASCII，将控制点保存。

4. 选择校正参数输出

有两种校正输出方式：Warp File 和 Warp File（as Image Map）。推荐使用 Warp File。

Warp File：在 Ground Control Points Selection 上，选择 Options- > Warp File，选择校正。在校正参数面板中（图 16-29），校正方法选择多项式（2 次）。重采样选择 Bilinear，背景值（Background）为 0。Output Image Extent：默认是根据基准图像大小计算，可以做适当的调整。选择输出路径和文件名，单击 OK 按钮。这种校正方式得到的结果，它的尺寸大小、投影参数和像元大小（如果基准图像有投影）都与基准图像一致。

Warp File（as Image Map）：在 Ground Control Points Selection 上，选择 Options > Warp File（as Image to Map），选择校正文件（TM 文件）。在校正参数面板中（图 16-30），默认投影参数和像元大小与基准影像一致。投影参数保持默认，在 X 和 Y 的像元大小输入 30m，按回车，图像输出大小自动更改。校正方法选择多项式（2 次）。重采样选择 Bilinear，背景值（Background）为 0。Output Image Extent：默认是根据基准图像大小计算，可以做适当调整。选择输出路径和文件名，单击 OK 按钮。

5. 检验校正结果

检验校正结果的基本方法是：同时在两个窗口中打开图像，其中一幅是校正后的图像，一幅是基准图像，通过地理

图 16-29　Warp File 校正参数面板

链接（Geographic Link）检查同名点的叠加情况。

在显示校正后结果的 Image 窗口中，右键选择 Geographic Link 命令（图 16-31），选择需要链接的两个窗口（图 16-32），打开十字光标进行查看，如图 16-33 所示。

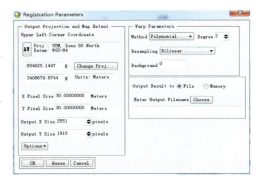

图 16-30　Warp File（as Image Map）校正参数面板

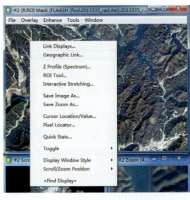

图 16-31　地理链接菜单

图 16-32　选择链接数据

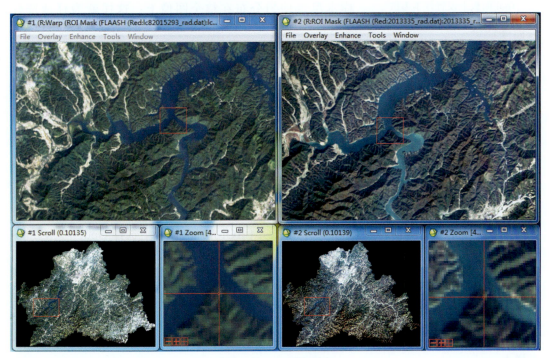

图 16-33　选择控制点

第二节 遥感信息提取——监督分类

根据分类目的、影像数据自身的特征和分类区收集的信息确定分类系统；对影像进行特征判断，评价图像质量，决定是否需要进行影像增强等预处理。这个过程主要是一个目视查看的过程，为后面样本的选择打下基础。

启动 ENVI5.3，打开待分类数据，以 R：TM Band 4，G：TM Band 3，B：TM Band 2 波段组合显示。通过目视可分辨 4 类地物：林地、人工表面、耕地、水体。

一、样本选择

在图层管理器 Layer Manager 中，待分类数据图层上点击鼠标右键，选择"New Region Of Interest"，打开 Region of Interest（ROI）Tool 面板，选择样本。在 Region of Interest（ROI）Tool 面板上（图 16-34）设置以下参数：ROI Name：green。ROI Color：。

默认 ROIs 绘制类型为多边形，在影像上辨别林地区域并单击鼠标左键开始绘制多边形样本，一个多边形绘制结束后，双击鼠标左键或者点击鼠标右键，选择 Complete and Accept Polygon，完成一个多边形样本的选择；同样方法，在图像别的区域绘制其他样本，样本尽量均匀分布在整个图像上；这样就为林地选好了训练样本。

图 16-34 Region of Interest（ROI）Tool 面板上设置样本参数

注：①如果要对某个样本进行编辑，可将鼠标移到样本上点击鼠标右键，选择 Edit record 是修改样本，点击 Delete record 是删除样本。②一个样本 ROI 中可以包含 n 个多边形或者其他形状的记录（record）。③如果不小心关闭了 Region of Interest（ROI）Tool 面板，可在图层管理器 Layer Manager 上的某一类样本（感兴趣区）双击鼠标。

在图像上点击鼠标右键选择 New ROI，或者在 Region of Interest（ROI）Tool 面板上选择 工具。重复"林地"样本选择的方法，分别为耕地、人工表面、水体 3 类选择样本；如图 16-35 所示为选好的样本。

计算样本的可分离性。在 Region of Interest（ROI）Tool 面板上选择 Option > Compute ROI Separability（图 16-36），在 Choose ROIs 面板将几类样本都打勾，点击 OK（图 16-36）。

表示各个样本类型之间的可分离性，用 Jeffries-Matusita、Transformed Divergence 参数表示（图 16-37），这两个参数的值在 0～2.0。大于 1.9 说明样本之间可分离性好，属于合格样本；小于 1.8，需要编辑样本或重新选择样本；小于 1，考虑将两类样本合成一类样本。

第十六章　RS 软件相关操作应用实例

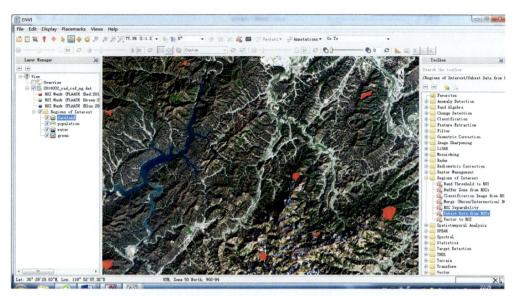

图 16-35　训练样本的选择

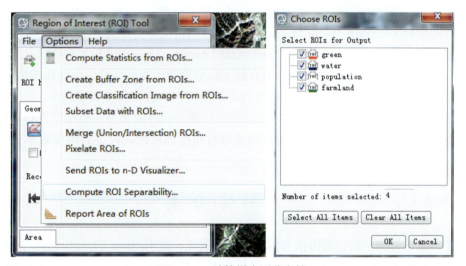

图 16-36　计算样本可分离性

注：在图层管理器 Layer Manager 中，可以选择需要修改的训练样本。在 Region of Interest（ROI）Tool 面板上，选择 Options ＞ Merge（Union/Intersection）ROIs；在 Merge ROIs 面板上，选择需要合并的类别，勾选 Delete Input ROIs。在图层管理器中，选择 Region of interest，点击鼠标右键，save as，保存为 .xml 格式的样本文件。

二、分类器选择

根据分类的复杂度、精度需求等确定哪一种分类器。

图 16-37　样本可分离性计算报表

目前 ENVI 的监督分类可分为基于传统统计分析学的，包括平行六面体、最小距离、马氏距离、最大似然；基于神经网络的；基于模式识别，包括支持向量机、模糊分类等，针对高光谱有波谱角（SAM），光谱信息散度，二进制编码。

平行六面体（Parallelepiped）：根据训练样本的亮度值形成一个 n 维的平行六面体数据空间，其他像元的光谱值如果落在平行六面体任何一个训练样本所对应的区域，就被划分在其对应的类别中。

最小距离（Minimum Distance）：利用训练样本数据计算出每一类的均值向量和标准差向量，然后以均值向量作为该类在特征空间中的中心位置，计算输入图像中每个像元到各类中心的距离，到哪一类中心的距离最短，该像元就归入到哪一类。

马氏距离（Mahalanobis Distance）：计算输入图像到各训练样本的协方差距离（一种有效的计算两个未知样本集的相似度的方法），最终技术协方差距离最小的，即为此类别。

最大似然（Maximum Likelihood）：假设每一个波段的每一类统计都呈正态分布，计算给定像元属于某一训练样本的似然度，像元最终被归并到似然度最大的一类当中。

神经网络（Neural Net）：是指用计算机模拟人脑的结构，用许多小的处理单元模拟生物的神经元，用算法实现人脑的识别、记忆、思考过程。

支持向量机（Support Vector Machine）：支持向量机分类（Support Vector Machine 或 SVM）是一种建立在统计学习理论（Statistical Learning Theory 或 SLT）基础上的机器学习方法。SVM 可以自动寻找那些对分类有较大区分能力的支持向量，由此构造出分类器，可以将类与类之间的间隔最大化，因而有较好的推广性和较高的分类准确率。

波谱角（Spectral Angle Mapper）：它是在 N 维空间将像元与参照波谱进行匹配，通过计算波谱间的相似度，对波谱之间相似度进行角度的对比，较小的角度表示更大的相似度。

三、影像分类

基于传统统计分析的分类方法参数设置比较简单，在 Toolbox/Classification/Supervised Classification 能找到相应的分类方法。这里选择支持向量机分类方法。在 Toolbox 中选择 /Classification/Supervised Classification/Support Vector Machine Classification，选择待分类影像，点击 OK（图 16-38），按照默认设置参数输出分类结果（图 16-39）。

图 16-38　支持向量机参数设置

四、分类后处理

应用监督分类或非监督分类及决策树分类，分类结果中不可避免地会产生一些面积很小的图斑。无论从专题制图的角度，还是从实际应用的角度，都有必要对这些小图斑进行剔除或重新分类，目前常用的方法有 Majority/Minority 分析、聚类处理（clump）和过滤处理（sieve）。

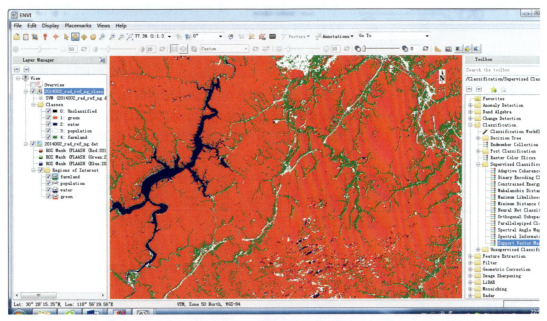

图 16-39　支持向量机分类结果

Majority/Minority 分析采用类似于卷积滤波的方法将较大类别中的虚假像元归到该类中，定义一个变换核尺寸，主要分析（Majority Analysis）用变换核中占主要地位（像元数最多）的像元类别代替中心像元类别。如果使用次要分析（Minority Analysis），将用变换核中占次要地位的像元的类别代替中心像元的类别。

1. 打开分类结果

打开 Majority/Minority 分析工具（图 16-40），路径为 Toolbox /Classification/Post Classification/Majority/Minority Analysis，在弹出对话框中选择分类结果数据，点击 OK。

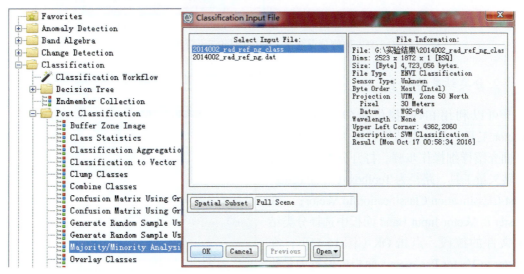

图 16-40　打开 Majority/Minority 分析工具

图 16-41 Majority/Minority Parameters 面板参数设置

在 Majority/Minority Parameters 面板中，点击 Select All Items 选中所有的类别，其他参数按照默认即可，如图 16-41 所示。然后点击 Choose 按钮设置输出路径，点击 OK 执行操作。结果如图 16-42 所示。

参数说明如下：Select Classes 时，用户可根据需要选择其中几个类别；如果选择 Analysis Methods 为 Minority，则执行次要分析；Kernel Size 为核的大小，必须为奇数×奇数，核越大，则处理后结果越平滑；中心像元权重（Center Pixel Weight）：在判定在变换核中哪个类别占主体地位时，中心像元权重用于设定中心像元类别将被计算多少次。例如，如果输入的权重为 1，系统仅计算 1 次中心像元类别；如果输入的权重为 5，系统将计算 5 次中心像元类别。权重设置越大，中心像元分为其他类别的概率越小。

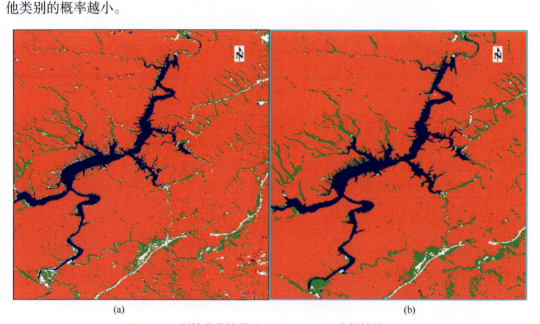

图 16-42 原始分类结果（a）和 Majority 分析结果（b）

2. 分类结果转矢量

可以利用 ENVI 提供的 Classification to Vector 工具，将分类结果转换为矢量文件，下面介绍详细操作步骤。打开分类结果：打开转矢量工具，路径为 Toolbox /Classification/Post Classification/Classification to Vector；在 Raster to Vector Input Band 面板中选择分类结果文件的波段，点击 OK（图 16-43）；在 Raster to Vector Parameters 面板中设置矢量输出参数。这里选择林地和耕地两个类别，设

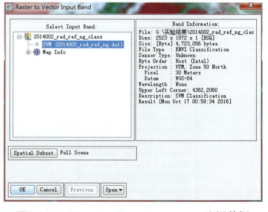

图 16-43 Raster to Vector Parameters 选择数据

置输出路径，点击 OK 即可（图 16-44）。查看输出结果，打开刚才生成的 evf 文件，并加载到视图中，最终效果如图 16-45 所示。

注：Output 可选 Single Layer 和 One Layer per Class 两种情况。如果选择 Single Layer，则所有的类别均输出到一个 evf 矢量文件中；如果选择 One Layer per Class，则每个类别输出到一个单独的 evf 矢量文件中。

 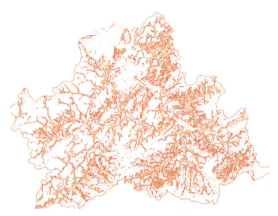

图 16-44　输出矢量参数设置　　　　　图 16-45　矢量显示最终效果

五、林地中前胡种植区域提取

由于前胡在林地中与山核桃套种，因此将林地中山核桃林与其他林进行分类，得到山核桃林的种植区域，即为林地中前胡种植区域。

将前面得到的林地矢量数据对宁国影像数据进行裁剪。打开宁国影像数据和宁国林地矢量数据，打开裁剪工具，在 Toolbox 中，打开 Regions of Interest/Subset Data from ROIs。Select Input File 选择宁国影像数据，点击 OK，打开 Subset Data from ROIs Parameters 面板（图 16-46）；在 Subset Data from ROIs Parameters 面板中设置参数：Select Input ROIs：选择 EVF：宁国林地矢量数据。Mask pixels output of ROI?：Yes。Mask Background Value 背景值：0。选择输出路径和文件名，单击 OK 执行图像裁剪。

在林地中进行监督分类，通过样本选择、分类器选择、影像分类及分类后处理等操作，将林地分为山核桃林和其他林两大类，具体过程如前文所述，此处不再赘述，从而得到林地中山核桃林分类结果（图 16-47）。

图 16-46　面板参数设置　　　　　图 16-47　山核桃林分类结果

第三节　多时相遥感信息提取

在耕地上与玉米套种模式中，根据宁国玉米和前胡的物候特点可以看到，在 10 月中下旬，玉米先于前胡收割，此时两种作物的生长期不重叠，因此利用前胡在 10 月生长期和翌年 1 月收获期的影像差异与其他作物在此时期影像差异的不同，可以识别前胡的种植区域。因此本节选用 2013 年 10 月 13 日和 2014 年 1 月 2 日两期 Landsat TM 影像，所用到的参考基准为 WGS84，投影为 UTM，这个时期避开了影像云层的影响，也与其他作物生长期和收获期错开。

一、宁国耕地区域提取

首先，根据前文提取的宁国耕地矢量数据对两期宁国影像数据进行裁剪，分别得到 2013 年 10 月 13 日和 2014 年 1 月 2 日的宁国耕地影像数据，如图 16-48 所示。

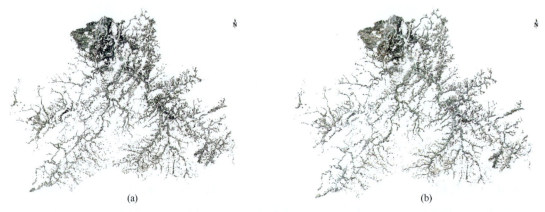

图 16-48　不同时相宁国耕地区域

然后，对两期宁国耕地影像数据进行变化检测，得到变化区域，即为耕地中前胡种植区域。启动 Image Change Workflow：在 ENVI 中，选择 File->Open 打开 "2013287_ng_farmland.dat" 和 "2014002_ng_farmland.dat" 两个影像。工具条上的透视窗提供了几种透视查看多景影像的方式，选择任一种，查看两景影像的配准情况及变化信息，打开 Portal 透视窗口（图 16-49）；在 Toolbox 列表中，双击 /Change Detection/Image Change Workflow，打开 File Selection 对话框（图 16-50），分别为 Time File1 选择 2013287_ng_farmland.dat、Time File2 选择 2014002_ng_farmland.dat。单击 Next 按钮打开 Image Co-Registration 面板；选择 "Register Image Automatically"，点击 Next（图 16-51），做影像配准。

二、变化信息检测

选择变化监测的方法，Change Method Choice 面板中提供两种方法：图像差值法和图像变换法。选择 Image Difference 方法单击 Next，如图 16-52 所示。

第十六章 RS 软件相关操作应用实例

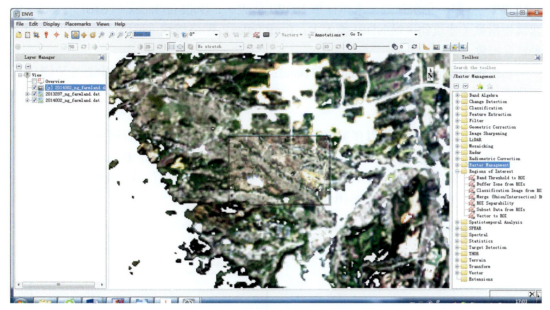

图 16-49　打开显示图像

图 16-50　导入图像

图 16-51　影像配准参数设置

图像插值法又提供了 3 种方法。

波段差值：选择 Input Band 并选择相应的波段。切换到 Advanced，提供辐射归一化（Radiometric Normalization）选项，可以将两个图像近似在一个天气条件下成像。

特征指数差：这个方法要求数据是多光谱或高光谱，自动根据图像信息（波段数和中心波长信息）在 Select Feature Index 列表中选择特征指数。列表提供 Vegetation Index（NDVI）：归一化植被指数；Water Index

图 16-52　选择检测方法

（NDWI）：归一化水指数（水体区域 NDWI 值大）；Built-up Index（NDBI）：归一化建筑物指数（建筑物区域 NDBI 值大）；Burn Index：燃烧指数（燃烧区域值大），共 4 种特征指数。

切换到 Advanced，自动为 Band1 和 Band2 选择相应的波段（前提是有中心波长信息），否则手动选择。本节选择 Feature Index，在 Select Feature Index 列表中选择 Vegetation Index（NDVI）（图 16-53）。

勾选 Preview 选项，可以预览变化信息检测的结果，红色区域表示为 NDVI 减少，蓝色区域表示 NDVI 增加。单击 Next 打开 Choose Thresholding or Export 面板（图 16-54），提供两种方法：Apply Thresholding，设置阈值细分变化信息图像；Export Image Change Only，直接输出变化信息图像。

图 16-53　变化检测方法选择面板　　　　图 16-54　阈值选择面板图

三、变化信息提取

在图 16-54 所示界面选择 Apply Thresholding，单击 Next 打开 Change Thresholding 面板（图 16-55）。

选择 Apply Thresholding，点击 Next，可以从变化信息检测结果中提取变化信息。

三种提取变化信息方法：Increase and Decrease，增加（蓝色）和减少（红色）变化信息；Increase Only，增加（蓝色）变化信息；Decrease Only，减少（红色）变化信息。

两种阈值设置方法：Auto-Thresholding（自动获取分割阈值），Otsu's：基于直方图形状的方法；Tsai's：基于力矩的方法；Kapur's：基于信息熵的方法；Kittler's：基于直方图形状的方法。把直方图近似高斯双峰从而找到拐点。Manual（手动设置阈值），在 Select Change of Interest 列表中选择 Decrease Only，获取前胡减少区域。在 Select Auto-Thresholding Method 列表中选择 Otsu's，勾选 Preview 预览效果。

单击 Next 打开 Cleaning Up Change Detection Results 面板（图 16-56）。这个面板的作用是移除椒盐噪声和去除小面积斑块。勾选 Enable Smoothing，平滑核（Smooth Kernel Size）：3，值越大，平滑尺度越大。勾选 Enable Aggregation，最小聚类值（Aggregate Minimum Size）：30。

图 16-55　Change Thresholding 面板　　　　图 16-56　Cleaning Up 面板

四、导出变化信息

从图 16-56 所示界面勾选 Preview 预览效果，单击 Next 打开 Exporting Image Change Change Detection Results 面板（图 16-57）。

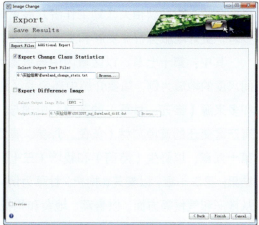

(a)　　　　　　　　　　　　　　　　　　　(b)

图 16-57　输出设置面板

可以输出 4 种结果或格式：以图像格式输出变化结果、以矢量格式输出变化结果、变化统计文本文件、输出差值图像。

勾选 Export Change Class Vectors，选择输出为 Shapefile 格式。切换到 Additional Export，勾选 Export Change Class Statistics，输出统计文件，单击 Finish 输出结果，如图 16-57 所示。输出结果自动叠加显示在 ENVI 中，统计文件中包括了减少面积，即前胡种植面积（图 16-58）。

图 16-58　耕地中前胡种植区域

第五部分　中药区划研究实例

　　我国药用资源种类丰富，生产实践工作中对中药区划结果的目标要求各异。随着区划研究工作的深入，区划范围不断拓展。本部分对现阶段已有各种类型的区划进行概要介绍，为后续相关区划工作者开展更深入、更广泛、更具体的中药区划工作提供参考，更好地服务行业发展和生产实践。

　　其中：第十七章，以区域内中药资源为研究对象，以全国、省域和县域等不同空间尺度的地域为例，简要介绍中药资源区划研究结果；第十八章，以单一来源（青蒿）和多来源（秦艽、甘草）的药材、中国与"一带一路"沿线国家之间的进出口药材、有产区变迁的道地药材（黄芪、丹参、青蒿）等为例，简要介绍分布区划研究结果；第十九章，以野生（芍药）和栽培（三七、前胡）药材为例，简要介绍生长区划研究结果；第二十章，以秦艽、枸杞、甘草为例，简要介绍品质区划研究结果；第二十一章，从地形和气候等方面，以青蒿、地黄和枸杞为例，简要介绍生态适宜性区划研究结果；第二十二章，以青蒿和马尾松为例，简要介绍生产区划研究结果；第二十三章，从道地药材、中药材种子种苗繁育基地和GAP基地、中药资源动态监测信息和技术服务体系、珍稀濒危药用植物重点保护区、中药材产业扶贫优先区等的分布情况，简要介绍功能区划研究结果。

第十七章 中药资源区划

第一节 全国中药资源区划

一、全国中药资源普查试点概况

中药资源作为中药产业和中医药事业发展的物质基础，随着中药工业产值以年均20%的速度增长，中药资源的利用需求不断增加，所面临的压力也逐年加大。中药资源在区域之间的差异分布是指一定时间内中药资源在地理空间内的分布、聚散和组合情况，是重要的自然现象和社会经济现象。中药资源的不平衡分布是自然资源分布的一种常态，不同区域之间由于自然条件、社会资源等差异的客观性，决定了区域间中药资源空间分布差异的客观性。中药资源分布的时空演变是中药产业发展过程在时间和空间上的表现形式，研究区域中药资源分布的时空演变过程，可以揭示中药资源空间分布的规律性，对合理制定中药资源政策，促进区域资源、环境的协调发展具有十分重要的意义。

全国中药资源普查是全面获取我国药用资源信息的重要手段，对中药行业掌握真实中药资源数据，发展壮大中药产业，增强国际竞争力具有带动作用。中华人民共和国成立以来，我国分别于1960～1962年、1969～1973年、1983～1987年组织开展了三次全国范围的中药资源普查。历次中药资源普查获得的数据资料为我国中医药事业和中药产业发展规划的制定提供了重要依据。根据《国务院关于扶持和促进中医药事业发展的若干意见》（国发〔2009〕22号文）"开展全国中药资源普查，加强中药资源监测和信息网络建设"的文件精神，为落实《中药材保护和发展规划（2015—2020年）》（国办发〔2015〕27号）和《中医药健康服务发展规划（2015—2020年》（国办发〔2015〕32号）关于"开展第四次全国中药资源普查"的重点任务，履行国家中医药管理局组织开展全国中药资源普查，促进中药资源保护、开发和合理利用的职能，从2011年开始，国家中医药管理局陆续开展县域中药资源普查工作。

根据全国中药资源普查工作方案，此次普查以县域为基本单元组织实施，在全国开展中药资源调查及与中药资源相关的传统知识调查等。2016年全国共有2851个县级行政区划单元，2011～2017年组织实施的中药资源普查（试点）工作已经支持1300多个县开展中药资源普查，约占全国县级行政区划单元的50%。各地开展中药资源普查县的分布情况如图17-1所示。

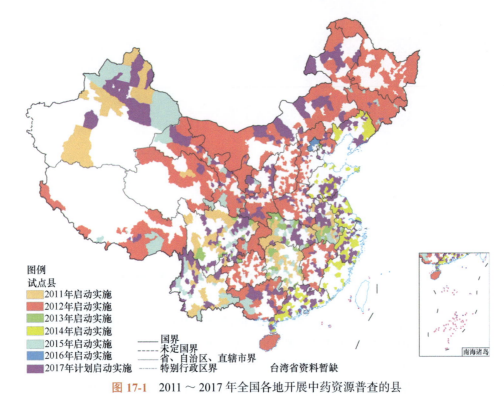

图 17-1 2011~2017 年全国各地开展中药资源普查的县

二、野生中药资源分布

我国中药资源种类总体上丰富多样,根据 20 世纪 80 年代全国中药资源普查结果,我国的中药资源种类有 12 807 种。各地区之间差异较大。在各省局和技术依托单位的支持下,在参加县级中药资源普查工作人员的共同努力下,各个普查队依据《全国中药资源普查技术规范》相关方法和技术要求,获取了大量调查数据。

截至 2017 年 8 月,各县填报到"全国中药资源普查信息管理系统"中的数据信息共 200 多万条,根据各普查队的数据信息,初步统计显示:全国可药用资源种类 1.3 万多种,隶属 300 多科,2000 多属。应用 ArcGIS 基于县级行政区划图,绘制各县级中药资源种类空间分布情况,结果如图 17-2 所示,其中有 7 省 16 县的中药资源种类超过 1000 种,区域内中药资源种类丰富,包括:浙江景宁畲族自治县,安徽黄山区,湖北竹溪县、南漳县、利川市,广西那坡县、凌云县、田林县、凤山县、环江毛南族自治县,重庆丰都县,四川六枝特区、大方县、威宁彝族回族苗族自治县,云南禄劝彝族苗族自治县、永德县。

随着全国中药资源普查工作的逐渐深入,各地中药资源本底资料将逐渐丰富和完善,野生中药资源种类多样性丰富程度空间格局将随之变化。现阶段掌握的数据信息显示,广西、云南、贵州、四川等地中药资源种类较为丰富,结果如图 17-3。

第十七章　中药资源区划

图 17-2　各县中药资源种类数

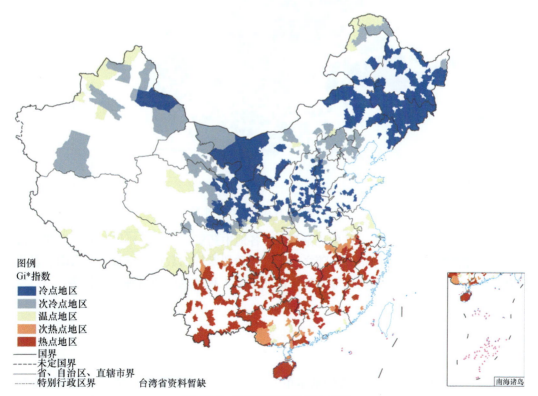

图 17-3　中药资源种类集中区域

三、栽培中药材分布

中药材栽培历史悠久,最早的中药材栽培实践在5000年之前就已开始,到了唐代太医署下设药用植物引种园,明代《本草纲目》详细记述了麦冬等100多种药用植物栽培技术。中华人民共和国成立以来,尤其是20世纪90年代以来,中药材栽培技术发展迅速,中药野生变家种、品种选育、种植区划、病虫害防治、连作障碍等方面的研究进入一个全新的历史时期,中药材种植品种及规模都达到了历史上未有的水平(卢先明,2011)。

根据2017年8月,各县填报到"全国中药资源普查信息管理系统"中的栽培资源数据,全国栽培中药材种类600多种,应用ArcGIS基于县级行政区划图,绘制各县栽培中药材种类空间分布情况,结果见图17-4。

图17-4 各县栽培中药材种类

随着全国中药资源普查工作的逐渐深入,各地中药资源本底资料将逐渐丰富和完善,栽培中药材种类多样性空间格局将随之变化。现阶段掌握的数据信息显示,云南、贵州、湖南、河南、山西、山东和河北等省收集的实现人工种植的中药材种类数较多。

第二节 吉林省中药资源区划

县域作为全国中药资源普查的基本单元,县与县之间的资源禀赋差异是中药资源工作任务部署、成果汇总、人员队伍和经费配置的基础。在国家中医药管理局组织实施全国中药资源普查（试点）工作之前，由于没有区域内各个县中药资源种类的基础数据，无法进行县域之间中药资源种类的空间分布差异分析研究。2012年，吉林省陆续开展县域中药资源普查工作，2017年范围已经覆盖51个县。吉林省特殊的生态环境十分适宜广泛地种植、生产中药材，吉林省十分重视自身优势的开发，研究县域中药资源种类空间分布特征，对促进区域中药相关产业发展具有重要意义。

本节基于吉林省中药资源普查试点工作阶段成果，选取51个已经完成中药资源普查工作的县，根据中药资源种类，运用探索性空间数据分析（ESDA）、趋势面分析、空间变异函数等地统计分析技术，对吉林省县域中药资源多样性进行研究，分析中药资源丰富程度的空间差异特性。

根据吉林省51个县开展中药资源普查工作获取的中药资源种类，应用GIS制图功能，生成51个县中药资源种类数的柱状图，结果如图17-5所示。从图17-5中可以看出，吉林省各县中药资源种类存在一定的差异。选取各县中药资源种类，计算全局空间自相关Moran's I 指数，并计算其检验的标准化统计量 Z，结果如图17-6所示。由图17-6可知吉林省各县中药资源种类存在着显著的、正的空间自相关，具有明显的空间聚集特征。

用GIS软件绘制各县中药资源种类的分布趋势图（图17-7），从整体研究区域来看，吉林省中药资源种类自西向东有逐渐增加的趋势。总体上东北部地区中药资源种类较为丰富，西北部和西南部的中药资源种类较少。通过计算LISA指数，通过5%显著水平检验的地区见图17-8。其中，吉林省中药资源种类的空间正相关性较强，空间负相关性较弱；总体上中药资源种类丰富的县域仍然占少数。

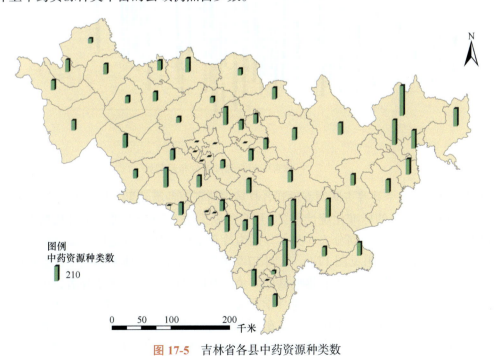

图 17-5　吉林省各县中药资源种类数

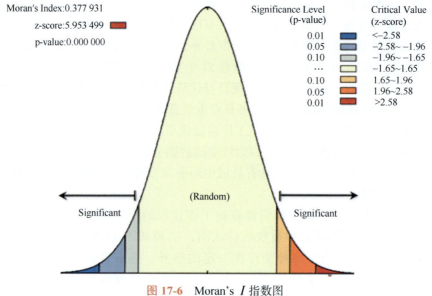

图 17-6　Moran's I 指数图

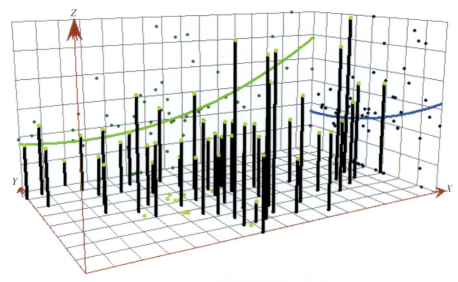

图 17-7　吉林省中药资源种类分布趋势图

根据吉林省 51 个县普查队调查得到各县域中药资源种类结果，用 GIS 软件计算 G 统计量，并计算其检验的标准化统计量 Z。用自然断裂法（Jenks）进一步对数据进行可视化处理，将数值由低到高划分为 5 类，分别为冷点地区、次冷点地区、温点地区、次热点地区、热点地区，结果见图 17-9。从图 17-9 可以看出：①总体上热点地区县域的个数最少，热点县域占总数的 9.8%；这些县的 Z 值在 0.05 的显著性水平下显著，中药资源种类丰富，在空间上相连成片分布，从统计学意义上说，其中药资源种类趋于高值空间聚集；总体上分布在吉林省东部和东南部，多在长白山山脉所在地区。②冷点地区的县域个数占总数的 13.73%；这些县的 Z 值在 0.05 的显著性水平下显著，中药资源种类较为匮乏，

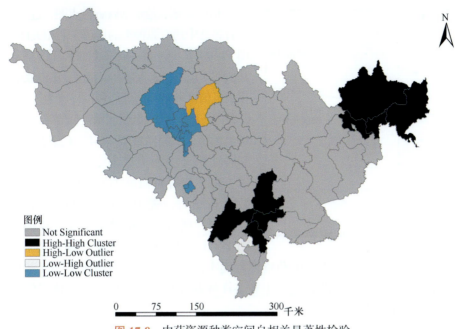

图 17-8　中药资源种类空间自相关显著性检验

在空间上相连成片分布，从统计学意义上说，其中药资源种类趋于低值空间聚集；总体上冷点地区分布在长春市、吉林市等行政中心附近，多为城市建成区。③温点地区的县域个数最多，温点县域个数占总数的 62.75%；中药资源种类丰富程度属于高值和低值过渡区域。

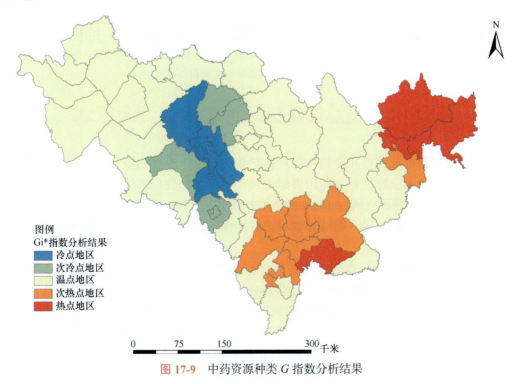

图 17-9　中药资源种类 G 指数分析结果

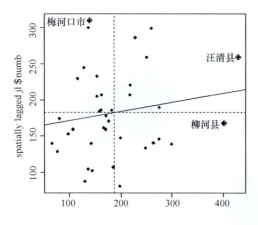

图 17-10 资源种类空间自相关 Moran 散点图

运用 R 语言绘制 Moran 散点图，进一步分析吉林省各县中药资源种类的局部空间相关性，结果见图 17-10。其中，第一象限（H-H）代表高值区域被高值邻居包围，成为种类丰富区；第二象限（L-H）代表低值区域被高值邻居包围，成为过渡区域；第三象限（L-L）代表低值区域被低值邻居包围，称为种类稀疏区；第四象限（H-L）代表高值区被低值邻居包围，成为种类贫乏区。

基于吉林省植被类型、中药资源种类 G 指数分析结果，提取各区域植被类型和面积，计算同一区域不同植被类型面积比例，结果见图 17-11。可以看出，中药资源种类丰富度较高的热点地区主要以阔叶林为主；中药资源种类丰富度较低的冷点地区主要以栽培植被为主。在吉林省进行的中药资源普查、生物多样性调查和监测工作中，应该以阔叶林分布的区域为主要调查或监测区域。

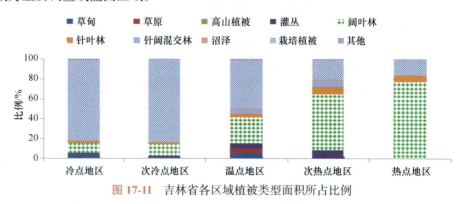

图 17-11 吉林省各区域植被类型面积所占比例

第三节　澜沧拉祜族自治县中药资源区划

根据全国中药资源普查和生物多样性保护相关要求，为查明澜沧拉祜族自治县（简称澜沧县）区域内的植物物种和药用资源的种类、分布和数量等信息。中国中医科学院和普洱市民族传统医药研究所在 10km 网格的基础上，对澜沧县的野生植物开展调查。为澜沧县植物物种多样性格局、澜沧县物种多样性保护空缺评估、澜沧县物种多样性受威胁情况等提供坚实参考依据。

澜沧县总面积 8807km^2，森林覆盖率 53.9%，立体气候明显，野生动物、植物种类繁多。调查基于全国统一划分的调查网格，采用阿尔伯斯（Albers）投影，中央经线 105°，分辨率 10km×10km。澜沧县需要开展调查的网格（10km×10km）共有 99 个，网格内澜沧县的面积大于 5km^2 为有效网格。按照在一个单元网格内，自然保护区、风景名胜区、自然遗产及其他原始植被分布区等面积之和所占比例超过 50%，该单元网格即作为该县（区）植物物种多样性调查的重点网格，澜沧县的重点网格为 21 个。

基于对各个网格的实地调查数据，澜沧县各区域的物种均很丰富，其中东南部和西南部地区物种丰富度相对较高（图 17-12），东南部地区分布有糯扎渡自然保护区和发展河哈尼族乡大岔河原始森林等保护地，对该地区物种多样性的维持具有一定的贡献。

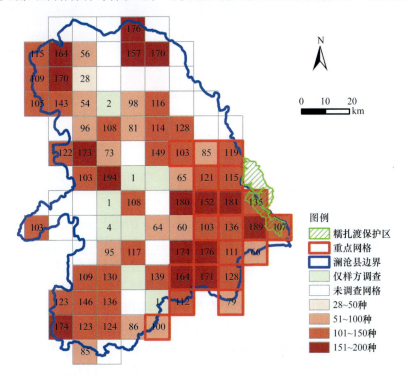

图 17-12 澜沧县药用植物物种丰富度空间分布格局

参考文献

池秀莲，袁以凯，方波，等. 2017. 澜沧县受威胁药用维管束植物的多样性及其分布特征 [J]. 中国中药杂志，42（22）：4346-4352.

黄璐琦，赵润怀，陈士林，等. 2012. 第四次全国中药资源普查筹备与试点工作进展 [J]. 中国现代中药，1：13-15.

卢先明. 2011. 中药栽培的历史回顾与展望 [J]. 中药与临床，2（3）：4-7.

张小波，邱智东，王慧，等. 2017. 吉林省中药资源种类空间分布差异研究 [J]. 中国中药杂志，42（22）：4336-4340.

张小波，王慧，景志贤，等. 2017. 基于全国中药资源普查（试点）阶段成果的中药资源种类丰富度空间差异性分布特征研究 [J]. 中国中药杂志，42（22）：4314-4318.

第十八章
分布区划

第一节 一种药材单一来源分布区划

中药青蒿为菊科植物黄花蒿（*Artemisia annua* L.）的地上部分，通过查阅文献获取文献中关于青蒿的分布信息，共获取 13 个省 108 个县 171 个采样点的青蒿素含量数据。于 2011 年 7 月和 8 月，在全国 19 个省（自治区、直辖市）通过实地调查获取 250 个采样点数据。遵循"文章已在核心期刊公开发表，具有经纬度或县域等位置信息"的原则，通过中国知网查阅文献；同时查询网络标本馆关于青蒿"标本实物"的位置信息，以及部分省（自治区、直辖市）的普查数据；共获得 17 个省（自治区、直辖市）140 个县 260 个采样点数据。应用 ArcGIS 根据实地调查数据和文献收集到的样点经纬度，基于矢量的行政区划数据，生成采样点分布图，结果如图 18-1 所示。由图 18-1 可以看出，除香港、澳门和台湾没有数据外，其他省（自治区、直辖市）均有采样点数据。由于对重庆、广西等地的相关研究较多，因此该区域的点位数据也较多。

图 18-1 全国野生黄花蒿分布

基于黄花蒿采样点位置信息，选择与黄花蒿生长相关的生态因子，使用 Maxent 软件（3.3.3k），基于最大信息熵模型计算黄花蒿资源的生境适宜度，结果如图 18-2 所示。从图 18-2 可以看出野生黄花蒿在我国广泛分布，仅在青藏高原和新疆的部分地区分布概率较小，其他区域均有分布。

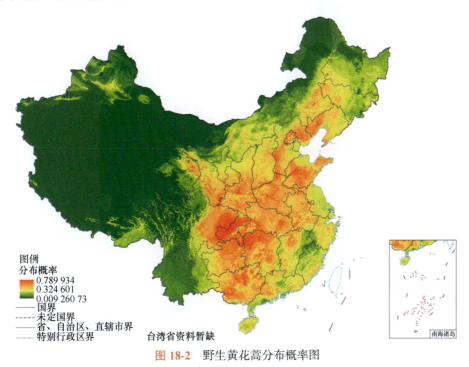

图 18-2　野生黄花蒿分布概率图

第二节　一种药材多来源分布区划

一、秦艽药材不同来源分布区划

中药秦艽为龙胆科多年生草本植物秦艽（*Gentiana macrophylla* Pall.）、麻花秦艽（*G. straminea* Maxim.）、粗茎秦艽（*G. crasicaulis* Duthie ex Burk.）或小秦艽（*G. daurica* Fisch.）的干燥根。卢有媛等（2016）于 2013～2014 年通过实地调查，查阅中国数字标本馆（CVH），收集中药秦艽 4 个种的分布信息。共采集到中药秦艽样本 83 份（秦艽 21 份、麻花秦艽 19 份、小秦艽 26 份、粗茎秦艽 17 份）；从 CVH 中获得中药秦艽分布信息：秦艽 213 份、麻花秦艽 142 份、小秦艽 267 份、粗茎秦艽 90 份。利用 GIS 软件 Maxent 模型计算结果进行叠加和地图制作，分别绘制出中药秦艽 4 个种的生态适宜性区划分布图，并将 4 个种的图层叠加获得秦艽药材的区划图。

秦艽生态适宜性区划见图 18-3，麻花秦艽生态适宜性区划见图 18-4，小秦艽生态适宜性区划见图 18-5，粗茎秦艽生态适宜性区划见图 18-6。秦艽药材的生态适宜性区划见图 18-7。由图 18-3～图 18-7 可知，秦艽组植物在我国主要分布在西北、华北、东北及西南地区，秦艽是秦艽组分布最广的种，其分布中心在黄土高原及青藏高原东缘；小秦艽的分布范围与秦艽相比仅东北地区和云南没有分布；麻花秦艽集中分布在西北地区；粗茎秦艽主要分布在西南地区。秦艽药材的生长适宜区主要集中在甘肃中部及南部，宁夏南部，陕西、山西和四川全省，青海东部、西藏东部和云南北部。

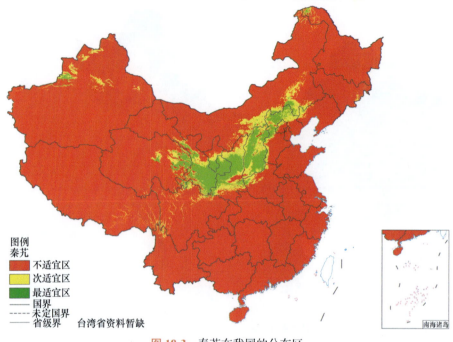

图 18-3　秦艽在我国的分布区

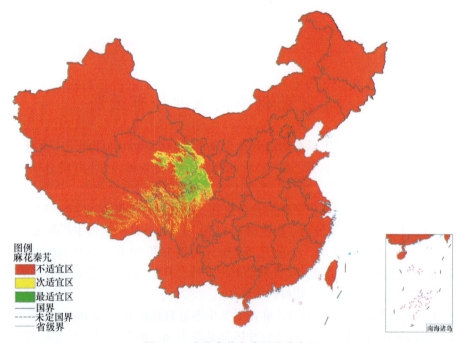

图 18-4　麻花秦艽在我国的分布区

图 18-5　小秦艽在我国的分布区

图 18-6　粗茎秦艽在我国的分布区

二、甘草药材不同商品分布区划

甘草为豆科植物甘草（*Glycyrrhiza uralensis* Fisch.）、胀果甘草（*G. inflata* Bat.）或

光果甘草（G. glabra L.）的干燥根及根茎，按产地又分为东甘草、西甘草、新疆甘草。王汉卿等（2016）基于甘草药材3种基原植物的分布点位信息，综合气象数据、土壤数据和植被类型，利用GIS空间分析和最大熵Maxent模型对甘草不同商品药材分布区域进行分析，分别绘制东甘草、西甘草、新疆甘草和甘草分布图。由图18-8～图18-11可知，甘草主要分布在北方地区，其中，东甘草主要分布在我国的东北部，西甘草主要分布在内蒙古西部、宁夏、甘肃等地，新疆甘草主要分布在新疆。

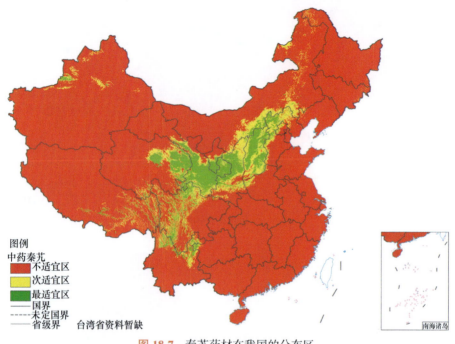

图18-7　秦艽药材在我国的分布区

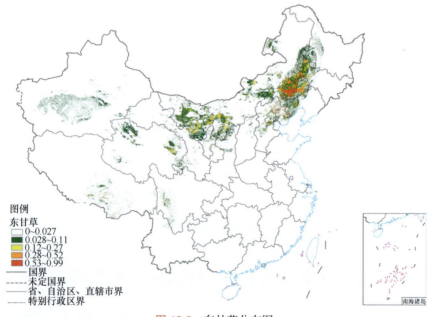

图18-8　东甘草分布图

第十八章 分布区划

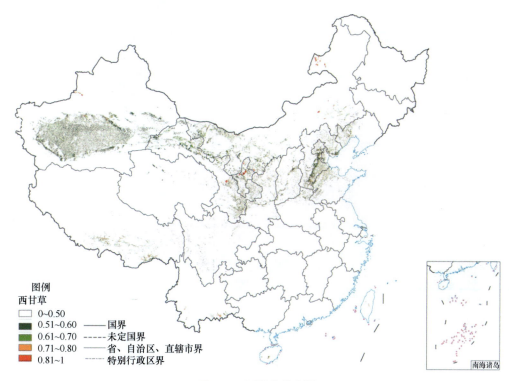

图 18-9 西甘草分布图

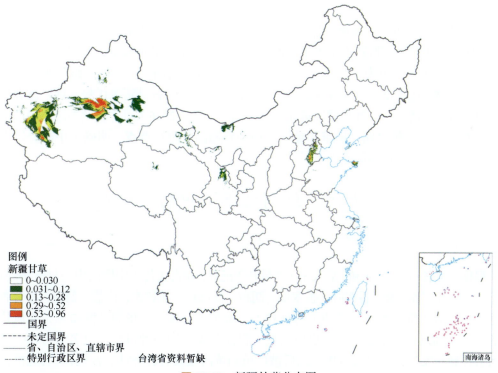

图 18-10 新疆甘草分布图

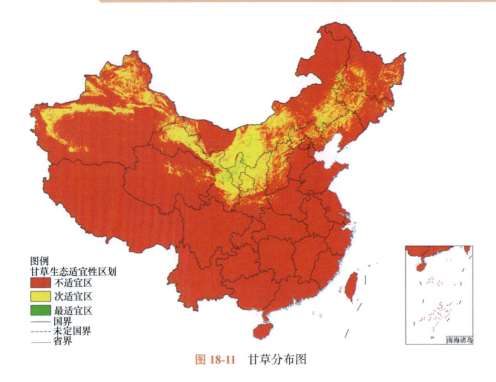

图 18-11 甘草分布图

第三节 "一带一路"进出口中药材分布区

中医药交流是古今"丝绸之路"交流的重要组成部分。国外药物传入中国之后，对传统中医药及少数民族医药产生了重大的影响，增加了中药品种数量，丰富了治疗药物；国内药物传入国外，也为"丝绸之路"注入了更丰富的内涵。"一带一路"所涉及国家和地区动植物资源丰富，孕育着发展中药产业巨大潜力，发挥其资源优势开展广泛合作，将推动区域间经济发展、推动健康事业发展。白吉庆等（2016）对"新丝绸之路经济带"和"21世纪海上丝绸之路"国家和地区的中药贸易品种进行调查，明确了中药材进出口国家或主产区。相关内容简介如下。

一、古代"丝绸之路"中药材输入

（一）陆上"丝绸之路"与中药材输入

根据《汉书·西域传》和《后汉书·西域传》记载，在古代传入中国的中药材有番红花、番石榴、胡桃、番木鳖、番泻叶、番木瓜、胡椒、胡麻仁、胡黄连、苜蓿、葡萄、苏合香、安息香、乳香（沉光香）、没药（精祇香）、琥珀等。晋代张华的《博物志》和唐代封演的《封氏闻见记》记载，张骞出使西域，得涂林安石国榴种以归，故名安石榴，将其成功引种到长安、临潼一带，自唐代以后被广植到黄河流域、长江流域。核桃，又名羌桃，《博物志》载张骞出使西域还得胡桃种，西汉时，被植入皇宫上林苑。香菜原称胡荽，产于波斯、大宛，用以食用和药用，大约汉时传入我国，后因避讳，改为香荽。《本草纲目》

卷二十三载："汉史张骞始自大宛得油麻种,故名胡麻（今芝麻）。以别中国大麻也。"《汉书·西域传》记载"（汉破大宛）汉史采蒲陶、苜蓿种归……益种蒲陶、目蓿离宫馆旁。"西域地区输入中国的药材、食物、水果常被冠以"胡"或"番"之名,部分以古地名而命名,体现了其产地特征。古中国与朝鲜半岛贸易中药材也是重要内容,《本草经集注》收载了新罗、百济、高丽等地所产的"金屑、人参、细辛、五味子、款冬花、昆布、菟丝子、芜荑、白附子等",历史上以人参、牛黄输入我国最为重要。通过"交趾道"引进了中药"薏苡仁",并在我国南方广泛种植。陆上"丝绸之路"传入我国的中药材,对丰富我国中药品种发挥了重要作用。

（二）海上"丝绸之路"与中药材输入

《汉书·地理志》记载,公元166年罗马使者带着象牙、犀角、玳瑁等沿海路到达中国。我国土生波斯人李珣所作《海药本草》所载124种药物中的大部分为舶来品,许多输入中药的应用和贸易在历代本草著作及相关文献中可寻到记载。通过海上"丝绸之路"输入古代中国的主要有乳香、没药、木香、水银、芦荟、阿魏、藿香、茅香、使君子、桂皮、桂心、麒麟血竭、龙脑（冰片）、诃梨勒、薏苡仁、丁香、益智子、琥珀、沉香、槟榔、庵摩勒、象牙、犀角、珍珠、玳瑁、光香、降真香、豆蔻、蝮蛇胆、茴香、蓬莪术、海桐皮、姜黄、大腹皮、木鳖子、茱萸、大风油、苏方木等。

二、古代"丝绸之路"中药材输出

（一）陆上"丝绸之路"与中药材输出

张骞出使西域使中医药文化向西方传播。汉武帝元鼎三年（公元前114年）,中国大黄沿"丝绸之路"经西域、里海被转运至欧洲。根据《大唐西域记》记载,印度本无桃、杏、梨,是从中国河西走廊一带传入的,印度人称桃为"中国果",把梨树称为"中国王子",中国的大黄、肉桂、生姜、芦荟、樟脑、黄连、牛黄、五倍子、麻黄、黄芪、五加皮、花椒、常山等输出到中东和中亚、欧洲等地。唐代通过"唐蕃古道"与印度商贸输出有麝香、硼砂、川芎等药材,其中以麝香最为著名,故此道被誉为"麝香路"。通过陆上"丝绸之路"使中药被中亚、西亚、朝鲜半岛、欧洲等大陆相连的国家和地区人民所了解和使用。

（二）海上"丝绸之路"与中药材输出

在香药通过海上交通输入兴起,中国产中药也通过海上"丝绸之路"向外输出。《唐大和上东征传》记载运往日本的中药材有麝香、益智仁、大黄、紫草、槟榔、苏木等,同时通过中国中转传入日本的有龙脑、安息香、胡椒、阿魏等。《宋会要辑稿》记载,宋政府通过市舶司输出的中药材达60多种,主要有朱砂、人参、牛黄、茯苓、附子、胡椒、硝等,其中牛黄被高度重视。在元朝中国的檀香、白芷、麝香、川芎等药材被大量输出到东南亚、中亚阿拉伯世界、欧洲、非洲等地区。明朝郑和下西洋带有麝香、人参、牛黄、茯苓、生姜、肉桂、樟脑等。《诸蕃志》中在前列记载了龙脑、麝香、檀香等商品,并将龙脑、麝香排在前列,显示中药材是海上"丝绸之路"上的重要商品。通过海上"丝绸之路"输出的中药主要有大黄、麝香、檀香、川芎、白芷、木香、肉桂、良姜、绿矾、朱砂、白矾、硼砂、砒霜、牛黄、蓬莪术、硝石、土茯苓、无患子、乌头、使君子、雄黄、槟榔、姜黄、椿树皮、半夏、远志、鳖甲、桔梗、益智仁、荆三棱、甘草、石斛、黄芪、菖蒲、牛膝、松香、天南星等。（部分药材有进口，也有出口）

三、当代中药材进出口

（一）我国出口中药材与资源分布

我国中药材出口有100余种（中药材及饮片），主要是药食同源种类。其出口国家主要是日本、韩国、越南、新加坡、美国、印度、印度尼西亚、马来西亚、德国等。2014年上半年出口排名靠前的中药材及其产地为人参（吉林、黑龙江）、枸杞（宁夏、青海、新疆）、地黄（河南、陕西、山西）、党参（甘肃）、茯苓（湖北、湖南、安徽）、白术（山东、陕西、河南）、川芎（四川）、菊花（浙江、安徽、河南）、三七（云南、广西）、白芍（安徽）、杜仲（陕西、贵州、湖北）、槐米（河北、陕西、山西）、半夏（甘肃、陕西、河南、湖北）。

（二）我国进口中药材与资源分布

我国每年进口药材60多种，其中动物类有牛黄（大洋洲、印度、加拿大、南美洲）、玳瑁（东南亚诸国、大洋洲、拉丁美洲、地中海等）、海马（新加坡、日本、马来西亚、大洋洲等）、海龙（日本、菲律宾、印度洋、非洲东岸及大洋洲）、蛤蚧（亚洲北回归线附近的亚热带地区）、熊胆（缅甸、泰国、老挝、越南、朝鲜、俄罗斯远东地区等）、麝香（俄罗斯远东）、珍珠（澳大利亚、印度尼西亚等地）、猴枣（印度、马来西亚、马来群岛等）、海狗肾（太平洋）、石决明（澳洲、太平洋西南部）等18种；果实类有西青果（马来西亚、印度、缅甸等地）、豆蔻（泰国、柬埔寨等地）、肉豆蔻（印度尼西亚、马来西亚、西印度洋诸岛）、诃子（印度、马来西亚、菲律宾等地）、草果（越南）、荜茇[尼泊尔、不丹、印度、斯里兰卡、越南、马来西亚、印度尼西亚（爪哇、苏门答腊）、菲律宾等地]6种；种子类有马钱子（印度）、胖大海（泰国、越南、柬埔寨等地）、大枫子（泰国、越南、印度尼西亚、马来西亚、印度、柬埔寨等地）、槟榔（菲律宾、马来西亚等地）、砂仁（马来诸岛国）、胡椒（印度尼西亚、印度、马来西亚、斯里兰卡及巴西等地）6种；树脂类有乳香（索马里、埃塞俄比亚及阿拉伯半岛南部）、没药（索马里、埃塞俄比亚、沙特阿拉伯、伊朗及印度等地）、苏合香（非洲、印度及土耳其等地）、藤黄（柬埔寨及马来西亚等地）、天竺黄（马来西亚、印度尼西亚、新加坡、泰国等地）、安息香（中东地区）、血竭（印度尼西亚）7种；茎木类有檀香（印度、泰国、大洋洲等地）、苏木（印度、缅甸、越南、马来半岛及斯里兰卡等）2种；根类有高丽参、千年健（印度）、西洋参（美国、加拿大等地）、胡黄连（印度、尼泊尔等地）、木香5种；花类有西红花（伊朗）、丁香（坦桑尼亚、马达加斯加、印度尼西亚、菲律宾等地）2种；叶类有番泻叶（印度、巴基斯坦等地）；皮类有肉桂（斯里兰卡、印度、菲律宾、西印度群岛等地）；加工类有儿茶、芦荟（阿鲁巴岛、博内尔岛、海地、印度、南非、美国、委内瑞拉等地）、阿魏（中亚、伊朗、阿富汗等地）、冰片[印度尼西亚（苏门答腊）、婆罗洲、南洋等地]4种。

第四节 道地药材产区变迁

中药材的道地药材产区在历史上并非一成不变,大部分品种均存在产地变迁,甚至出现由西南至东北的远距离迁徙。只有深入地探究各历史时期药材产地变迁背后的因素,才能更加深入地认识和理解道地药材,指导中药材生产活动。詹志来等(2016)对黄芪、丹参等药材的道地产区变迁进行了研究,相关研究内容和结果简介如下。

一、黄芪道地产区变迁

黄芪在两千年的历史发展中存在由西南逐渐往东北变迁的过程:最早药学专著《神农本草经》记载其生境为"生山谷",其后的《名医别录》明确记载了其产地"生蜀郡(今四川成都及周边区域)山谷、白水(今四川甘肃的白水河区域)、汉中(今陕西汉中地区)",这些位置均在古代蜀国及其周边地区。到了唐代《新修本草》却明确提出"蜀汉不复采用之",究其原因很可能为临床应用过程中发现了质量更优的同属其他植物,而"蜀郡"所分布的黄芪属植物可能为目前四川地区尚在习用的梭果黄芪(*Astragalus emestii* Comb.)、多花黄芪(*Astragalus floridus* Benth.)、金翼黄芪(*Astragalus chrysopterus* Bge.)等,目前这三种黄芪属植物仍被《四川省中药材标准》所收载。这点在南北朝时期的《本草经集注》种得到了印证,其载到"第一出陇西(今甘肃陇西县)、洮阳(今甘肃临潭县西南),色黄白,甜美,今亦难得。次用黑水宕昌(今甘肃宕昌、舟曲一带)者,色白、肌肤粗,新者,亦甘,温,补。又有蚕陵白水(今四川与甘肃交界等地)者,色理胜蜀中者而冷补。又有赤色者,可作膏贴用,消痈肿,俗方多用,道家不须"。可见在该时期就已经发现了质量更佳的蒙古黄芪 [*Astragalus membranaceus* (Fisch.) Bge. var. *mongholicus* (Bge.) Hsiao],至今甘肃、山西等地仍有较多野生分布,此外文中还提及"又有赤色者"很可能指的是今甘肃地区分布的红芪,即多序岩黄芪(*Hedysarum polybotrys* Hand.-Mazz.)。而唐代所提及的"今出原州(今宁夏固原市)及华原(今陕西省铜川市耀州区)者最良",从其区域位置来看亦是蒙古黄芪所分布的区域。到了宋代,普遍推崇山西等地的绵芪,如《图经本草》:"今河东(今山西大部分地区)、陕西(今陕西大部分地区)州郡多有之",《本草别说》:"黄芪都出绵上为良,故名绵黄芪。今《图经》所绘宪水者即绵上,地相邻尔。以谓柔韧如绵,即谓之绵黄芪。然黄芪本皆柔韧,若伪者,但以干脆为别尔",《重广补注神农本草并图经》:"黄芪本出绵上(今山西介休东南)为良,故名绵黄芪。今《图经》所绘宪水(今山西省娄烦县及静乐县部分地)者即绵上,地相邻尔"。明代《本草原始》强调"根长二三尺……生山西沁州绵上,名绵蓍;一云折之如绵,故谓之绵黄蓍",还在附图中提出"多岐者劣",综合各家所描述的性状与今日山西恒山山脉等区域所分布的野生黄芪性状一致。到了清代又增加了邻近的内蒙古等地,如《植物名实图考》:"有数种,山西、蒙古产者佳,滇产性泻,不入用",明确云南等地所产的质量不佳,也有力地佐证了临床优选所致的品种变迁。民国扩大至东北,

《药物出产辨》:"(黄芪)正芪产区分三处。一关东(今东三省),二宁古塔(今黑龙江宁安市),三卜奎(今黑龙江齐齐哈尔)。产东三省,伊黎(今新疆伊犁)、吉林(今吉林省)、三姓地方(在清代指黑龙江下游、松花江下游及乌苏里江流域的广大地区)。"其主要应为膜荚黄芪 [*Astragalus membranaceus*(Fisch.)Bge.],与今药典收载一致。

当代随着黄芪的用量大幅度增加,野生药材难以满足实际所需,因此于 20 世纪 70 年代开始广泛栽培,逐渐以栽培为主,目前的主流种植区域在甘肃定西、内蒙古武川、山西浑源及各周边地区。基本在历代所推崇的主要区域。

根据本草文献的研究,结合行政区划图标注黄芪的产地变迁,结果见图 18-12。

图 18-12 黄芪药材各个历史时期产地图

二、丹参道地产区变迁

历代本草中对丹参产地的认识有一个逐渐加深的过程,新产地不断被发现,旧产地仍然沿用,最早《神农本草经》记载丹参生境为"生川谷",其后的《吴普本草》《名医别录》均记载其产地"生桐柏(今河南与河北交界处桐柏山),或生太山(今山东泰安一带)山陵阴",陶弘景在其所整理的《本草经集注》中对桐柏做了进一步的说明:"此桐柏山,是淮水源所出之山。在义阳(义阳国,今河南南部,湖北北部),非江东临海(今浙江临海)之桐柏也",可见这一时期的认识,丹参主要还是分布在黄河流域以北区域。然而到了宋代,随着政府重视医药,开展广泛的调查整理,此时认为丹参"今所在皆有",到了明代《本草品汇精要》"[地]《图经》曰:出桐柏山川谷及泰山,陕西、河东(今山西大部分地区)州郡亦有之。[道地]:随州(今湖北随州、枣阳、大洪山,河南桐柏县一带)",其所附随州丹参图叶片对生,穗状花序,有可能为今湖北鼠尾草

(Salvia hupehensis Stib)。但多数认为各地皆有,如《药性粗评》"南北川谷处处有之",与今天丹参分布较广的认识一直。清代以前丹参主要为野生,至清代始有栽培丹参的记载,据《中江县医药志》记载:"据《康熙志》(成书于1715年)记载,中江丹参的药材生产在当时已初具规模"。说明丹参至少在清中叶就开始了人工栽培,且逐步得到认可,被近代奉为道地,如《药物出产辨》"丹参产四川龙安府为佳,名川丹参;有产安徽、江苏,质味不佳"。

随着丹参用量的增加,加上多种中成药制剂中广泛使用等原因,各地竞相引种,当前栽培丹参的主产区有山东临沂、山西万荣、陕西商洛、四川中江等地。至今山东丹参、川产丹参仍被认为质量较优。

根据本草文献的研究,结合行政区划图标注各个历史时期丹参药材产地变迁,结果见图18-13。

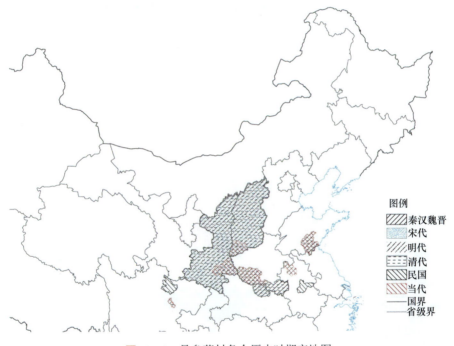

图18-13 丹参药材各个历史时期产地图

三、青蒿道地产区变迁

多数本草记载青蒿处处有之,青蒿药材似无道地产区。青蒿药材道地产区最早在明代的《本草品汇精要》中记载:"道地汝阴、荆、豫、楚"。根据《清宫医案》的记载,清宫用药取材范围广泛,多使用道地药材,各地进贡药材出处档案记载"青蒿出荆州"。上述记载青蒿多用于治疗暑热、截疟等,从青蒿的综合传统功效讲,青蒿的传统道地产区在今天的湖北、河南和安徽周边地区,清代用于解热的道地产区应该在荆州及其周边地区。

现代青蒿的药用价值突出表现在提取青蒿素用于治疗疟疾方面,药材质量的优劣也以青蒿素含量的高低为唯一评价标准。基于临床抗疟对青蒿素含量较高的需求，由于两广地区青蒿素含量较高，谢宗万建议青蒿道地药材取名为广青蒿。由于青蒿通过人工种植青蒿素含量有所增加，为提高青蒿素供给量，重庆地区大面积种植青蒿，而且青蒿素含量较高，胡世林在编著《中国道地药材》时将青蒿的道地产区定在重庆的酉阳。张小波等研究发现，我国各地所产青蒿中青蒿素含量差异较大，青蒿素含量纬向变异明显，北部高纬度地区青蒿中青蒿素含量较低，南部低纬度地区青蒿中青蒿素含量较高；经向方向中部地区青蒿中青蒿素含量较高；其中，北纬34°以南，东经（100°～120°）之间地区青蒿中青蒿素含量相对较高。广西西北部，四川、贵州、云南东部，重庆南部，湖南西部的气候条件下青蒿的青蒿素含量较高，可以超过0.5%。吴叶宽等对西南地区野生黄花蒿群落种间联结性分析，结果显示西南地区野生黄花蒿群落处于相对稳定状态，抗干扰能力较强，群落结构发育基本完全，种间关系稳定。

不同时期青蒿主产地和道地产区分布情况，具体如图18-14所示。

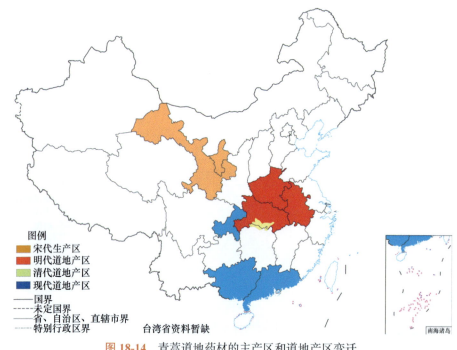

图 18-14　青蒿道地药材的主产区和道地产区变迁

四、宁夏枸杞子产区变迁

我国最早的一部诗歌总集春秋时期的《诗经》中便有不少枸杞的记载，如《郑风·将仲子》云："将仲子兮，无逾我里，无折我树杞。岂敢爱之？畏我父母。仲可怀也，父母之言，亦可畏也"。诗中的"里"指居住之地，古以二十五家为"里"，"树"是种植的意思，可见早在2000多年前的西周时期枸杞就开始种植了。然而从古至今枸杞的产地并非一成不变，自汉魏时期的《名医别录》开始有产地记载起直到今天，枸杞产地历经了变迁，最终以宁夏为道地产区。《名医别录》开始记载："枸杞，生常山平泽及诸丘陵阪岸。""常山"今河北省石家庄市附近区域，西汉高祖沿秦所置"恒山郡"，之后为了避汉文帝刘恒讳而改称常山郡，且范围扩大，北至恒山南至逢山长谷一带。南北朝《本草经集注》陶隐居云：今出堂邑（东晋南朝置"堂邑郡"于今南京市附近），而石头烽火楼下最多。从所记载的区域来看，应该是广布种中华枸杞（*Lycium chinense* Mill.）以及变种北方枸杞 [*Lycium chinense* Mill. var. *potaninii*（Pojark.）A. M. Lu]，至今河北巨鹿一代仍然有"苦枸杞"栽培，近代商品中的"血枸杞"也即是同种。到了唐代《千金翼》所述"甘州（今甘肃省张掖市）者为真，叶厚大者是。大体出河西（泛指黄河以西之地，汉、唐时多指甘肃、青海两省黄河以西的地区）诸郡，其次江池间圩埂上者。实圆如樱桃。全少核，暴干如饼，极膏润有味。"从其性状以及感官描述，已经转移至甘肃、宁夏等地所分布的宁夏枸杞（*Lycium barbarum* L. var. *barbarum.*）或新疆枸杞（*Lycium dasystemum* Pojark. var. *dasystemum*）等。宋代沈括在其所著的《梦溪笔谈》中提到"枸杞，陕西极边生者，高丈余，大可柱，叶长数寸，无刺，根皮如厚朴，甘美异于他处者。"以今天的眼光来看，宁夏枸杞明显较北方枸杞味甜，北方枸杞之所以称之为"苦枸杞"，也正是如此，因此口感或是临床的筛选过程，逐步的将枸杞的药用品种固定到了甘肃、宁夏等地的宁夏枸杞，明代《本草品汇精要》"〔道地〕实：陕西甘州茂州"将枸杞果实的道地产区定在陕甘等地也正是体现了这个筛选过程。其后李时珍在其所著的《本草纲目》中写到："古者枸杞、地骨皮取常山者为上，其他丘陵阪岸者可用，后世惟取陕西者良，而又以甘州者为绝品。今陕西之兰州、灵州（宁夏吴忠市）、九原（内蒙古自治区五原县）以西枸杞并是大树，其叶厚、根粗。河西（甘肃省西部的武威市、金昌市、张掖市、酒泉市、嘉峪关市、内蒙古自治区西部的阿拉善盟等黄河以西一带）及甘州者，其子圆如樱桃，暴干紧小，少核，干亦红润甘美，味如葡萄，可作果食，异于他处者"，其中已经明显的为筛选提供了有力的证据，即古代的常山到了明代已经被西北等地所产取代了。到了清代，随着枸杞的栽培化，产区逐步集中固定，这一点在清乾隆间的《中卫县志》已经十分明了："宁安一代家种杞园，各省入药甘枸杞皆宁产也"，可见清朝时期被前几朝所推崇的"甘杞"几乎都产自宁安（今中宁县）一带，时至今日依然被大家所广泛认可。1963年版《中国药典》收载枸杞的基原为：茄科植物宁夏枸杞（*Lycium barbarum* L.）或枸杞（*Lycium chinense* Mill.）的干燥成熟果实，到了1977年版《中国药典》收载枸杞的基原调整为茄科植物宁夏枸杞的干燥成熟果实，也认可了宁夏枸杞的药用主流。

综上所述，枸杞从古至今几千年的应用过程中（表18-1），经过漫长的临床优选，产地由全国各地所广泛分布的枸杞（*Lycium chinense* Mill.）逐步转移至宁夏枸杞的分布区宁夏中宁及其周边，充分体现了道地药材"经中医临床长期优选出来"的特点。

表18-1 枸杞产区历代本草汇总

序号	朝代	作者	文献名	产区/道地产区	
				古代地名	现代地名
1	西周至三国		《诗经·郑风》	郑国（分布）	郑州市全境、许昌市全境、平顶山市中北部、开封市中东部、洛阳市偃师和新乡市、焦作市、漯河市

续表

序号	朝代	作者	文献名	产区 / 道地产区	
				古代地名	现代地名
2	秦汉		《神农本草经》	生平泽	平湖、沼泽
3	汉朝		《名医别录》	常山（分布）	河北省石家庄市
4	南北朝	陶弘景	《本草经集注》	堂邑（分布）	江苏省南京市
5	唐朝	陈子昂	《观玉篇》	张掖（优）	甘肃省张掖市
				河洲（一般）	甘肃省临夏市
6	唐朝	孙思邈	《千金翼》	甘州（优）	甘肃省张掖市
				河西（一般）	泛指黄河以西之地汉、唐时多指甘肃、青海两省黄河以西的地区
				江池（分布）	重庆市丰都市
7	宋朝	苏颂	《本草图经》	蓬莱县南丘村（产地）	山东省蓬莱市
				润州州寺（分布）	江苏省镇江市、南京市
8	宋朝	沈括	《梦溪笔谈》	陕西极边（优）	靠近宁夏回族自治区、甘肃省接壤一带
9	南宋	陈衍	《宝庆本草折衷》	张掖（优）	甘肃省张掖市
				河州（一般）	甘肃省临夏市西南
				陕西（一般）	
				润州（分布）	江苏省镇江市
				堂邑（分布）	江苏省南京市
				茂州（分布）	四川省北川、汶川及茂汶羌族自治县等地
10	明朝	官修	《品汇精要》	陕西甘州（优）	甘肃省张掖市
				茂州（分布）	四川省北川、汶川及茂汶羌族自治县等地
11	明朝	陈嘉谟	《本草蒙筌》	甘州（优）	甘肃省张掖市
				肃州（一般）	甘肃省酒泉市
12	明朝	李时珍	《本草纲目》	甘州（优）	甘肃省张掖市
				陕之兰州（优）	甘肃省兰州市
				灵州（优）	宁夏回族自治区吴忠市
				九原（优）	内蒙古自治区五原县
				河西（优）	甘肃省西部的武威市、金昌市、张掖市、酒泉市、嘉峪关市，内蒙古自治区西部的阿拉善盟一带
13	明朝	卢之颐	《本草乘雅半偈》	陕之兰灵（优）	甘肃省兰州市、宁夏回族自治区吴忠市
				九原（优）	内蒙古自治区五原县
14	明朝	李中梓	《药性解》	甘州（优）	甘肃省张掖市
15	明朝		《药性会元》	甘州（优）	甘肃省张掖市
16	明朝	李中立	《本草原始》	甘州（优）	甘肃省张掖市
17	明朝	顾逢伯	《分部本草妙用》	甘州（优）	甘肃省张掖市
18	明朝		《仁寿堂药镜》	甘州（优）	甘肃省张掖市

续表

序号	朝代	作者	文献名	产区/道地产区	
				古代地名	现代地名
19	明朝	贾所学	《药品化义》	甘州（优）	甘肃省张掖市
20	明朝		《明代万历甘镇志》	镇番（优）	甘肃省民勤县
21	清朝	郭章宜	《本草汇》	甘肃（优）	甘肃省
				市家（作者家乡）	浙江省
22	清朝	张志聪、高世栻（续）	《本草崇原》	常山（产地）	河北省石家庄市
				陕西甘州（优）	甘肃省张掖市
23	清朝	汪昂	《本草备要》	陕西甘州（优）	甘肃省张掖市
24	清朝	刘若金	《本草述》	甘州（优）	甘肃省张掖市
				河以西（一般）	甘肃省西部的武威市、金昌市、张掖市、酒泉市、嘉峪关市，内蒙古自治区西部的阿拉善盟一带
				陕西（一般）	陕西省
25	清朝	黄宫绣	《本草求真》	甘州（优）	甘肃省张掖市
26	清朝			宁（优）	宁夏回族自治区
27	清朝		《中卫县志》	宁夏（优）	宁夏回族自治区
28			《宁夏府志》	甘州（优）	甘肃省张掖市
29	民国	曹炳章	《增订伪药条辨》	陕西潼关（优）	陕西省潼关市
				宁夏（优）	宁夏回族自治区
				镇番（一般）	甘肃省民勤县
				中卫宁安堡（优）	宁夏回族自治区中卫市宁安堡
30			《甘肃通志稿》	惠宁堡	
31	现代		《中国植物志》		宁夏回族自治区（优）、内蒙古自治区、山西省北部、陕西省北部、甘肃省、河北省北部、青海省、新疆维吾尔自治区
32	现代		第四次中药资源普查		宁夏回族自治区（优）、甘肃省、陕西省、山西省
					内蒙古自治区、青海省、新疆维吾尔自治区

第五节　基于全球气候变化的中药资源分布区预测

未来气候变化对物种生存空间具有一定的影响，未来全球气候变化对生物分布区的影响已经成为研究的重点和热点之一。本节简要介绍基于全球气候变化的两种中药材分布区域变化预测研究结果。

一、基于全球气候变化的罗布麻分布区预测

罗布麻叶为罗布麻属罗布麻（*Apocynum venetum* L.）的叶子，具有平肝安神、清热利尿等功效，用于治疗高血压、肾炎等。还可用于纺织、造纸、国防工业等领域，具有多方面的经济价值。罗布麻属多年生草本，多分布于盐碱地和沙漠边缘及河流两岸、冲积平原、河泊周围及戈壁荒滩上。杨会枫等（2017）通过查找相关网站搜集罗布麻在我国的地理分布记录，基于 Maxent 模型及 ArcGIS 软件，研究了当前和未来气候条件下罗布麻的潜在地理分布。

在当前气候条件（1950～2000年）下利用 Maxent 模型模拟罗布麻的潜在地理分布，见图 18-15。基于 Maxent 模型和未来气候条件（2050年、2070年）对罗布麻的潜在分布情况进行了模拟，利用 ArcGIS 的空间分析功能，得到罗布麻未来气候条件下的空间分布图，见图 18-16。总体来说，与当前气候情景下罗布麻的分布相比，2050～2070年气候情景下，罗布麻适宜区都将有所减少。

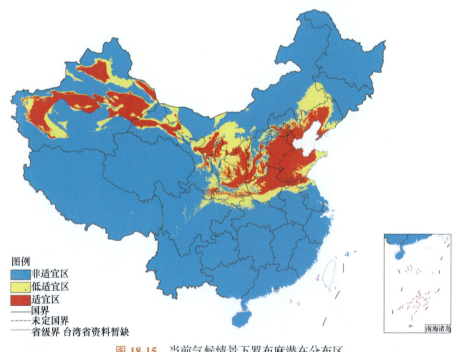

图 18-15　当前气候情景下罗布麻潜在分布区

二、基于全球气候变化的黑果枸杞分布区预测

黑果枸杞（*Lycium ruthenicum* Murr.）为茄科枸杞属多年生灌木，分布于我国陕西北部黄土高原、宁夏、甘肃、青海、内蒙古、新疆和西藏等地区，中亚、高加索和欧洲等地区也有分布。

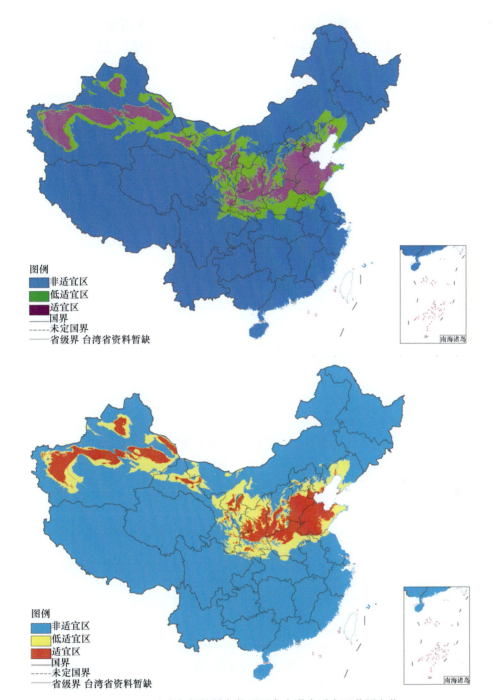

图 18-16 未来气候情景条件下罗布麻潜在适宜区范围变化

林丽等（2017）通过野外实地调查、查阅中国知网文献数据、中国数字植物标本馆、全球生物多样性信息网络（GBIF）中国科学院节点，整理黑果枸杞原植物分布点 149 个，其中野外采集 81 个，资料查阅获得 68 个，基本覆盖已知的分布范围。

基于黑果枸杞分布数据（图 18-17）、当代（1950～2000 年）和未来（21 世纪

20～80年代）的气候数据，同时考虑不同温室气体排放场景，应用最大熵模型（Maxent）和地理信息系统（ArcGIS 10.3.1）软件，定量预测了黑果枸杞在我国的潜在分布区域（图 18-18）。

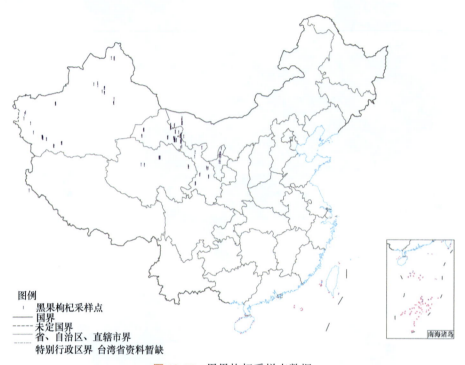

图 18-17　黑果枸杞采样点数据

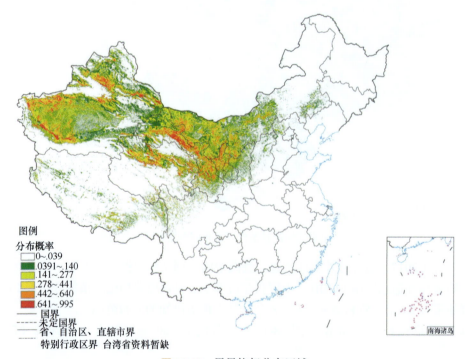

图 18-18　黑果枸杞分布区域

结果显示，现阶段黑果枸杞主要分布于我国新疆、青海、甘肃、内蒙古、宁夏、陕西、山西、西藏境内；气候变化背景下，21世纪20～80年代，黑果枸杞主要分布区总面积均有不同程度的减少。

参 考 文 献

白吉庆，林青青，黄璐琦. 2016."丝路中药"初探 [J]. 中国现代中药，6：793-797.

林丽，晋玲，王振恒，等. 2017. 气候变化背景下藏药黑果枸杞的潜在适生区分布预测 [J]. 中国中药杂志，42（14）：2659-2669.

卢有媛，杨燕梅，马晓辉，等. 2016. 中药秦艽生态适宜性区划研究 [J]. 中国中药杂志，17：3176-3180.

王汉卿，马玲，王庆，等. 2016. 甘草药材生产区划研究 [J]. 中国中药杂志，17：3122-3126.

王欢，李慧，曾凡琳，等. 2015. 黄花蒿空间分布及全球潜在气候适宜区 [J]. 中药材，3：460-466.

杨会枫，郑江华，贾晓光，等. 2017. 气候变化下罗布麻潜在地理分布区预测 [J]. 中国中药杂志，42（06）：1119-1124.

詹志来，邓爱平，彭华胜，等. 2016. 基于历代本草产地变迁的药材道地性探讨——以黄芪、丹参为例 [J]. 中国中药杂志，17：3202-3208.

第十九章 生长区划

第一节 栽培中药材生长区划

一、文山州三七区划

三七为五加科人参属多年生草本植物三七[*Panax notoginseng*（Burk.）F. H. Chen]的干燥根，具有散瘀止血、消肿定痛的功效。三七作为我国特有的名贵中药材，栽培历史已有400年。云南文山州为最大的三七种植区，准确掌握云南文山州的三七种植面积和空间分布情况，对国家相关部门监管三七种植、制定三七产业政策具有重要指导意义。

选取2016年2月13日的"高分一号"（GF-1）影像。通过目视解译方法可以有效地识别出水体、植被、三七、其他地类四大类典型地物。由于各地物的光谱特征差异性比较显著，通过分析构建了基于GF-1影像提取三七分布区域的分类模型（图19-1）。通过计算NDVI、NDWI和（B1-B2）/（B1+B2）值，基于GF-1影像通过构建的决策树模型，得到文山州2016年2月的三七种植矢量图层（图19-2），最后利用ArcGIS 10.3软件统计文山州三七种植面积。结果显示2016年2月文山州三七的种植面积约为29.27万亩。

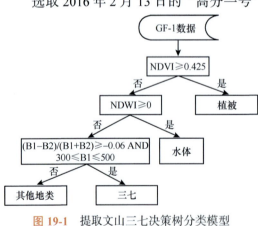

图19-1 提取文山三七决策树分类模型

二、宁国市前胡种植区划

前胡是一种历史悠久，被广泛应用的常用药材。中药前胡为伞形科前胡属植物白花前胡（*Peucedanum praeruptorum* Dunn）的干燥根，主要分布于安徽、浙江、湖南、四川等地。

选用2013年10月13日和2014年1月2日两期Landsat-8影像和GF-1影像，这个时期避开了影像云层的影响，也与其他作物生长期和收获期错开。分别利用 Landsat-8 和国产 GF-1 遥感影像，以遥感分类技术为手段，通过对影像数据的处理、分析、验证等操作，实现安徽省宁国市前胡种植面积的提取。

宁国市前胡的栽培模式包括大田栽培、与玉米套种、与山核桃套种、与茶树套种、与银杏树套种等，其中以大田栽培、与玉米套种和与山核桃套种3种模式为主。

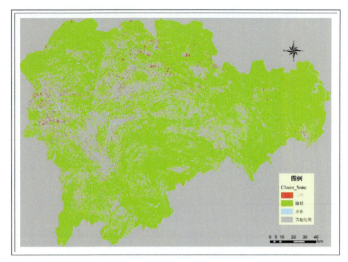

图 19-2　2016 年三七主要种植区域

种3种模式为主。在土地利用方面，大田栽培和玉米套种模式均在耕地，山核桃套种在林地。分两种情况进行前胡种植区域提取。结果表明，使用 30m 空间分辨率影像提取的前胡种植面积为 25 635.43 亩（图 19-3），使用 16m 空间分辨率影像提取的前胡种植面积为 24 585.43 亩（图 19-4）。

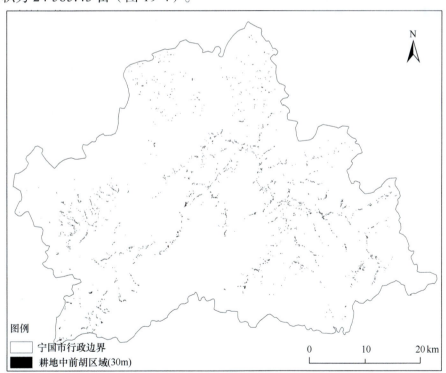

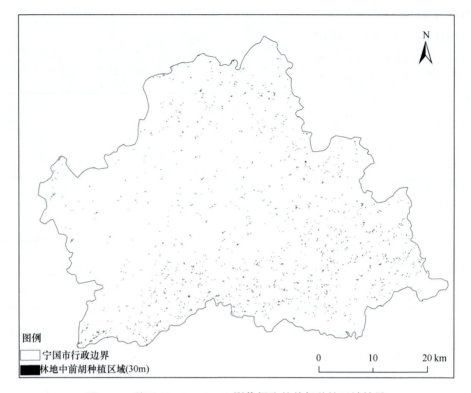

图 19-3 基于 30m Landsat-8 影像提取的前胡种植区域结果

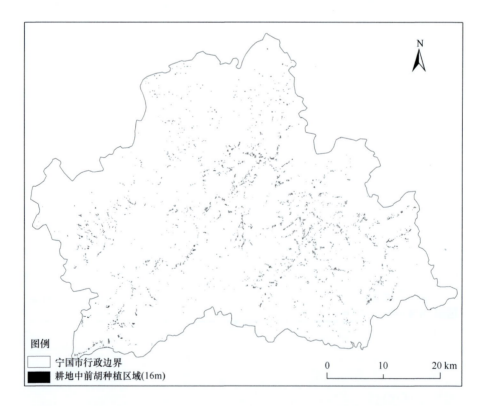

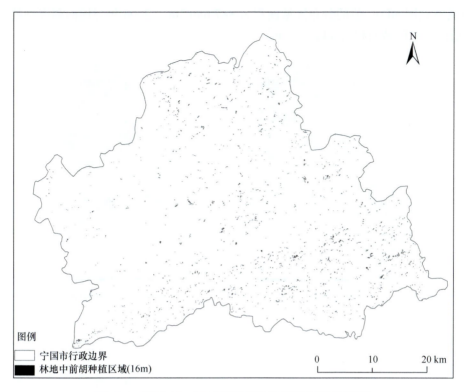

图 19-4 基于 16m GF-1 影像提取的前胡种植区域结果

第二节 野生中药材生长区划

赤芍为毛茛科植物芍药（*Paeonia lactiflora* Pall.）的根，并以内蒙古自治区多伦县出产赤芍为道地药材，称为多伦赤芍。随着人类社会对中药资源开发利用量的增加，多伦赤芍资源的栖息环境逐渐减少，野生资源的数量和分布面积也不断减少，目前多伦赤芍已经被当地政府列为禁止采挖的药材。地表植被分布情况直接影响着中药资源的分布，许多中药资源的分布和蕴藏量与植被分布之间存在紧密的联系。张小波等（2014）应用"3S"技术，根据多伦县不同时期植被指数（NDVI）的变化情况，探索基于"3S"技术和 NDVI 变化的多伦赤芍资源分布情况变化的监测方法。

2010 年 5 月，根据以往调查的经验和相关研究资料，在内蒙古自治区锡林郭勒盟多伦县共选取 8 个有多伦赤芍集中分布的代表性样方，实地测量获得各样方的地理位置信息，包括采样地的经度、纬度、海拔等。遥感影像为 1988 年 9 月 19 日和 2006 年 9 月 21 日多伦县的 TM 数据。

应用 ENVI 遥感图像处理软件的指数计算功能，计算得到多伦县不同时期 NDVI，1988 年多伦县 NDVI 计算结果见图 19-5，2006 年多伦县 NDVI 值计算结果见图 19-6。应用 ENVI 遥感图像处理软件的面积计算功能，提取计算不同时期与地面调查点具有相同 NDVI 值的分布区域的面积，不同时期芍药可能分布见图 19-7 和图 19-8。1988 年与地面调查点具有相同 NDVI 值的分布区域面积为 887 646.2m²，2006 年与地面调查点具有相同 NDVI 值的分布区域面积为 446 681.1m²。

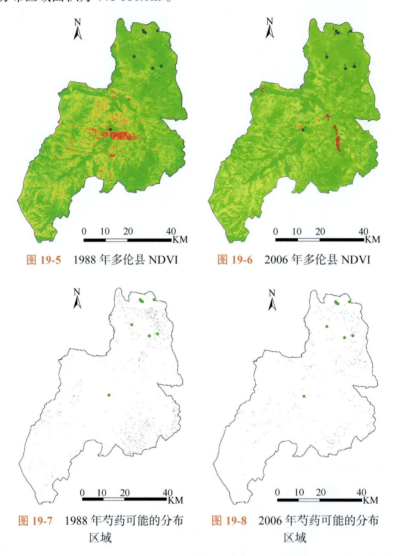

图 19-5　1988 年多伦县 NDVI
图 19-6　2006 年多伦县 NDVI
图 19-7　1988 年芍药可能的分布区域
图 19-8　2006 年芍药可能的分布区域

参 考 文 献

史婷婷，张小波，郭兰萍，等．2017．基于决策树模型的文山三七种植面积估算方法研究 [J]．中国中药杂志，42（22）：4358-4361．

史婷婷，张小波，张珂，等．2017．基于多源多时相遥感影像的宁国前胡种植面积提取研究 [J]．中国中药杂志，42（22）：4362-4367．

张小波，郭兰萍，格小光，等．2014．基于植被指数的多伦赤芍资源分布变化监测方法探讨 [J]．中国现代中药，16（2）：96-99．

第二十章 品质区划

第一节 秦艽品质区划

卢有媛等（2016）于 2013～2014 年采集 79 份秦艽药材样品，进行秦艽品质区划研究，结果简介如下。

一、秦艽分布区划

秦艽分布区划见第十八章。

二、秦艽品质区划模型构建

通过逐步回归分析，构建秦艽药材指标成分龙胆苦苷和马钱苷酸、獐芽菜苦苷、$6'$-O-β-D- 葡萄糖基龙胆苦苷、獐芽菜苷、异荭草苷和异牡荆苷的含量与环境因子之间的关系模型如下：

$y_1=0.006x_1+0.001x_2-0.01x_3+0.000\ 33x_4$（$y_1$ 为龙胆苦苷和马钱苷酸含量；x_1 为降水量；x_2 为温度季节性变化标准差，x_3 为日照，x_4 为辐射）。

$y_2=0.009x_1-0.000\ 0911x_2$（$y_2$ 为獐芽菜苦苷含量；x_1 为相对湿度；x_2 为日照）。

$y_3=0.191x_1-0.000\ 340\ 919x_2$（$y_3$ 为 $6'$-O-β-D- 葡萄糖基龙胆苦苷含量；x_1 为 pH；x_2 为日照）。

$y_4=0.016x$（y_4 为獐芽菜苷含量；x 为 pH）。

$y_5=0.000\ 037\ 22x$（y_5 为异荭草苷含量；x 为年均温）。

$y_6=0.000\ 039\ 61x$（y_6 为异牡荆苷含量；x 为年均温）。

三、秦艽药材品质区划

（一）秦艽药材品质区划

基于秦艽药材指标成分与环境因子之间的关系模型，应用 ArcGIS 软件的空间分析功能，对全国范围适宜秦艽药材指标成分含量的空间分布进行估算。依据《中国药典》2015 年版规定，秦艽药材中龙胆苦苷和马钱苷酸总含量≥ 2.5% 为合格药材，故将龙胆苦苷和马钱苷酸总含量≥2.5%的区域划分为适宜区，其余部分为不适宜区。龙胆苦苷和马钱苷酸含量空间分布见图20-1，獐芽菜苦苷含量空间分布情况见图20-2，葡萄糖基龙胆苦苷含量空间分布情况见图20-3，獐芽菜苷含量空间分布情况见图20-4，异荭草苷含量空间分布情况见图20-5，异牡荆苷含量空间分布情况见图20-6。

（二）秦艽药材品质综合评价结果

对测得的秦艽药材的指标成分进行主成分分析，结果显示，4个主成分的贡献率达90.8%，第一主成分以龙胆苦苷、马钱苷酸和獐芽菜苦苷为代表，第二主成分以异牡荆苷为代表，第三主成分以獐芽菜苷为代表，第四主成分以獐芽菜苷和异荭草苷为代表。4个主成分公式分别为

$z_1=0.5197y_1+0.5204y_2+0.2679y_3-0.2640y_4-0.4373y_5-0.3561y_6$

$z_2=0.4476y_1+0.4323y_2-0.3910y_3+0.1114y_4+0.2283y_5+0.6282y_6$

$z_3=0.1149y_1+0.1366y_2+0.6386y_3+0.6995y_4+0.2682y_5$

$z_4=0.0082y_1+0.0364y_2+0.4472y_3-0.6467y_4+0.5997y_5+0.1432y_6$

式中，z_1为第一主成分含量；z_2为第二主成分含量；z_3为第三主成分含量；z_4为第四主成分；y_1为龙胆苦苷和马钱苷酸含量；y_2为獐芽菜苦苷含量；y_3为6'-O-β-D-葡萄糖基龙胆苦苷含量；y_4为獐芽菜苷含量；y_5为异荭草苷含量；y_6为异牡荆苷含量。

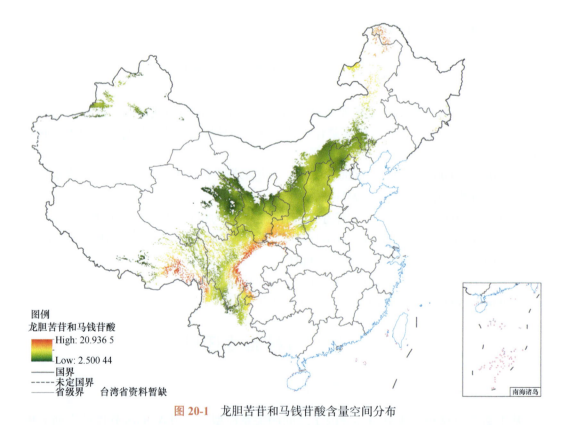

图20-1　龙胆苦苷和马钱苷酸含量空间分布

第二十章 品质区划

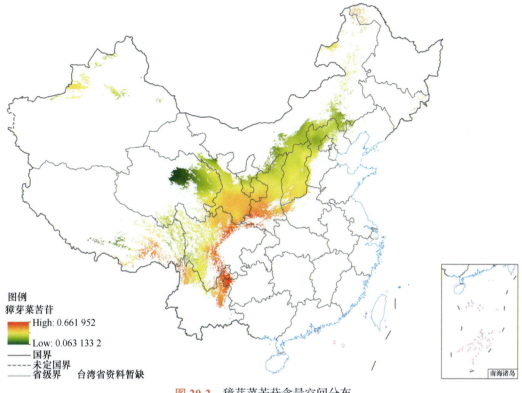

图 20-2 獐芽菜苦苷含量空间分布

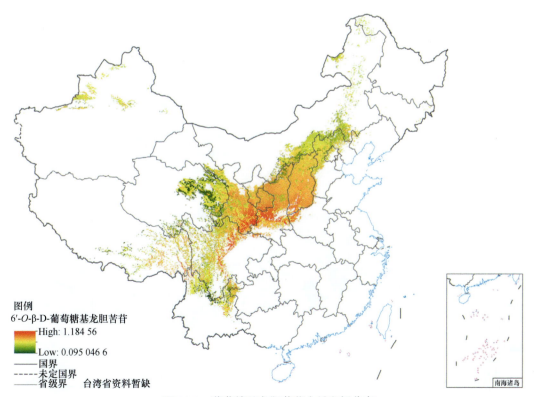

图 20-3 葡萄糖基龙胆苦苷含量空间分布

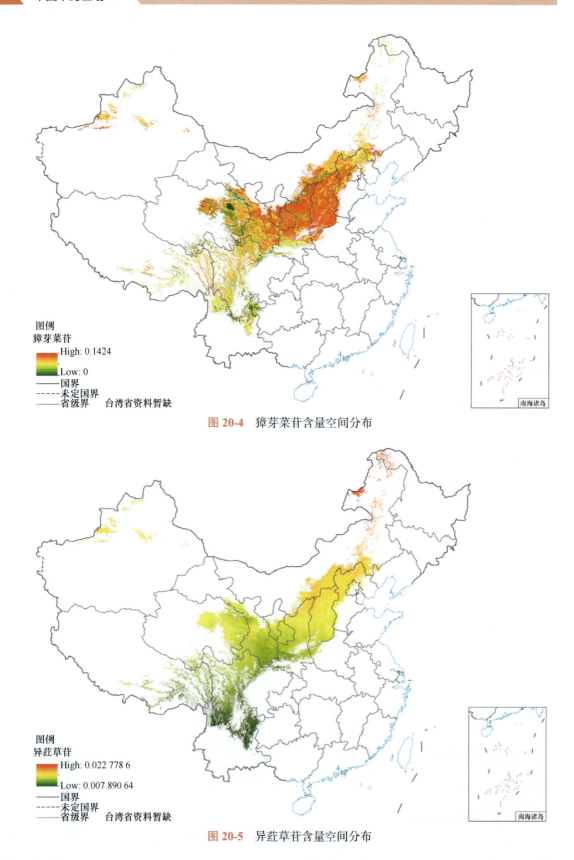

图 20-4　獐芽菜苷含量空间分布

图 20-5　异荭草苷含量空间分布

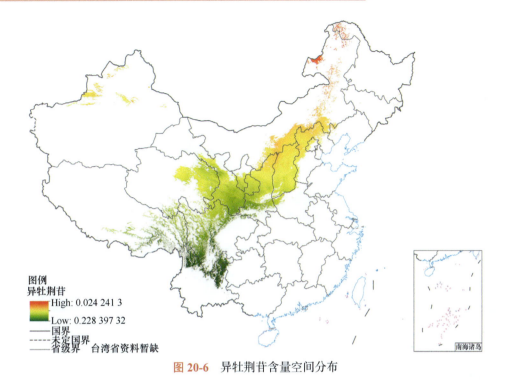

图 20-6　异牡荆苷含量空间分布

依据主成分综合得分公式：$z=0.449\ 255z_1+0.228\ 036z_2+0.190\ 863z_3+0.133\ 683z_4$。应用 ArcGIS 软件的空间分析功能，结合各主成分公式，估算 4 个主成分和综合品质空间分布，结果见图 20-7～图 20-11。由图 20-7～图 20-11 可知，陕西南部、甘肃南部、四川中部及西藏东南部秦艽药材综合品质较高。

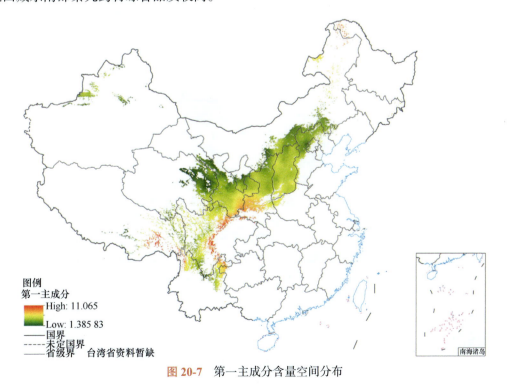

图 20-7　第一主成分含量空间分布

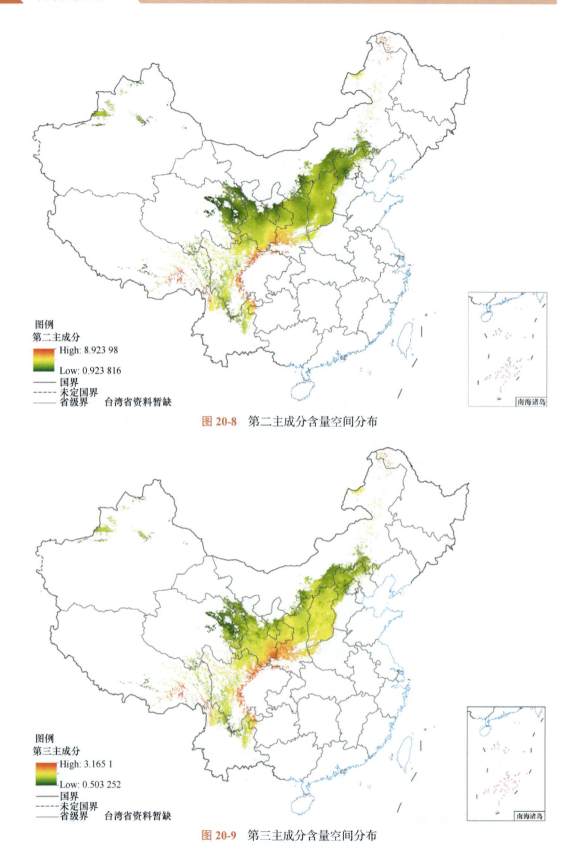

图 20-8　第二主成分含量空间分布

图 20-9　第三主成分含量空间分布

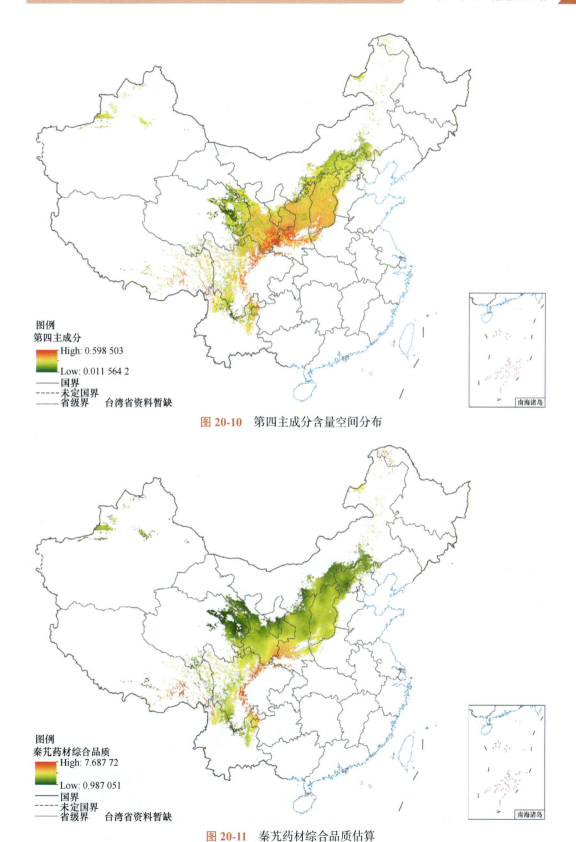

图 20-10　第四主成分含量空间分布

图 20-11　秦艽药材综合品质估算

第二节　枸杞子品质区划

枸杞子为茄科植物宁夏枸杞（*Lycium barbarum* L.）的干燥成熟果实。王汉卿等（2016）结合枸杞子主要产地分布情况，进行了枸杞子品质区划。相关研究结果简介如下。

一、枸杞分布区划

2013年7月上旬至9月上旬采集栽培枸杞的果实，采样地覆盖宁夏、内蒙古、新疆、甘肃、青海、河北等29个枸杞主要产区。并同时使用手持式GPS获得采样地经纬度、海拔等地理信息资料。采用最大信息熵模型计算生境适宜度，进行分布区划，结果见图20-12。枸杞子分布适宜度较高的区域在宁夏中北部、甘肃东部、内蒙古中部、新疆中北部及西部的相关州县。青海、陕西、山西、河北等省也有部分区域较为适宜。

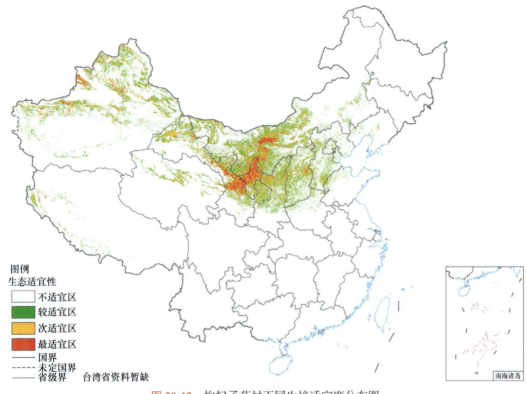

图20-12　枸杞子药材不同生境适宜度分布图

二、枸杞品质区划模型构建

采用逐步回归分析方法，构建枸杞多糖、东莨菪内酯与环境因子之间的关系模型：
$y_1=0.003\,362\,6x_1+0.023\,571x_2$（$y_1$为枸杞多糖；$x_1$为年均温度变化范围；$x_2$为相对湿度）。
$y_2=0.000\,022\,45x_1$（y_2为东莨菪内酯；x_1为季节降水量变异系数）。

三、枸杞品质区划

基于枸杞药材指标成分与环境因子之间的关系模型，应用 ArcGIS 软件的空间分析功能，对指标成分含量的空间分布进行估算，结果见图 20-13、图 20-14。新疆西北部、宁夏中北部等地区枸杞多糖含量较高。宁夏中部、北部，甘肃西北部，新疆东北部，内蒙古中部、西部东莨菪内酯含量较高。

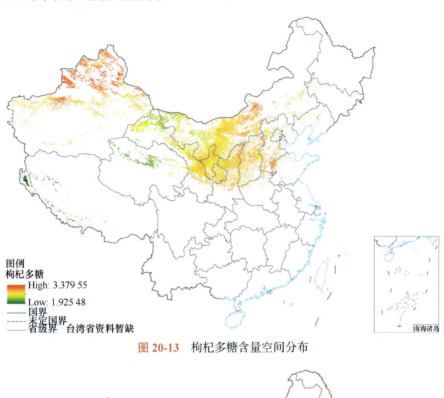

图 20-13　枸杞多糖含量空间分布

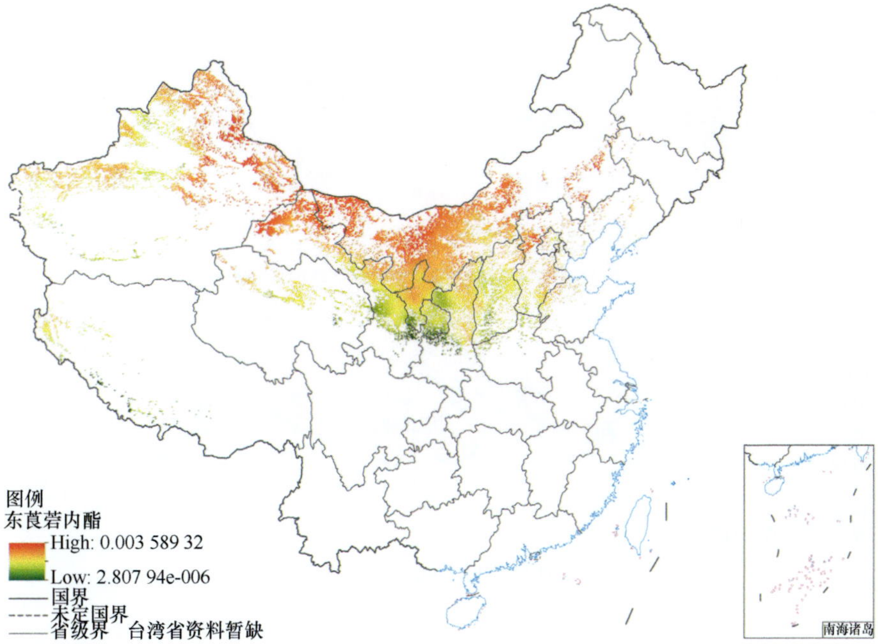

图 20-14　东莨菪内酯含量空间分布

第三节　甘草品质区划

甘草为豆科植物甘草（*Glycyrrhiza uralensis* Fisch.）、胀果甘草（*G. inflata* Bat.）和光果甘草（*G. glabra* L.）的干燥根及根茎。其性味甘平，归心、肺、脾、胃经，具有补脾益气、清热解毒、祛痰止咳、缓急止痛、调和诸药的功效，主要用于脾胃虚弱、倦怠乏力、心悸气短、咳嗽痰多、脘腹和四肢挛急疼痛、痈肿疮毒、缓解药物毒性和烈性。王汉卿等（2016）结合甘草产地分布情况，进行甘草品质区划。相关研究结果简介如下。

一、甘草分布区划

通过实地调查，对宁夏、内蒙古、新疆、甘肃、青海、吉林等甘草主要产区进行调查，获得46个样地的甘草药材样品。甘草样品采样时间为2013年9月上旬至11月上旬，样品均为三年生栽培甘草的根，每个样地不少于5株。同时使用手持式GPS获得采样地经纬度、海拔等地理信息资料。采用最大信息熵模型计算生境适宜度，结果见图20-15。甘草分布适宜度较高的区域在宁夏中部、甘肃东北部、内蒙古中部及东部、新疆北部及西南部的相关州县。黑龙江、吉林、辽宁、陕西、山西、青海等省也有部分区域较为适宜。

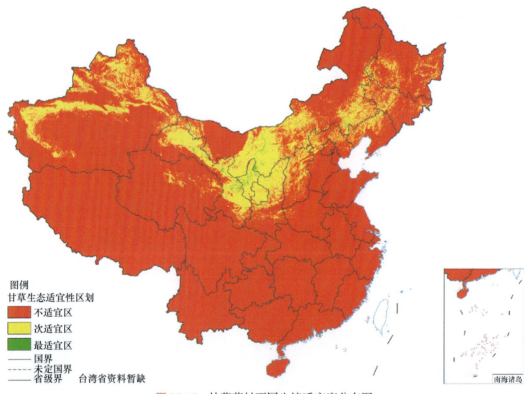

图 20-15　甘草药材不同生境适宜度分布图

二、甘草品质区划模型构建

采用逐步回归分析方法构建甘草苷、甘草酸、总黄酮与环境因子之间的关系模型：

$y_1 = 0.001\,036 x_1 + 0.003\,972 x_2$（$y_1$为甘草苷；$x_1$为海拔；$x_2$为降水量）。

$y_2 = 0.044\,776 x_1 + 0.180\,597 x_2$（$y_2$为甘草酸；$x_1$为相对湿度；$x_2$为气温）。

$y_3 = 0.112\,671 x_1$（y_3为总黄酮；x_1为相对湿度）。

三、甘草品质区划

基于甘草药材指标成分与环境因子之间的关系模型，应用ArcGIS软件的空间分析功能，对全国范围适宜甘草药材生长区域内指标成分含量的空间分布进行估算。甘草苷含量空间分布见图20-16，甘草酸含量空间分布见图20-17，总黄酮含量空间分布见图20-18。

根据2015版《中国药典》对甘草苷、甘草酸含量的规定，结合生态和品质区划结果可知，适宜甘草药材生长且甘草苷含量较高的分布区集中在宁夏南部、甘肃东南部、陕西北部、山西北部、青海中东部及内蒙古中部地区。甘草酸含量较高的分布区集中在宁夏全境、甘肃东南部、陕西北部、新疆西部、山西北部、辽宁北部。总黄酮含量较高的分布区集中在宁夏南部、甘肃东南部、新疆西北部、辽宁北部、吉林中部、黑龙江南部。基于区划结果可知宁夏全境、新疆西北部、甘肃东南部、陕西北部、山西北部、内蒙古中部、辽宁北部、吉林中部、黑龙江南部的自然环境比较适宜甘草种植，区域内甘草苷、甘草酸和总黄酮的含量较高。

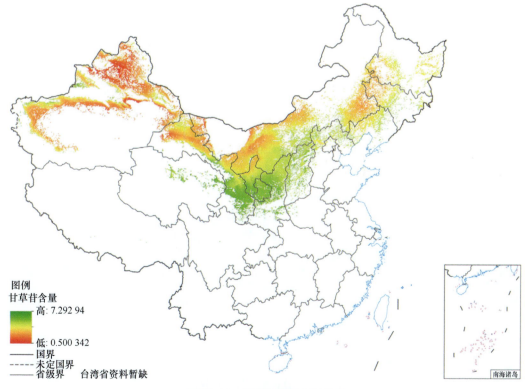

图20-16　甘草苷含量空间分布

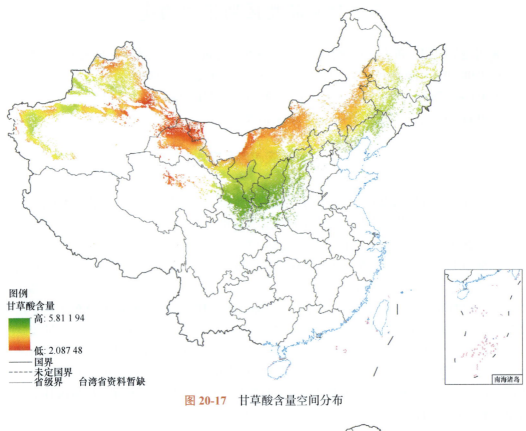

图 20-17　甘草酸含量空间分布

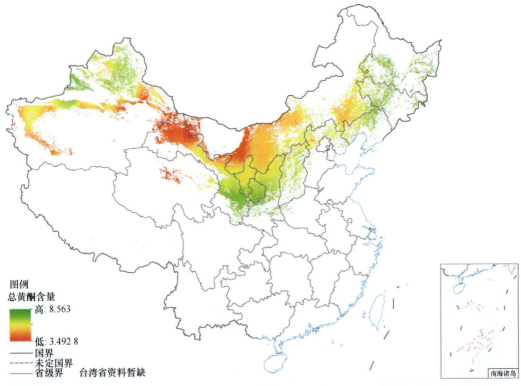

图 20-18　总黄酮含量空间分布

参 考 文 献

卢有媛，张小波，杨燕梅，等 . 2016. 秦艽药材的品质区划研究 [J]. 中国中药杂志，17：3132-3138.
王汉卿，马玲，王庆，等 . 2016. 甘草药材生产区划研究 [J]. 中国中药杂志，17：3122-3126.
王汉卿，王庆，马玲，等 . 2016. 枸杞子药材生产区划研究 [J]. 中国中药杂志，17：3127-3131.

第二十一章
生态适宜性区划

第一节 青蒿气候适宜性区划

中药青蒿为菊科黄花蒿（*Artemisia annua* L.）的地上部分，为一年生草本植物，广泛分布于温带、寒温带和亚热带地区。张小波等（2008）综合考虑温度、光照、降雨量、湿度和风速5个气候因素对青蒿素含量的影响，通过对广西地区的青蒿素含量与气候因子之间的相关分析，构建青蒿素含量与气象因子之间的逐步回归模型为

$Y_1=0.353+0.835x_1-0.268x_2+0.63x_3+0.415x_4-0.569x_5-0.278x_6-0.154x_7+0.253x_8+0.145x_9-0.725x_{10}$

模型中 x_1 为2月湿度；x_2 为2月降雨；x_3 为2月温日系数；x_4 为3月温降系数；x_5 为4月湿度；x_6 为4月温日系数；x_7 为5月温日系数；x_8 为8月最低温度；x_9 为8月日照时数；x_{10} 为8月温降系数。根据回归模型，进行了青蒿气候适宜性区划（图21-1）。

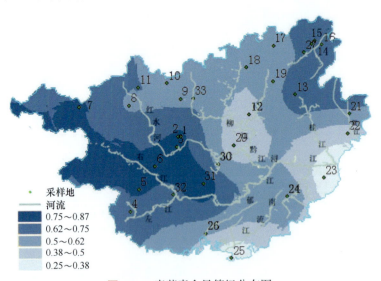

图21-1 青蒿素含量等级分布图

广西地区，青蒿生长周期内2～9月的温度、降雨量和日照时数对青蒿素含量的影响最大，提取各区域内2～9月和采收期内气象因子的平均值，结果如表21-1所示。

表 21-1　各区域内的气象因子

2～9月	月均温/℃	月降雨量/mm	月日照时数/h	7月、8月	月均温/℃	月降雨量/mm	月日照时数/h
最适宜区	22.8	159.9	119.1	最适宜区	24.8、28.0	204.3	168.1
适宜区	23.3	167.5	121.2	适宜区	24.4、28.0	253.8	171.7
不适宜区	23.9	179.1	133.4	不适宜区	23.3、28.5	287.6	188.7
广西全区	23.2	166.4	122.4	广西全区	24.4、28.1	240.1	172.8

第二节　青蒿地形适宜性区划

地形是影响中药材分布、产量和质量的重要因素，青蒿最佳生长海拔因区域而异。针对广西青蒿种植中适生地选择的迫切要求，张小波等（2009）进行了青蒿地形适宜性区划研究，有关内容简要如下。

在对广西 31 个样地 155 株青蒿中青蒿素含量测定的基础上，用 SPSS13.0 统计软件对青蒿素含量和与地形之间的关系进行分析，明确了广西地区青蒿素含量变异规律（图 21-2）。构建了青蒿素含量和地形高度之间的关系模型：

$Y_1 = 0.682 \pm \sqrt{0.125 - 0.000\,502 \times x_1}$（$x_1 \in (0, 249]$；$Y_1$ 为青蒿素含量；X_1 为海拔）

为明确不同区域内海拔、坡度、坡向等地形因子与青蒿素含量的关系，进行了深入分析。

对第 1 组青蒿素含量与地形因子之间的相关分析，结果显示，青蒿素含量与海拔显著负相关。通过对青蒿素含量与地形因子之间的多元回归计算，求得青蒿素含量与海拔之间的逐步回归模型为：$Y_2 = 1.096 - 0.0015 \times x_2$（$x_2$ 为海拔）。

对第 2 组青蒿素含量与地形因子之间的相关分析，结果显示，青蒿素含量与海拔之间呈负相关，与坡度呈正相关，与其他因子的相关性较小。经过计算，没有得到回归模型。

对第 3 组各采样地的青蒿素含量与地形因子之间的相关分析，结果显示，青蒿素含量与海拔之间呈正相关，与坡度呈正相关，与其他因子的相关性较小。经过计算，没有得到回归模型。

对第 4 组的青蒿素含量与海拔、坡度之间的相关分析，结果显示，青蒿素含量与海拔之间呈显著正相关，与坡度呈正相关。通过对青蒿素含量与地形因子之间的多元回归计算，求得青蒿素含量与海拔之间的逐步回归模型为：$Y_3 = 0.339 + 0.001\,17 \times x_3$（$x_3$ 为海拔）。

基于关系模型应用 ArcGIS 软件进行青蒿素含量空间分布情况估算，结果如图 21-3 所示。

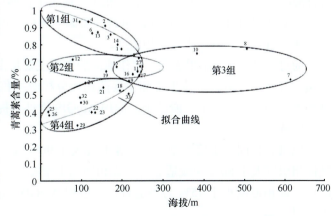

图 21-2　青蒿素含量和海拔的拟合曲线

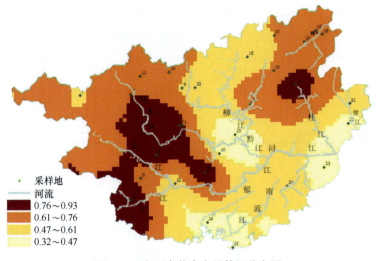

图 21-3 广西青蒿素含量等级分布图

第三节 地黄生态适宜性区划

地黄为玄参科植物地黄（*Rehmannia glutinosa* Libosch.）的新鲜或干燥块根。特定的生态环境条件是地黄道地药材形成的最重要的外在因素。生态环境对地黄药材质量的影响主要通过影响植物体内的生理生化反应来影响植物化学成分的种类和含量，植物有效成分含量与特定产区的自然生态环境密不可分。张小波等进行了地黄生态适宜性区划研究，有关内容简要如下。

以全国 740 个气象站点 1971～2001 年的气象数据为基础，采用"模板模式"，应用相似度分析、德尔菲法和空间分析方法进行地黄种植气候适宜性等级划分；以气候适宜性等级划分结果和中国土壤图栅格数据为基础，应用 ArcGIS 软件进行空间叠加和空间计算，进行地黄的生态适宜性区划。

通过文献研究，结果表明：地黄喜温暖，怕干旱和积水，需要充足的光照条件，而且梓醇的含量与年平均温度呈显著正相关。地黄生长盛期对温度、水分、光照要求较高。应用 ArcGIS 软件的空间计算功能进行气象因子相似度的空间计算，得到全国各地气候条件与地黄道地产区焦作地区的相似度。

通过文献研究，结果表明：焦作地区的土壤主要是由黄河冲积而成，pH 为 7.5～8.5，土壤透气性好，适合地黄生长和主要药用成分梓醇的积累；焦作地区适宜地黄生长的土壤类型为褐土、两合土、淤沙土。应用 ArcGIS 软件，提取与焦作市具有相同土壤类型的分布区域。

以具有相同的土壤类型、气候相似度大于 90% 为最适宜区；具有相同的土壤类型、气候相似度大于 80% 为较适宜区；无相同的土壤类型，气候相似度大于 75% 为一般适宜区；气候相似度小于 75% 为不适宜区。应用 ArcGIS 软件进行地黄生态适宜性区划，结果见图 21-4。

通过地黄生态适宜性分析，结果显示：地黄最适宜区主要集中在河南北部，以及与河南北部接壤的山西、河北南部、山东西南部和安徽北部。新疆及甘肃的部分地区也有适宜地黄栽培的生态条件。

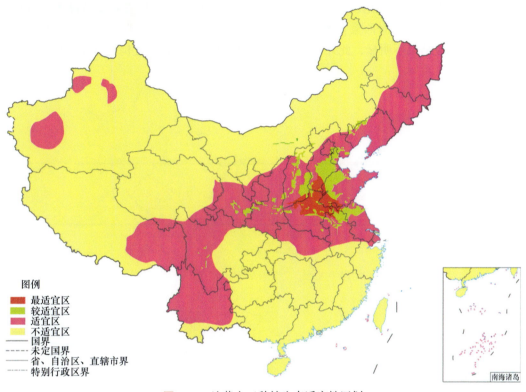

图 21-4　地黄人工种植生态适宜性区划

第四节　宁夏枸杞生态适宜性区划

宁夏枸杞（*Lycium barbarum* L.）作为枸杞子药典规定的唯一基原植物集中分布于宁夏、甘肃、青海、内蒙古、新疆等地。但由于各地气候、地理因素差异明显，导致虽然同为宁夏枸杞但果实的外形、大小、色泽、药用效果却不尽相同。开展利用 GIS 技术对宁夏枸杞适宜性分布范围的研究，对指导宁夏枸杞因地制宜种植栽培具有一定指导意义。

通过查阅第四次中药资源普查数据库、中药动态监测数据库、其他相关的文献资料，了解宁夏枸杞适宜的生长环境，并对生态因子进行分析，然后利用遥感和 GIS 技术进行综合研究，获得最后的结果。区划数据包括全国土壤类型数据、全国各省行政区矢量边界数据、高程数字模型（DEM）、气象栅格数据、野外实地调研采样数据、文献资料数据等。

分别提取出适宜的海拔、适宜年均温、适宜年降水量、适宜土壤类型、适宜坡向、适宜日照时数 6 个生态因子，将这 6 个生态因子制作为单独图层，并将 6 个图层进行叠加，再将综合生态因子的分布进行适宜性分析。

通过上述生态因子的提取与叠加计算最终推出宁夏枸杞适宜分布区域（图 21-5），可以看出宁夏枸杞的分布区域主要在我国西北部。作为枸杞子道地产区的宁夏，其适宜分布区域集中在中卫、吴忠、银川地区。内蒙古适宜分布的区域为鄂尔多斯、阿拉善盟等地。同时新疆的大部分地区都较为适合宁夏枸杞生长，尤其是塔城及乌鲁木齐等地。青海地区只在德令哈与海西蒙古族藏族自治州有适宜性分布的区域。图 21-5 中对河北的生态适宜性反应结果不明显，此外发现在陕西的榆林也有适宜宁夏枸杞分布的区域。

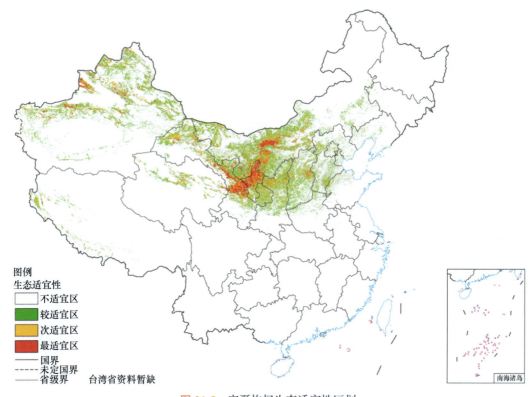

图 21-5　宁夏枸杞生态适宜性区划

参 考 文 献

张小波，陈敏，郭兰萍，等．2011.我国地黄人工种植生态适宜性区划研究[J].中国中医药信息杂志,18(5)：55-56.

张小波，郭兰萍，韦霄，等．2008.广西青蒿种植气候适宜性等级区划研究[J].中国中药杂志,33(15)：1794-1479.

张小波，王利红，郭兰萍，等．2009.广西地形对青蒿中青蒿素含量的影响分析[J].生态学报,29(2)：688-698.

第二十二章 生产区划

第一节 青蒿生产区划

获取青蒿素的主要途径是从中药青蒿原植物中分离提取,青蒿为菊科艾属1年生草本植物黄花蒿(Artemisia annua L.)的干燥地上部分。黄花蒿为广布种,我国各地均有分布,但是不同地区产的青蒿,其青蒿素含量差异较大。为满足青蒿素的市场需求,提高青蒿素的生产能力,各地有黄花蒿分布的区域均在大力发展青蒿的种植。但受自然生态环境的影响,大部分地区通过人工种植获得的青蒿,其青蒿素含量均较低,使得青蒿素产量较低,青蒿素工业提取成本较高,经济效益较低,制约了我国青蒿素产业的发展。张小波等(2011)在小区域青蒿种植适宜性等级划分研究的基础上,进行我国青蒿中青蒿素含量的气候适宜性等级划分和生产区划。

一、黄花蒿分布区划

黄花蒿分布区划见第十八章相关内容。

二、黄花蒿生长区划

以 *Artemisia annua* 为检索词,通过 Ecocrop 数据库,查询得到最适宜青蒿生长的气候条件为:温度 13～29℃、降雨量 600～1300mm;适宜青蒿生长的气候条件为:温度 10～35℃、降雨量 300～1500mm;适宜的海拔为 0～3600m;气候类型为热带干湿气候、亚热带湿润气候、温带大陆性气候。应用 ArcGIS 软件,以温度 13～29℃、降雨量 600～1300mm 为最适宜区;温度 10～13℃和 29～35℃,降雨量 300～600mm 和 1300～1500mm 为适宜区;温度小于10℃或大于29℃、降雨量小于300mm 或大于1500mm 为不适宜区;进行我国黄花蒿生长的气候适宜性等级划分,结果见图 22-1。从图 22-1 可知:北纬 34°以南、东经 120°以西、东经 100°以东的区域为青蒿生长的最适宜区域。

三、青蒿品质区划

根据每个县有 4 个以上的采样点，其中至少有 1 个采样点的青蒿素含量大于 1%，而且区域内青蒿素含量平均值大于 0.8% 的原则，筛选得到酉阳、都安、铜仁为适宜青蒿素积累的最佳区域。通过提取得到 3 个最佳区域的气候特征值。以酉阳、都安、铜仁的气候特征为基准，分别计算全国各地气候特征主成分值与 3 个最佳区域气候特征的相似度。应用 ArcGIS 软件，将 3 个气候适宜性等级划分结果进行叠加，得到青蒿素含量积累的气候适宜性等级划分结果，见图 22-2。

四、青蒿生产区划

应用 ArcGIS 软件的空间计算功能，以全国 740 个气象站的气象数据为基础，根据青蒿素含量和气象因子的关系模型，计算得到全国各地青蒿素含量，结果见图 22-3。由于青蒿的人工种植是以获取青蒿素为主要目的，青蒿人工种植的气候适宜性等级划分，不但要考虑青蒿生长和青蒿素积累的气候适宜性，还要考虑青蒿素含量的高低。青蒿人工种植气候适宜性区划指标等级划分标准见表 22-1。应用 ArcGIS 软件，将青蒿生长、青蒿素积累的气候适宜性等级划分结果和青蒿素含量等级划分结果进行空间叠加，进行我国青蒿人工种植的气候适宜性等级划分，结果见图 22-4。

图 22-1 青蒿原植物黄花蒿生长适宜性区划

第二十二章 生产区划

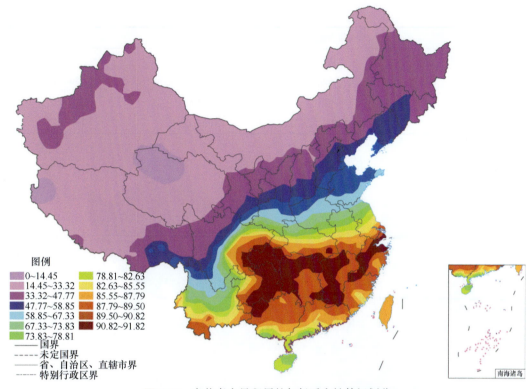

图 22-2 青蒿素含量积累的气候适宜性等级划分

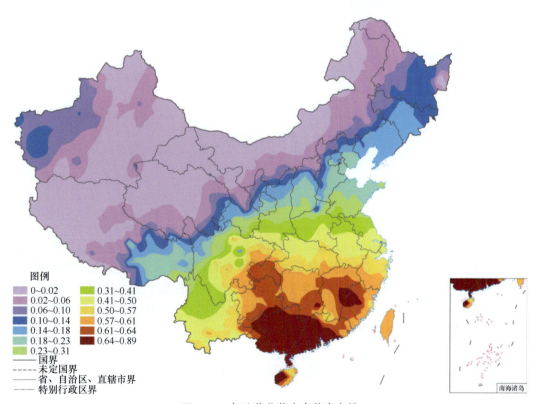

图 22-3 各地黄花蒿中青蒿素含量

表 22-1　青蒿种植气候适宜性等级划分依据

生长适宜性	青蒿素含量 /%	气候适宜性	气候相似度 /%
最适宜区	>0.6	最适宜区	>90
较适宜区	(0.5-0.6]	较适宜区	(80-90]
适宜区	[0.2-0.5]	适宜区	[70-80]
不适宜区	[0-0.2)	不适宜区	[0-70)

图 22-4　青蒿生产适宜性区划

第二节　马尾松生产区划

马尾松（*Pinus massoniana* Lamb.）是我国分布最广泛的松属树种之一，鲜松叶为松科松属植物马尾松的松针，是松龄血脉康组方中重要的药材之一。作为重要的用材树种、产脂树种和荒山造林树种，马尾松的生态价值和经济价值较高。张小波等（2016）从生产实际情况出发，在马尾松分布区划、生长区划和品质区划的基础上，进行马尾松生产适宜性区划研究。相关研究结果简介如下。

一、马尾松分布区划

根据文献查询马尾松分布区域，对有马尾松分布的区域进行实地调查。获取马尾松样品和区划所需数据信息。包括：414个样地，1242株马尾松分布区域的经度、纬度、海拔等位置信息。

通过实地调查，获得全国12个省份414个样地的马尾松采样点地理分布数据，结果如图22-5所示。基于实地调查数据，采用最大信息熵方法，计算得到马尾松在全国分布概率区划图，结果见图22-6，可知马尾松分布的最北端为北纬33.5°。基于全国植被图，提取针阔叶混交林和针叶林分布图，结果见图22-7。将马尾松在全国分布概率区划图与针阔叶混交林和针叶林分布图进行空间叠加，得到全国马尾松分布图，结果见图22-8。

二、马尾松生长区划

通过实地调查，获取12个省份414个样地、1242株马尾松个体的株数、胸径、株高、鲜松叶产量和株龄等生长指标。通过林业部门的统计数据，获取研究区域马尾松分布面积等统计数据。以省为单位计算414个样方中马尾松个体生长指标，各省（自治区、直辖市）马尾生长指标见图22-9。

应用SPSS13.0统计软件，基于胸径和株高构建鲜松叶产量估算模型，估算各采样点马尾松个体的鲜松叶产量。基于样方面积和个体数量，估算各采样点马尾松单位面积株

图22-5 实地调查采样点分布图

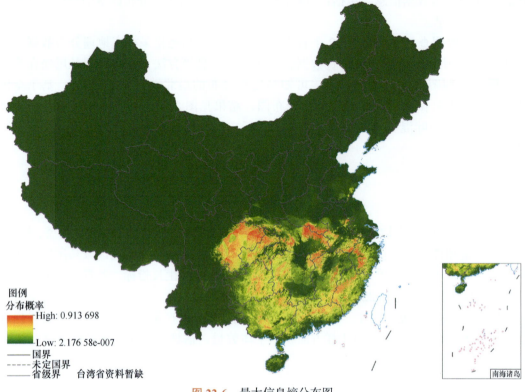

图 22-6　最大信息熵分布图

图 22-7　全国针阔叶混交林和针叶林

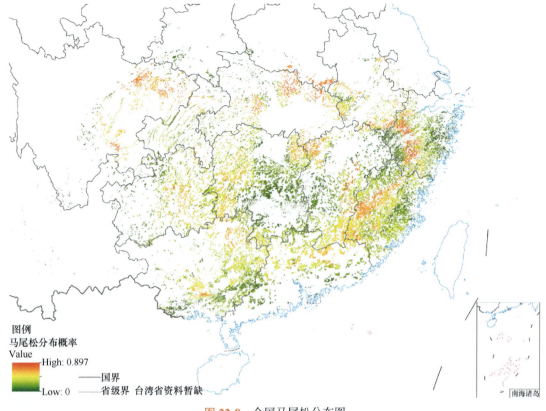

图 22-8 全国马尾松分布图

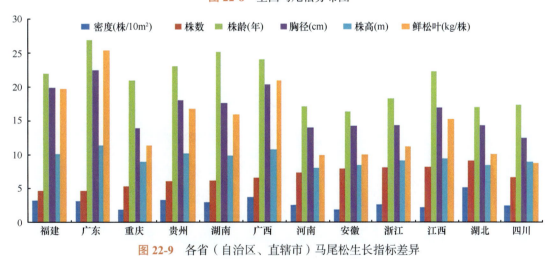

图 22-9 各省（自治区、直辖市）马尾松生长指标差异

数（密度）。采用 ArcGIS 中的泰森多边形，对采样点马尾松密度、单株松叶产量和株龄进行插值，估计生长指标的空间分布情况，结果见图 22-10～图 22-12。

根据实地调查获得的总分布面积（万亩）、商用林面积（万亩）、实际可砍伐面积（万亩）等数据，基于马尾松密度、单株产量和分布面积估算各省马尾松总产量，得到各省（自治区、直辖市）能产鲜松叶的总量（万 t），结果见图 22-13。结果显示，马尾松鲜松叶产量由高到低的顺序依次是福建、贵州、广西、湖南、浙江、广东、江西、重庆、湖北、四川、河南、安徽。

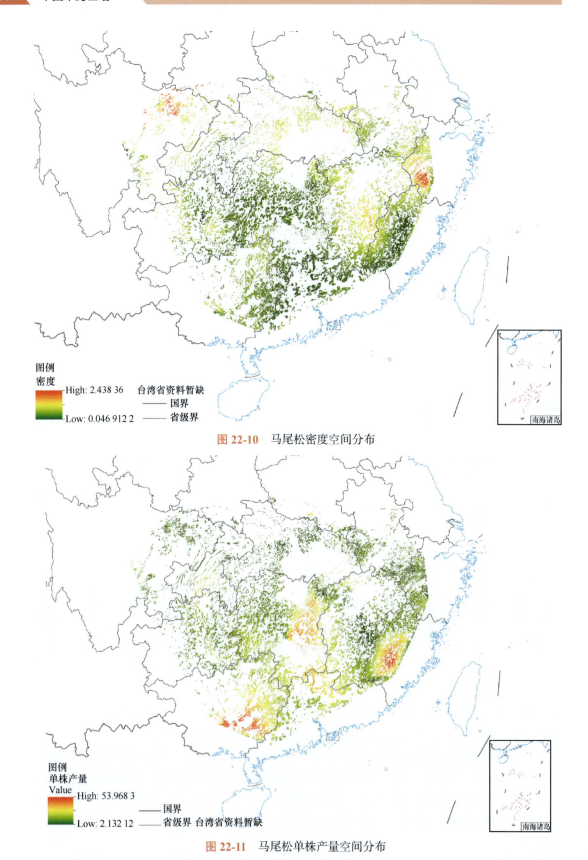

图 22-10 马尾松密度空间分布

图 22-11 马尾松单株产量空间分布

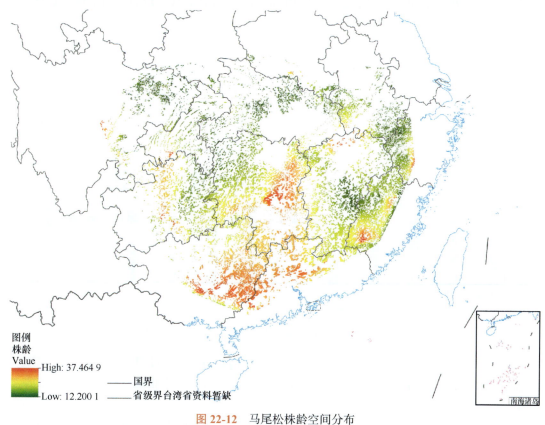

图 22-12　马尾松株龄空间分布

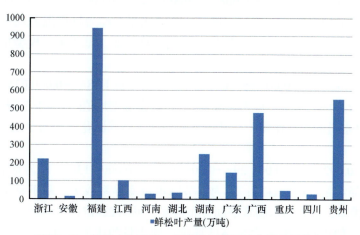

图 22-13　各省（自治区、直辖市）鲜松叶产能空间分布

三、鲜松叶品质区划

通过实地调查获取 12 个省（自治区、直辖市）318 份鲜松叶样品，测定马尾松松针

中莽草酸、原花青素和总木脂素含量。应用 SPSS13.0 统计软件，以省（自治区、直辖市）为单位计算各含量的均值，分析其差异性，结果见图 22-14。

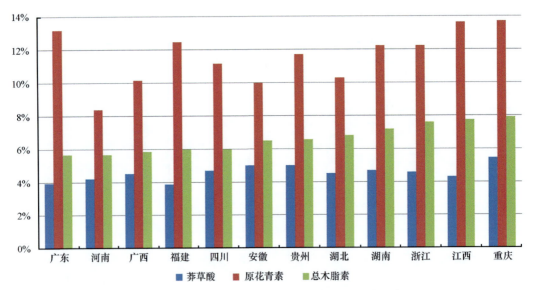

图 22-14　各省（自治区、直辖市）马尾松品质差异

采用回归分析方法构建马尾松松叶中 3 个成分与环境因子（日照、降水量、相对湿度、总辐射、年平均温、昼夜温差均值、季节降水量变异系数共 7 个指标）之间的关系模型。其中：

Y_1=0.1979-0.000 8951x_1-0.001 068x_2-0.000 01129x_3-0.000 3478x_4-0.000 1847x_5（Y_1 为莽草酸；x_1 为年平均温；x_2 为相对湿度；x_3 为降水量；x_4 为昼夜温差均值；x_5 为季节降水量变异系数）。应用 ArcGIS10.2 软件的空间计算功能，基于关系模型估算莽草酸空间分布情况，见图 22-15。

Y_2=0.8504-0.042 31x_1-0.000 589 4x_2+0.001 058x_3-0.001 186x_4+0.000 035 16x_1x_2（其中，Y_2 为原花青素；x_1 为年平均温；x_2 为降水量；x_3 为昼夜温差均值；x_4 为季节降水量变异系数；x_1x_2 为气温与降水量的交互作用）。基于关系模型，估算原花青素的空间分布情况，见图 22-16。

Y_3=0.2181-0.002 268x_1-0.001 29x_2+0.000 021 3x_3-0.000 313x_4（Y_3 为总木脂素；x_1 为相对湿度；x_2 为降水量；x_3 为日照；x_4 为季节降水量变异系数）。基于总木脂素与生态因子之间的关系模型，估算总木脂素空间分布情况，见图 22-17。

工业生产一般以总木脂素含量高低评价松叶质量的优劣，由图 22-17 可知，马尾松松针中总木脂素含量较高的区集中在四川东部、贵州、重庆、湖北西部、浙江、安徽及河南的部分地区。基于马尾松有效成分、马尾松空间分布结果，进行品质划分。应用 ArcGIS 软件对莽草酸、原花青素和总木脂素的空间分布进行叠加，获得莽草酸、原花青素和总木脂素总含量的空间分布，见图 22-18。

第二十二章 生产区划

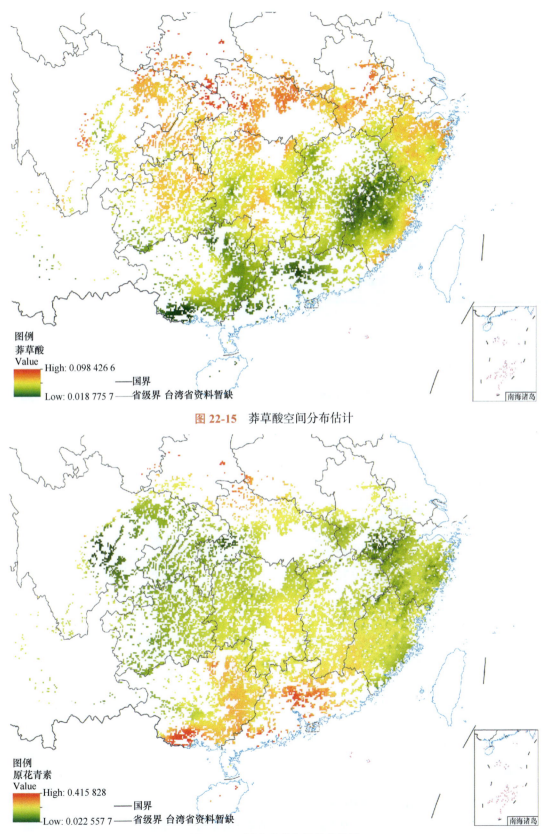

图 22-15 莽草酸空间分布估计

图 22-16 原花青素空间分布估计

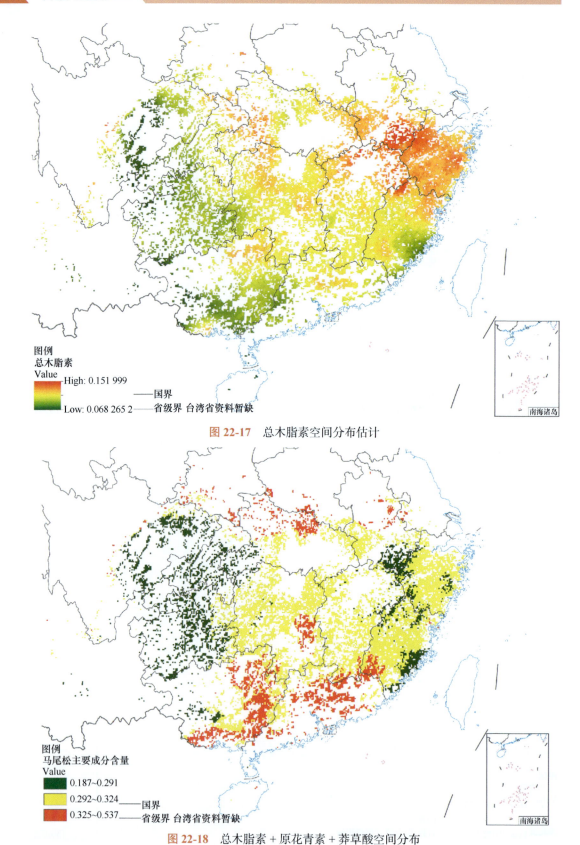

图 22-17　总木脂素空间分布估计

图 22-18　总木脂素 + 原花青素 + 莽草酸空间分布

四、鲜松叶生产区划

由于松叶工业生产使用的是鲜品,随着存放时间的增加,松叶中有效成分含量逐渐降低;随着采收地与生产车间距离的增加,工业生产中运输成本逐渐增加。从松叶工业生产车间与种植地之间的距离、马尾松空间分布和生长指标、工业生产对松叶质量的要求等方面综合考虑,构建马尾松中松叶生产区划指标体系,结果见表22-2。根据马尾松生产区划指标体系,马尾松分布区划、生长区划和品质区划结果,基于ArcGIS空间计算功能和辅助数据进行马尾松生产区划,结果见图22-19。在此基础上,提出马尾松生产基地选址最优方案。由图22-19可知,种植基地的最优选择区主要分布在四川东部、贵州中东部、广西东部、广东西北部、湖南西南部。

表 22-2 马尾松生产区划指标体系

距离		分布		生长		品质	
距离/km	赋值	概率/%	赋值	株龄/年	赋值	有效成分总量/%	赋值
(0-300]	5	(0.53-0.89]	5	(26.56-37.46]	5	(0.36-0.53]	5
(300-600]	4	(0.37-0.53]	4	(23-26.56]	4	(0.32-0.35]	4
(600-900]	3	(0.2-0.37]	3	(19.9-23]	3	(0.30-0.31]	3
(900-1200]	2	(0.07-0.2]	2	(17-19.9]	2	(0.28-0.29]	2
>1200	1	(0.05-0.07]	1	(12.2-17]	1	(0.18-0.27]	1

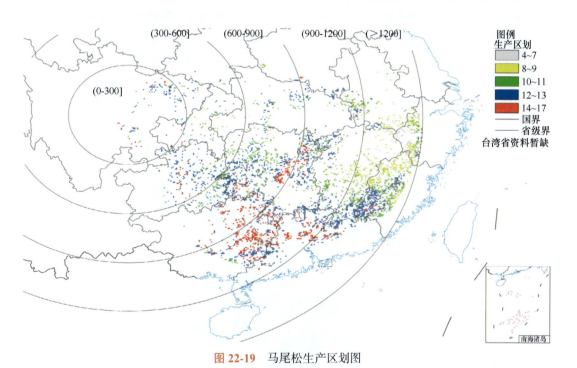

图 22-19 马尾松生产区划图

参 考 文 献

张小波,郭兰萍,黄璐琦. 2011. 我国黄花蒿中青蒿素含量的气候适宜性等级划分 [J]. 药学学报, 46(4): 472-478.

张小波,郭兰萍,赵曼茜,等. 2016. 马尾松生产适宜性区划研究 [J]. 中国中药杂志, 17: 3115-3121.

第二十三章 功能区划

第一节 道地药材分布

道地药材是我国几千年悠久文明史、中医中药发展史形成的特有概念，是中医药的精髓。第390次香山会议对道地药材相关研究进行了系统梳理，提出了道地药材的定义。《中华人民共和国中医药法》明确了：道地药材是指经过中医临床长期应用优选出来的，产在特定地域，受到特定生产加工方式影响，较其他地区所产同种药材品质佳、功效好且质量稳定，具有较高知名度的药材。

通过查阅《中国道地药材》（胡世林）、《中华道地药材》（彭成）、《道地药材图典》（王强等）收集整理与道地药材相关名录。结果显示：与道地药材相关的专著共收载道地药材495种，包括动物来源47种、植物来源426种、矿物来源18种、人工合成4种。基于中国省级、市和县级行政区划矢量数据，根据《中国道地药材》收载的道地药材名称和产区，生成《中国道地药材》收载道地药材产区分布图，结果见图23-1。根据《道

图23-1 《中国道地药材》涉及药材分布

地药材图典》收载的道地药材名称和产区，生成《道地药材图典》收载道地药材产区分布图，结果见图23-2。根据《中华道地药材》收载的道地药材名称和产区，生成《中华道地药材》收载道地药材产区分布图，结果见图23-3。基于空间信息技术，将《中华道地药材》《道地药材图典》《道地药材》收载道地药材产区进行叠加，得到中国道地药材种类的分布图，结果见图23-4。

图23-2 《道地药材图典》涉及药材分布

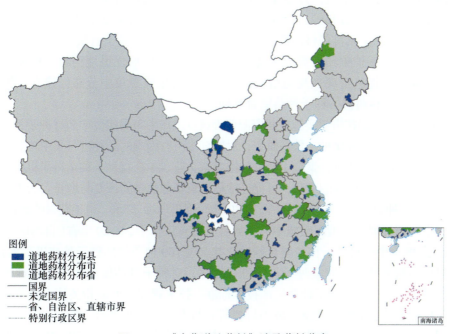

图23-3 《中华道地药材》涉及药材分布

图 23-4 全国各地道地药材种类分布

第二节 中药材种子种苗繁育基地分布

当前我国正在大力推进医疗卫生体制的改革,基本药物目录制度的实施是解决"看病贵"的重要举措。随着我国医疗保障范围的不断扩大、国家基本药物原料药的需求量将急剧增加。由于野生原料药材的资源数量有限,中药农业就成了解决中药资源濒危状况、保证中药材质量、保护中药资源原生境的必由之路。需要加强道地药材、珍稀濒危品种保护和繁育研究,促进资源恢复与增长,并在药用野生资源集中分布区建立一批国家基本药物所需重要原料药材的种子种苗繁育基地。

国家中医药管理局在组织实施中药资源普查试点工作中布局建设中药材种子种苗繁育基地。加强对珍稀濒危品种保护、繁育研究,对繁育生产有困难的品种进行集中攻关,突破一批珍稀濒危药材的繁育瓶颈,聚合中药材种植经营企业、中药材种子种苗科研机构等多方面力量,构成开放性、专业性的平台,可促进珍稀濒危资源数量的恢复与增长。为中药材的人工生产提供优质种源,从源头上保证中药材的质量,促进珍稀、濒危、道地药材的繁育和保护。

国家中医药管理局在组织实施中药资源普查试点工作中,在20个省(自治区、直辖市)布局建设了28个中药材种子种苗繁育基地,重点对160种药材的种子种苗进行繁育生产。同时,对中药资源普查所收集种子种苗进行保存,对种子种苗繁育生产有困难的中药材品种进行繁育生产;制定种子种苗生产技术标准、技术规程,形成相关技术规范和标准,建设中药材种子种苗检测实验室,成为科技研究与人才培训的平台。

根据28个中药材种子种苗繁育基地的具体建设地点,应用ArcGIS基于省级行政区划矢量数据,生成各中药材种子种苗繁育基地繁育中药材种类数和面积的分布图,结果见图 23-5。

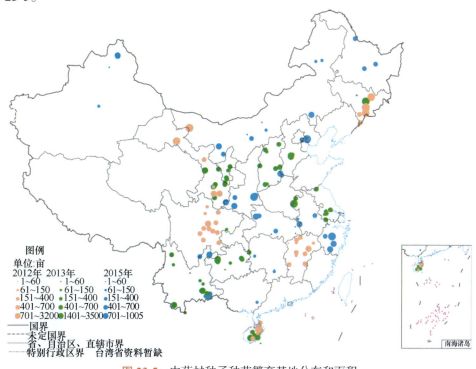

图 23-5　中药材种子种苗繁育基地分布和面积

第三节　中药资源动态监测信息和技术服务体系分布

随着近 10 年中药工业产值以年均 20% 的速度快速增长，中药原料资源家底和开发利用情况不断变化。由于行业内无专门的中药资源信息收集、分析和服务机构，缺少信息的管理主体和传送渠道，相关信息失真、严重滞后，结果导致中药材的生产盲目、产量不稳定，药材的市场价格大起大落，影响了中药材的质量和临床用药安全。目前，信息不对称的问题已经引起行业、社会和各级领导的高度重视和关注，急需建立专业化、社会化的监测和信息服务体系，逐步解决产业发展信息不对称的问题，服务中药产业发展。

根据《国务院关于扶持和促进中医药事业发展的若干意见》（国发 [2009]22 号文）、《中共中央国务院关于深化医药卫生体制改革的意见》、《中药材保护和发展规划（2015—2020年）》（国办发〔2015〕27号）和《中医药健康服务发展规划（2015—2020年）》（国办发〔2015〕32号）关于"开展第四次全国中药资源普查、建立中药资源动态监测网络"的重点任务，国家中医药管理局在组织实施中药资源普查试点工作中，布局建设中药资源动态监测信息和技术服务体系，实时掌握我国中药材的产量、流通量、价格和质量等变化趋势，提升中药材产业发展信息化程度，促进中药产业的健康发展。

目前，已经布局建设包括 1 个国家级中心、28 个省级中心、65 个监测站和若干个监测点构成的中药资源动态监测信息和技术服务体系，分布情况见图 23-6。主要针对 190 种中药材，监测其主要产区的产量、流通量、质量和价格等 6 个方面的信息，开展中药材真伪鉴别、质量检验检测等 10 个方面的技术服务。针对濒危稀缺中药材，收集、监测分析其分布区和资源量等变化情况，服务中药资源保护。

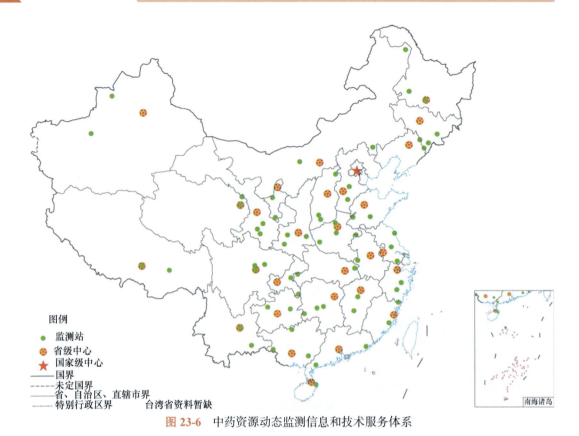

图 23-6　中药资源动态监测信息和技术服务体系

第四节　中药材 GAP 基地分布

1998 年 11 月，国家食品药品监督管理局邀请国家科委、经贸委、中医药局共同商讨并提出在我国推行《中药材生产质量管理规范》（good agriculture practice，GAP）。2002 年 3 月，国家食品药品监督管理局通过了《中药材生产质量管理规范（GAP）》（试行），并于同年 6 月 1 日发布实施。中药材 GAP 推行期间，中药农业发展迅猛，栽培中药材不论是种类还是产量都创下历史新高。伴随着中药材 GAP 的推行，不少企业及较大型的农场开始了中药材 GAP 生产。

至 2016 年 1 月，国家食品药品监督管理总局共颁布 GAP 基地 66 批，共认证通过 GAP 基地 168 个，全国通过 GAP 检查合格的中药材有 81 种，其中动物来源 1 种、植物来源 80 种。涉及 153 家企业，共认证 196 次（其中陕西天士力的丹参、云南特安呐的三七、南阳张仲景的山茱萸、雅安三九的麦冬、红河千山生物工程的灯盏花 5 种中药材因达到了 2 次 5 年的有效期，进行了三次认证；另外还有 19 种中药材因达到 5 年的有效期，进行了二次认证）。开展 GAP 生产中药材种类占药典收载中药材（614 种）的 13.03%，约占常用大宗栽培中药材种类（按 200 种计算）的 40.00%。已认证的 153 家企业的 81 个品种中，人参有 11 个认证基地，丹参、金银花各有 8 个认证基地，三七、板蓝根、黄芪各有 6 个认证基地，红花和麦冬各有 5 个认证基地，山茱萸、附子有 4 个认证基地，美洲大蠊、铁皮石斛、当归、党参、茯苓、黄连、黄芩、玄参 8 种药材有 3 个认证基地，西洋参、灯盏花、玄参、川芎、地黄、银杏叶、甘草、化橘红、桔梗、龙胆、牡丹皮、平贝母、太子参、天麻、莪术、郁金、五味子、鱼腥草 18 种中药材各有 2 个认证基地；薏苡仁、罂粟壳、头花蓼、山药、穿心莲、荆芥、苦地丁、山银花（灰毡毛忍冬）、白芍、白芷、半夏、北柴胡、苍术、滇重楼、冬凌草、短葶山麦冬、枸杞子、管花肉苁蓉、广藿香、何首乌、红芪、厚朴、虎杖、黄精、鸡血藤、绞股蓝、菊花、决明子、苦参、款冬花、螺旋藻、青蒿、山银花、石斛、天花粉、西红花、夏枯草、延胡索（元胡）、野菊花、益母草、淫羊藿（巫山淫羊藿）、云木香、泽泻、栀子、肿节风 45 种中药材各有 1 个认证基地（注：以上相同公司相同药材品种的部分基地认证过 2 次或 3 次，统计时算作 1 个基地）。

应用 ArcGIS 基于省级行政区划矢量数据，生成各省 GAP 认证基地种植的中药材种类分布图，结果见图 23-7。

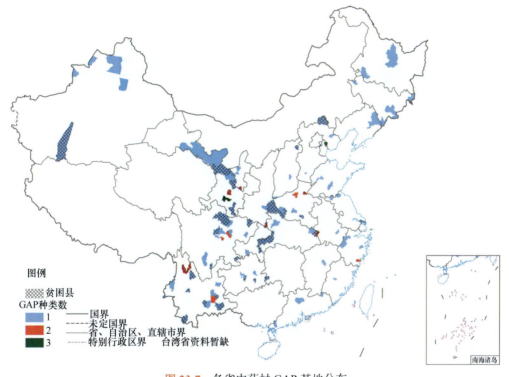

图 23-7　各省中药材 GAP 基地分布

第五节　珍稀濒危药用植物重点保护区分布

生物多样性地理格局的分析和热点地区的确定对生物多样性的保护规划及政府的环境决策具有很强的指导意义。热点地区是物种多样性最丰富、最敏感的地区，开展热点地区分析就是根据物种丰富度和特有度，探讨如何以最小的代价，最大限度地保护区域的生物多样性。珍稀濒危物种、特有种及一些分类学上独特的分类群，其地理分布现状对确定生物多样性保护的关键区域，进行保护区的合理布局与规划意义重大。我国药用植物资源中包括大量珍稀濒危物种，为了更好地指导中国药用植物资源的保护和可持续利用，池秀莲等（Chi et al., 2017）开展了药用植物重点类群物种多样性在全国尺度上的分布格局及热点地区的相关研究，珍稀濒危药用植物重点保护区部分内容摘要如下。

收集中国珍稀濒危药用植物在县级水平的分布记录。地理分布数据主要来源：第四次全国中药资源普查试点工作调查记录、《中国木本植物分布图集》《中国植物志》 Flora of China 及各省市植物志相关记录、中国数字植物标本馆的标本记录等。根据最新行政区划体系（截至2014年年底）对地名进行核查、筛选、转换及整合，建立中国珍稀濒危药用植物在县级水平的地理分布数据库。

基于全国各县珍稀濒危药用植物种类、国家基础地理信息数据，应用ArcGIS绘制中国珍稀濒危药用植物物种丰富度地理格局，结果显示：中国珍稀濒危药用植物在全国境内广泛分布，物种丰富度大致呈现南高北低格局（图23-8）。珍稀濒危药用植物丰富度在云南东南部地区及广西西南部地区最高，包括云南景洪市、广西龙州县等12个县市分布的物种数量均在50种以上。

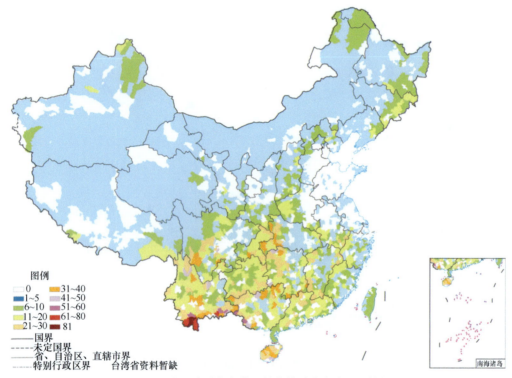

图 23-8　中国珍稀濒危药用植物物种丰富度地理格局

采用Dobson筛除算法来确定中国珍稀濒危药用植物物种多样性分布的热点地区。应用ArcGIS 10.0软件，将Dobson筛除算法所得的热点地区与陆地自然保护区边界进行叠加分析，确定中国珍稀濒危药用植物多样性保护的空缺区域，结果见图23-9。根据图23-9可知，景洪、龙州、玉龙、峨眉山、桑植、金平、陵水和巴东8个区域共分布了285种珍稀濒危药用植物，占研究总数的50%以上。这8个热点县被认为是我国珍稀濒危药用植物保护最为关键的热点地区。进一步加上环江等22个县，共计30个县市分布456种珍稀濒危药用植物，占研究总数的80%以上，这些县是药用植物保护重点区域。将中国国家级和省级自然保护区与Dobson筛除算法确定的中国珍稀濒危药用植物多样性热点地区的空间分布进行叠加发现，两者重叠率很低，存在明显的保护空缺。因此，在进行药用植物保护规划时应该对存在保护空白的热点地区，尤其是最关键热点县市保护空白区，给予优先考虑。

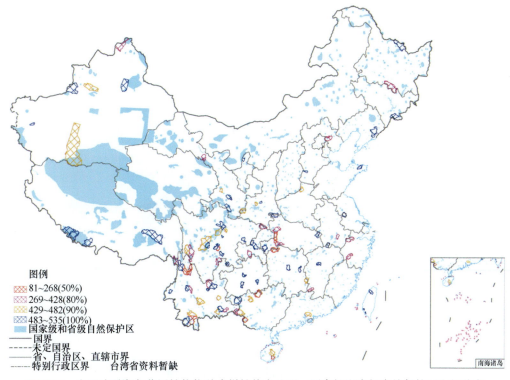

图 23-9 中国珍稀濒危药用植物物种多样性热点地区、国家级和省级自然保护区空间分布

第六节　历代本草学家分布

人才的空间分布规律作为一种文化现象体现着与经济、政治、文化思想、历史及地理环境之间的关联性。随着人们对人文地理理解的不断深入，人才地理学的价值逐渐被人们所重视。中医药是一个伟大的宝库，中国古代人民长期积累的药物学知识大部分都载入了历代本草书中。自古以来，本草学与中医临床学相辅相成，共同组成了灿烂多彩的中医药文化。本草学家，作为一类特殊的人才，其地理分布规律的研究可以为研究中医药文化奠定基础。

段海燕等（2016）根据尚志钧先生所著《中国本草要籍考》，以中国历代的本草学家为研究对象，分析历代本草学家在时间和空间上的分布及其特征，发现历代的本草学家在数量上变化很大。

按照《中国本草要籍考》一书中历代本草学家的籍贯记载，书中共收录本草学家764人。对书中的全国不同省份本草学家的数量进行统计，根据各地本草学家数量绘制分布图，结果见图23-10。由图23-10可以看出，我国历代本草学家的空间地理分布存在明显的不均衡，其中数量最多的为浙江，有121人；其次为江苏，有109人；江西、安徽、上海的本草学家则为31～38人。而东北，以及广西、云南、西藏、新疆等地几乎无本草学家的分布。历代本草学家地理分布总体上呈现东多西少，南多北少的分布特征。徽州、上海、杭州、苏州成为明清时期本草学家的4个分布中心。

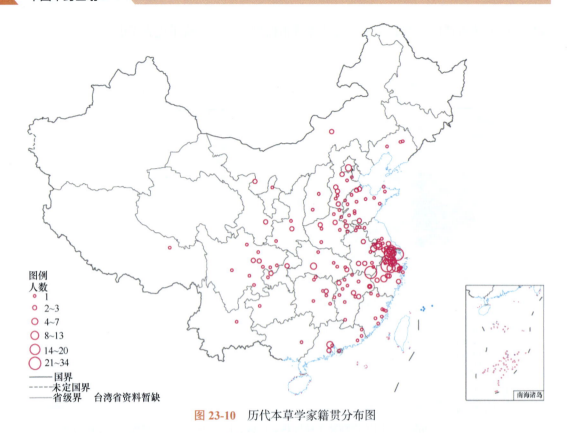

图 23-10　历代本草学家籍贯分布图

第七节　中药材产业扶贫推荐优先区域

全面建成小康社会是中华民族伟大复兴承上启下的关键环节，最艰巨的任务在农村、特别是在贫困地区，没有贫困地区的小康，就没有全面建成小康社会。中共中央和国务院高度重视消除贫困、改善民生，2011年国务院印发《中国农村扶贫开发纲要（2011—2020年）》，明确了"充分发挥贫困地区生态环境和自然资源优势，培植壮大特色支柱产业，带动和帮助贫困农户发展生产"的工作部署。由于大部分中药材生产受生物自身特性、自然生态环境因素、社会经济因素的交互影响，表现出强烈的地域性。我国的贫困县绝大部分都是分布在14个集中连片贫困地区，这些地区由于生产生活条件恶劣，农业、林业、牧业的生产效益非常低下，仅靠生态补偿或传统农业难以脱贫致富，中药材产业是我国农村贫困人口脱贫增收的重要途径。

为推进国家中医药管理局和国务院扶贫办等5部门联合印发《中药材产业扶贫行动计划（2017—2020年）》的实施，因地制宜地指导和规划中药材生产实践，促进中药材产业扶贫相关工作向最佳生产区域集中，基于贫困地区的相关数据资料，对具有优先开展中药材产业扶贫条件的区域进行划分。

黄璐琦等（2017）从是否已经开展普查、是否有繁育基地、是否有监测站、是否有道地药材、是否有 GAP 基地、是否有农业部特色中药材 6 个方面，对贫困县开展中药材产业扶贫的优先条件情况进行对比分析，结果显示：国家级贫困县和集中连片贫困地区涉及的县中至少有 10% 以上的贫困县已经有很好的中药材产业基础，是中药材产业扶贫

第二十三章 功能区划

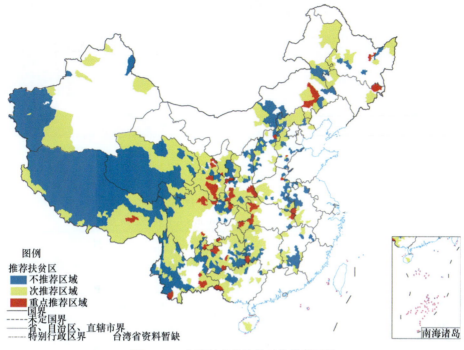

图 23-11 中药材产业扶贫工作推荐区域

的重点优先区域；有 53% 的贫困县具有一定的发展中药材产业扶贫条件，需要加强相关工作，拓展中药材产业扶贫的基础和能力；有 37% 的贫困县发展中药材产业扶贫的基础条件较弱。建议：先期重点优先考虑已经有很好中药材产业基础的县，通过近百个重点优先发展的县，带动其他有条件的贫困县，实施好《中药材产业扶贫行动计划》。

为充分尊重中药材生产中的药用资源的生物学特性，按照自然生态、社会经济规律办事的原则，以便因地制宜指导和规划中药材生产实践，促进中药材产业扶贫相关资源条件向最佳生产区域集中。

参考文献

段海燕，张小波，彭代银，等. 2017. 中国历代本草学家的地理分布：兼论徽沪杭苏 4 个本草学家分布中心产生的原因 [J]. 中国中药杂志，42（9）：1628-1631.

郭兰萍，张燕，朱寿东，等. 2014. 中药材规范化生产（GAP）10 年：成果、问题与建议 [J]. 中国中药杂志，39（7）：1143-1151.

黄璐琦，苏钢强，张小波，等. 2017. 中药材产业扶贫重点优先区域划分和推荐种植中药材名录整理 [J]. 中国中药杂志，42（22）：4319-4328.

Chi XL，Zhang ZJ，Xu XT，et al. 2017. Threatened medicinal plants in China：Distributions and conservation priorities[J]. Biological Conservation，89-95.

中药区划相关操作视频

索 引

C
层次分析法 50
C 指数 32

D
道地药材 23
德尔菲法 51
地理探测器 34
地域分异规律 31
点 - 轴理论 28
定性描述法 17
Dobson 筛除算法 20

F
反规划理论 29
分异及因子探测 34

G
工业区位论 37
构建模板法 17
构建模型法 19
G 指数 32

H
核心 - 边缘理论 28
环境适应 26

J
交互作用探测 35
绝对空间和相对空间 30
均质空间和结节空间 30

K
空间插值 42
空间统计分析 34
空间自相关 31

L
LISA 指数 32

M
模糊物元模型 18
Moran's I 系数 32

N
农业区位论 37

P
配第 - 克拉克定理 29
平衡态空间结构 29

Q
区划对象 12

S
生态位 27
生态位模型 18
生态因子 25
实体空间和概念空间 30
市场区位论 38

T
投入产出法 19

Y
优质性原则 15

Z
增长极理论 28
质量关系模型 19
中心地理论 38
中药分布区划 58
中药品质区划 59
中药区划 11
中药区划指标体系 52
中药生产区划 60
中药生长区划 59
主导因子 26